“十四五”职业教育国家规划教材

“十三五”职业教育国家规划教材

职业教育网络信息安全专业系列教材

数据库安全技术

主　编　黄水萍　马振超

副主编　邱　节　姜睿波

参　编　曾　琳　陶玮栋　王　鑫

贾秀明　曹　恒　刘小强

机械工业出版社

INFORMATION
SECURITY

本书是“十四五”职业教育国家规划教材。

本书较为全面地介绍了SQL Server数据库和MySQL数据库安全相关的知识。全书共6个项目，包括SQL Server 2008基础知识、SQL Server 2008安全管理、数据库维护、数据加密、MySQL数据库安全基础和MySQL数据库高级安全维护。本书以项目为驱动，辅以知识点的讲解，由浅入深、循序渐进地引导读者进行学习和实践。

本书可作为各类职业院校网络信息安全及相关专业的教材，也可供数据库管理人员和广大计算机爱好者参考使用。

本书配有电子课件和微课视频（可扫描书中二维码观看），教师还可登录机械工业出版社教育服务网（www.cmpedu.com）注册后免费下载，或联系编辑（010-88379358）索取。

图书在版编目（CIP）数据

数据库安全技术/黄水萍，马振超主编．—北京：机械工业出版社，2019.9（2025.3重印）

职业教育网络信息安全专业系列教材

ISBN 978-7-111-63929-9

Ⅰ．①数…　Ⅱ．①黄…　②马…　Ⅲ．①关系数据库系统—安全技术—中等专业学校—教材　Ⅳ．①TP311.132.3

中国版本图书馆CIP数据核字（2019）第214569号

机械工业出版社（北京市百万庄大街22号　邮政编码100037）

策划编辑：梁　伟　　责任编辑：梁　伟

责任校对：王　延　　封面设计：鞠　杨

责任印制：邓　博

北京盛通数码印刷有限公司印刷

2025年3月第1版第9次印刷

184mm×260mm・18印张・451千字

标准书号：ISBN 978-7-111-63929-9

定价：59.00元

电话服务

客服电话：010-88361066

010-88379833

010-68326294

网络服务

机　工　官　网：www.cmpbook.com

机　工　官　博：weibo.com/cmp1952

金　书　网：www.golden-book.com

机工教育服务网：www.cmpedu.com

封底无防伪标均为盗版

关于“十四五”职业教育
国家规划教材的出版说明

为贯彻落实《中共中央关于认真学习宣传贯彻党的二十大精神的决定》《习近平新时代中国特色社会主义思想进课程教材指南》《职业院校教材管理办法》等文件精神，机械工业出版社与教材编写团队一道，认真执行思政内容进教材、进课堂、进头脑要求，尊重教育规律，遵循学科特点，对教材内容进行了更新，着力落实以下要求：

1. 提升教材铸魂育人功能，培育、践行社会主义核心价值观，教育引导学生树立共产主义远大理想和中国特色社会主义共同理想，坚定“四个自信”，厚植爱国主义情怀，把爱国情、强国志、报国行自觉融入建设社会主义现代化强国、实现中华民族伟大复兴的奋斗之中。同时，弘扬中华优秀传统文化，深入开展宪法法治教育。

2. 注重科学思维方法训练和科学伦理教育，培养学生探索未知、追求真理、勇攀科学高峰的责任感和使命感；强化学生工程伦理教育，培养学生精益求精的大国工匠精神，激发学生科技报国的家国情怀和使命担当。加快构建中国特色哲学社会科学学科体系、学术体系、话语体系。帮助学生了解相关专业和行业领域的国家战略、法律法规和相关政策，引导学生深入社会实践、关注现实问题，培育学生经世济民、诚信服务、德法兼修的职业素养。

3. 教育引导学生深刻理解并自觉实践各行业的职业精神、职业规范，增强职业责任感，培养遵纪守法、爱岗敬业、无私奉献、诚实守信、公道办事、开拓创新的职业品格和行为习惯。

在此基础上，及时更新教材知识内容，体现产业发展的新技术、新工艺、新规范、新标准。加强教材数字化建设，丰富配套资源，形成可听、可视、可练、可互动的融媒体教材。

教材建设需要各方的共同努力，也欢迎相关教材使用院校的师生及时反馈意见和建议，我们将认真组织力量进行研究，在后续重印及再版时吸纳改进，不断推动高质量教材出版。

机械工业出版社

前言

党的二十大报告中提到“推进国家安全体系和能力现代化，坚决维护国家安全和社会稳定”，指出“国家安全是民族复兴的根基，社会稳定是国家强盛的前提。必须坚定不移贯彻总体国家安全观”。国家对信息安全的重视程度越来越高，而数据库安全是信息安全中非常重要的一部分。

数据库作为存储和管理信息的载体，被广泛应用于各个行业，用户对其可靠性和安全性的要求也日益提高。本书对数据库安全相关的知识和实践进行了细致地讲解，通过相关任务，让学生可以很快上手，掌握知识与技能，提高职业能力。

读者对象

- 有一定的数据库操作基础，数据库安全技术入门级的人员；
- 有一定的数据库安全概念，想精通数据库安全技术的人员；
- 各类职业院校网络信息安全及相关专业的学生；
- 培训学校的教师和学生。

职业目标

通过学习本书掌握数据库安全技术的概念及特点，学会使用 SQL Server 和 MySQL 两大数据库管理软件进行安全管理，如数据库的备份与恢复、数据的导入与导出、数据库的用户管理、数据库的权限管理、数据库的安全配置、注入攻击的防范等。

通过学习数据库安全的相关技能，从事数据库的维护工作，如数据库管理员、数据库系统工程师等，负责管理和维护数据库，保证数据库管理系统的稳定性、安全性、完整性和高性能。

本书特点

1）突出“做中学、做中教”的职业教育教学特色。本书以 SQL Server、MySQL 数据库的安全知识与技能为主线，结合具体任务的实践来完成数据库安全技术的学习。本书共选取 6 个教学项目，将数据库的安全知识与技能贯穿其中。本书每个教学项目都包含若干个子任务，使学生在完成任务的过程中，学习相关内容；本书重视实训教学环节，使学生学有所用，为今后的职业发展打好基础。

2）任务明确，结构清晰，注重实践。任务的设计充分考虑了教学需求和学生的实际情况，内容安排得当，松紧有度，重点突出。在书中体现了“综合、实践、活动”的理念，以学生为主体，相关知识和素材介绍为辅，帮助学生更好地理解和掌握学科知识。同时，在每个任务后都设有触类旁通环节，可以帮助学生拓展技能，举一反三。

3）教学资源丰富。根据本书内容开发了配套的教学资源，每个项目均给出了拓展练习资源包，学生可以根据实际情况选用，实现能力拓展。还配有电子课件和微课视频，可扫描书中二维码进行观看。本书为丰富的“互联网 +”智慧教材。

4）本书在适当情境或教学内容中融入德育的内容，便于教师运用教材对学生进行德育教育，从而在提高学生学习效率的同时提升核心素养。

本课程建议教学用时为 72 学时，各学校可根据教学实际灵活安排。各部分内容学时分配建议如下：

项　目	建议学时数
项目 1—SQL Server 2008 基础知识	12
项目 2—SQL Server 2008 安全管理	12
项目 3—数据库维护	12
项目 4—数据加密	10
项目 5—MySQL 数据库安全基础	14
项目 6—MySQL 数据库高级安全维护	12
合　计	72

编写队伍

本书由杭州市电子信息职业学校黄水萍担任第一主编，武汉市第一商业学校马振超担任第二主编，由杭州市电子信息职业学校邱节、武汉市第一商业学校姜睿波担任副主编，曾琳、陶玮栋、王鑫、贾秀明、曹恒、刘小强老师参加编写，具体分工如下：项目 1 由黄水萍编写，项目 2 由邱节编写，项目 3 由曾琳编写，项目 4 由陶玮栋编写，项目 5 以及项目 6 必备知识、习题由姜睿波编写，项目 6 的其他内容由王鑫、贾秀明、曹恒、刘小强编写，项目 5、6 由马振超审核，最后由黄水萍进行统稿。在本书的编写过程中，中科软科技股份有限公司和北京中科磐云科技有限公司的相关技术人员也给予了相应的技术支持并提出了一些修改意见。

由于编者水平有限，书中难免存在疏漏和不足之处，恳请读者提出宝贵的意见或建议。

编　者

二维码索引

目录

SQL Server 2008 篇

SQL Server 2008 是微软公司推出的一个快速、可靠、安全的关系型数据库管理系统（Relational Database Management System，RDBMS），它整合了数据库、商业智能、报表服务、分析服务等多种技术，是用于大规模联机事务处理（On-Line Transaction Processing，OLTP）、数据仓库和电子商务应用的数据库和数据分析平台，为数据存储和应用需求提供了强大的支持和便利。SQL Server 2008 系统提供了大量的管理工具，其中最重要的是 SQL Server 管理平台（SQL Server Management Studio，SSMS），它可以帮助数据库管理员管理数据库对象、监视系统活动以及完成日常维护等，提高数据库管理员的工作效率。SQL Server 2008 还提供了一整套完善的数据安全机制，包括用户、角色、权限等，有效地实现对系统访问和数据访问的控制，以保证数据库的安全性，用户可根据实际需求定制自己的安全策略，以实现安全防御。项目 1 至项目 4 讲述了 SQL Server 2008 的基础知识和基本使用、数据库安全管理机制、数据库日常维护以及数据加密技术。

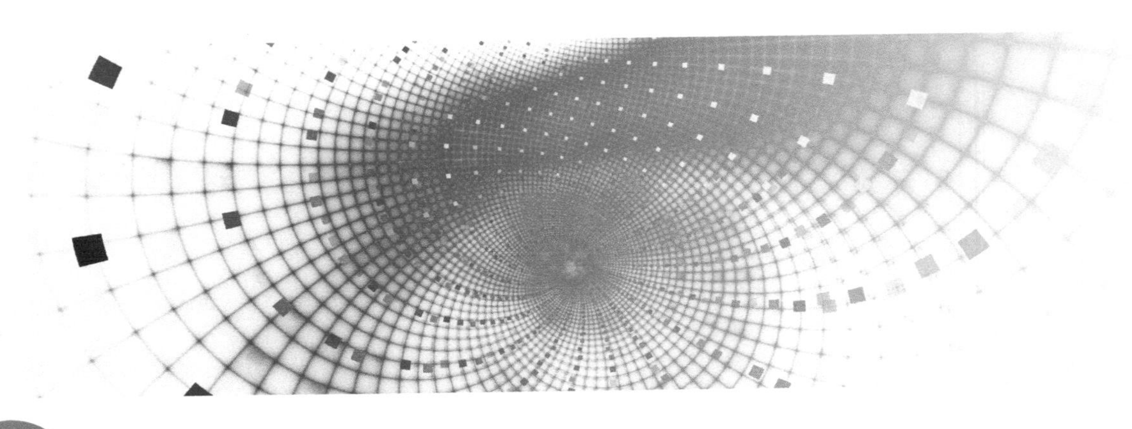

项目1 SQL Server 2008 基础知识

SQL Server 是微软公司推出的一个快速、可靠、安全的关系型数据库管理系统。在应用 SQL Server 强大的数据库安全技术之前，需要对其基础功能有所认识与掌握。本项目以 SQL Server 2008 为例介绍其安装方法、SSMS 管理工具的使用，以及利用图形界面和 SQL 语句对数据库和数据表对象进行基础操作。

【职业能力目标】

1）了解 SQL Server 2008 的各种版本、运行环境以及安装方法。

2）学会 SQL Server 2008 管理工具（SSMS）的基本使用方法。

3）学会 SQL Server 2008 数据库和表的基本操作。

4）学会在 SSMS 中利用 SQL 语句插入、更新和删除表数据。

5）学会在 SSMS 中利用 SELECT 语句进行简单数据查询操作。

任务1 SQL Server 2008 介绍

【任务情境】

小张对于目前大数据给人们带来的生活与工作变革非常惊讶，一心想投身大数据处理方向的工作。大数据的处理离不开数据的管理，SQL Server 正是现今使用广泛的数据库管理系统之一。小张希望对 SQL Server 能够进行深入学习，下面将跟随小张的脚步，对 SQL Server 2008 进行初探。

【任务分析】

目前台式机普遍具有内存 8GB、硬盘 1TB 的基本配置，在没有其他过多应用软件抢占资源的前提下，用户购置一台该价位的台式机便可开启 SQL Server 2008 的学习之路。本任务中，首先查看计算机硬件是否符合软件安装要求，接着使用图形界面安装向导安装 SQL Server 2008。

【任务实施】

1. 查看计算机硬件是否符合 SQL Server 2008 的安装要求

查看计算机硬件环境是否符合安装要求，在“桌面”上的“计算机”图标上单击鼠标右键，在弹出的快捷菜单中选择“属性”命令，弹出如图 1-1 所示的窗口，内存容量为 8GB，64 位操作系统。双击桌面上的“计算机”图标，在打开的窗口中便可查看硬盘空闲空间。

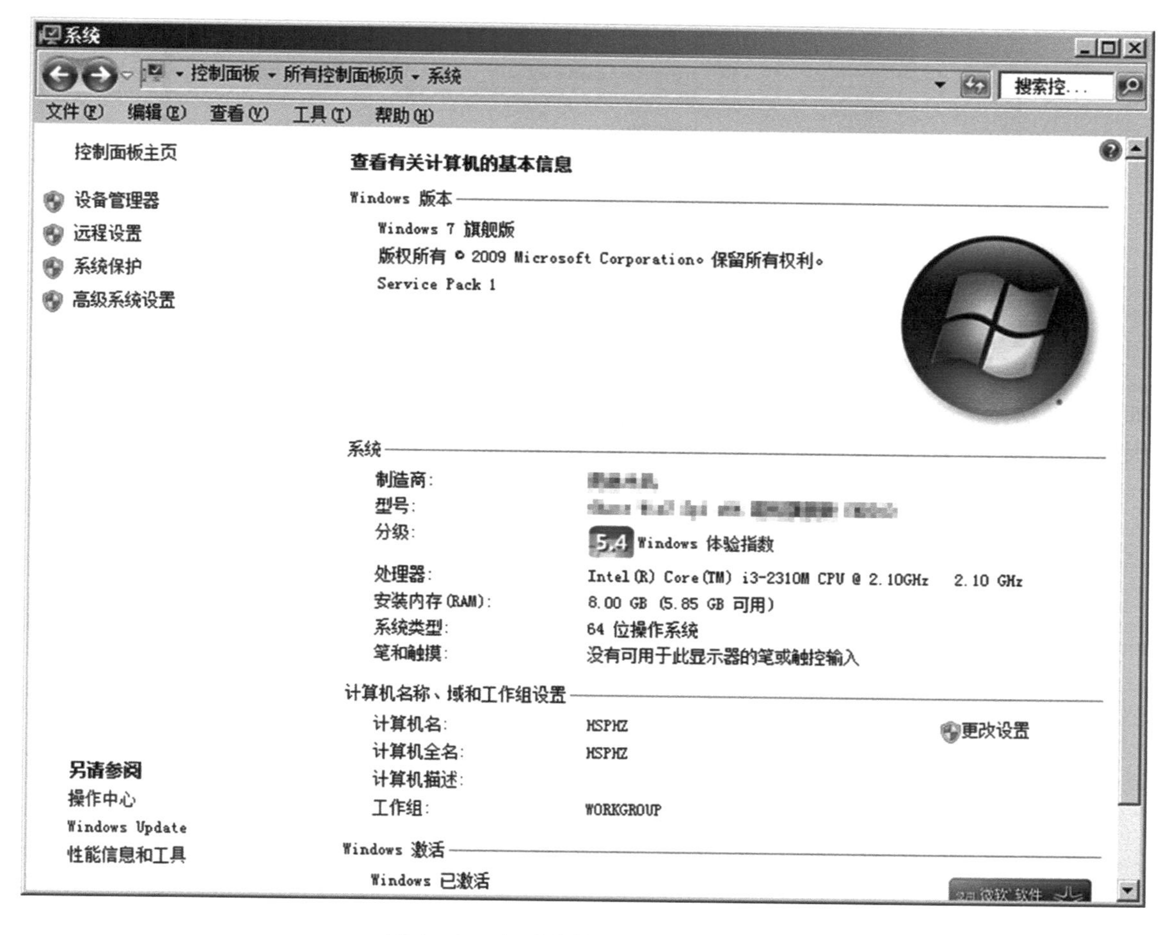

图 1-1 查看计算机软、硬件环境

2. SQL Server 2008 R2 的安装（本次安装在 Windows 7 操作系统中进行）

SQL Server 的安装方式有很多种。可通过命令方式安装，可对原有低版本升级，也可使用安装向导安装。其中使用最多的是使用图形界面的安装向导方式进行安装，下面将详细介绍这种安装方式。具体操作步骤如下：

第 1 步：在 Windows 7 操作系统中运行 SQL Server 2008 R2 安装程序“setup.exe”，若此程序不存在兼容性问题则直接弹出如图 1-2 所示的“SQL Server 安装中心”对话框。

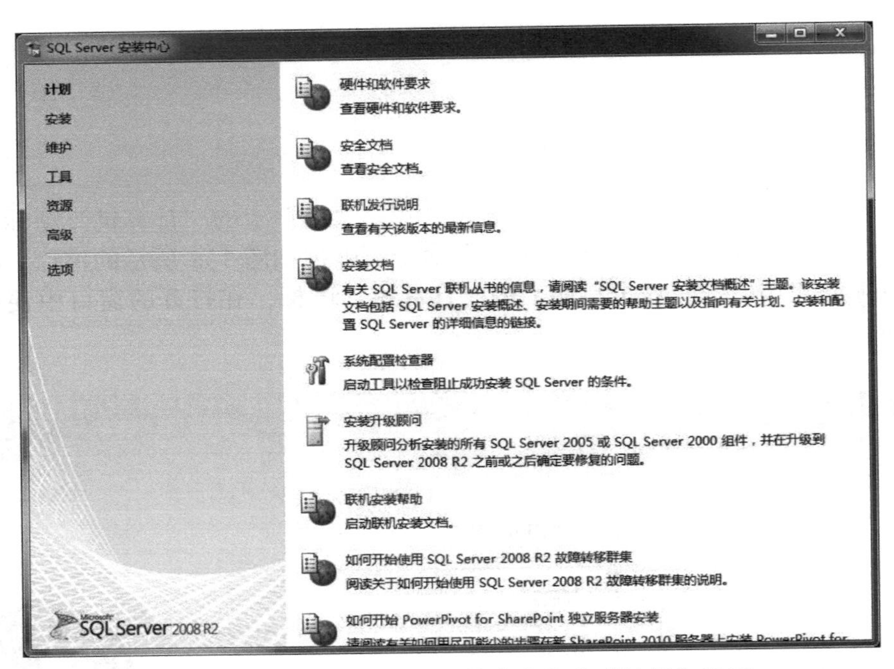

图 1-2 “SQL Server 安装中心”的“计划”界面

第 2 步：单击界面左侧的“安装”选项，进入“SQL Server 安装中心”的“安装”界面，如图 1-3 所示。该界面右侧列出了不同的安装选项，本书以全新安装为例说明整个安装过程，因此单击第一个选项“全新安装或向现有安装添加功能。”。

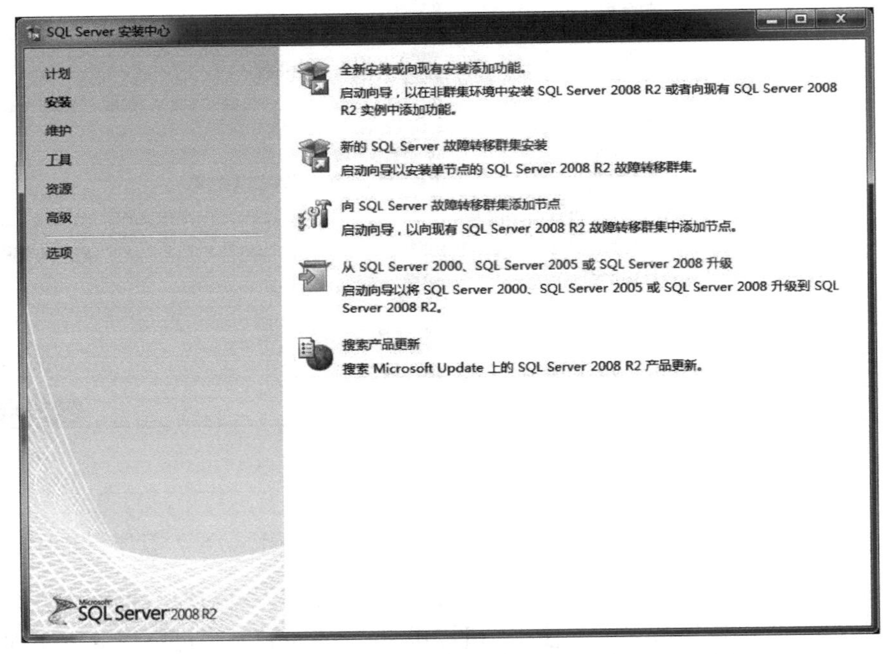

图 1-3 “SQL Server 安装中心”的“安装”界面

第 3 步：进入“安装程序支持规则”界面，安装程序对安装 SQL Server 2008 需要遵循的规则进行检测并显示出检测结果，这一过程需要用户等待几秒。在检查完成后，用户可单击“显示详细信息”按钮查看检测的详细报表，如图 1–4 所示，检测成功后，单击“确定”按钮进入下一步。

SQL Server 2008 R2 安装程序
安装程序支持规则
安装程序支持规则可确定在您安装 SQL Server 安装程序支持文件时可能发生的问题。必须更正所有失败，安装程序才能继续。
安装程序支持规则
操作完成。已通过: 7。失败 0。警告 0。已跳过 0。
隐藏详细信息(S) <<
重新运行(R)
查看详细报表(V)
Ru 规则
状态
最低操作系统版本
已通过
安装程序管理员
已通过
重新启动计算机
已通过
Windows Management Instrumentation (WMI)服务
已通过
针对 SQL Server 注册表项的一致性验证
已通过
SQL Server 安装介质上文件的长路径名称
已通过
SQL Server 安装程序产品不兼容
已通过
确定
取消

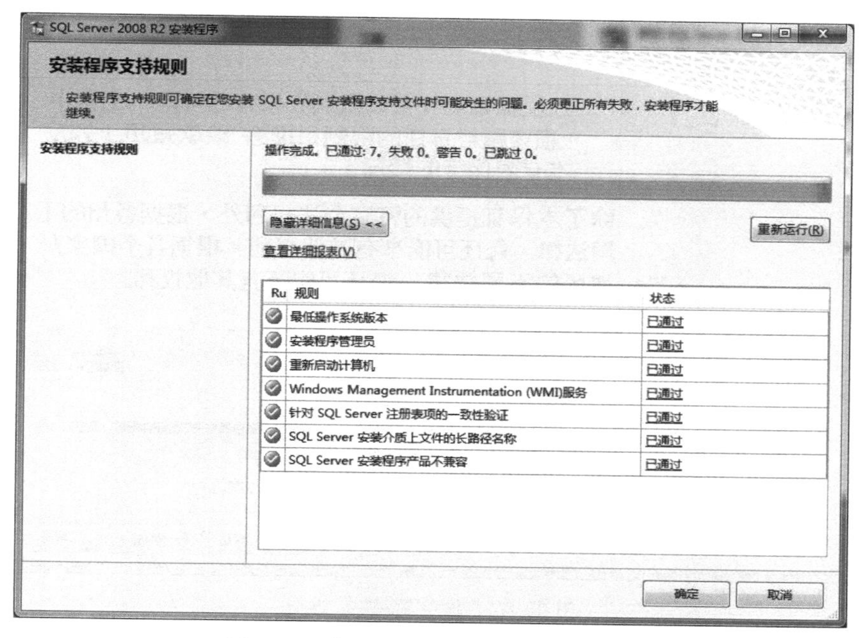

图 1–4 “安装程序支持规则”界面

第 4 步：进入“产品密钥”界面，如图 1–5 所示，在这里需要选择“输入产品密钥”选项并人工输入密钥。单击“下一步”按钮。

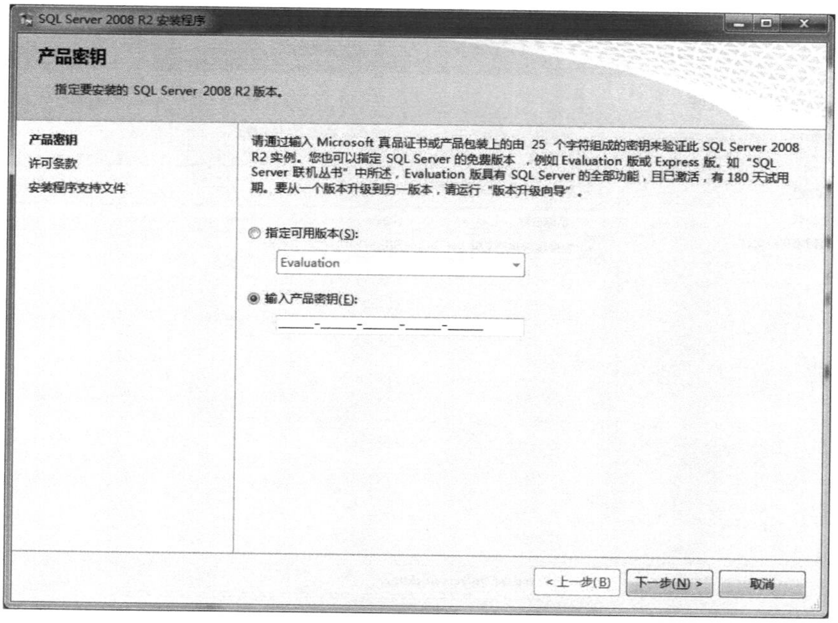

SQL Server 2008 R2 安装程序
产品密钥
指定要安装的 SQL Server 2008 R2 版本。
产品密钥
许可条款
安装程序支持文件
请通过输入 Microsoft 真品证书或产品包装上的由 25 个字符组成的密钥来验证此 SQL Server 2008 R2 实例。您也可以指定 SQL Server 的免费版本，例如 Evaluation 版或 Express 版。如“SQL Server 联机丛书”中所述，Evaluation 版具有 SQL Server 的全部功能，且已激活，有 180 天试用期。要从一个版本升级到另一版本，请运行“版本升级向导”。
指定可用版本(S):
Evaluation
输入产品密钥(E):
< 上一步(B)
下一步(N) >
取消

图 1–5 “产品密钥”界面

第 5 步：进入“许可条款”界面，如图 1–6 所示。阅读许可条款之后，勾选“我接受许可条款”复选框，单击“下一步”按钮。

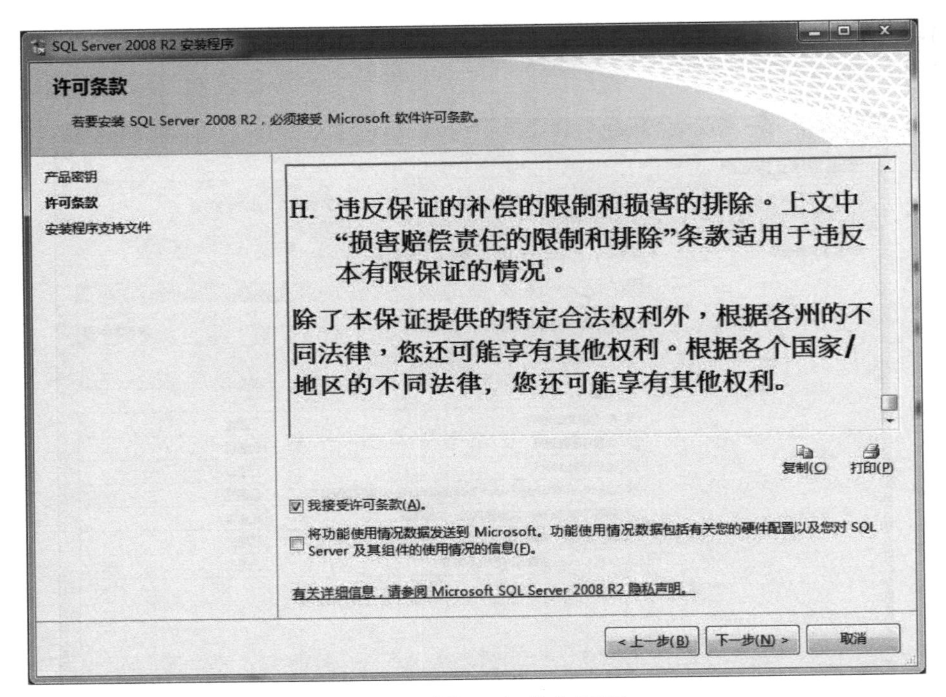

图 1-6 “许可条款”界面

第 6 步：进入“安装程序支持文件”界面，如图 1-7 所示，进行安装支持检查，单击“安装”按钮，“状态”列显示“正在进行”，窗口底部进度条显示检查进度。检测结束之后进入“安装程序支持规则”界面，如图 1-8 所示，当所有检测都通过之后才能继续安装。单击“下一步”按钮。

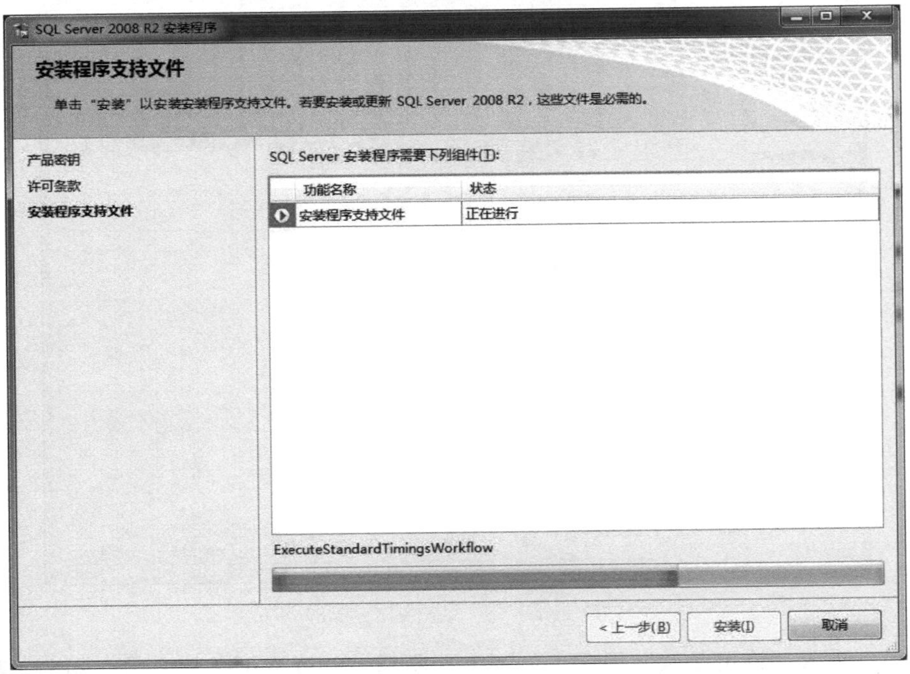

SQL Server 2008 R2 安装程序
安装程序支持文件
单击“安装”以安装安装程序支持文件。若要安装或更新 SQL Server 2008 R2，这些文件是必需的。
产品密钥
许可条款
安装程序支持文件
SQL Server 安装程序需要下列组件(T):
功能名称 状态
安装程序支持文件 正在进行
ExecuteStandardTimingsWorkflow
< 上一步(B) 安装(I) 取消

图 1-7 “安装程序支持文件”界面

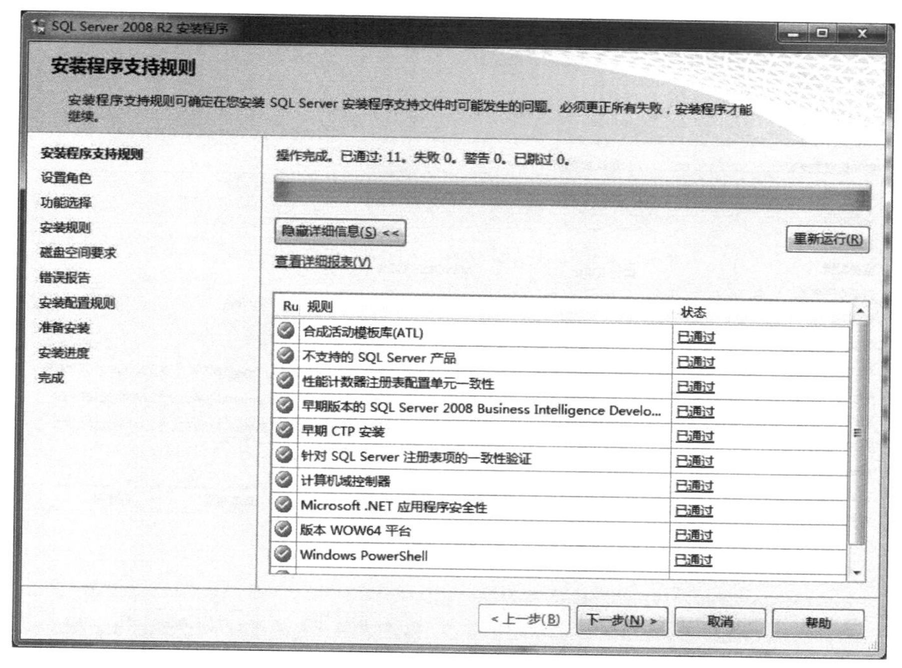

图 1-8 “安装程序支持规则”界面

第 7 步：进入“设置角色”界面，采用默认设置并直接单击“下一步”按钮。

第 8 步：进入“功能选择”界面，如图 1-9 所示，单击“全选”按钮，勾选全部复选框，安装路径为默认路径，单击“下一步”按钮。

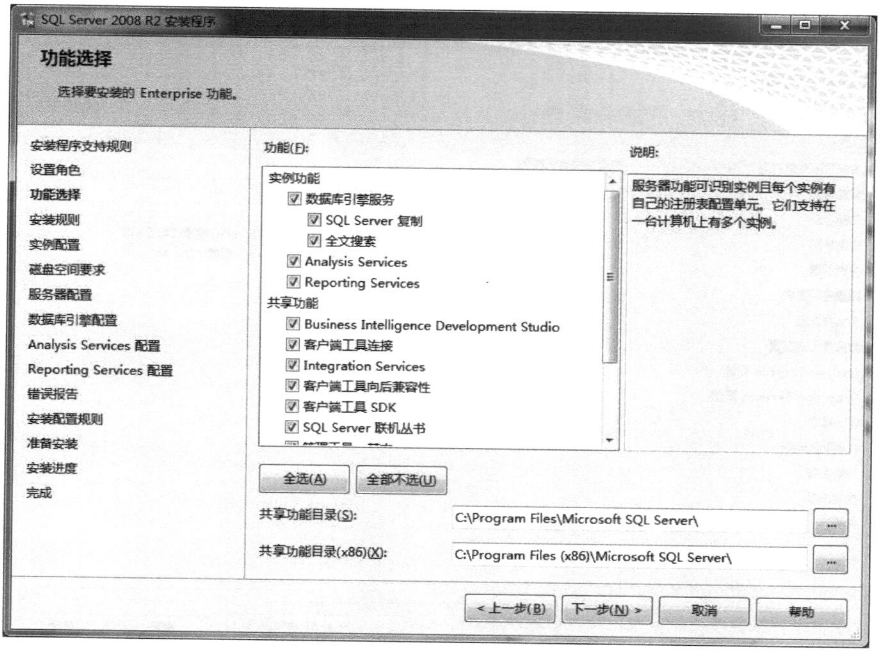

图 1-9 “功能选择”界面

第 9 步：进入“实例配置”界面，如图 1-10 所示，用户可以在这里设置数据库实例 ID、实例根目录（这里用默认设置），单击“下一步”按钮。

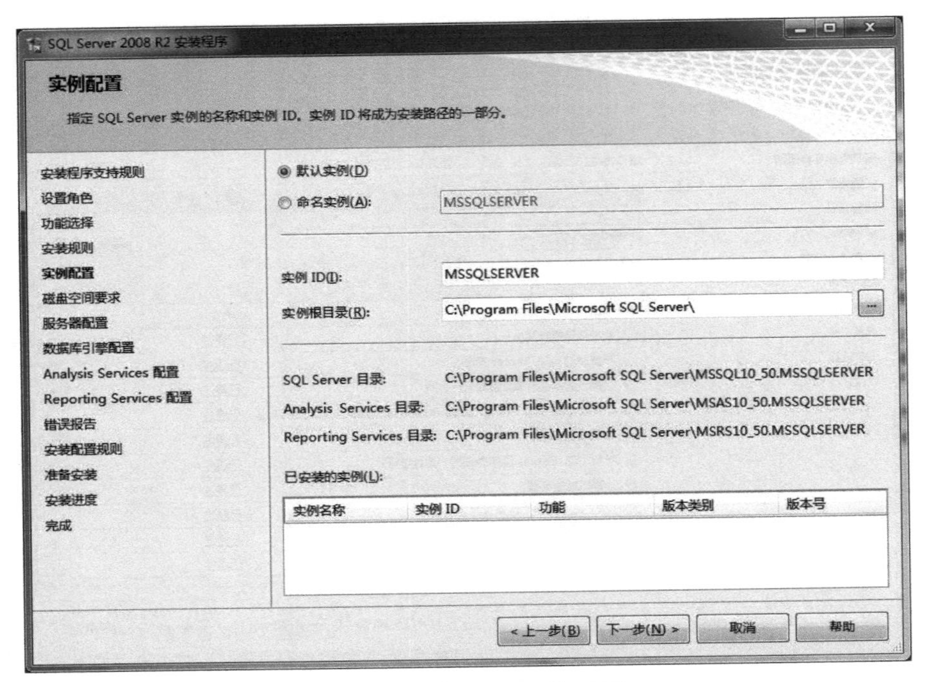

图 1-10 “实例配置”界面

第 10 步：进入“磁盘空间要求”界面，如图 1-11 所示，由于第 8 步中选择安装全部功能，因此所需的空闲容量较大。用户可以在这里查看 SQL Server 的安装位置并检查系统是否有足够空间，确认符合需求后，单击“下一步”按钮。

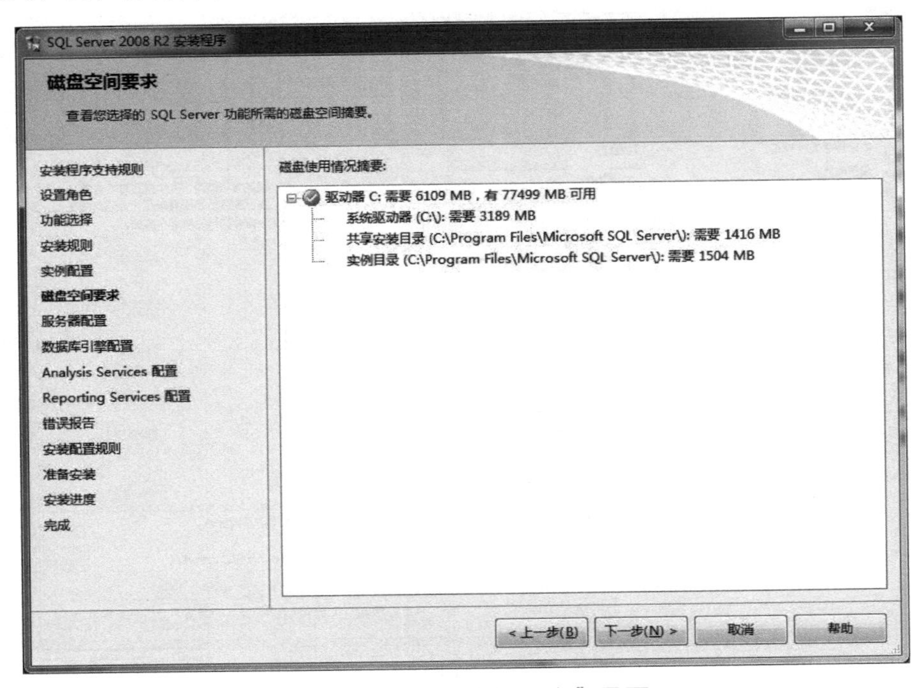

图 1-11 “磁盘空间要求”界面

第 11 步：进入“服务器配置”界面，如图 1-12 所示，用户可以在此界面中为各种服务指定对应的账户，并指定这些服务的启动类型，此处，将“SQL Server 代理”服务设置为“手动”，当用户进入 SSMS 管理工具之后便需要手动启动该服务（在本项目任务 2 的任务实施中将具体介绍手动启动服务的方法）。单击“对所有 SQL Server 服务使用相同的账户”按钮。

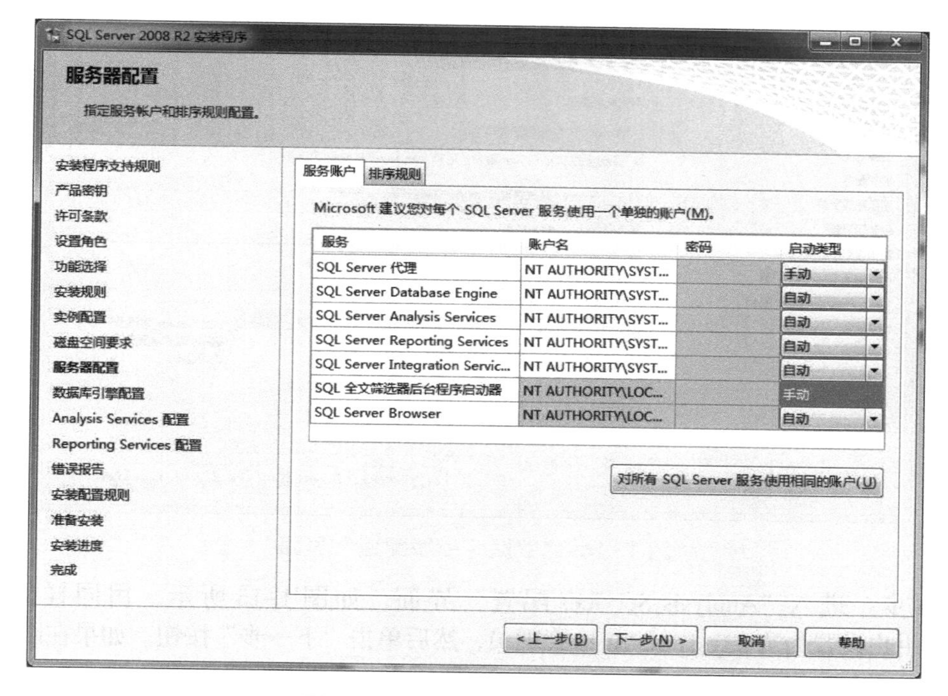

图 1–12 “服务器配置”界面

第 12 步：在弹出的“对所有 SQL Server 2008 R2 服务使用相同账户”对话框中，设置账户名和密码，如图 1–13 所示。单击下拉列表，若选择“NT AUTHORITY\NETWORK SERVICE”，则全部服务都指定了该账户，密码为空。单击“确定”按钮，返回“服务器配置”界面。

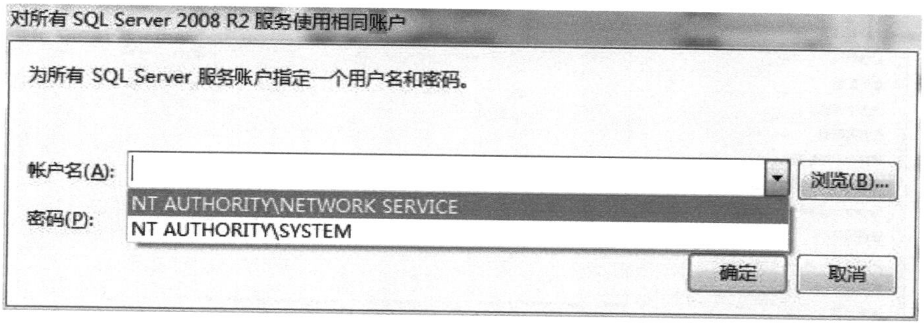

图 1–13 “对所有 SQL Server 2008 R2 服务使用相同账户”对话框

第 13 步：单击“下一步”按钮进入“数据库引擎配置”界面，如图 1–14 所示。在“账户设置”选项卡中可以设置“身份验证模式”。此处选择“混合模式”，并为 SQL Server 系统管理员（sa）账号指定密码。单击“添加当前用户”按钮指定 SQL Server 管理员，单击“下一步”按钮。

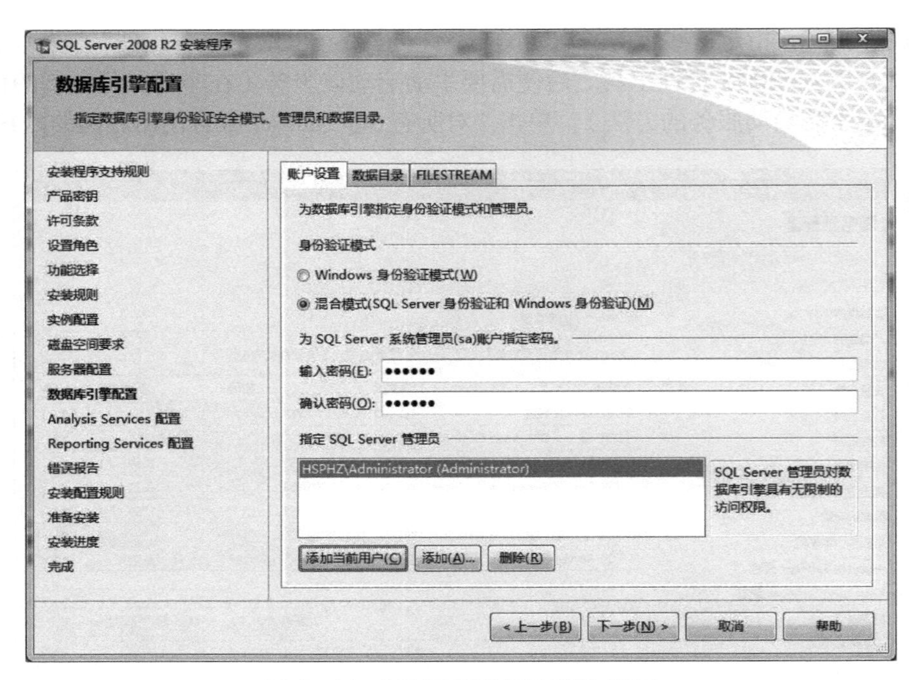

图 1-14 “数据库引擎配置”界面

第 14 步：进入“Analysis Services 配置”界面，如图 1-15 所示，用同样的方法将 Windows 用户设置为 Analysis Services 管理员，然后单击“下一步”按钮。如果在图 1-9“功能选择”界面中未勾选“Analysis Services”，则本步骤将会被忽略。

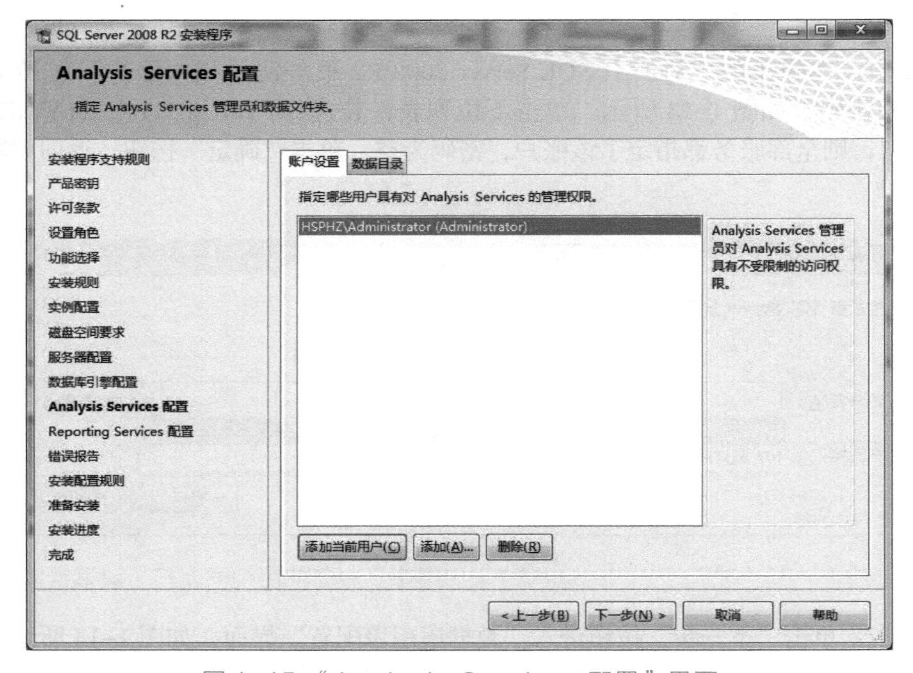

图 1-15 “Analysis Services 配置”界面

第 15 步：进入“Reporting Services 配置”界面，如图 1-16 所示，选择默认设置即“安装本机模式默认配置”，单击“下一步”按钮。同第 14 步，若在图 1-9 所示的“功能选择”

界面中未勾选“Reporting Services”，则本步骤将会被忽略。

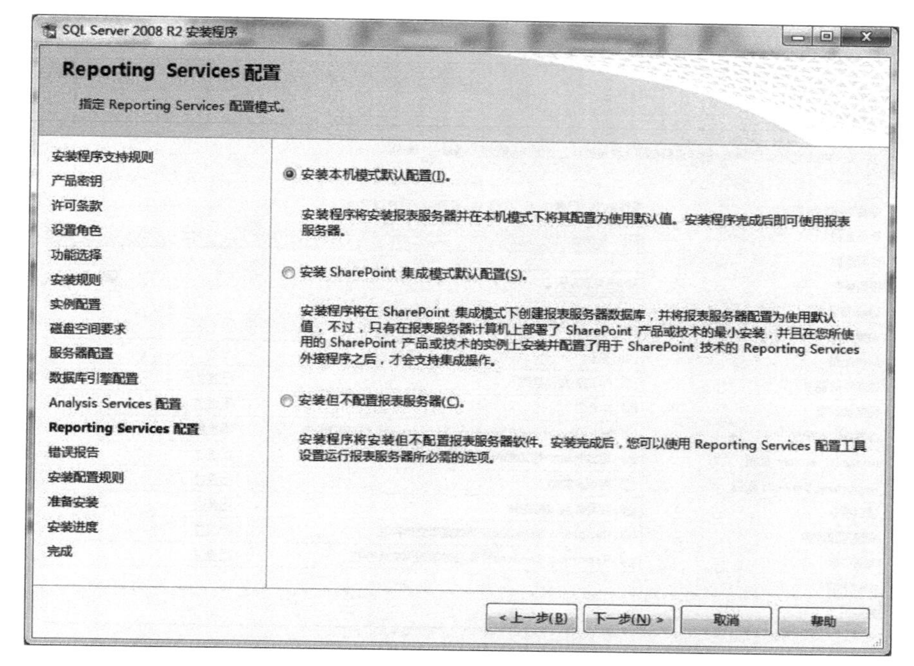

图 1-16 “Reporting Services 配置”界面

第 16 步：进入“错误报告”界面，如图 1-17 所示，在这里可以选择是否将错误报告发送到 Microsoft 或本公司的报告服务器中，单击“下一步”按钮。

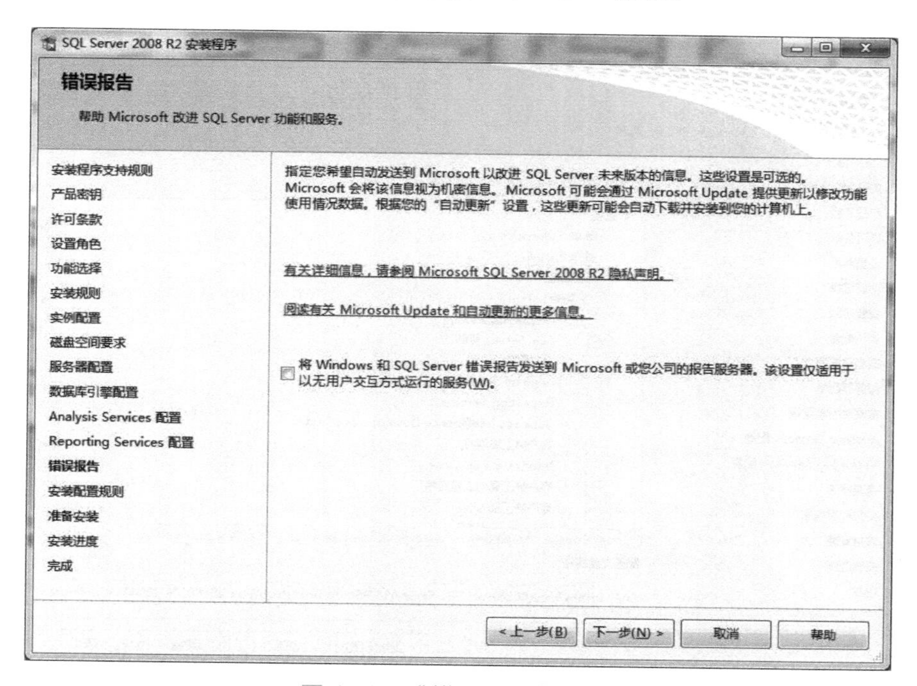

图 1-17 “错误报告”界面

第 17 步：进入“安装配置规则”界面，如图 1-18 所示，安装程序检查当前系统是否符合安装规则从而确定是否将阻止安装过程，如果条件符合，则单击“下一步”按钮。此处已跳过的 2 项均可忽略。

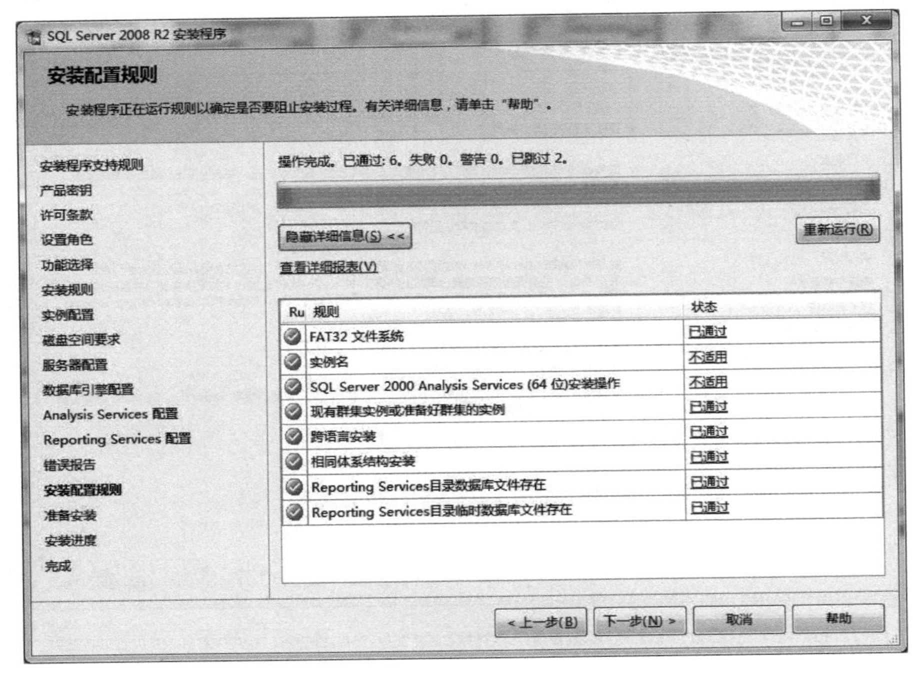

图 1–18 “安装配置规则”界面

第 18 步：进入“准备安装”界面，如图 1–19 所示，确定相关信息后，单击“安装”按钮。

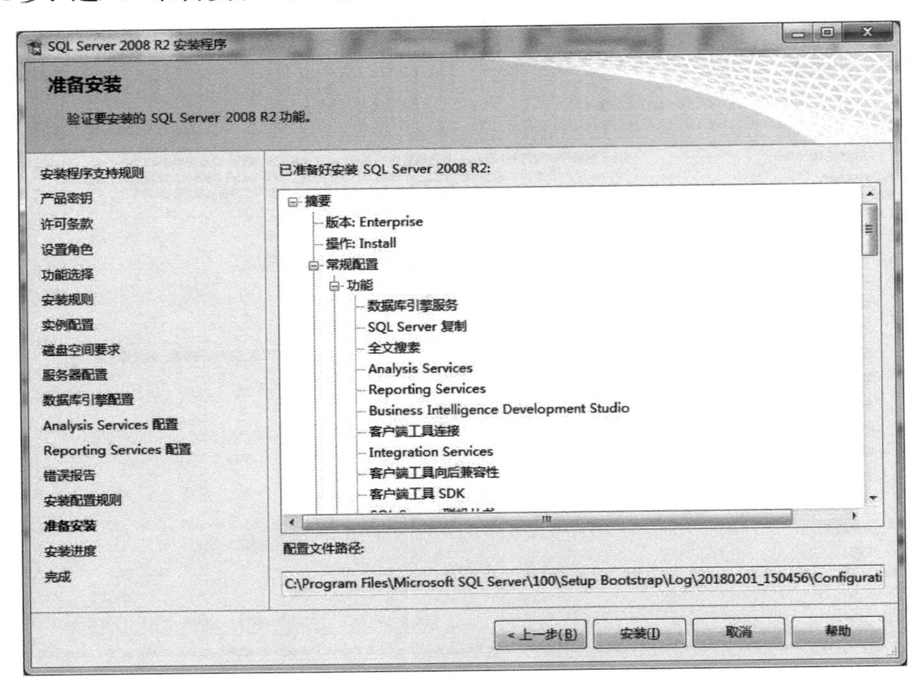

图 1–19 “准备安装”界面

第 19 步：进入“安装进度”界面，如图 1–20 所示。由于用户硬件环境的不同，安装过程将持续 10 ～ 30min。

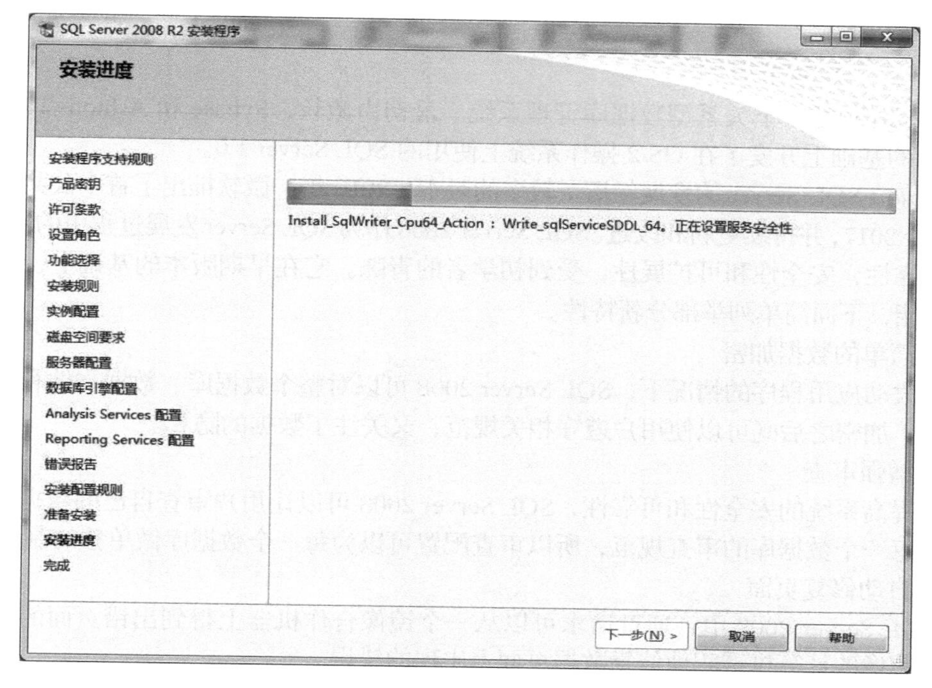

图 1-20 “安装进度”界面

第 20 步：进入“完成”界面，如图 1-21 所示，显示 SQL Server 2008 R2 安装已成功完成。单击“关闭”按钮。

SQL Server 2008 R2 安装程序

完成

SQL Server 2008 R2 安装已成功完成。

安装程序支持规则
产品密钥
许可条款
设置角色
功能选择
安装规则
实例配置
磁盘空间要求
服务器配置
数据库引擎配置
Analysis Services 配置
Reporting Services 配置
错误报告
安装配置规则
准备安装
安装进度
完成

已将摘要日志文件保存到以下位置:

C:\Program Files\Microsoft SQL Server\100\Setup Bootstrap\Log\20180201_150456\Summary_hsphz_20180201_150456.txt

关于安装程序操作或可能的随后步骤的信息(I):

SQL Server 2008 R2 安装已成功完成。

补充信息(S):

以下说明仅适用于此版本 SQL Server。

Microsoft Update

有关如何使用 Microsoft Update 识别 SQL Server 2008 R2 更新的信息，请参阅 Microsoft Update 网站，网址为 http://go.microsoft.com/fwlink/?LinkId=108409。

关闭　帮助

图 1-21 “完成”界面

【必备知识】

1. SQL Server 2008 简介

SQL Server 是一个关系型数据库管理系统。最初由微软、Sybase 和 Ashton–Tate 合作，在 Sybase 的基础上开发了在 OS/2 操作系统上使用的 SQL Server 1.0。

Microsoft SQL Server 的发展经历了较多的版本，2017 年，微软推出了首个公共预览版本 SQL Server 2017，并持续更新和改进。SQL Server 2008 作为 SQL Server 发展过程中的重要版本，具有高可靠性，安全性和可扩展性，受到初学者的青睐。它在早期版本的基础上，增加了许多新的功能，下面简单列举部分新特性。

（1）简单的数据加密

在不改动应用程序的情况下，SQL Server 2008 可以对整个数据库、数据文件和日志文件进行加密，加密之后既可以使用户遵守相关规范，又关注了数据的隐私。

（2）增强审查

为了提高系统的安全性和可靠性，SQL Server 2008 可以让用户审查自己的数据操作。还可以定义每一个数据库的审查规范，所以审查配置可以为每一个数据库做单独的制订。

（3）自动修复页面

在 SQL Server 2008 中，通过请求可以从一个镜像合作机器上得到出错页面的复制，使主要的和镜像的计算机透明地修复数据页面上出现的错误。

（4）精简的安装

SQL Server 2008 通过重新设计安装、设置和配置体系结构，改进了 SQL Server 服务的生命周期。将软件在硬件上的安装与 SQL Server 软件的配置隔离，允许组织和软件合作伙伴提供推荐的安装配置。

2. SQL Server 2008 的版本

SQL Server 2008 提供了多种版本，以满足各类用户独特的性能、运行时间以及价格的需求。下面简单介绍几个版本及其特点。

（1）企业版

SQL Server 2008 企业版是一个全面的数据管理和业务智能平台，为关键业务应用提供了企业级的可扩展性、数据仓库、安全、高级分析和报表支持。这一版本可为用户提供稳定的服务并执行大规模在线事务处理。该版本的功能是最齐全的。

（2）开发者版

SQL Server 2008 开发者版允许开发人员构建和测试基于 SQL Server 的任意类型应用。这一版本拥有所有企业版的特性，但只限于在开发、测试和演示中使用。基于这一版本开发的应用和数据库可以很容易地升级到企业版。该版本不能作为服务器使用。

（3）简化版

SQL Server 2008 简化版是 SQL Server 的一个免费版本，它拥有核心的数据库功能，其中包括了 SQL Server 2008 中最新的数据类型。但它是 SQL Server 的一个微型版本，这一版本是为了学习、创建桌面应用和小型服务器应用而发布的，可以用于数据库开发，也可以作为简单数据库服务器使用。该版本是企业版的简化版。

（4）标准版

SQL Server 2008 标准版是一个完整的数据管理和业务智能平台，为部门级应用提供了最佳的易用性和可管理特性。

（5）工作组版

SQL Server 2008 工作组版是一个值得信赖的数据管理和报表平台，用以实现安全发布、远程同步和对运行分支应用的管理。这一版本拥有核心的数据库特性，可以很容易地升级到标准版或企业版。

3. SQL Server 2008 安装前准备

体验可以更好地掌握相关知识与技能，小张迫不及待地想要把 SQL Server 2008 安装到计算机上，他考虑版权问题，选择从官网进行下载，但下载到的完整的安装包超过 4GB，并且了解到在安装过程中容易出现多种问题，因此他打算先全面了解 SQL Server 2008 安装前的注意事项，避免自乱阵脚。

1）微软公司建议将 SQL Server 2008 安装到使用 NTFS 的存储设备中。

2）SQL Server 不能安装到只读或压缩驱动器中。

3）环境要求如下。

① SQL Server 2008 企业版对计算机硬件系统的要求见表 1–1。

表 1–1 SQL Server 2008 企业版对计算机硬件系统的要求

对　象	要求说明
CPU	处理器类型：Pentium Ⅲ 兼容或速度更快的处理器 处理器速度：最低 1.0GHz，建议使用 2.0GHz 以上
内存	不低于 512MB，推荐 2GB 以上
硬盘	根据安装时功能选择的不同，需要的硬盘空间也不一样 建议：2.2GB 以上的可用磁盘空间（存储安装临时文件）

② 软件要求。

SQL Server 2008 企业版只能安装到服务器版的操作系统中（如 Windows Server 2003 或 Windows Server 2008），而不能安装到个人版操作系统中（如 Windows 7）。

SQL Server 2008 标准版可以安装到个人版操作系统 Windows Vista、Windows 7 等，或服务器版操作系统中 Windows Server 2003、Windows Server 2008 等。

除了对操作系统的要求外，安装 SQL Server 2008 还需要以下软件组件的支持：

- .NET Framework 3.5 SP1；
- SQL Server Native Client；
- SQL Server 安装程序支持文件；
- Microsoft Windows Installer 4.5 或更高版本。

一般情况下安装程序将检查系统中是否已经安装以上组件，若未安装，则安装程序将自动安装这些组件到系统中。安装 .NET Framework 需要重新启动操作系统，安装 Windows Installer 也需重新启动操作系统，安装程序将等到 .NET Framework 和 Windows Installer 组件完成安装后才重新启动。

4. 安装向导第 12 步中两个账户名有何区别

通常使用“NT AUTHORITY\SYSTEM”账户，若出于安全考虑可使用其他账户，若作为学习之用，可以使用 SYSTEM 账户，两个账户均为系统内置账户。

NT AUTHORITY\SYSTEM 对本地系统拥有完全控制权限；在工作组模式下，该账户不能访问网络资源；通常用于服务的运行，不需要密码。

NT AUTHORITY\NETWORK SERVICE 比 SYSTEM 账户权限小，可以访问有限的本地

系统资源；在工作组模式下，该账户能够以计算机的凭据来访问网络资源，默认为远程服务器的 Everyone 和 Authenticated User 组的身份；通常用于服务运行，不需要密码。

【任务评价】

在完成本次任务的过程中，认识了 SQL Server 2008 及其各种版本，全面了解了 SQL Server 2008 安装前所需的软硬件环境，学习了 SQL Server 2008 R2 版安装过程的每一个步骤，请对照表 1–2 进行总结与评价，表中 A、B、C、D 分别对应优、良、中、差四个等级。

表 1–2　任务评价表

评价指标	评价结果	备　注
1. 识记 SQL Server 2008 主要版本及其区别	□A　□B　□C　□D	
2. 识记 SQL Server 2008 安装的软硬件要求	□A　□B　□C　□D	
3. 熟练掌握利用安装向导安装 SQL Server 2008 的步骤	□A　□B　□C　□D	
4. 理解 SYSTEM 与 NETWORK SERVICE 账户的区别	□A　□B　□C　□D	
5. 理解安装过程中“功能选择”与实际安装组件之间的联系	□A　□B　□C　□D	
综合评价：		

【触类旁通】

通过命令方式安装 SQL Server 可以指定要安装的功能以及如何配置这些功能，还可以指定与安装用户界面进行静默交互、基本交互或完全交互。无论使用哪种安装方法，用户都需要作为个人或代表实体确认接受软件许可条款。

使用 /Q 或 /QS 参数进行无人参与安装时，必须包含 /IACCEPTSQLSERVERLICENSETERMS 参数。可以通过 Microsoft Software License Terms（Microsoft 软件许可条款）单独查看许可条款。

若要编写语法正确的安装命令，请遵循以下准则：

/PARAMETER

/PARAMETER=True/False

对于布尔类型，/PARAMETER=1/0

对于所有单值参数，/PARAMETER="value"

对于所有多值参数，/PARAMETER="value1" "value2" "value3"

1）请查阅相关资料，了解通过命令方式安装 SQL Server 的各类参数及其功能。

2）使用安装向导安装 SQL Server 2008，关注整个安装过程，直至安装成功。

3）请查阅相关资料，了解 SQL Server 最新版本的功能扩展情况，了解最前沿的数据库技术发展情况。

任务 2　SQL Server 2008 管理工具

扫码看视频

【任务情境】

小张经过多重坎坷终于成功安装了 SQL Server 2008，当他模仿其他软件的打开方式进入“所有程序”菜单中去查找软件的快捷启动方式时，有点不知所措。“眼前的三个文件夹（见

图 1–22）到底哪个才是用来创建和管理数据库的呢？”小张由此踏上了 SQL Server 2008 软件使用的摸索之路。

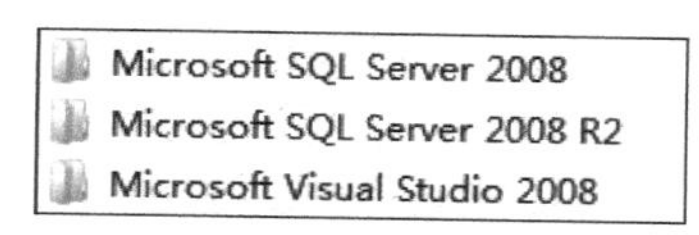

图 1–22　安装成功后“所有程序”列表下新增的文件夹

【任务分析】

本任务将带领用户了解 SQL Server 2008 全部功能安装成功后自带的程序和组件，了解它们各自的功能，通过图标或名称识别 SQL Server 2008 管理工具。它是一个整合式环境，用户可以利用它来存取、设定、管理和开发 SQL Server 的所有组件。

如图 1–23 所示的“SQL Server 安装中心（64 位）”用来打开安装过程中的“SQL Server 安装中心”，单击它即可打开安装中心的界面，如图 1–2 所示。

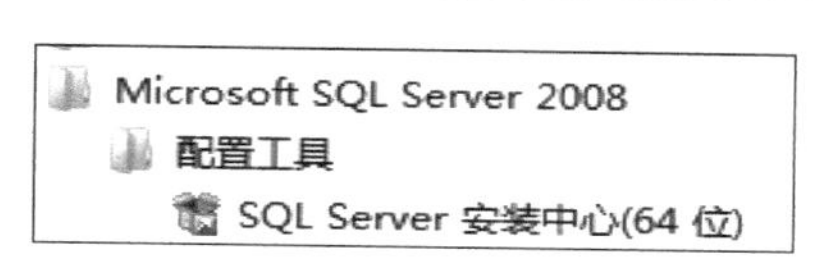

图 1–23 “SQL Server 安装中心”

【任务实施】

1. SQL Server 配置管理器

SQL Server 配置管理器是一种配置工具，用于管理与 SQL Server 相关联的服务、配置 SQL Server 使用的网络协议以及从 SQL Server 客户端计算机管理网络连接配置。

使用 SQL Server 配置管理器可以启动、暂停、恢复或停止服务，还可以查看或更改服务属性。下面介绍打开“SQL Server 配置管理器”的步骤。

1）执行“开始”→“所有程序”→“Microsoft SQL Server 2008 R2”→“配置工具”→“SQL Server 配置管理器”命令，将显示图 1–24 所示的“Sql Server Configuration Manager”SQL Server 配置管理器窗口。

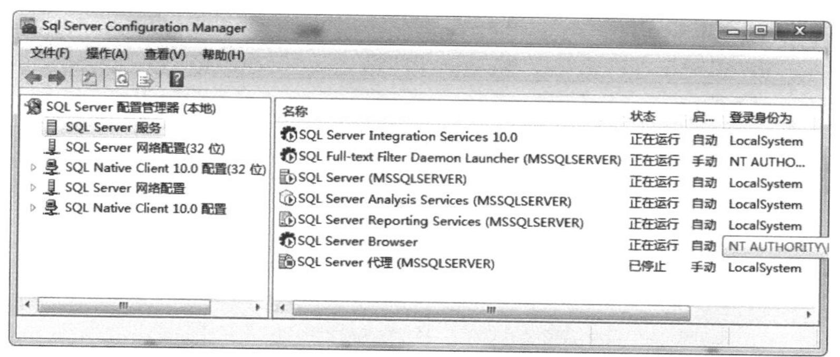

图 1–24　SQL Server 配置管理器窗口

2）SQL Server Browser 服务处于“正在运行”状态，若想暂停该服务，则可以在该服务上单击鼠标右键，将弹出如图 1–25 所示的快捷菜单，选择“暂停”命令即可将其暂停。

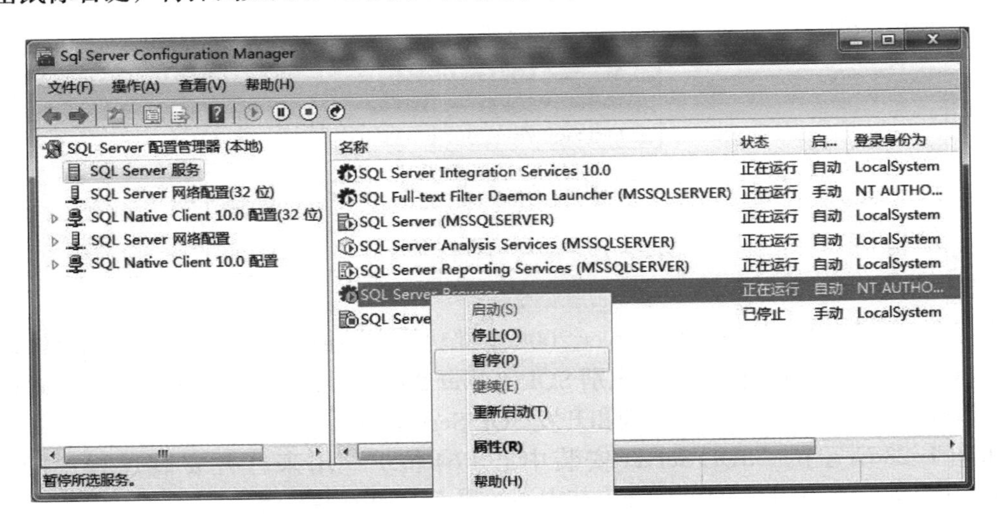

图 1–25 暂停服务

同样，对于处在“已停止”状态的服务，也可以使用快捷菜单（见图 1–25）启动。

2. SQL Server Management Studio

SSMS 是一个集成环境，用于访问、配置、管理和开发 SQL Server 的所有组件。SSMS 组合了大量图形工具和丰富的脚本编辑器，使各种技术水平的开发人员和管理员都能访问 SQL Server。

打开 SSMS 的具体步骤如下：

1）执行“开始”→“所有程序”→“Microsoft SQL Server 2008 R2”→“SQL Server Management Studio”命令，将显示如图 1–26 所示的“连接到服务器”对话框。

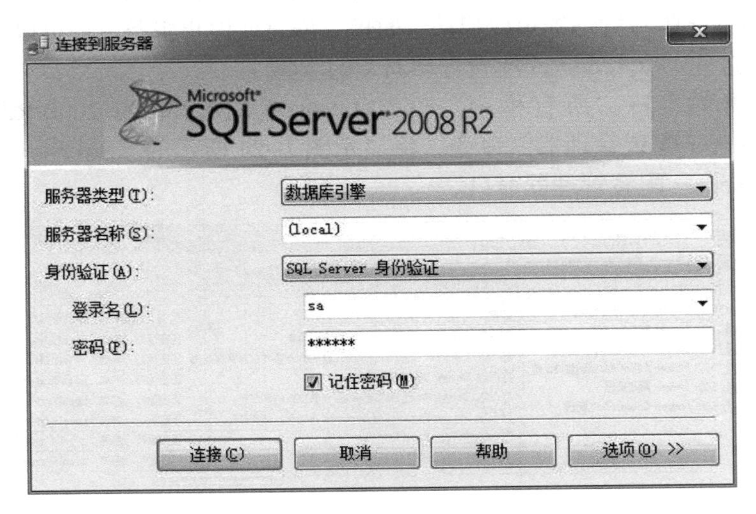

图 1–26 连接到服务器

2）在图 1–26 所示的对话框中选择“数据库引擎”服务器类型，服务器名称为默认的“（local）”，身份验证选择“SQL Server 身份验证”，登录名为 sa，密码输入安装时设置的密码。单击“连接”按钮，连接成功后将显示如图1-27所示的“Microsoft SQL Server Management Studio”窗口。

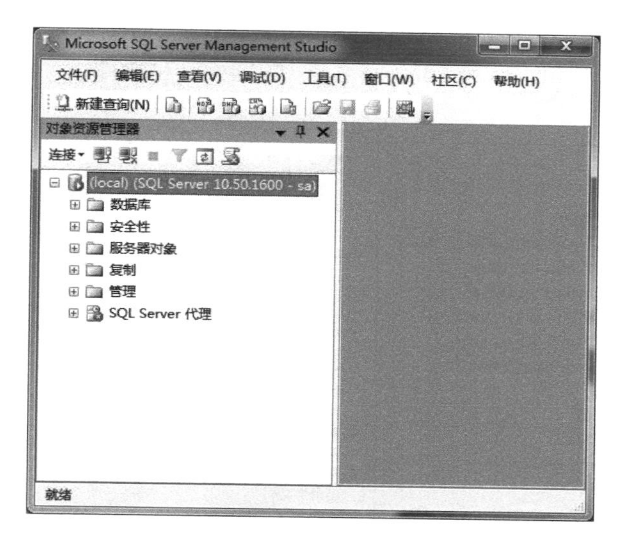

图1-27 “Microsoft SQL Server Management Studio”窗口

3. SQL Server数据库中的对象

在SQL Server中，一个数据库由多个数据对象组成，这些对象包括数据表、视图、数据库关系图等。下面简单介绍这些对象。

（1）数据表

数据表是数据库中一个非常重要的对象，数据库中的所有数据都存储在表中。一个数据库中可以包含若干个数据表。例如，在学籍管理系统中，包含学生、课程、成绩等数据表。这些表保存着学生的基本信息，学生可以选择的课程信息以及每位学生每门课程的成绩信息等。在数据库中将这些各自独立的数据表通过建立关系联接起来，使信息能交叉查阅。

在SQL Server中，用户可通过SSMS查看数据库中已有的数据表，具体步骤如下：

1）启动SSMS，并与服务器建立连接。

2）如图1-27所示，左侧是“对象资源管理器”子窗口。在该窗口中以树形结构显示当前系统中的对象，包括数据库、安全性、服务器对象、复制、管理等。

3）如图1-28所示，展开“数据库”目录下的master系统数据库，展开表对象，内部有6张系统表。

（2）视图

视图是数据库中的一个常用对象，视图是一个虚拟表，它的内容由查询定义。与真实的表一样，视图包含一系列带有名称的列和行数据，但这些数据没有保存在视图中，而是保存在由定义视图的查询所引用的表中，并且在引用视图时动态生成。即打开视图就是执行一条查询语句并将执行的结果返回。查看master系统数据库中的视图对象，如图1-29所示。

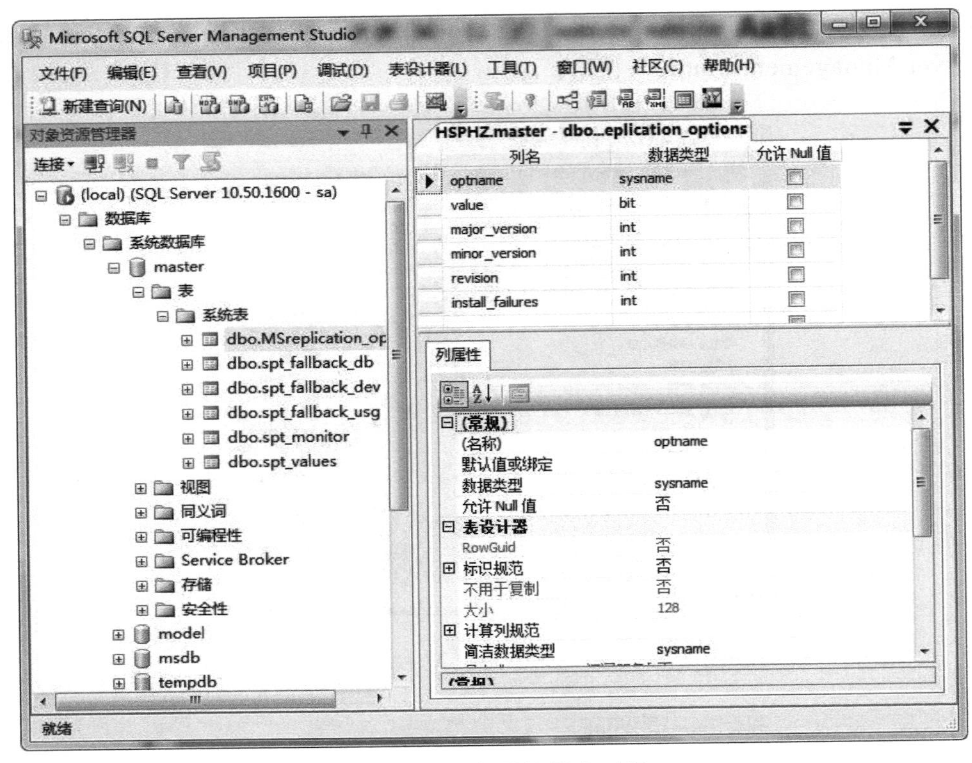

图 1-28　查看数据表对象

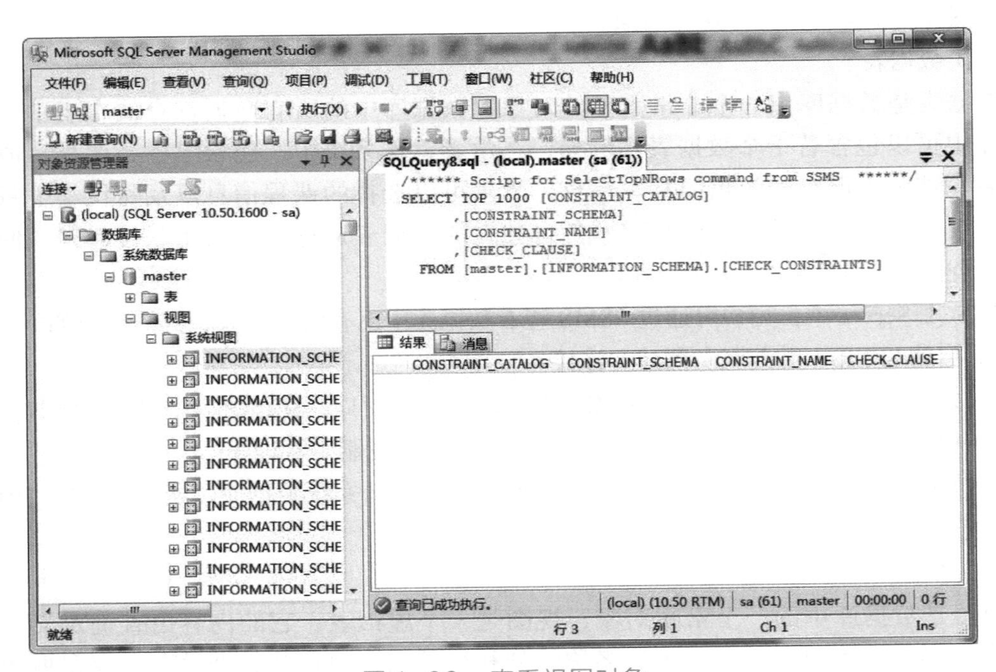

图 1-29　查看视图对象

（3）数据库关系图

创建合适的数据库关系图可以帮助用户或其团队成员高效地掌握数据库多张数据表之间的关系，图 1-30 为查看“学籍管理系统（stusta）”的数据库关系图。

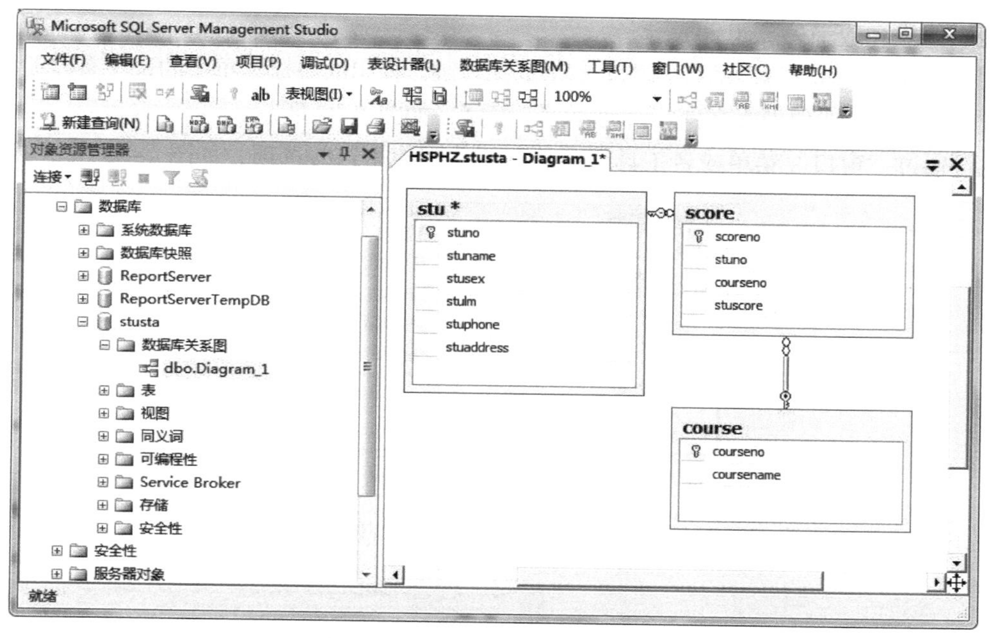

图 1-30 查看数据库关系图

4. 更改 SSMS 环境布局

(1) 关闭、隐藏以及重新打开组件窗口

如图 1-27 所示，单击已注册的服务器右上角的关闭按钮，将其隐藏。已注册的服务器随即关闭。

如图 1-27 所示，在对象资源管理器中，单击带有“自动隐藏”工具提示的“图钉”按钮 。对象资源管理器将被最小化到屏幕的左侧，如图 1-31 所示。在对象资源管理器标题栏上移动光标，对象资源管理器将重新打开，“小图钉”按钮向右旋转 90 度 。再次单击“图钉”按钮，使对象资源管理器驻留在打开的位置。

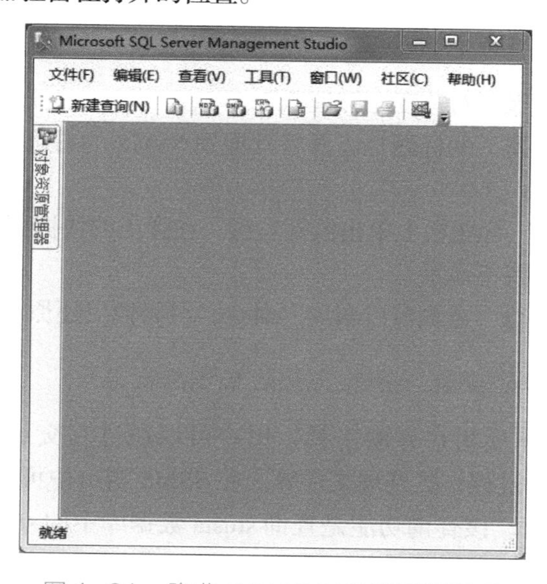

图 1-31 隐藏 SSMS 对象资源管理器

（2）停靠和取消停靠组件

在“对象资源管理器”的标题栏上单击鼠标右键，弹出的快捷菜单中的选项有浮动、可停靠（默认选中）、选项卡式文档、自动隐藏、隐藏，如图 1–32 所示。

也可通过“窗口”菜单或者工具栏中的下箭头键使用这些选项，如图 1–33 所示。

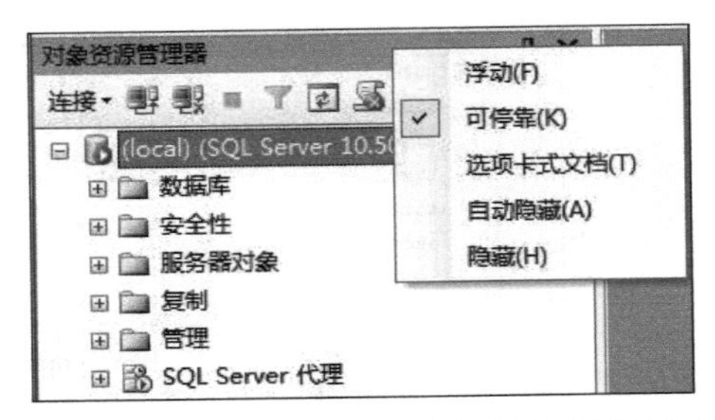

图 1–32　SSMS 窗口中组件的显示形式

双击“对象资源管理器”的标题栏可以取消它的停靠，效果如图 1–34 所示。

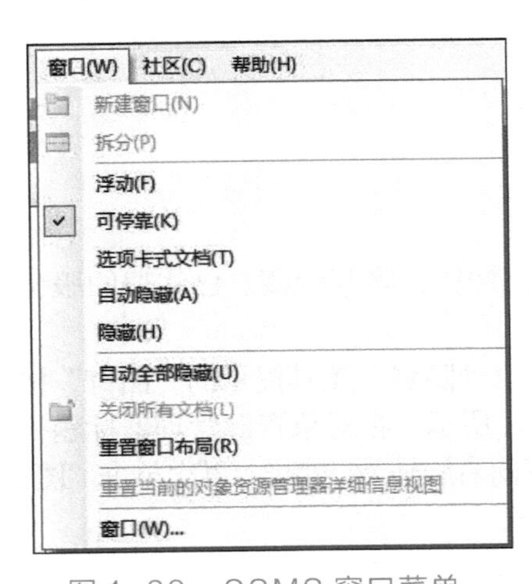

图 1–33　SSMS 窗口菜单

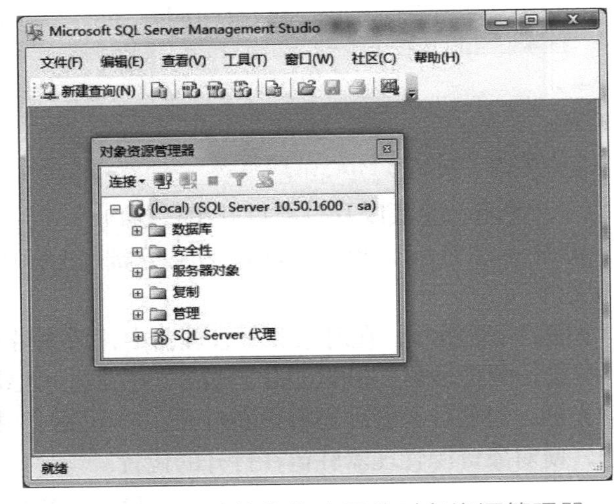

图 1–34　取消停靠状态下的对象资源管理器

再次双击标题栏，停靠“对象资源管理器”。

单击“对象资源管理器”的标题栏，并将其拖到 SSMS 的右边框。可以将其移动到窗口的各个位置。

在“对象资源管理器”标题栏上单击鼠标右键，在弹出的快捷菜单中选择“隐藏”命令，“对象资源管理器”窗口将不显示。

在“窗口”菜单中执行“重置窗口布局”命令，可将窗口还原，如图 1–33 所示。

5. SQL Server Management Studio 查询编辑器

查询编辑器是一个图形用户界面工具，用户可以通过它交互式地设计、测试和执行 Transact–SQL 语句、存储过程、批处理文件等。在 SSMS 窗口中可以通过单击“新建查询”按钮进入查询编辑器界面。该查询功能是查询 stusta 数据库中的 stu 数据表中全部信息，单击 ! 执行(X) 按钮，在“结果”栏中显示出查询的具体内容，如图 1–35 所示。

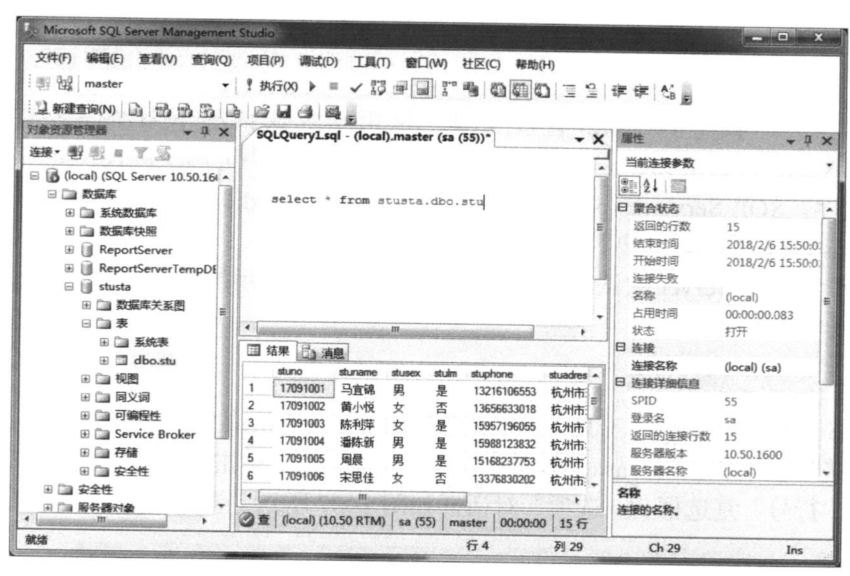

图 1-35　SSMS 的查询编辑器

6. SQL 语言

结构化查询语言（Structured Query Language，SQL）是一种数据库查询和程序设计语言，主要用于存取数据以及查询、更新和管理关系数据库系统。目前，绝大多数流行的关系型数据库管理系统都支持 SQL。

SQL 是客户端与服务器沟通的桥梁，客户端发送 SQL 指令到服务器端，服务器端执行相关指令并返回其查询的结果。

从 stastu 数据库的 stu 表中查询 stuaddress 为“杭州市江干区”所有学生的全部信息，可以通过以下语句来实现。

```
select * from stu where stuaddress like '杭州市江干区 %'
```

在查询编辑器中执行上述 SQL 语句的效果如图 1-36 所示。

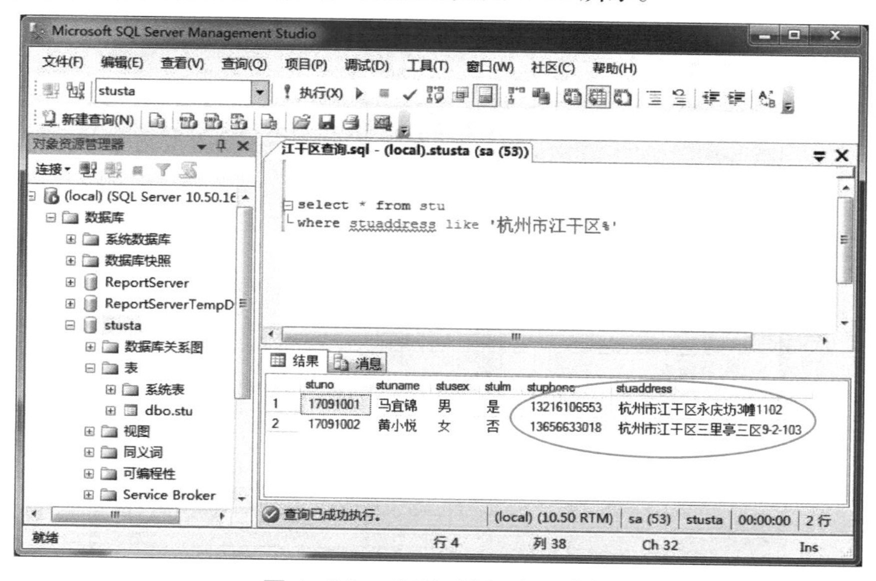

图 1-36　SQL 语句应用举例

【必备知识】

若安装完成后找不到SSMS管理工具，是由于默认情况下系统不安装SQL Server Management Studio。如果Management Studio不可用，则用户可再次进入SQL Server安装中心安装此程序。SQL Server Express不提供Management Studio。Management Studio Express可以从Microsoft下载中心免费下载。

SSMS作为SQL Server默认的集成环境，是用户最常使用的。下面介绍一些使用或配置SSMS的小技巧或工具。

1. 设置SSMS显示行号

在SSMS环境中，执行“工具”→“选项”命令，在弹出的对话框中单击“文本编辑器”左侧的折叠符号，再单击“Transact-SQL”左侧的折叠符号，单击“常规”选项，在右侧“显示”栏目中勾选“行号”复选框，“选项”对话框如图1-37所示，设置完成效果如图1-38所示。

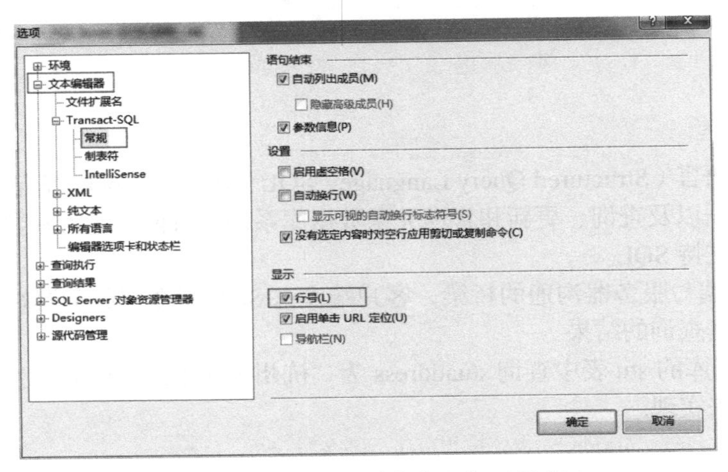

图1-37　SSMS“选项”对话框

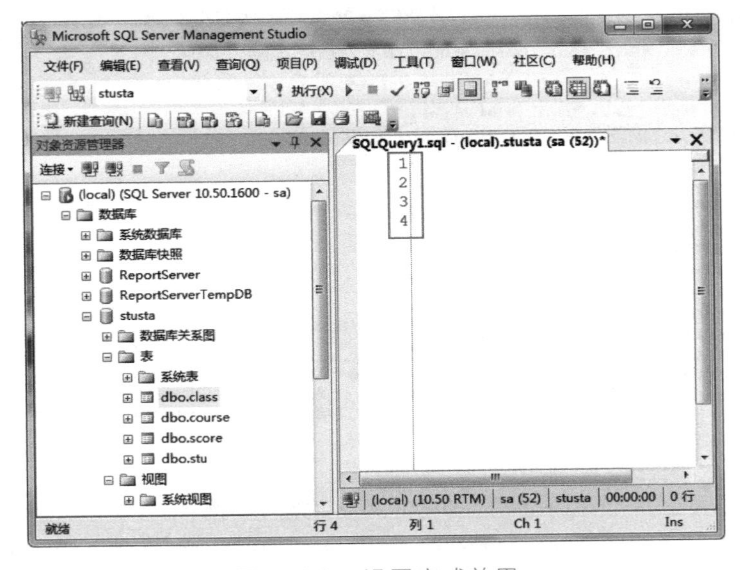

图1-38　设置完成效果

2. 添加注释与取消注释的快捷键

对选定内容添加注释：<Ctrl+K><Ctrl+C>；对选定内容取消注释：<Ctrl+K><Ctrl+U>。菜单命令如图 1–39 所示。

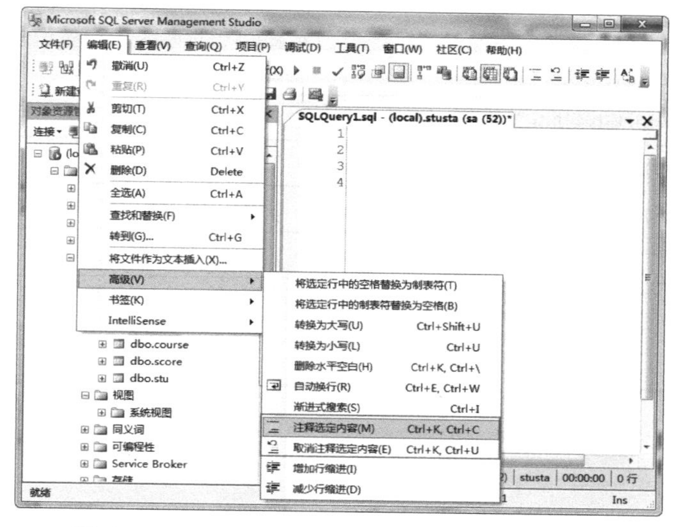

图 1–39 SSMS“编辑”→“高级”子菜单

3. SSMS 常用对象使用快捷键

新建查询：<Alt+N>。

显示“属性窗口”：<F4>（见图 1–40）

显示“对象资源管理器”：<F8>（见图 1–40）

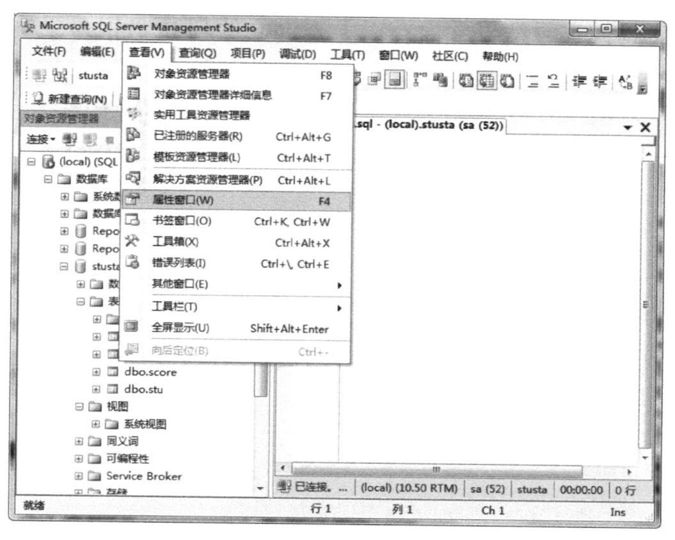

图 1–40 SSMS“查看”菜单

【任务评价】

在完成本次任务的过程中，学会了在 SQL Server 配置管理器中启动或停止服务，学习了

SSMS 的启动并连接到服务器，学会了对 SSMS 环境的重新布局或还原，了解了 SSMS 查询编辑器以及 SQL。请对照表 1-3 进行总结与评价。

表 1-3　任务评价表

评价指标	评价结果	备　注
1. 熟悉 SQL Server 配置管理器的使用	□A　□B　□C　□D	
2. 熟练掌握 SSMS 的启动并连接到指定服务器	□A　□B　□C　□D	
3. 熟练掌握 SSMS 环境的重新布局或还原	□A　□B　□C　□D	
4. 熟悉 SSMS 查询编辑器	□A　□B　□C　□D	
5. 熟悉 SQL 的概况	□A　□B　□C　□D	
综合评价：		

【触类旁通】

1）启动 SQL Server 配置管理器，查看已启动服务的属性，了解其登录身份。

2）在 SQL Server 配置管理器中查看网络配置中的 TCP/IP 是否已启用。

3）启动 SSMS 并连接到本地服务器，查看 master 数据库各对象的内容。

4）查看"查询选项"对话框中"每列中显示的最大字符数"，并记录其默认值。

5）新建一个查询，在查询编辑器窗口中输入以下代码：

```
use master                      -- 指定数据库
select * from dbo.spt_monitor   -- 查询出 dbo.spt_monitor 表中的全部数据
```

执行以上查询代码，查看结果并保存以上查询文件到 D 盘根目录下，命名为"mysql1.sql"。

任务 3　SQL Server 2008 数据库图形化操作

扫码看视频

【任务情境】

小张对 SSMS 的使用有了一个初步认识之后，便从学籍管理系统着手研究 SQL Server 2008 对数据库是如何进行操作的。他希望自己把这方面技能研究地透彻一些，从而为自己去应聘学校的教务员一职多一些筹码。

【任务分析】

对数据库及其基本对象的管理一般分为以下两种方式：

1）通过可视化的 SSMS 管理器进行操作；

2）使用 SQL 语句进行操作。

本任务通过创建和管理"学籍管理系统"stastu，学习在 SSMS 中如何管理数据库和数据表。

【任务实施】

1. 创建及管理“学籍管理系统”stastu 数据库

（1）利用 SSMS 管理器创建 stastu 数据库

1）启动 SSMS，并连接到服务器。

2）在 SSMS 窗口的对象资源管理器列表框中的“数据库”目录上单击鼠标右键，在弹出的快捷菜单中选择“新建数据库”命令，如图 1–41 所示。

3）在“新建数据库”窗口中，如图 1–42 所示，选择“常规”选项，输入数据库名称为 stusta，分别设置数据文件和日志文件的保存位置，单击“确定”按钮，完成数据库的创建。

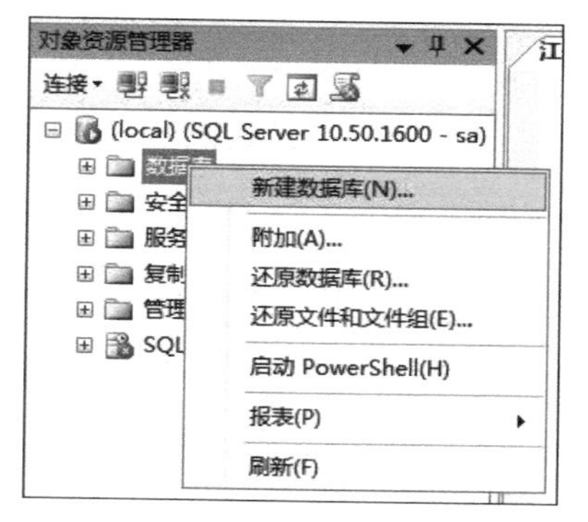

图 1–41 选择“新建数据库”命令

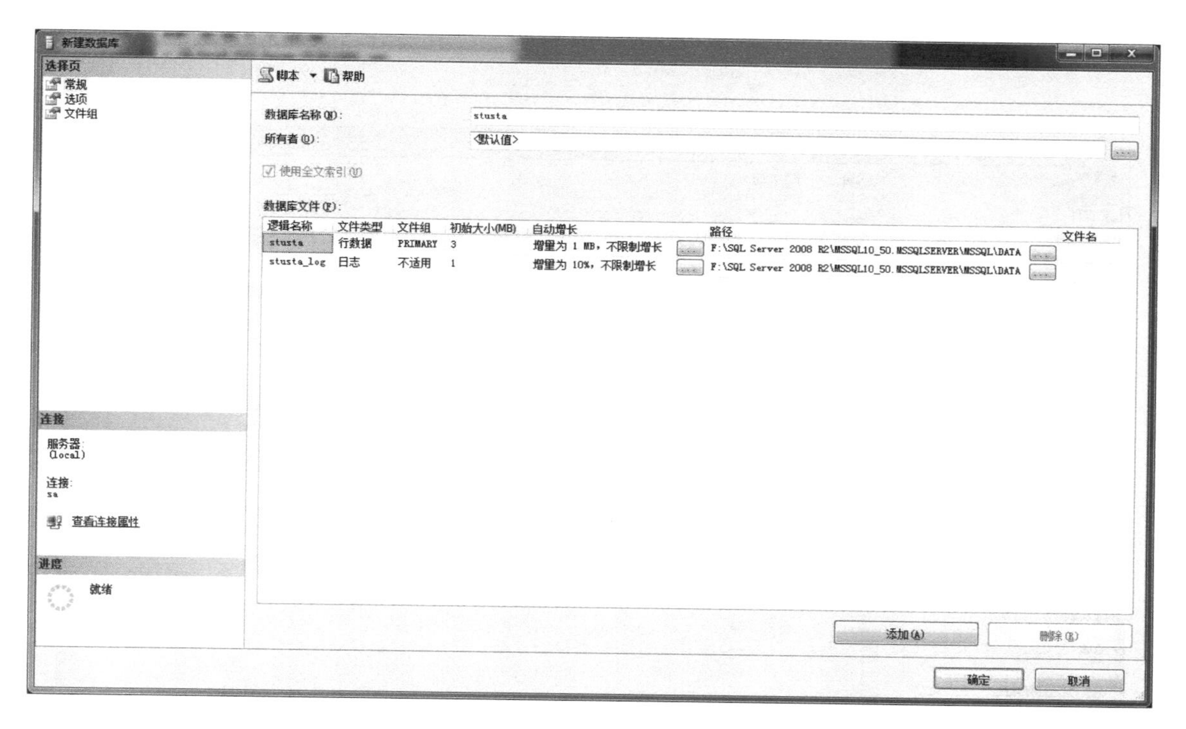

图 1–42 “新建数据库”窗口

（2）查看数据库信息

stusta 数据库创建完成之后，若想要查看相关信息，只需鼠标右键单击数据库名称，在弹出的快捷菜单中，选择“属性”命令，如图 1–43 所示。

在弹出的“数据库属性 –stusta”对话框中可以在“选择页”中选择相关选项，如图 1–44 所示为“常规”页对应的内容，stusta 数据库的所有者为管理员 sa，大小为 4MB，可用空间为 1.58MB，用户数为 4。

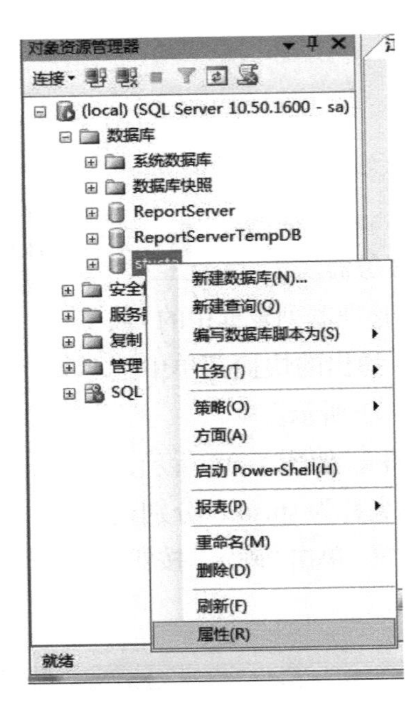

图 1-43　选择“属性”命令

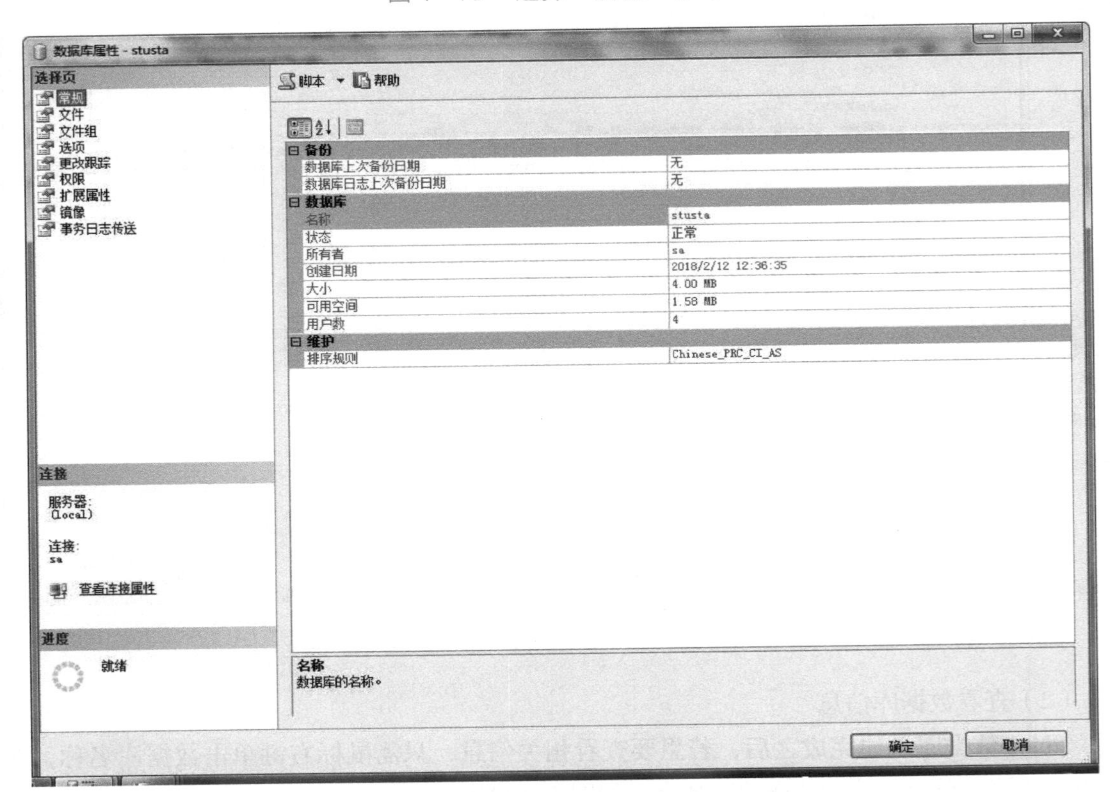

图 1-44　“数据库属性 -stusta”对话框

（3）修改数据库大小

当数据库中保存的数据达到一定大小后，用户可以通过设置自动增长，从而增加数据库文件的大小。单击图 1-45 所示“数据库文件”下的“自动增长”列中对应的按钮，在弹出的如图 1–46 所示的“更改 stusta 的自动增长设置”对话框中可更改相关参数。

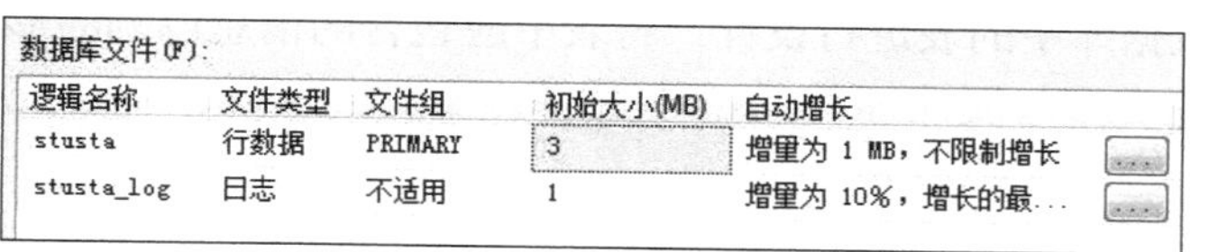

图 1–45 “数据库文件”选项内容

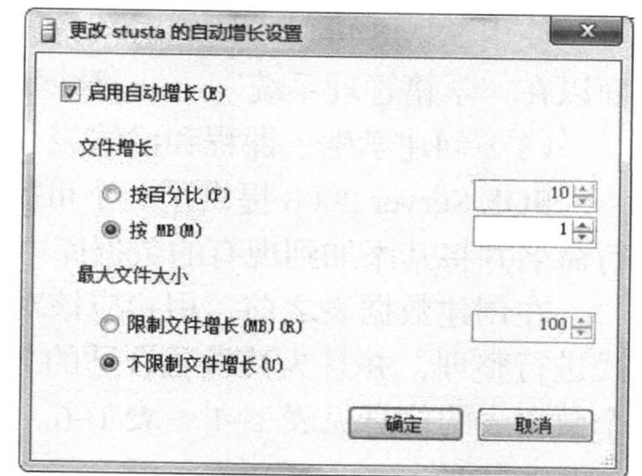

图 1–46 “更改 stusta 的自动增长设置”对话框

（4）删除数据库

当不再需要用户定义的数据库或者已将其移动到其他数据库或服务器上时，就可以删除该数据库。数据库删除之后，文件及其数据都将从服务器上的磁盘中删除，而且是被永久删除，如果没有备份，则无法检索该数据库。不可删除系统数据库。

删除数据库的步骤很简单，执行图 1–43 快捷菜单中的“删除”命令，便可打开“删除对象”对话框，如图 1–47 所示，单击“确定”按钮返回 SSMS 界面。在删除任何数据库之后，应备份 master 数据库。如果必须还原 master，则自上次备份之后删除的所有数据库仍将在系统目录视图中有引用，因此可能出现错误消息。

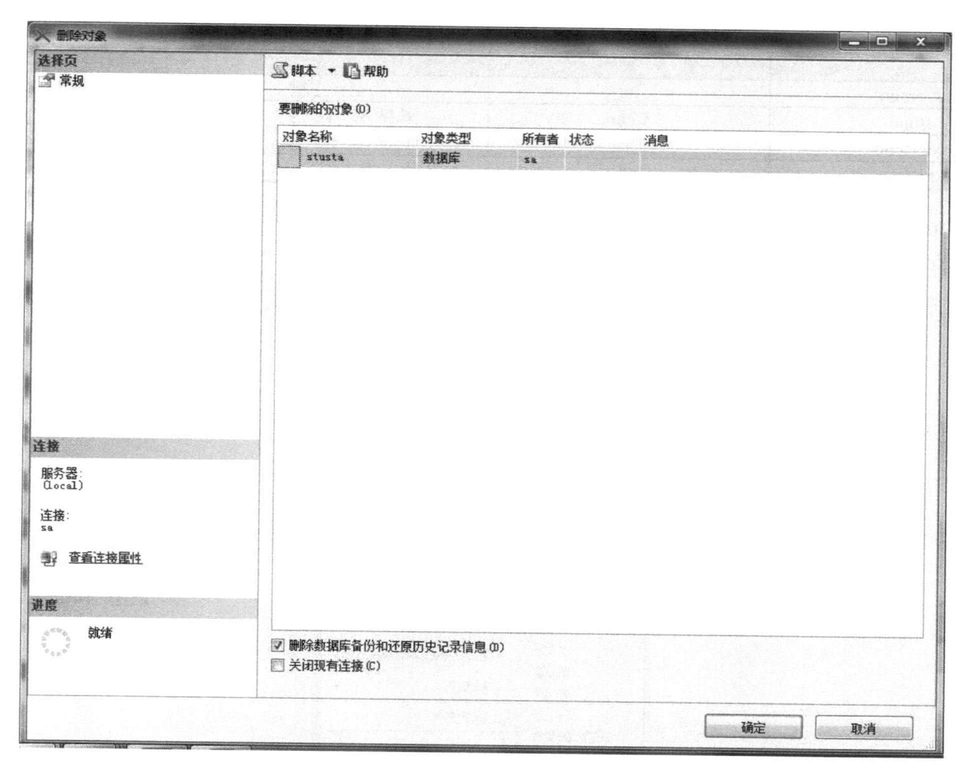

图 1–47 “删除对象”对话框

用户很有可能会出现误删除操作，因此 SQL Server 2008 提供了数据库恢复功能。

2. 创建、修改、删除数据表

使用 SSMS 可以方便地对数据表进行管理，包括数据表的创建、修改、删除等操作，下面以在“学籍管理系统”stusta 数据库对数据表进行操作为例进行介绍。

（1）创建学生、课程和成绩表

SQL Server 2008 提供了一个可视化的表设计器，使用表设计器可以创建新表，对该表进行命名并将其添加到现有的数据库中。

在创建数据表之前，用户应该对数据库中的表进行设计，将表中应包含的信息以列的形式进行整理，并且为其设置合适的数据类型与属性等。stusta 数据库中 stu、course、score 三个数据表的信息见表 1-4 ～表 1-6。

表 1-4　stu 学生信息表

列　名	数据类型	其他属性	描　述
stuno	Char	长度 8，不为空，主键	学号
stuname	Char	长度 10，不为空	姓名
stusex	Char	长度 2，允许空	性别
stulm	Bit	1 或 0 或 Null	团员否
stuphone	Char	长度 11，允许空	电话
stuaddress	Char	长度 50，允许空	住址

表 1-5　course 学生信息表

列　名	数据类型	其他属性	描　述
courseno	Char	长度 5，不为空，主键	课程编号
coursename	Char	长度 20，允许空	课程名称

表 1-6　score 学生信息表

列　名	数据类型	其他属性	描　述
scoreno	Int	不为空，主键	成绩编号
stuno	Char	长度 8，不为空	学号
courseno	Char	长度 5，允许空	课程编号
stuscore	Int	允许空	分数

在 stusta 数据库中创建 stu 数据表。

1）在 SSMS 对象资源管理器中展示 stusta 数据库对象，在“表”目录上单击鼠标右键，在弹出的快捷菜单中选择“新建表”命令，如图 1-48 所示，将打开如图 1-49 所示的表设计器。

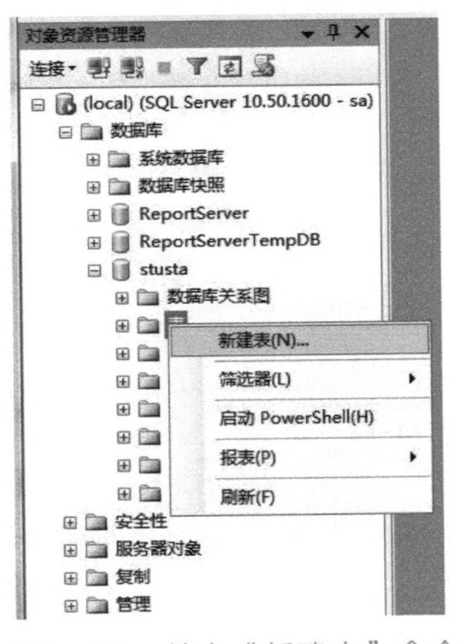

图 1-48　单击“新建表”命令

扫码看视频

2）按表 1-4 中的数据输入每列的内容，如图 1-50 所示。首先输入列名，接着输入或选择数据类型和长度，并根据需要选中“允许 Null 值”复选框。在下方“列属性”中也可以修改每个列的相关属性值以及各类约束。

图 1-49　表设计器

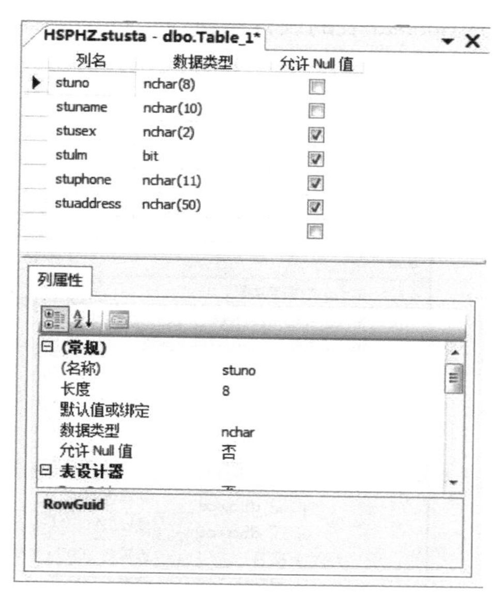

图 1-50　表设计器中输入内容

3）单击 stuno 所在的行选择按钮，接着单击如图 1-51 所示“表设计器”工具栏上的“设置主键”配图按钮，则 stuno 所在的行选择按钮变成，表示 stuno 已被设置成主键。

图 1-51 “表设计器”工具栏

4）执行“文件”→“保存 Table_1”命令或者在表设计器左上方选项卡上单击鼠标右键，在弹出的快捷菜单中选择“保存 Table_1”命令，均会弹出如图 1-52 所示的“选择名称”对话框，在“输入表名称”文本框中输入 stu，单击“确定”按钮。

5）展开对象资源管理器中的“表”选项，可看到新建的 stu 数据表，如图 1-53 所示。

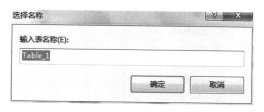

图 1-52 “选择名称”对话框

图 1-53　stusta 数据库中新建的 stu 数据表

（2）修改表结构

数据表创建之后，可以更改最初创建表时定义的许多选项。比如，可以添加、修改、删除列；可以修改列的名称、数据类型、小数位数以及是否为空等。

在 stusta 数据库中为 stu 数据表添加一列 stubirth，用来保存学生的出生日期，数据类型为日期型，将该列添加在 3、4 两列之间。

1）在 SSMS 对象资源管理器中，依次展开“数据库”→“stusta”→“表”选项，直到看到 dbo.stu 为止。

2）右键单击学生信息表 dbo.stu，将弹出图 1–54 所示的快捷菜单，选择“设计”命令，打开 dbo.stu 表的设计器窗口，如图 1–55 所示。

图 1–54　快捷菜单

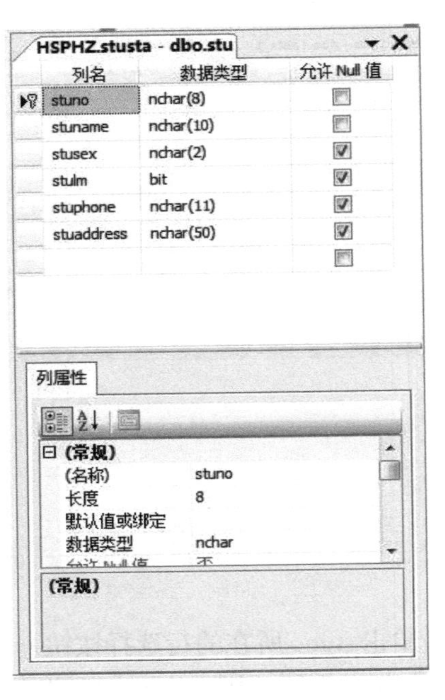

图 1–55　stu 表设计器窗口

3）选中 stulm 列所在的行，此时在该行任意位置单击鼠标右键，在弹出的快捷菜单中选择“插入列”命令，如图 1–56 所示。

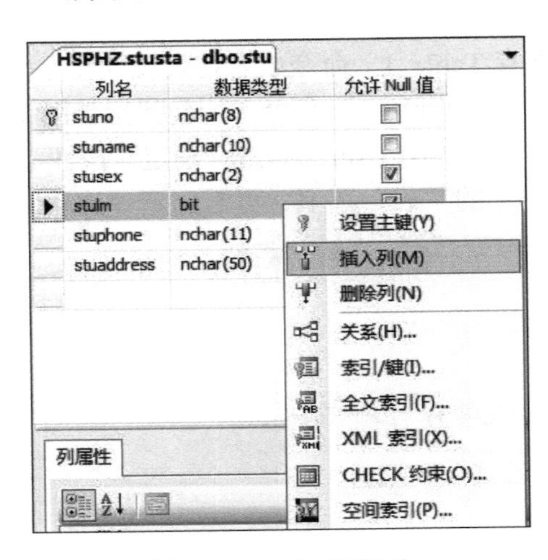

图 1–56　快捷菜单

4）此时 stusex 和 stulm 两列之间出现了一个空列，如图 1–57 所示。

5）在空列中输入所需内容，完成表结构的修改。执行“文件”→“保存 stu”命令，将修改结果进行保存。如图 1–58 所示，选中列即为新增的列。

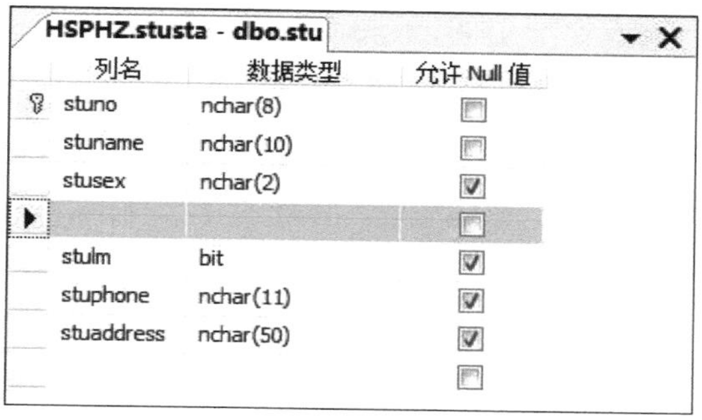

图 1-57　插入空列

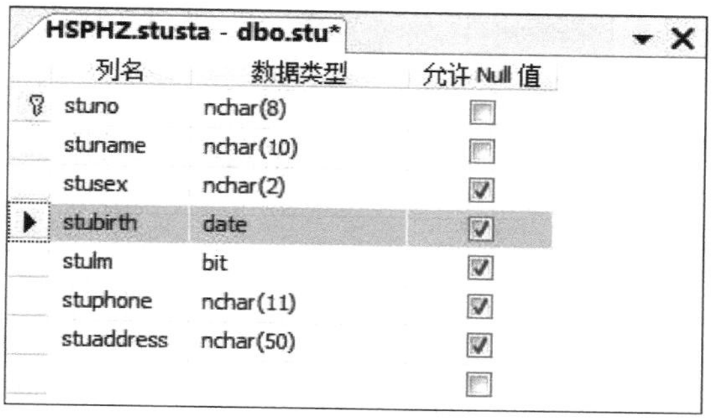

图 1-58　新增的 stubirth 列

（3）删除表

若某个表中的数据不再需要，为了释放数据库的空间，则用户可以将该表删除。删除表后，该表的结构定义、数据、约束和索引都将从数据库中永久删除。原来存储该表及其索引的空间可用来存储其他表。

删除 stusta 数据库中的 dbo.teacher 数据表。

1）在 SSMS 对象资源管理器中，依次展开"数据库"→"stusta"→"表"选项，直到看到 dbo.teacher 为止，如图 1-59 所示。

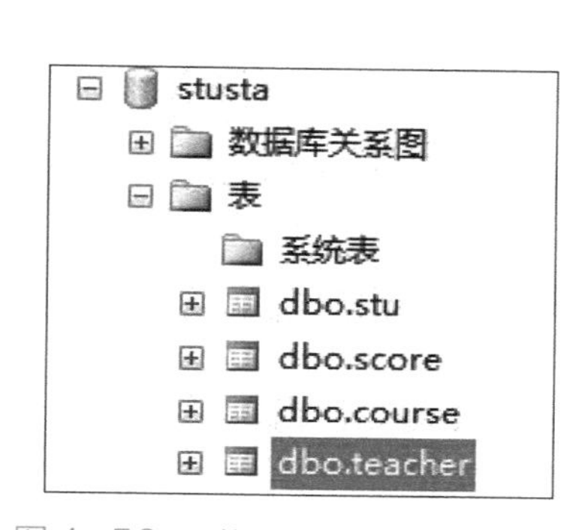

图 1-59　dbo.teacher 数据表

2）在 dbo.teacher 数据表上单击鼠标右键，在弹出的快捷菜单中选择"删除"命令，或者执行"编辑"→"删除"命令（见图 1-60），都将弹出"删除对象"对话框，单击"确定"按钮即可完成删除表操作，如图 1-61 所示。

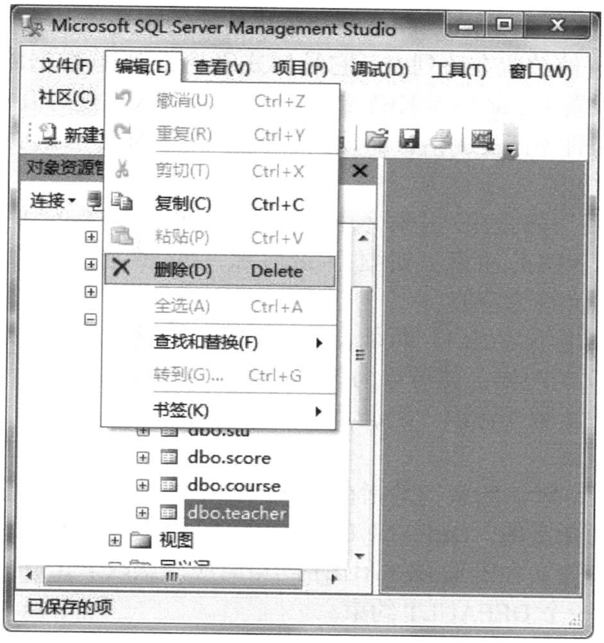

图 1-60　利用"编辑"菜单删除表

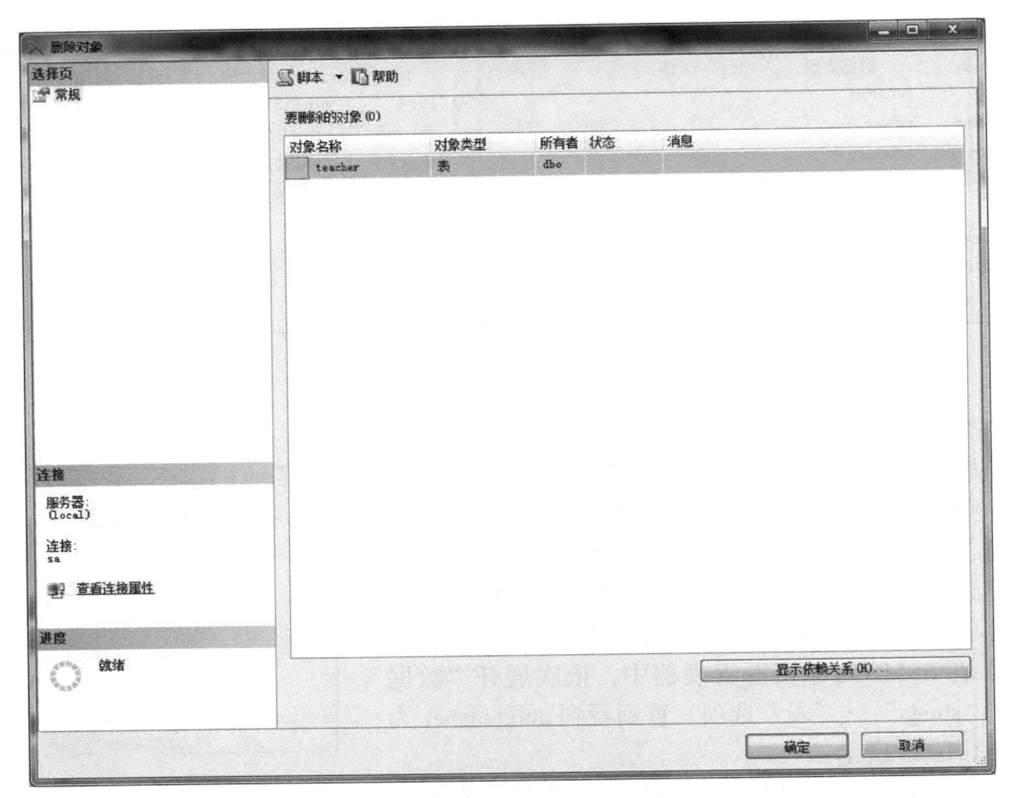

图 1-61 “删除对象”对话框

3. 设置表约束

在数据库管理系统中，保证数据库中的数据完整性是非常重要的。数据完整性是指存储在数据库中数据的一致性、正确性、精确性和可用性。约束是指派给表列的属性，用于防止将某些类型的无效数据值放置在该列中。它是 SQL Server 2008 数据库实现数据强制完整性的标准机制。例如，设置 PRIMARY KEY 约束可以防止插入重复的值，设置 CHECK 约束可以防止插入与设置的条件不匹配的值，而设置 NOT NULL 约束可以防止插入 NULL 值。

（1）NOT NULL 约束

NOT NULL 约束可以防止在列中插入 NULL（空）值。如果必须在某列中输入数据，则应当给该列设置 NOT NULL 约束。如图 1–58 所示，stu 表中 stuno 和 stuname 设置了 NOT NULL 约束，这两列不允许为空值。

NULL 值既不是 0 也不是空白，而是表示“不确定”或“没有数据”。当某一列的值一定要输入数据才有意义的时候，就可以为该列设置 NOT NULL 约束。例如，主键列不允许出现空值，否则就失去了唯一标识一条记录的作用。

（2）DEFAULT 约束

DEFAULT 约束又称默认约束，是指在插入操作中如果没有提供输入值，则系统设置的 DEFAULT 约束会自动指定值。DEFAULT 约束可以包括常量、函数、空值等，使用默认值可以提高数据输入的速度。在定义 DEFAULT 约束时应注意以下几点：

1）一列只能定义一个 DEFAULT 约束。

2）如果定义的默认值长度大于该列的最大长度，则输入到表中的默认值将被截断。

3）DEFAULT 约束不能定义在带有 IDENTITY 属性的列中。

为 stu 表中的 stusex 列设置默认值为“男”。

1）打开 stu 表的表设计器窗口。

2）选中 stusex 列，在“列属性”选项卡中的“常规”列表中选中“默认值或绑定”文本框。

3）在“默认值或绑定”文本框中输入字符“男”，系统自动填充为如图 1–62 所示的格式。

（3）CHECK 约束

CHECK 约束又称为检查约束，用于检查输入的数据是否正确，只有符合 CHECK 约束条件的数据才能输入。

给 stusta 数据库的 score 表的 stuscore 列设置 CHECK 约束，要求成绩必须 >=0 同时 <=100。

1）打开 score 表的表设计器窗口。

2）选中 stuscore 列并用鼠标右键单击，在弹出的快捷菜单中选择“CHECK 约束”命令，如图 1–63 所示。

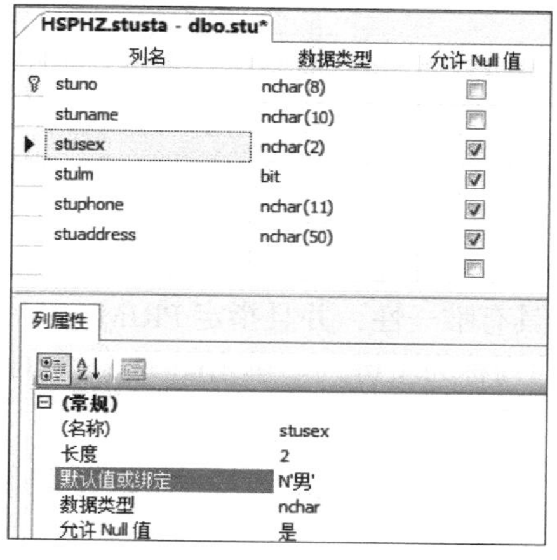

图 1–62　设置 DEFAULT 约束

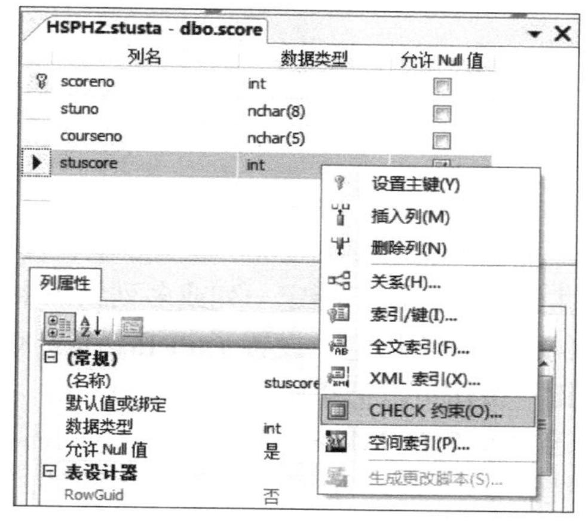

图 1–63　选择“CHECK 约束”命令

3）在“CHECK 约束”对话框中添加 CHECK 约束。单击“添加”按钮，然后在表达式中输入“stuscore>=0 and stuscore<=100”，单击“关闭”按钮，保存，如图 1–64 所示。

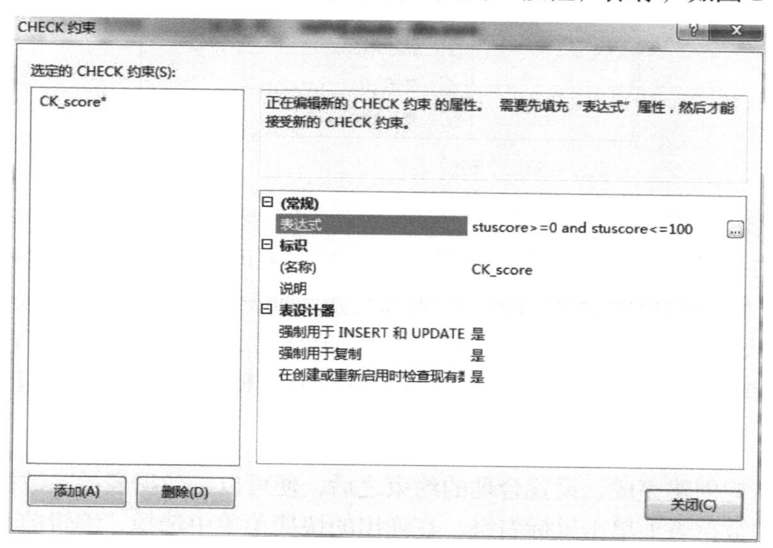

图 1–64　“CHECK 约束”对话框

当用户再次在 score 表中输入数据时，如果 stuscore 列的值不在约束指定的范围内，则系统将弹出报错对话框来提示用户对错误的输入内容进行修改。如图 1–65 所示，第二行输入的成绩值 120 不在 CHECK 约束的指定范围内，因此弹出了此对话框。

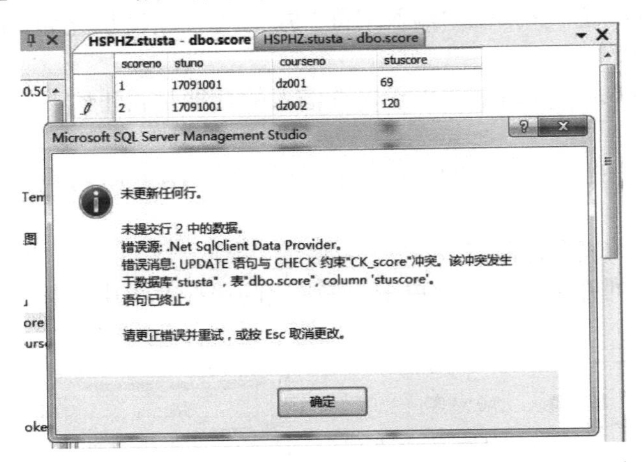

图 1–65　不符合“CHECK 约束”的错误提示对话框

（4）PRIMARY KEY 约束

一般在 SQL Server 2008 数据库中，保存数据的表都要设置主键。PRIMARY KEY 约束又称主键约束，用于指定一列或多列组织中的数据值具有唯一性，并且指定 PRIMARY KEY 约束的列不允许为空。设置了 PRIMARY KEY 约束的列称为主键列。单击图 1–51 中的“设置主键”按钮可以把指定的列设置为主键，这里不再赘述。

若要取消 PRIMARY KEY 约束，则需要删除主键，在指定列上单击鼠标右键，在弹出的快捷菜单中选择“删除主键”命令即可，如图 1–66 所示。

图 1–66　删除 PRIMARY KEY 约束

（5）UNIQUE 约束

UNIQUE 约束又称唯一性约束，使用 UNIQUE 约束可以确保在非主键列中不输入重复的值，UNIQUE 约束和 PRIMARY KEY 约束都是强制唯一性，它们之间的区别有：

1）在一个表中可以定义多个 UNIQUE 约束，但只能定义一个 PRIMARY KEY 约束。

2）定义 UNIQUE 约束的列上允许有空值，但 PRIMARY KEY 约束的列上不允许有空值。

4. 表数据的操作

在数据表结构创建完成、设置合理的约束之后，便可以给数据表插入数据，用户可以在需要插入数据的数据表上单击鼠标右键，在弹出的快捷菜单中选择“编辑前 200 行”命令即可进入数据输入窗口，如图 1–67 所示。

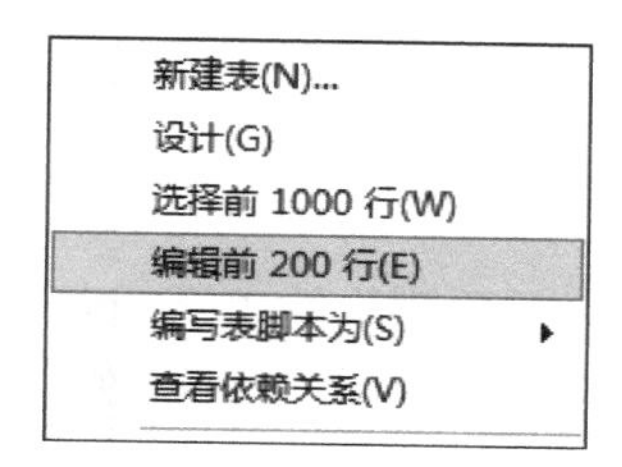

图 1-67 进入表数据输入窗口

（1）为各列录入数据内容

在 stusta 数据库中为 stu 数据表录入相关数据，内容如图 1-68 所示。

HSPHZ.stusta - dbo.stu

stuno	stuname	stusex	stulm	stuphone	stuaddress
17091001	马宜锦	男	True	[illegible]	[illegible]
17091002	黄小悦	女	False	[illegible]	[illegible]
17091003	陈利萍	女	True	[illegible]	[illegible]
17091004	潘陈新	男	True	[illegible]	[illegible]
17091006	宋思佳	女	False	[illegible]	[illegible]
17091008	朱蕊	女	True	[illegible]	[illegible]
17091009	张洁勇	男	False	[illegible]	[illegible]
17091011	姜彤	女	True	[illegible]	[illegible]
17091012	陈涛	男	False	[illegible]	[illegible]
17091013	陈方	男	True	[illegible]	[illegible]
17091014	来钦晨	男	True	[illegible]	[illegible]
17091015	陈欣怡	女	False	[illegible]	[illegible]
NULL	NULL	NULL	NULL	NULL	NULL

图 1-68 stu 表各列数据内容

1）进入数据录入窗口。

2）定位在第一个单元格，录入“17091001”。

3）按 <Tab> 键使光标定位在第一行第二个单元格，录入“马宜锦”，同样录入其余内容。

注意

录入数据时，有些设置了不允许空值的列未录入完整则不能录入下一行数据，系统会弹出如图 1-69 所示的错误提示框。

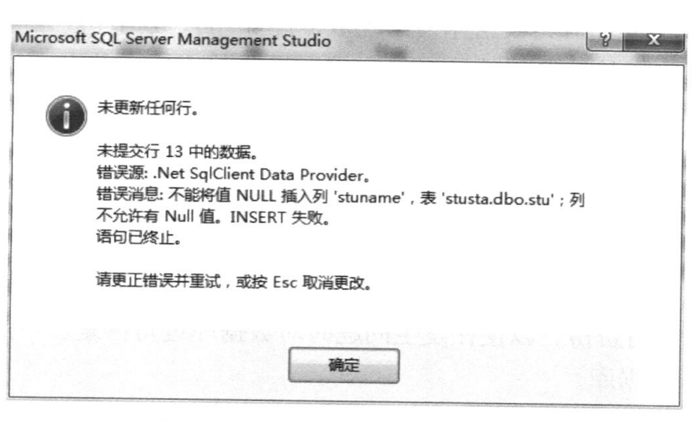

图 1-69 数据录入错误提示框

（2）录入遗漏的数据行

如图 1-68 所示，发现少了“17091007”“童加亮”同学的信息，此时用户只需按照正常的数据录入方式录入在最后一行，当下次进入数据录入界面时系统将自动按照 stuno 顺序展示全部表数据。

17091007　童加亮　男　TRUE

（3）删除不需要的数据行

如图 1–70 所示，鼠标右键单击需要删除的 1 行或若干行数据行，在弹出的快捷菜单中选择“删除”命令，紧接着弹出删除操作将永久删除数据的提示框，单击“是”按钮完成删除操作。

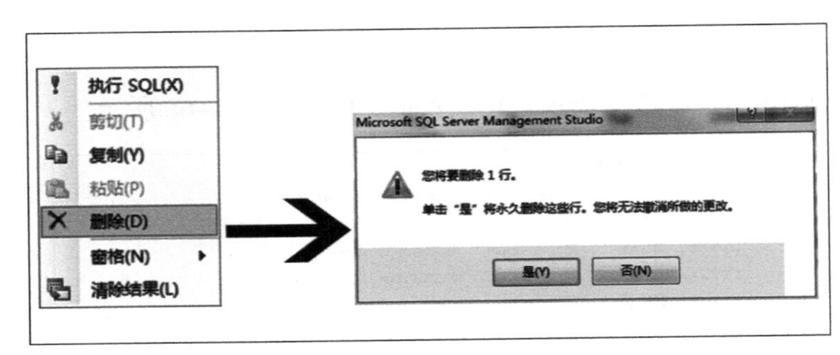

图 1–70　删除数据行

注意　配合 <Ctrl> 键可以选择不连续的若干行；利用鼠标拖动或者配合 <Shift> 键可以选择连续的多行数据。

【必备知识】

在 SSMS 中创建数据库时，在“数据库名称”文本框中输入的数据库名称不能与其他现存的数据库名称相同；在默认情况下，数据文件的逻辑名和文件名与数据库名称是相同的，日志文件的逻辑名和文件名是在数据库名后添加 _log。如图 1–42 所示创建的 stusta 数据库，在指定路径下会有两个文件，分别是数据文件“stusta.mdf”和日志文件“stusta_log.ldf”。用户还可以任意创建多个次要数据文件，其扩展名为“.ndf”。

1. SSMS 中的系统数据库简介

在 SQL Server 中有两类数据库，系统数据库和用户数据库。在 SQL Server 系统中，系统运行时会用到的相关信息如系统对象和组态设置等，都存放在系统数据库中。成功安装 SQL Server 后，系统会自动建立 master、model、msdb、tempdb 等系统数据库。

（1）master 数据库

master 数据库是 SQL Server 中最重要的数据库，它记录了 SQL Server 系统中所有的系统信息，包括登录账户、系统配置和设置、服务器中数据库的名称、相关信息和这些数据库文件的位置以及 SQL Server 初始化信息等。它是 SQL Server 的核心数据库，因此，要经常对 master 数据库进行备份，以便在发生问题时对数据库进行恢复。

（2）tempdb 数据库

tempdb 数据库是存在于 SQL Server 会话期间的一个临时性的数据库。一旦关闭 SQL Server，tempdb 数据库保存的内容将自动消失。重新启动 SQL Server 时，系统将重新创建新的、空的 tempdb 数据库。

（3）model 数据库

model 数据库是一个模板数据库，可以用作建立数据库的模板。它包含了建立新数据库时所需的基本对象，如系统表、查看表、登录信息等。在系统执行建立新数据库的操作时，它会复制模板数据库的内容到新的数据库上。由于所有新建立的数据库都是继承这个 model 数据库而来的，因此，如果要更改 model 数据库中的内容，如增加对象，则之后建立的数据库也都会包含这一变动。

（4）msdb 数据库

msdb 数据库是提供“SQL Server 代理服务”调度警报、作业以及记录操作员时使用的。如果不使用这些 SQL Server 代理服务，则不会使用到该数据库。

2. SQL Server 数据类型

在 SQL Server2008 中，每个列、局部变量、表达式和参数都有其各自的数据类型。在创建数据表时，必须为表中每个列指定一种数据类型。下面针对 Character 字符串、Unicode 字符串、Binary 类型、Number 类型、Date 类型、其他数据类型以表格形式进行说明。

（1）Character 字符串（见表 1–7）

表 1–7

数据类型	描述
char(n)	固定长度的字符串。最多 8000 个字符
varchar(n)	可变长度的字符串。最多 8000 个字符
varchar(max)	可变长度的字符串。最多 1 073 741 824 个字符
text	可变长度的字符串。最多 2GB 字符数据

（2）Unicode 字符串（见表 1–8）

表 1–8

数据类型	描述
nchar(n)	固定长度的 Unicode 数据。最多 4000 个字符
nvarchar(n)	可变长度的 Unicode 数据。最多 4000 个字符
nvarchar(max)	可变长度的 Unicode 数据。最多 536 870 912 个字符
ntext	可变长度的 Unicode 数据。最多 2GB 字符数据

（3）Binary 类型（见表 1–9）

表 1–9

数据类型	描述
bit	允许 0、1 或 NULL
binary(n)	固定长度的二进制数据。最多 8000B
varbinary(n)	可变长度的二进制数据。最多 8000B
varbinary(max)	可变长度的二进制数据。最多 2GB
image	可变长度的二进制数据。最多 2GB

（4）Number 类型（见表 1-10）

表 1-10

数据类型	描述	存储 /B
tinyint	允许 0 ～ 255 之间的整数	1
smallint	允许 -32 768 ～ 32 767 之间的整数	2
int	允许 -2^{31} ～ $2^{31}-1$ 之间的整数	4
bigint	允许 -2^{63} ～ $2^{63}-1$ 之间的整数	8
decimal(p,s)	存储 -10^{38} ～ $10^{38}-1$ 之间的固定精度和范围的数值型数据 p 参数指示小数点左右所能存储的数字的总位数 p 必须是 1 ～ 38 之间的值。默认是 18 s 参数指示小数点右侧存储的最大位数 s 必须是 0 ～ p 之间的值。默认是 0	默认值为 18
numeric(p,s)	numeric 数据类型与 decimal 类型相同	默认值为 18
smallmoney	存储 -214 748.3648 ～ 214 748.3647 之间的货币数据 精确到货币单位的万分之一	4
money	存储介于 -922 337 203 685 477.5808 ～ 922 337 203 685 477.5807 之间的货币数据。精确到货币单位的万分之一	8
float(n)	存储 -1.79E+308 ～ 1.79E+308 的浮动精度数字数据 参数 n 指示该字段保存 4B 还是 8B float(24) 保存 4B，float(53) 保存 8B n 的默认值是 53。最大精度是 15 位	取决于几的值
real	存储 -3.40E+38 ～ 3.40E+38 的浮动精度数字数据 最大精度是 7 位	4

（5）Date 类型（见表 1-11）

表 1-11

数据类型	描述	存储 /B
datetime	存储 1753 年 1 月 1 日～ 9999 年 12 月 31 日所有的日期和时间数据。精度为 3.33 ms	8
datetime2	存储 1753 年 1 月 1 日～ 9999 年 12 月 31 日所有的日期和时间数据。精度为 100ns	6 ～ 8
smalldatetime	存储从 1900 年 1 月 1 日～ 2079 年 6 月 6 日所有的日期和时间数据。精度为 1min	4
date	仅存储日期。0001 年 1 月 1 日～ 9999 年 12 月 31 日	3
time	使用 24h 制存储时间。精度为 100ns	3 ～ 5
datetimeoffset	与 datetime2 相同，外加时区偏移	8 ～ 10
timestamp	存储唯一的数字，每当创建或修改某行时，该数字会更新。timestamp 基于内部时钟，不对应真实时间 每个表只能有一个 timestamp 变量	

（6）其他数据类型（见表 1-12）

表 1-12

数据类型	描述
sql_variant	存储最多 8000B 不同数据类型的数据，除了 text、ntext 以及 timestamp
uniqueidentifier	存储全局标识符（GUID）
xml	存储 XML 格式化数据。最多 2GB
cursor	存储对用于数据库操作的指针的引用
table	存储结果集，供稍后处理

注意　在定义字符型常量为字符数据类型赋值或定义日期时间型常量为日期时间数据类型赋值时，必须使用单引号将字符型或日期时间型常量括起来。

【任务评价】

在完成本次任务的过程中，了解了系统数据库和用户数据库的区别，学会了在图形界面创建及管理用户数据库，学会了在图形界面创建数据表、修改表结构以及删除数据表，学习了如何设置表的各类约束，学会了表数据的插入、更新和删除。请对照表 1-13 进行总结与评价。

表 1-13　任务评价表

评价指标	评价结果	备注
1. 理解系统数据库和用户数据库的区别	□A　□B　□C　□D	
2. 熟练掌握利用图形界面进行用户数据库的创建及管理	□A　□B　□C　□D	
3. 熟练掌握利用图形界面创建及管理数据表	□A　□B　□C　□D	
4. 熟练掌握利用图形界面设置表约束	□A　□B　□C　□D	
综合评价：		

【触类旁通】

1）如何在创建数据库时根据需要设置数据文件和日志文件的初始大小和增长方式？

2）如何在创建数据库时修改数据库文件的保存路径？

3）使用 SSMS 图形界面创建“图书管理系统”数据库，在该数据库中创建“图书信息”数据表，表内容见表 1-14。表中各列属性请合理设置。

表 1-14　图书信息表

书号	书名	作者	单价
7-104-02318-6	偷影子的人	马克·李维	16.80
7-111-07327-4	自制力	高原	50.00
7-113-05331-5	班主任兵法	万玮	23.00
7-110-01345-7	SQL Server 2008 宝典	向旭宇等	68.00
7-101-01232-5	网站数据库应用基础	陈丽霞	26.40

4）在第 3 题中的“图书信息表”中插入一条记录，书号为“7-111-07327-5”，书名称

“西游记”，作者为“吴承恩”，单价为“28.00”。

5）将第3题中的“图书信息表”中书名是“自制力”的单价增加5.00。

6）将第3题中的“图书信息表”中作者是“万玮”的记录删除。

任务4 SQL Server 2008 数据库 SQL 语句操作

【任务情境】

小张感觉在SSMS管理器中对数据库进行基本操作的学习比较顺利，然而有时在维护数据库时并不一定有相关的管理工具可以使用，此时就需要用SQL语句。利用图形化操作本质上也是在调用SQL语句，因此学会自己写SQL代码才能真正掌握数据库操作的相关技能。

【任务分析】

上一个任务对数据库及其基本对象实现了通过可视化的SSMS管理器图形界面进行操作。本任务将通过新建查询使用SQL语句实现相关操作。

【任务实施】

1. 使用SQL语句创建数据库

创建数据库可以使用CREATE DATABASE语句。具体格式如下：

```
CREATE DATABASE 数据库名          -- 用于设置数据库名
ON [PRIMARY]                      -- 主要文件组开始标志第一个定义的文件作为主要数据文件
(
    NAME= 逻辑名,
    FILENAME= 路径及文件名,       -- 注意路径要加上单引号并且文件名要写上后缀
    SIZE= 初始大小,
    MAXSIZE= 最大值,
    FILEGROWTH= 增长值,
)
LOG ON                            -- 日志文件开始标志
(
    NAME= 逻辑名,
    FILENAME= 路径及文件名,
    SIZE= 初始大小,
    MAXSIZE= 最大值,
    FILEGROWTH= 增长值,
)
```

创建一个名为“teasta”、其余参数均默认的数据库，最简单的语句如下。

```
CREATE DATABASE teasta
```

这样创建的数据库所有的文件都将使用默认的文件名，所有选项都将使用默认的设置，并把数据库保存在默认的路径中。

2. 使用SQL语句删除数据库

使用DROP DATABASE命令可以删除数据库，语句格式如下。

```
DROP DATABASE 数据库名 [1,2,…N]
```

可以同时删除多个数据库，多个数据库名之间用逗号隔开。

删除名为“teasta”的数据库语句如下。

```
DROP DATABASE teasta
```

注意

1）删除数据库操作必须慎重，因为一旦删除，数据库及其所包含的对象将会全部被删除，数据库的数据文件和日志文件也会从磁盘上删除。

2）不能删除正在使用的数据库，否则系统会出现错误提示。

3）如果数据库有正在使用的连接，则删除时要在左下角勾选“关闭现有连接”复选框。

3. 使用 SQL 语句创建数据表

使用 CREATE TABLE 语句可以创建数据表，语句格式如下。

```
CREATE TABLE 表名  -- 用于设置表名
(
列名 数据类型 [NOT NULL|NULL],
列名 数据类型 [NOT NULL|NULL],
……
列名 数据类型 [NOT NULL|NULL]
)
```

1）方括号（[]）中的内容可以省略，竖线（|）表示如果要输入括号里的内容，则只能选择其中一个。

2）NOT NULL|NULL 用来说明该列是否为空，省略为 NULL，即可以为空。

3）使用 CREATE TABLE 语句创建表时，各个列之间要用逗号（，）隔开，否则会出错。

使用 CREATE TABLE 语句在 stusta 数据库中创建 class 数据表，各字段及属性见表 1–15。

表 1–15 class 数据表

列　名	数据类型	其他属性	描　述
clsno	int	不为空	班级序号
clsname	char	长度 8，不为空	班级名称
clsnum	tinyint	允许空	班级人数
clstea	char	长度 8，允许空	班主任

```
USE stusta                    -- 指定需要创建表的数据库
GO
CREATE TABLE class
(
clsno INT NOT NULL,
clsname char(8) NOT NULL,
clsnum tinyint,
clstea char(8)
)
```

4. 利用 SQL 语句实现表数据的插入、更新和删除操作

（1）插入表数据

在 SQL Server 2008 中，用户可以通过 INSERT 语句实现对表数据的插入。

使用 INSERT 语句向 stusta 数据库中的 stu 表插入一条新记录，stuno 为“17091015”，stuname 为“陈欣怡”，stusex 为“女”，stulm 为“FALSE”，stuphone 为“13868145801”，stuaddress 为“杭州市西湖区文三新村 2–1–301”。

代码如下：

```
USE stusta                                   -- 指定数据库
GO
INSERT INTO stu                              -- 指定插入的数据表名
Values('17091015','陈欣怡','女',0,'13868145801','杭州市西湖区文三
新村 -1-301')                                -- 所有列均有数据插入则直接指定值
```

（2）更新表数据

在 SQL Server 2008 中，用户可以通过 UPDATE 语句实现对表数据的更新。

使用 UPDATE 语句更新 score 表数据，将 courseno 为“dz005”的所有学生成绩减去 5 分。

代码如下：

```
USE stusta                                   -- 引用数据库名
GO
UPDATE score                                 -- 指定需要更新数据的表
SET stuscore=stuscore-5                      -- 设置更新的值的表达式
WHERE courseno='dz005'                       -- 设置需要更新的条件
```

（3）删除表数据

在 SQL Server 2008 中，用户可以通过 DELETE 语句实现对表数据的删除。

使用 DELETE 语句删除 stu 表数据中 stuaddress 为“余杭区”的学生记录。

代码如下：

```
USE stusta                                   -- 引用数据库名
GO
DELETE FROM stu                              -- 指定需要删除数据的表
WHERE stuaddress LIKE '% 余杭区 %'           -- 设置需要删除的记录的条件
```

注意：使用 LIKE 关键字时，“%”可以代表任意长度的字符串；“_”代表任意单个字符。

5. 应用 SELECT 语句进行简单查询

SELECT 语句是 SQL 的查询语句，它的功能就是从数据库中查询出满足条件的数据，并将数据以表格的形式显示出来。

用 SELECT 语句查询出 stusta 数据库中 stu 表中的所有列信息。

代码如下：

```
USE stusta
SELECT stuno,stuname,stusex,stulm,stuphone,stuaddress
FROM stu
```

或

```
USE stusta
SELECT * FROM stu
```

执行查询后，系统会按照创建 stu 表时定义的列顺序显示出所有信息，如图 1–71 所示。

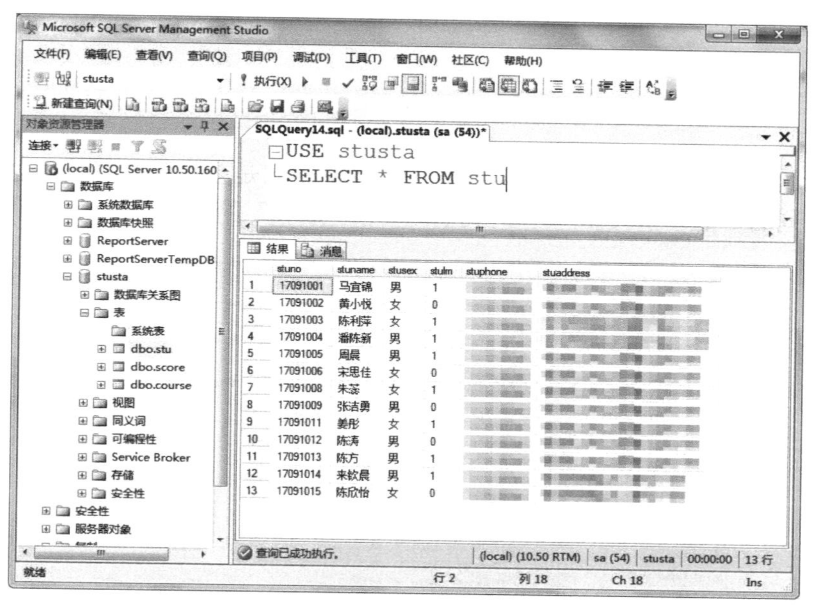

图 1-71 查询 stu 表所有列信息

用 SELECT 语句查询出 stusta 数据库中 stu 表中的"stuno""stuname""stusex""stuphone"4 列信息。代码如下：

```
USE stusta
SELECT stuno,stuname,stusex,stuphone FROM stu
```

执行后输出如图 1-72 所示指定的 4 列信息内容。

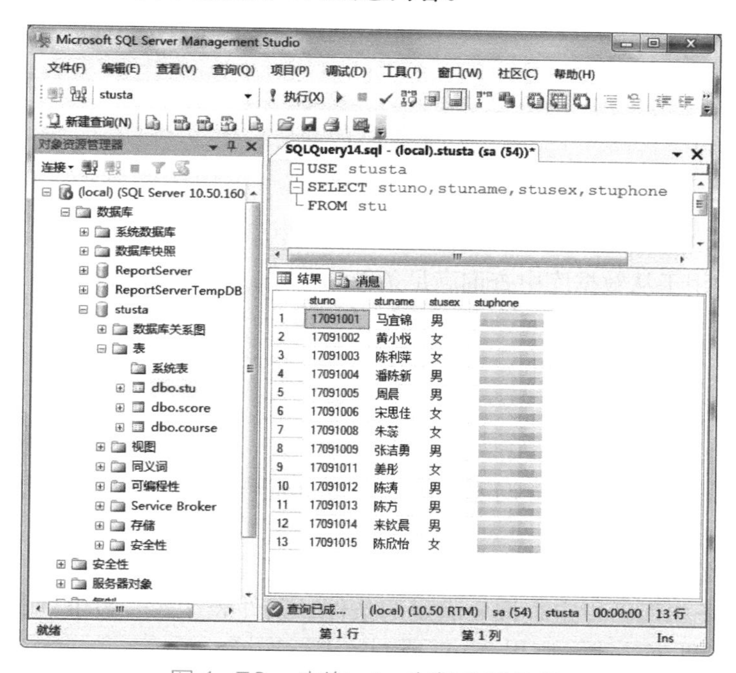

图 1-72 查询 stu 表部分列信息

用 SELECT 语句查询出 stusta 数据库中 score 表中"stuno""courseno""newscore"3 列信息，其中"newscore"是"stuscore"减去 5 分。

代码如下：

```
USE stusta
SELECT stuno,courseno,stuscore-5 AS newscore
FROM score
```

查询显示的最后一列是新的一列，原表中并没有，它是一个带计算的表达式，利用 AS 关键字指定其列名，把“stuscore-5”的列名用“newscore”的名字显示，如图 1-73 所示。

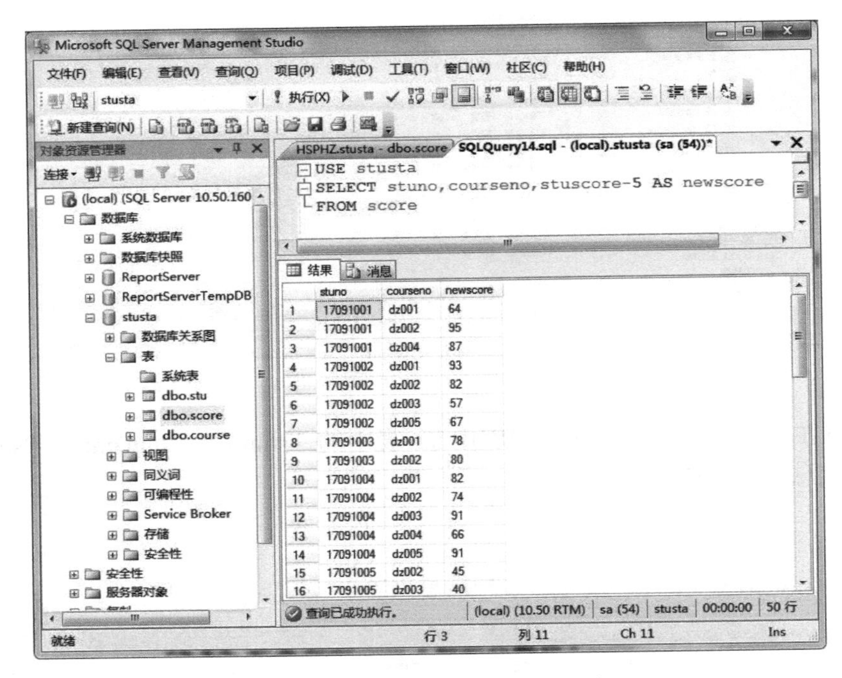

图 1-73　给查询结果指定列名

【必备知识】

1. 利用 SQL 语句对数据库表进行选择查询的语句格式

SELECT 语句用于从数据库中查询满足条件的数据，其语句格式如下：

```
SELECT 列名或表达式 [AS 别名 ][ 列名或表达式 [AS 别名 ]…]
FROM 表名
[WHERE 条件表达式 ]
[GROUP BY 分组表达式 ]
[ORDER BY 排序表达式 [ASC|DESC]]
```

1）SELECT 语句用于指定查询返回的列，可以是列名，也可以是表达式或者用 * 表示所有列。

2）FROM 子句用于指定要查询的数据源。

3）WHERE 子句用于指定查询要满足的条件，条件表达式一般由列、运算符及常量组成，如果有多个条件表达式，则用 AND 或 OR 进行连接。

4）GROUP BY 子句用于指定将结果按分组表达式进行分组。

5）ORDER BY 子句用于指定查询结果中行的排列顺序。ASC 表示升序，DESC 表示降序，如果不指定则默认为升序。

2. 利用 SQL 语句对数据库表进行操作查询的语句格式

(1) 插入语句——INSERT 语句

语句格式：

INSERT [INTO] 表名 [(列名 1, 列名 2, 列名 3,…)] VALUES(值 1, 值 2, 值 3…)

1) INTO 关键字是可选项，用在 INSERT 和表名之间。

2) 若表名后省略了列名，则表示要向表中的所有列插入数据，此时输入的值的顺序必须与表中列名的顺序一一对应。

3) 如果指定的列名不止一个，则列名和各值之间都要用逗号隔开，并且列名与值要一一对应。

4) 通过 INSERT 语句每次只能向表中插入一行数据，也可以采用 SELECT 子名替代 VALUES 子名，将一张表中的多行数据插入表中。

(2) 更新语句——UPDATE 语句

语句格式：

UPDATE 表名 SET 列名 1= 值 1[, 列名 2= 值 2…] [WHERE 条件]

1) SET 子句用于指定更新的列，一次可以更新一个或多个列的值，如果有多个列，则中间用逗号隔开。

2) WHERE 子句用于限制更新的条件，只更新满足条件的数据行。若无 WHERE 子句，则更新表中指定列的所有数据。

(3) 删除语句——DELETE 语句

语句格式：

DELETE [FROM] 表名 [WHERE 条件]

1) FROM 可以省略。

2) DELETE 语句只能删除表中的数据，不能删除表本身，如要删除表本身，则需要用到 DROP TABLE 语句。

3) WHERE 子句用于限制删除的条件，只删除满足条件的数据行。若无 WHERE 子句，则删除表中的所有数据。

【任务评价】

在完成本次任务的过程中，对 SQL 的使用有了一定的了解，学会了利用 SQL 语句创建及管理用户数据库，学会了用 SQL 语句创建、删除数据表等，学会了用 SQL 语句进行表数据的插入、更新和删除，学会了应用 SELECT 语句进行简单查询。请对照表 1-16 进行总结与评价。

表 1-16 任务评价表

评价指标	评价结果	备注
1. 熟练掌握用 SQL 语句创建、删除用户数据库	□A □B □C □D	
2. 熟练掌握用 SQL 语句插入、更新、删除表数据	□A □B □C □D	
3. 熟练掌握简单 SELECT 语句的编写	□A □B □C □D	
综合评价：		

【触类旁通】

1）在 stusta 数据库 course 表中插入一条记录，courseno 为“dz007”，coursename 为“数字图像处理”，请运行以下代码查看效果。

```
use stusta
go
INSERT INTO course(courseno,coursename) VALUES('dz007','数字图像处理’)
```

或

```
INSERT INTO course VALUES('dz007','数字图像处理’)  -- 表名后面默认代替插入全部列数据
```

2）使用 SQL 语句创建“图书管理系统”数据库，所有参数均默认。

3）使用 SQL 语句在“图书管理系统”数据库中创建“图书信息表”，见表 1-17。

表 1-17　图书信息表（一）

列　名	数据类型	其他属性
书号	char	长度 13，不为空，主键
书名	char	长度 50，不为空
作者	char	长度 10，不为空
单价	smallmoney	允许为空

4）利用图形界面将数据进行录入见表 1-18。

表 1-18　图书信息表（二）

书　号	书　名	作　者	单价 / 元
7-104-02318-6	偷影子的人	马克 · 李维	16.80
7-111-07327-4	自制力	高原	50.00
7-113-05331-5	班主任兵法	万玮	23.00
7-110-01345-7	SQL Server 2008 宝典	向旭宇等	68.00
7-101-01232-5	网站数据库应用基础	陈丽霞	26.40

5）利用 SQL 语句在“图书信息表”中插入一条记录，书号为“7-111-07327-5”，书名“西游记”，作者为“吴承恩”，单价为“28.00”。

6）利用 SQL 语句将“图书信息表”中书名是“自制力”的单价增加 5.00。

7）利用 SQL 语句将“图书信息表”中作者是“万玮”的记录删除。

8）利用 SQL SELECT 语句查询出“图书信息表”中单价大于 30 的全部记录信息。

项目小结

在本项目中，首先介绍了使用图形界面安装向导方式安装 SQL Server 2008。接着介绍了利用 SQL Server 配置管理器启动、暂停、恢复或停止服务的方法。详细介绍了 SSMS 的对象组成、环境、数据库和数据表的创建及管理，对表中各列设置合适的约束，利用 SQL 语句对表数据进行操作以及简单 SELECT 语句的编写。通过本项目的学习，用户可以为后面项目的学习打好基础。

思考与实训

一、单选题

1. SQL Server 2008 是一个（　　）的数据库管理系统。
   A. 网状型　　B. 层次型　　C. 关系型　　D. 以上都不是
2. SQL Server 2008 采用的身份验证模式为（　　）。
   A. 仅 Windows 身份验证模式　　B. 仅 SQL Server 身份验证模式
   C. 仅混合模式　　D. Windows 身份验证模式和混合模式
3. 在 SQL Server 中不是系统数据库的是（　　）。
   A. model　　B. Pubs　　C. Model　　D. tempdb
4. SQL Server 数据库文件有 3 类，其中日志文件的扩展名为（　　）。
   A. .ndf　　B. .mdf　　C. .idf　　D. .ldf
5. 在使用 CREATE DATABASE 命令创建数据库时，FileName 选项定义的是（　　）。
   A. 文件增长量　　B. 文件大小　　C. 逻辑文件名　　D. 物理文件名
6. 在 SELECT 语句使用 LIKE 关键字时可以匹配 1 个字符的通配符是（　　）。
   A. ?　　B. %　　C. _　　D. *
7. SQL Server 提供的单行注释语句是使用（　　）开始的一行内容。
   A. /*　　B. {　　C. /　　D. --
8. 要查询 stu 表中所有姓“陈”的学生信息，可用（　　）语句。
   A. SELECT * FROM stu WHERE stuname like' 陈 %'
   B. SELECT * FROM stu WHERE stuname like' 陈 *'
   C. SELECT * FROM stu WHERE stuname =' 陈 %'
   D. SELECT * FROM stu WHERE stuname =' 陈 *'
9. 要在 stu 表中删除一条字符类型字段 A 的值是字符串‘B’的记录，应该用（　　）。
   A. Delete From stu Where A=B
   B. Delete From stu Where A IS 'B'
   C. Delete From stu Where A='B'
   D. ALTER stu DROP A
10. SQL 中，删除一个表的命令是（　　）。
    A. DELETE　　B. DROP　　C. CLEAR　　D. REMOVE

二、判断题

1. 在安装 SQL Server 2008 的“服务器配置”界面，用户不仅可以在此界面为各种服务指定对应的账户，并且可以指定这些服务的启动类型。（　　）

2. 账户 NT AUTHORITY\SYSTEM 比账户 NT AUTHORITY\NETWORK SERVICE 的权限小。（　　）

3. 在给字段录入数据时，NULL 值表示空白。（　　）

4. DEFAULT 约束又称为默认约束，是指在插入操作中没有提供输入值时，系统设置的 DEFAULT 约束会自动指定值。（　　）

5. 给成绩表的 stuscore 列设置 CHECK 约束，要求 stuscore 的值 >=0 并且 <=100 的表达式是“0<=stuscore<=100”。（　　）

6. PRIMARY KEY 约束又称主键约束，只能用于指定一列中的数据值具有唯一性，并且指定 PRIMARY KEY 约束的列不允许为空。（　　）

7. UNIQUE 约束又称唯一性约束，在一个表中可以定义多个 UNIQUE 约束，但只能定义一个 PRIMARY KEY 约束。（　　）

8. ORDER BY 子句用于指定将结果按分组表达式进行分组。（　　）

9. SQL 语句"Update score set stuscore=stuscore+5"的功能是将 score 表中的 stuscore 列中的数据均增加 5。（　　）

10. SQL 语句"Select * From stu Where stusex='女'and stuaddress like'%西湖区%'"的功能是将 stu 表中的家住在"西湖区"或者性别是"女"的学生信息找出来。（　　）

三、操作题

在 SSMS 中创建"员工管理"数据库，在该数据库中创建 staff 表结构，见表 1-19。通过图形化工具完成 1 ～ 5 题，通过指定方法完成其余题目。

表 1-19　员工信息表（staff）结构

列　名	数据类型	其他属性	描　述
num	char	长度 8，不为空，主键	序号
name	char	长度 10，不为空	姓名
sex	char	长度 2，允许空	性别
hometown	varchar	1 或 0 或 NULL	家乡
tel	char	长度 11，允许空	电话
basepay	smallmoney	允许空	基本工资

1. 为该表新增一列 address（住址），插入在最后，数据类型为 VARCHAR（50），允许为空。
2. 将 tel（电话）的数据类型修改为 VARCHAR（20），允许为空。
3. 为 sex 列设置默认值"男"。
4. 为 basepay 列设置 CHECK 约束，不小于 5000 同时不大于 10000。
5. 按表 1-20 所示录入 staff 表数据内容。

表 1-20　员工信息表（staff）数据

num	name	sex	hometown	tel	basepay	address
18091001	李乐	男	杭州			
18091002	丁云	女	贵州			
18091003	沈杰	男	苏州			
18091004	赵俊	男	杭州			
18091005	冯超	男	南京			
18091006	陈小乐	女	金华			
18091007	徐冰	男	温州			
18091008	黄刚慧	男	南京			
18091009	朱晨	男	东阳			
18091010	郑怡佳	女	哈尔滨			

6. 利用 SQL 语句显示 Staff 表中的所有信息。
7. 利用 SQL 语句显示 Staff 表中的所有信息，并以中文名显示标题列。
8. 利用 SQL 语句查询 Staff 表中家乡是“杭州”的员工信息。
9. 利用 SQL 语句查询 Staff 表中全体女员工的信息。
10. 利用 SQL 语句查询 Staff 表中全体姓“陈”员工的信息。
11. 利用 SQL 语句查询 Staff 表中姓名第 2 个为“怡”的员工的姓名和家乡列信息。
12. 利用 SQL 语句查询 Staff 表中全体员工的信息，结果按基本工资升序排列。
13. 利用 SQL 语句查询 Staff 表中全体基本工资大于 8000 的员工信息。
14. 利用 SQL 语句查询 Staff 表中全体来自杭州并且基本工资大于 6000 的员工信息。
15. 利用 SQL 语句删除 Staff 表中已离职的“朱晨”的全部信息。

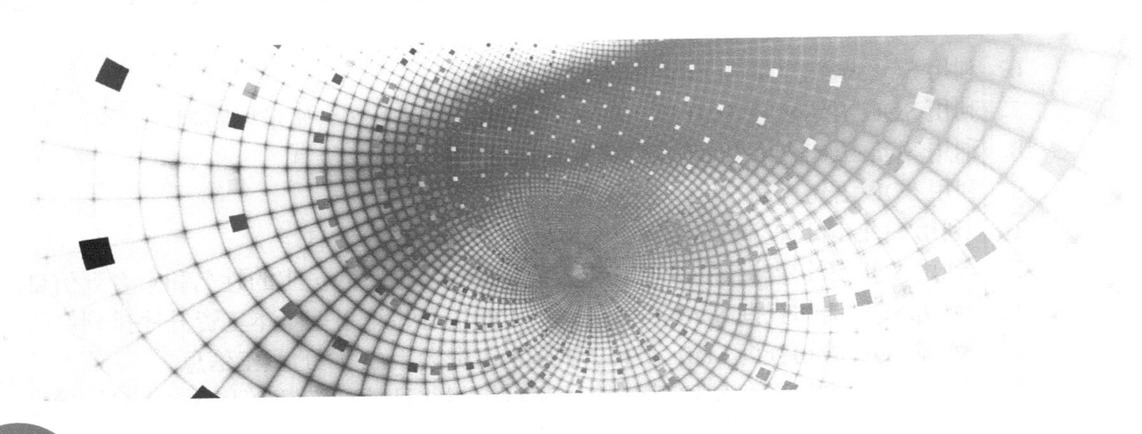

项目 2 SQL Server 2008 安全管理

SQL Server 2008 安全管理是数据库管理系统的一个非常重要的组成部分，是数据库中数据被合理访问和修改的基本保证。SQL Server 提供了非常完善的安全管理机制，主要内容包括：SQL Server 身份验证模式、数据库用户管理、数据库角色管理、数据库权限管理。

【职业能力目标】

1）了解 Windows 身份验证和 SQL Server 身份验证的区别与联系。

2）会根据需要使用 SSMS 图形化工具修改身份验证模式。

3）理解登录名与数据库用户的区别与联系。

4）会使用 SSMS 工具和 T-SQL 语句实现数据库用户管理（新建、修改、删除）。

5）理解 SQL Server 中服务器角色、数据库角色的含义。

6）会使用 SSMS 工具和 T-SQL 语句进行角色管理。

7）理解 SQL Server 中权限的含义和类型。

8）会使用 SSMS 工具和 T-SQL 语句进行权限管理。

任务 1 SQL Server 身份验证模式

扫码看视频

【任务情境】

当用户使用 SQL Server 2008 时，为了保证数据安全性，禁止非法用户侵入窃取或破坏数据，需要提供必要的身份验证信息，验证有效的用户才可以登录访问，无效的用户将被拒绝访问数据库。SQL Server 2008 提供了两种身份验证模式，分别是 Windows 身份验证模式和混合验证模式。

【任务分析】

SQL Server 2008 是通过设置登录用户的权限实现安全控制。因此要连接 SQL Server 2008，首先要经过身份验证。本任务完成在安装过程中设置身份验证模式以及利用 SQL Server Management Studio 图形化工具设置身份验证模式，保证数据安全。

【任务实施】

1. 安装过程中设置身份验证模式

1)安装过程中，在数据库引擎配置时，选择身份验证模式，默认为Windows身份验证模式，可以通过单击选择混合模式，如图 2–1 所示。

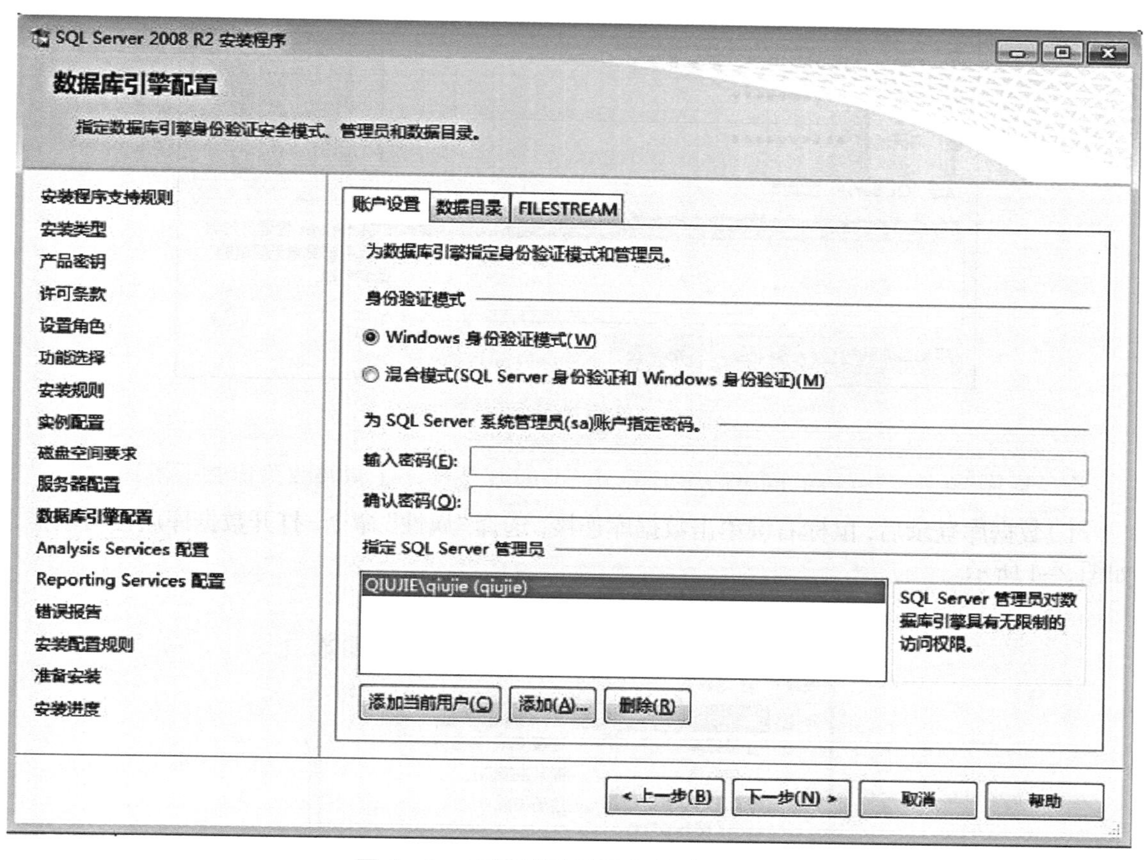

图 2–1 安装过程设置身份验证模式

2）如果选择混合模式，则需要为 SQL Server 系统管理员（sa）账户指定密码，如图 2–2 所示。

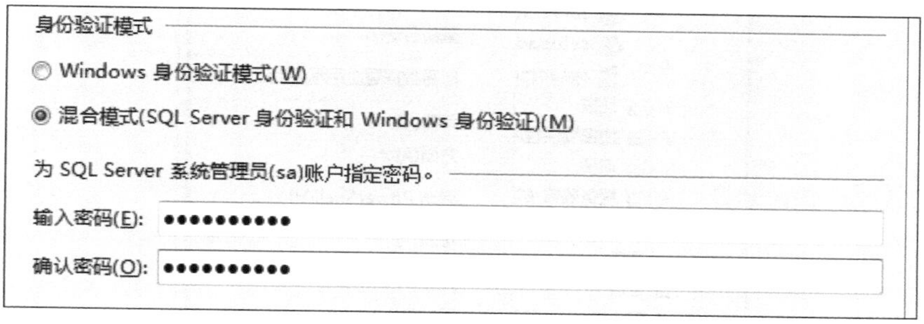

身份验证模式

○ Windows 身份验证模式(W)

◉ 混合模式(SQL Server 身份验证和 Windows 身份验证)(M)

为 SQL Server 系统管理员(sa)账户指定密码。

输入密码(E): ●●●●●●●●●●●

确认密码(O): ●●●●●●●●●●●

图 2–2 指定系统管理员密码

3）不管是哪种模式，都需要添加管理员用户。通过单击“添加当前用户”或“添加”按钮，为 SQL Server 添加管理员用户，如图 2-3 所示。

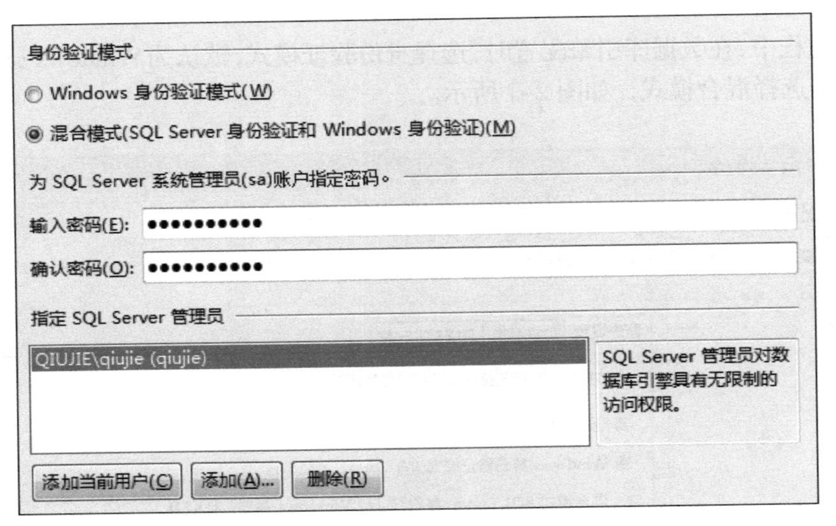

图 2-3　添加管理员用户

2. 使用 SQL Server Management Studio 图形化工具修改身份验证模式

1）数据库登录后，鼠标右键单击数据库连接，选择“属性”命令，打开数据库属性对话框，如图 2-4 所示。

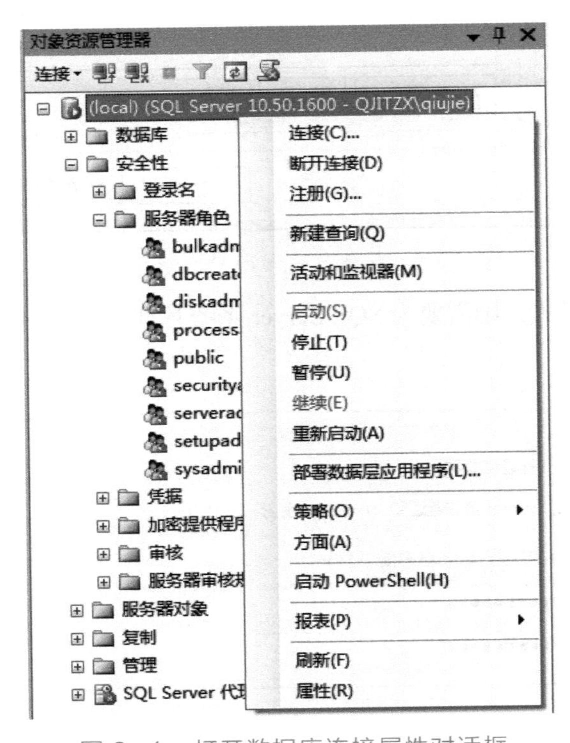

图 2-4　打开数据库连接属性对话框

2）在“服务器属性”对话框左侧“选择页”选中“安全性”选项，通过右侧单选按钮修改成相应的身份验证方式，如图 2-5 所示，如果修改为“Windows 身份验证模式”，则直接用 Windows 用户登录，SQL Server 不需要设置密码；如果修改为“SQL Server 和 Windows 身份验证模式”，则需要下一步设置密码的操作。

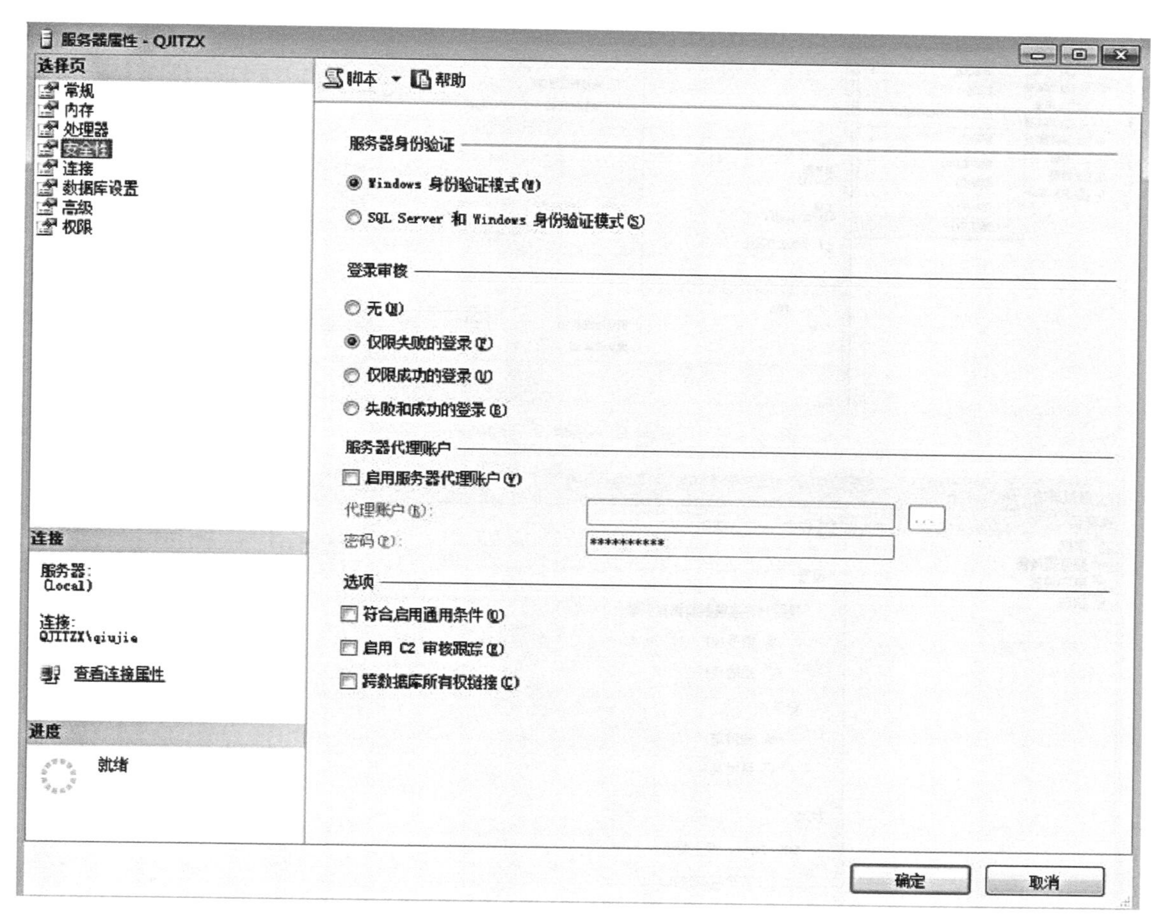

图 2-5　修改服务器身份验证方式

3）如果上一步修改为“SQL Server 和 Windows 身份验证模式”，则需要设置密码，在“安全性”选项下的“登录名”中找到“sa”，鼠标右键单击“sa”，选择“属性”命令，在“属性”选项卡中的“常规”选项中设置“sa”的密码，如图 2-6 所示，然后启用“sa”登录，如图 2-7 所示。

4）在“登录属性 –sa”选项卡的“状态”选项中，将“登录”改为“启用”。

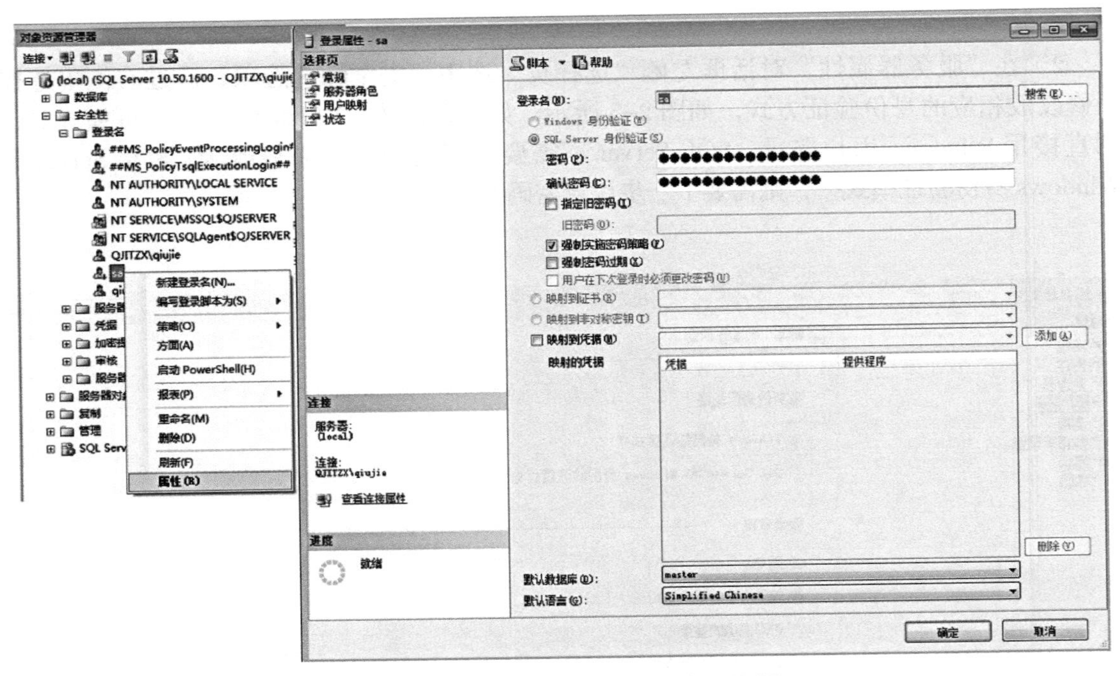

图 2-6　混合身份验证用户密码设置

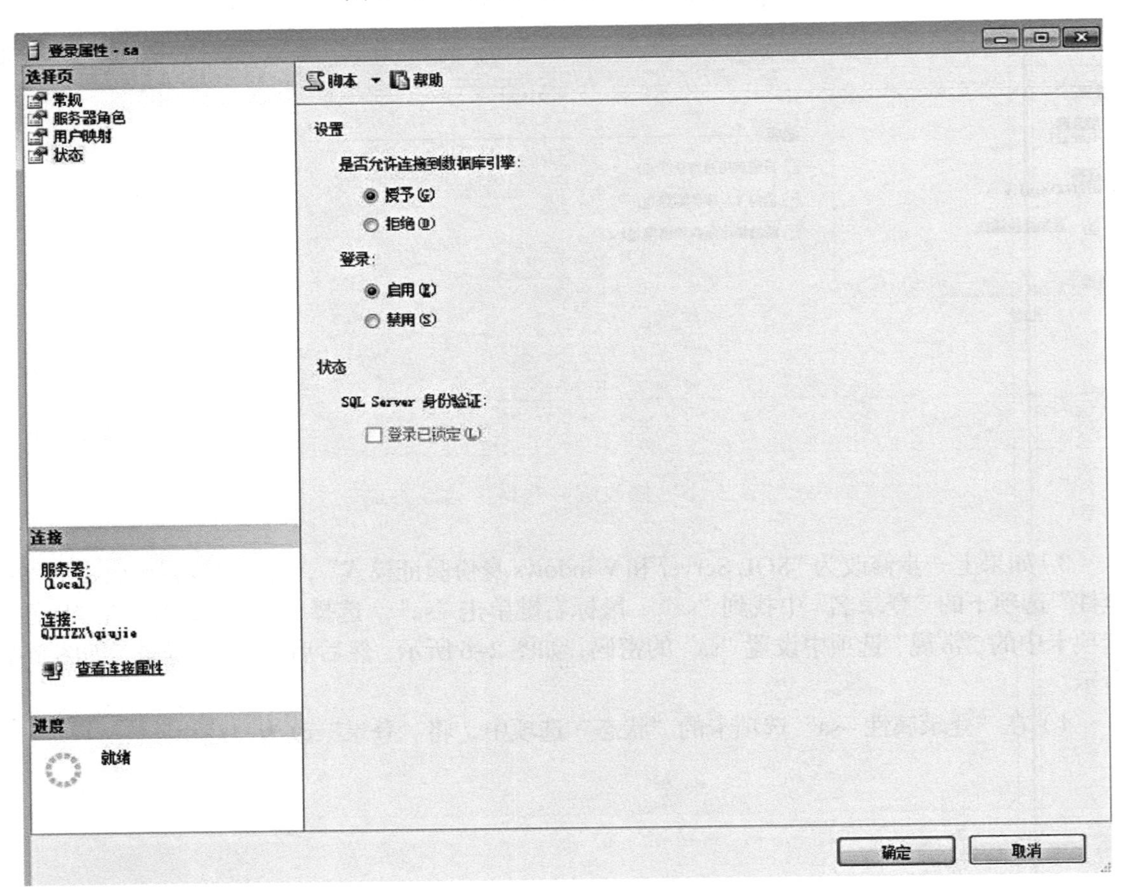

图 2-7　启用“sa”登录

【必备知识】

1. Windows 身份验证

当用户通过 Windows 用户账户连接时，SQL Server 使用操作系统中的 Windows 主体标记验证账户名和密码。也就是说，用户身份由 Windows 进行确认。SQL Server 不要求提供密码，也不执行身份验证。Windows 身份验证是默认的身份验证模式，并且比 SQL Server 身份验证更为安全。

2. SQL Server 身份验证

当使用 SQL Server 身份验证时，在 SQL Server 中创建的登录名并不基于 Windows 用户的账户，而是通过使用 SQL Server 创建用户名和密码并存储在 SQL Server 中。通过 SQL Server 身份验证进行连接的用户在每次连接时必须提供其凭据（登录名和密码）。当使用 SQL Server 身份验证时，必须为所有 SQL Server 账户设置强制密码。

【任务评价】

Windows 身份验证和 SQL 身份验证都是数据库身份验证的一种，身份验证用以识别数据操作者的身份。在完成本次任务的过程中，学会了根据需要使用 SSMS 工具修改身份验证模式，请对照表 2-1 进行总结与评价。

表 2-1　任务评价表

评价指标	评价结果	备　注
1. 理解 Windows 身份验证模式	□A　□B　□C　□D	
2. 理解 SQL 身份验证	□A　□B　□C　□D	
3. 熟练掌握使用 SSMS 修改身份验证模式	□A　□B　□C　□D	
综合评价：		

【触类旁通】

1）将当前 SQL Server 实例的验证模式设置为“SQL Server 和 Windows 身份验证模式”。

2）使用 SSMS 在当前 SQL Server 实例“SL”中创建“Windows 身份验证”，登录名为“user”，并查看其属性。

3）使用 SSMS 在当前 SQL Server 实例“SL”中创建“SQL Server 身份验证”，登录名为“stu”。

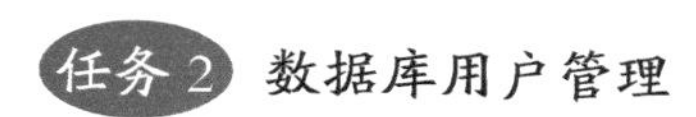

任务 2　数据库用户管理

【任务情境】

当用户使用登录名成功登录 SQL Server 后，可能因为没有足够的权限，不能对数据库和数据库对象进行操作，因此必须要映射到相应登录名成为特定的数据库用户后才可以在权限内操作。

【任务分析】

SQL Server 2008 用户管理包括数据库用户的新建、修改和删除操作，登录名必须与数据库中的数据库用户进行关联才有权限访问数据库，可以通过 SSMS 和 T–SQL 两种方式来实现数据库的用户管理。

【任务实施】

1. 创建数据库用户

（1）使用 SSMS 为数据库“stusta”创建用户

1）在 SSMS 中依次展开“stusta”节点、“安全性”节点，在“用户”节点上单击鼠标右键，选择“新建用户”命令，如图 2–8 所示。

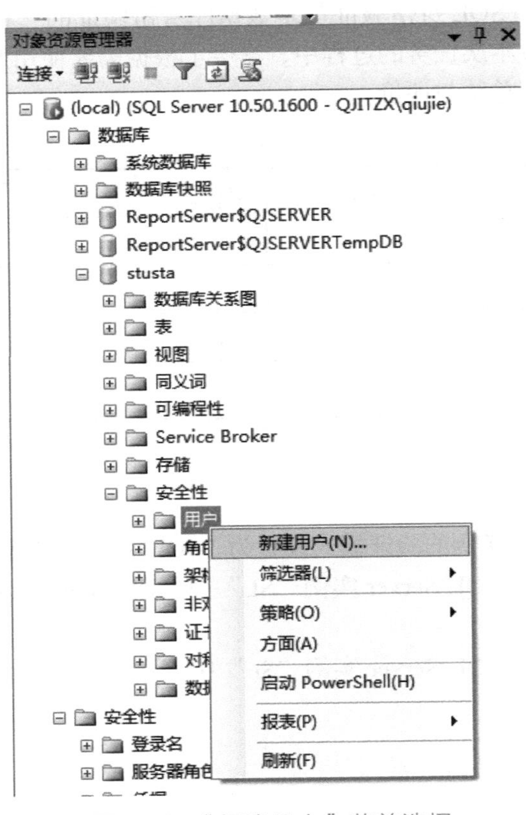

图 2–8 “新建用户”菜单选择

2）在弹出的“新建用户”对话框中，在“用户名”文本框中输入用户名 stuqj，单击“登录名”文本框后面的“浏览”按钮，弹出“选择登录名”对话框，单击“浏览”按钮，弹出“查找对象”对话框，如图 2–9 所示。

3）在“查找对象”对话框中，选择相应的“匹配的对象”（登录名），将新创建的用户映射到这个登录名，单击两次“确定”按钮后返回“数据库用户新建”对话框，如图 2-10 所示。

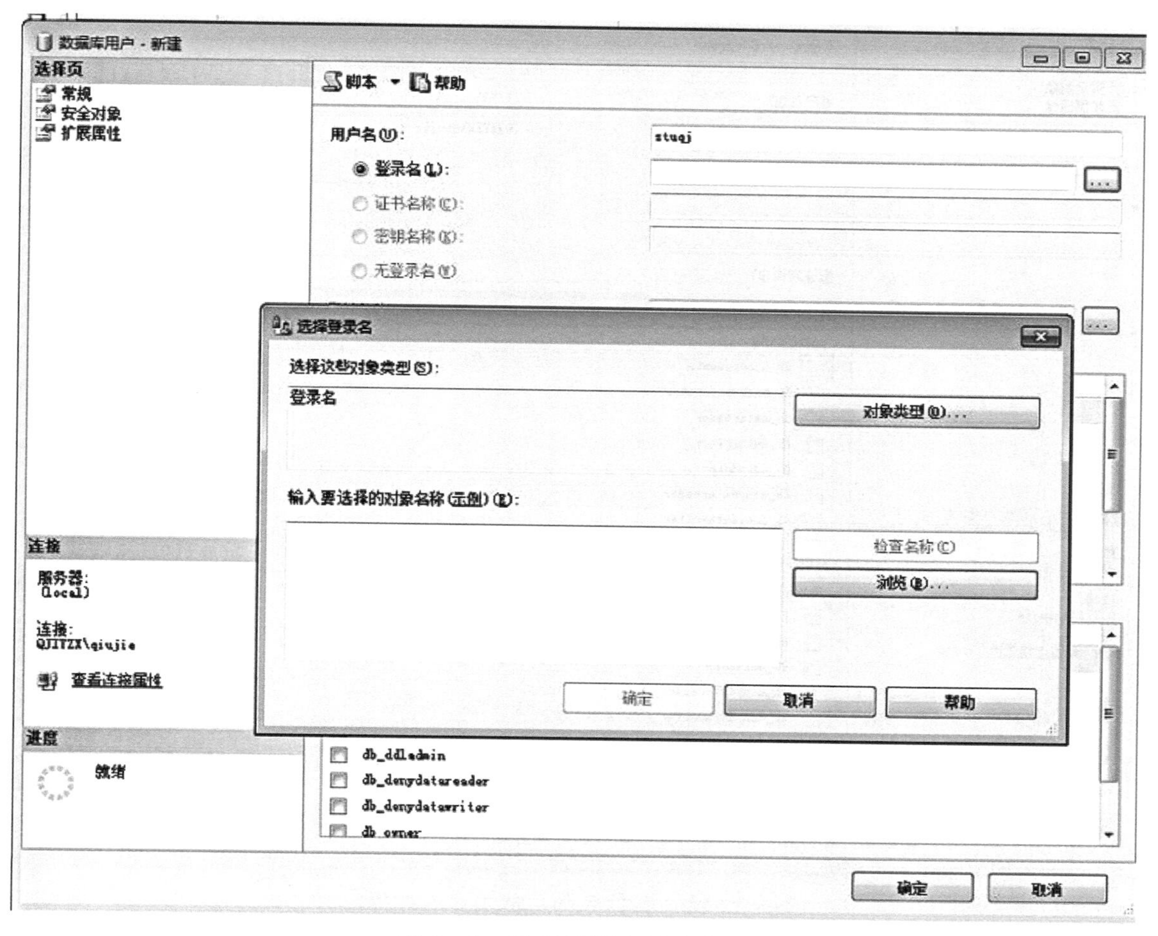

图 2-9　数据库用户新建窗口

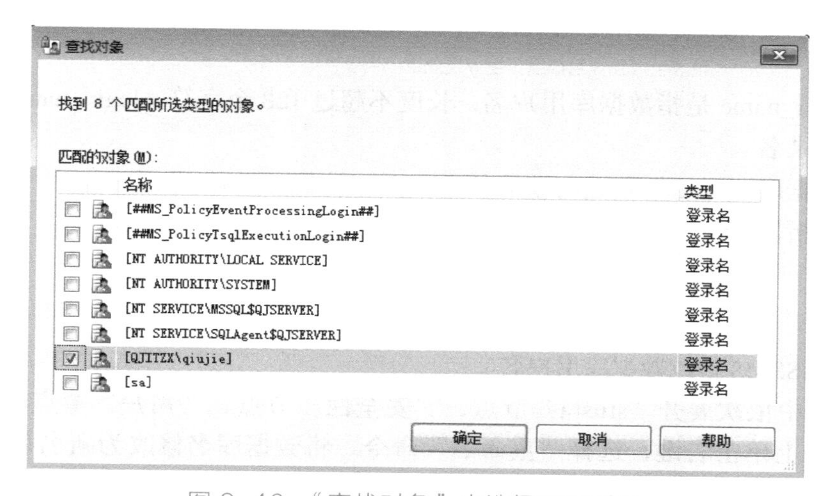

图 2-10　“查找对象”中选择匹配对象

4）在“数据库用户－新建”对话框的“数据库角色成员身份”列表框中勾选“db_owner”复选框，单击“确定”按钮完成新用户 stuqj 的创建，如图 2-11 所示。

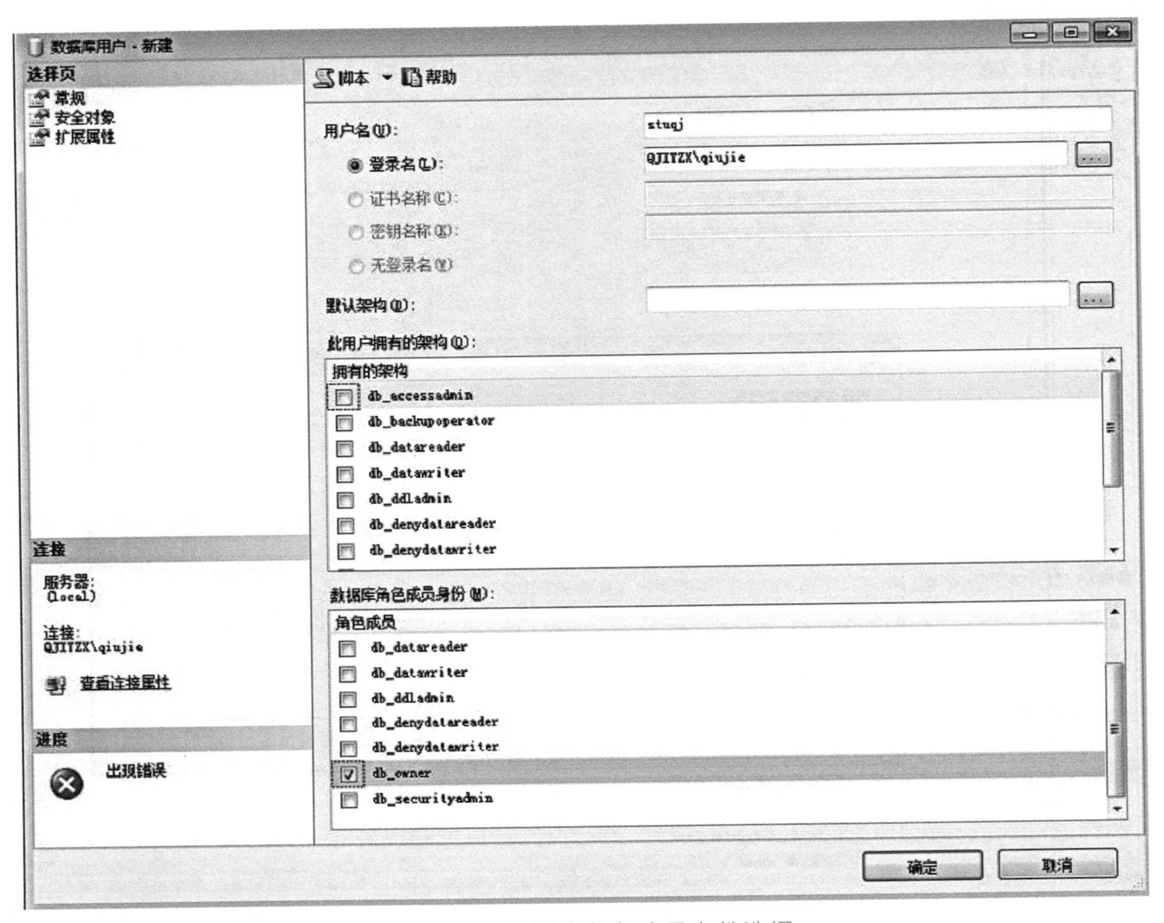

图 2-11　数据库角色成员身份选择

（2）使用 SQL 语句为数据库“stusta”创建用户

在 SQL Server 2008 中使用 CREATE USER 语句添加数据库用户，语法格式如下：

```
CREATE USER user_name FOR LOGIN login_name
```

说明：user_name 是指数据库用户名，长度不超过 128 个字符，login_name 指要创建数据库用户的登录名。

例：在数据库“stusta”创建与登录名“qiujie”关联的“stuqj”用户。

在查询分析器中输入如下语句并执行。

```
CREATE USER stuqj FOR LOGIN qiujie
```

2. 修改数据库用户

（1）使用 SSMS 修改数据库用户名

在 SSMS 中依次展开“stusta”节点、“安全性”节点、“用户”节点，在需要修改的数据库用户上单击右键，选择“重命名”命令，将数据库名修改为新名称，如图 2-12 所示。

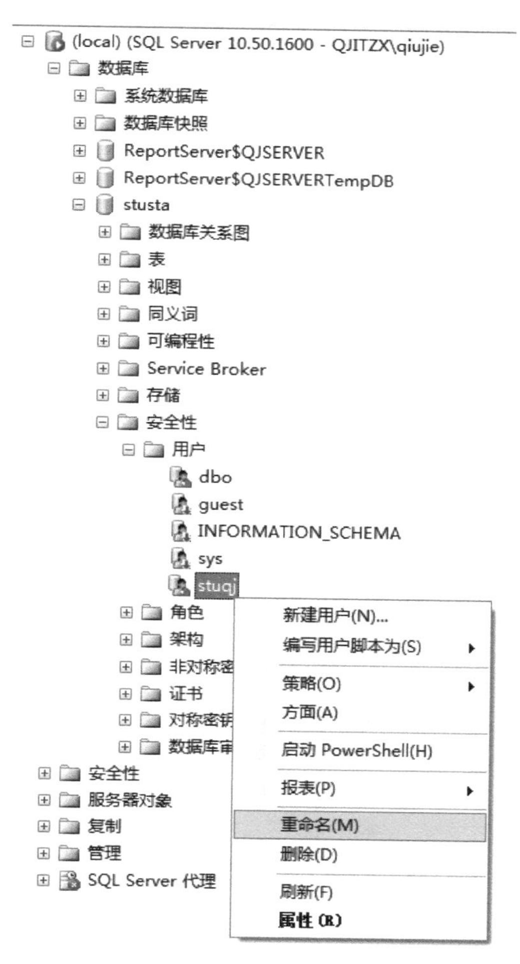

图 2-12 重命名数据库

（2）使用 SQL 语句修改数据库名

在 SQL Server 2008 中使用 ALTER USER 语句修改数据库用户，语法格式如下：

```
ALTER USER username WITH NAME=newusername
```

说明：username 是指数据库用户名，newusername 是指新用户名。

例：将数据库用户名“stuqj”的名称修改为“newstuqj”。

在查询分析器中输入如下语句并执行。

```
ALTER USER stuqj WITH NAME=newstuqj
```

3. 删除数据库用户

（1）使用 SSMS 删除数据库用户

在 SSMS 中依次展开“stusta”节点、“安全性”节点、“用户”节点，在需要删除的数据库用户上单击鼠标右键，选择“删除”命令，在弹出的对话框单击“确定”按钮，如图 2-13 所示。

（2）使用 SQL 语句删除数据库用户

在 SQL Server 2008 中使用 DROP USER 语句修改数据库用户，语法格式如下：

```
DROP USER username
```

说明：username 是指数据库用户名。

例：删除数据库用户“stuqj”。

在查询分析器中输入如下语句并执行。

```
DROP USER stuqj
```

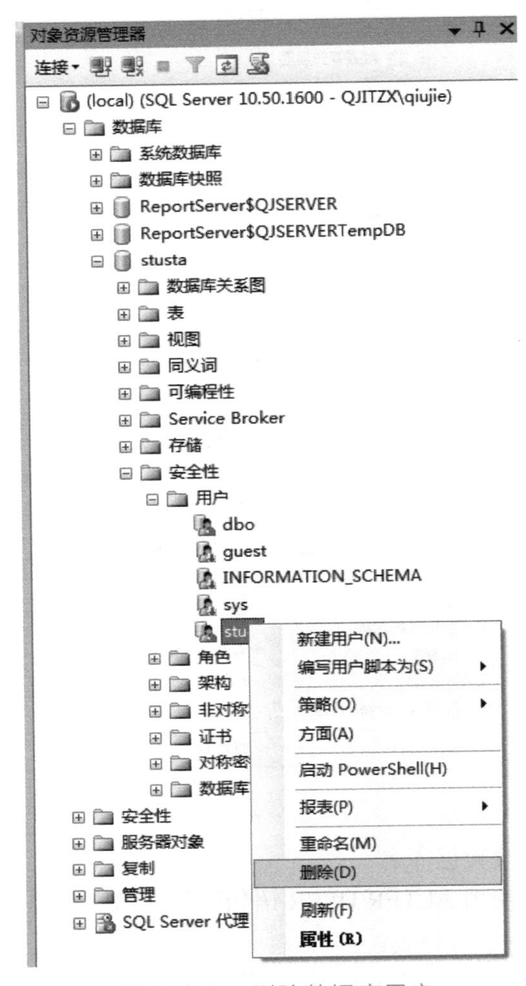

图 2-13　删除数据库用户

【必备知识】

1）SQL Server 中有两种账号，一种是登录名（Login_Name），另一种是使用数据库的用户账号（User_Name）。登录名只是让用户登录到 SQL Server 中，登录名本身并不能让用户访问服务器中的数据库。要访问特定的数据库，还必须具有相应权限的用户账号。

2）用户账号是在特定的数据库内创建的，并关联一个登录名，创建数据库用户时，必须关联一个登录名。

3）在安全性用户属性设置中，登录用户的服务器角色为 public；用户映射到数据的数据库角色成员身份为 db_owner 和 public，默认架构为 dbo；状态为允许连接到数据引擎和登录。

【任务评价】

用户通过身份验证阶段，以某个登录名连接上数据库实例后，如果要访问某个数据库对象，还需要通过权限验证。在完成本次任务的过程中，学会了管理具有相应权限的数据库用户，包括新建、修改和删除相应用户，请对照表 2-2 进行总结与评价。

表 2-2 任务评价表

评价指标	评价结果	备注
1. 理解登录名与数据库用户的区别与联系	□A □B □C □D	
2. 熟练掌握使用 SSMS 新建数据库用户	□A □B □C □D	
3. 熟练掌握使用 SSMS 修改数据库用户	□A □B □C □D	
4. 熟练掌握使用 SSMS 删除数据库用户	□A □B □C □D	
5. 熟练掌握使用 T-SQL 语句新建数据库用户	□A □B □C □D	
6. 熟练掌握使用 T-SQL 语句修改数据库用户	□A □B □C □D	
7. 熟练掌握使用 T-SQL 语句删除数据库用户	□A □B □C □D	
综合评价：		

【触类旁通】

1）使用 SSMS 为数据库“stusta”创建用户“stuqj”。

2）使用 SQL 语句为数据库“stusta”创建用户“stuqj”。

3）将数据库用户“stuqj”修改为“newstuqj”。

任务 3 角色管理

【任务情境】

角色是一组用户构成的组，是为了易于管理而按相似的工作属性进行分组的一种方式。在 SQL Server 中组是通过角色来实现的，SQL Server 有两种角色：服务器角色和数据库角色，分别对应于登录名和数据库用户，不同的角色具有不同的权限。就像组织一个活动，将任务相同的人分在一组，共同完成任务。

【任务分析】

SQL Server 2008 角色管理包括服务器角色管理和数据库角色管理，服务器角色具有固定的权限，且不能随意更改已经分配好的权限，固定服务器角色的权限作用范围是整个服务器。当几个用户需要在某个特定的数据库中执行类似的动作时，就可以向该数据库中添加一个角色（role），数据库角色指定了可以访问相同数据库对象的一组数据库用户。可以通过 SSMS 和 SQL 进行服务器和数据库角色管理。

【任务实施】

1. 服务器角色

（1）固定服务器角色

1）在 SSMS 中依次展开“安全性”节点和“服务器角色”节点，可以查看系统提供的 9 个固定服务器角色，用户不能新建服务器角色，只能为固定服务器角色添加登录成员，如图 2–14 所示。

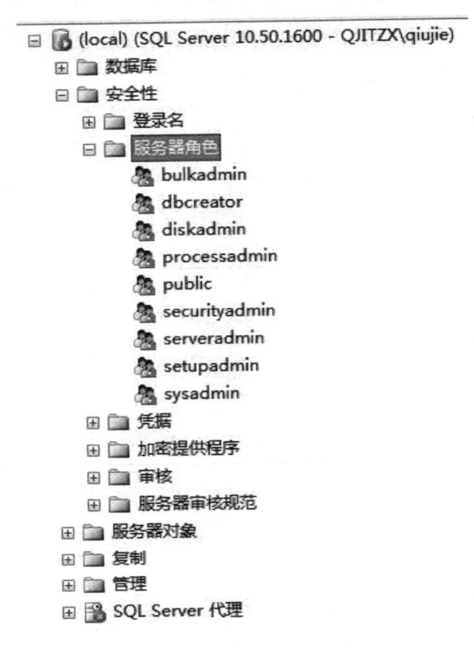

图 2–14　固定服务器角色

2）固定服务器角色功能描述，见表 2–3。

表 2–3　固定服务器角色功能描述

固定服务器角色	功　能	可执行的动作
bulkadmin	运行 BULK INSERT 语句	执行大容量插入到数据库，运行从文本文件中将数据导入到 SQL Server 2008 数据库
dbcreator	管理数据库	创建、修改、删除和还原任何数据库，不仅适合 DBA，也适合开发人员
diskadmin	管理磁盘文件	镜像数据库、添加备份设备，适合助理 DBA
processadmin	管理进程	结束进程（SQL Server 2008 中称为“删除”）
public	为数据库所有用户保留默认角色	初始时没有任何权限，所有数据库用户都是它的成员，执行不需要权限的语句
securityadmin	管理登录名及其属性	授权、拒绝和撤销服务器 / 数据库级权限，可以重置登录名和密码
serveradmin	服务器管理	配置服务器范围内的设置和关闭服务器
setupadmin	安装程序管理	添加、删除链接服务器，执行系统存储过程
sysadmin	系统管理	跨越其他固定服务器角色，执行任何活动

（2）使用 SSMS 管理服务器角色

1）查看服务器角色。

① 在 SSMS 中依次展开“安全性”节点和“服务器角色”节点，可以查看系统提供的 9

个固定服务器角色，如图 2–14 所示。

② 选择其中一个服务器角色，单击鼠标右键，在弹出的快捷菜单中选择“属性”命令，可以查看服务器角色所包含的登录名，如图 2–15 所示。

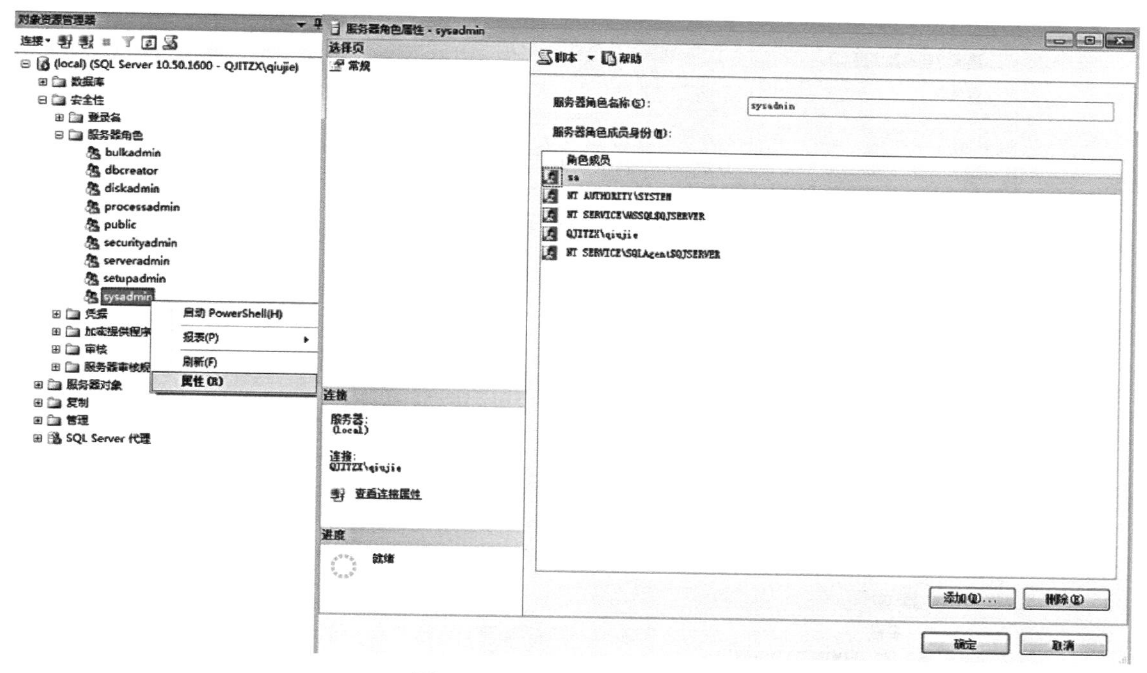

图 2–15 固定服务器属性

③ 在 SSMS 中依次展开“安全性”节点和“登录名”节点，选择一个登录名，单击鼠标右键，在弹出的快捷菜单中选择“属性”命令，在“登录属性”对话框的“服务器角色”选项，可以查看该登录名隶属于哪些服务器角色，如图 2–16 所示。

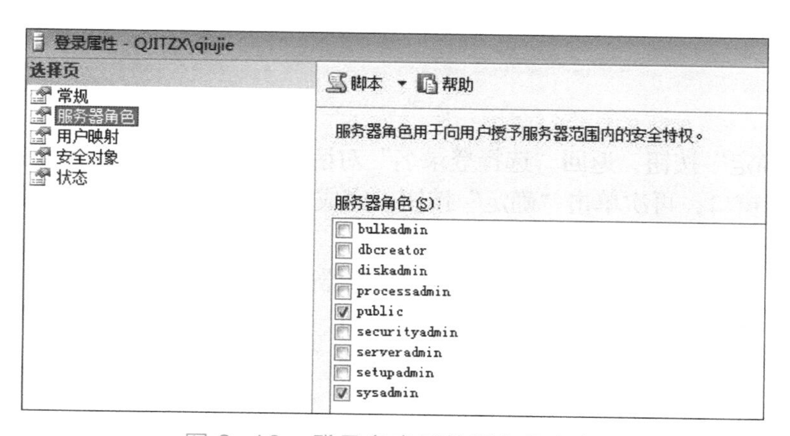

图 2–16 登录名隶属的服务器角色

2）添加服务器角色的角色成员。

① 在 SSMS 中依次展开“安全性”节点和“服务器角色”节点，选择其中一个服务器角色，单击鼠标右键，在弹出的快捷菜单中选择“属性”命令，弹出“服务器角色属性”对话框，如图 2–16 所示。

②在“服务器角色属性”对话框单击“添加”按钮，弹出“选择登录名”对话框，在该对话框中单击“浏览”按钮，弹出“查找对象”对话框，勾选要添加角色的登录名复选框，如图 2–17 所示。

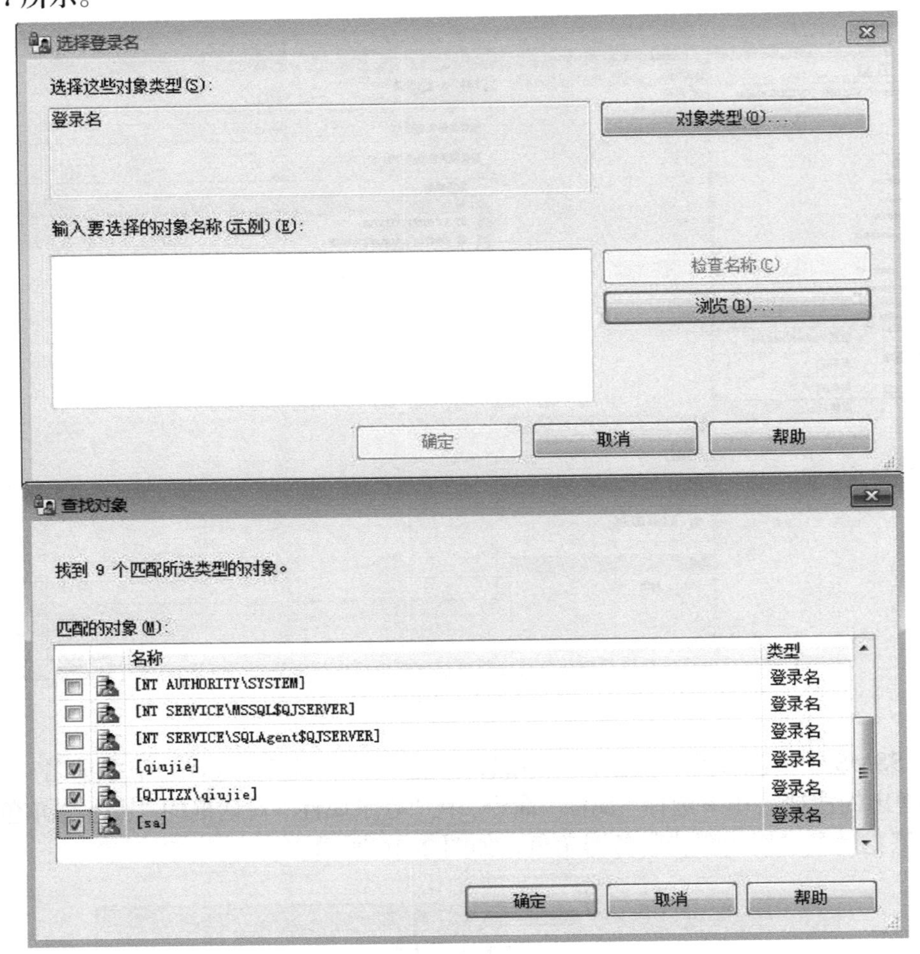

图 2–17　服务器角色添加成员

③单击“确定”按钮，返回“选择登录名”对话框，继续单击“确定”按钮，返回“服务器角色属性”窗口，再次单击“确定”按钮，完成为服务器角色添加登录名成员的操作。

3）删除服务器角色的角色成员。

在 SSMS 中依次展开“安全性”节点和“服务器角色”节点，选择其中一个服务器角色，单击右键，在弹出的快捷菜单中选择“属性”选项，弹出“服务器角色属性”对话框，选中要删除的成员登录名，单击“删除”按钮，再单击“确定”按钮即可。

2. 数据库角色

数据库角色对应于数据库用户，数据库角色包括三种类型：固定数据库角色、用户自定义的标准数据库角色、应用程序角色。

（1）固定数据库角色

1）在 SSMS 中依次展开“数据库”节点、“相应数据库”节点、“安全性”节点、“角色”节点和“数据库角色”节点，可以查看系统提供的 10 个固定数据库角色，用户不能删除，但可以添加数据库角色成员，每个成员都可以将其他用户添加到角色中，如图 2-18 所示。

图 2-18　固定数据库角色

固定数据库角色功能描述，见表 2-4。

表 2-4　固定数据库角色功能描述

固定数据库角色	功　能	可执行的动作
db_accessadmin	用户管理	可以从数据库中增加或删除用户和角色
db_backupoperator	备份管理	备份和恢复数据库
db_datareader	数据读取	允许从任何表中读取任何数据
db_datawriter	数据写入	允许往任何表中写入数据
db_ddladmin	执行 DLL 语句	在数据库中添加、删除或修改任何对象
db_denydatareader	拒绝查看	不可以查看数据库中的任何数据
db_denydatawriter	拒绝修改	不可以修改数据库中的任何数据
db_owner	拥有全部权限	可以在数据库中执行任何操作
db_securityadmin	权限和角色管理	管理全部权限、对象所有权和角色
public	默认角色	每个数据用户属于该角色，尚未授权的用户将授予 public 角色的权限

2）使用 SSMS 管理固定数据库角色。

①查看固定数据库角色属性。在 SSMS 中依次展开“数据库”节点、“相应数据库”节点、“安全性”节点、“角色”节点和“数据库角色”节点，在要查看属性的数据库角色上

单击鼠标右键，选择“属性”命令，可以查看该角色的属性，如图 2–19 所示。

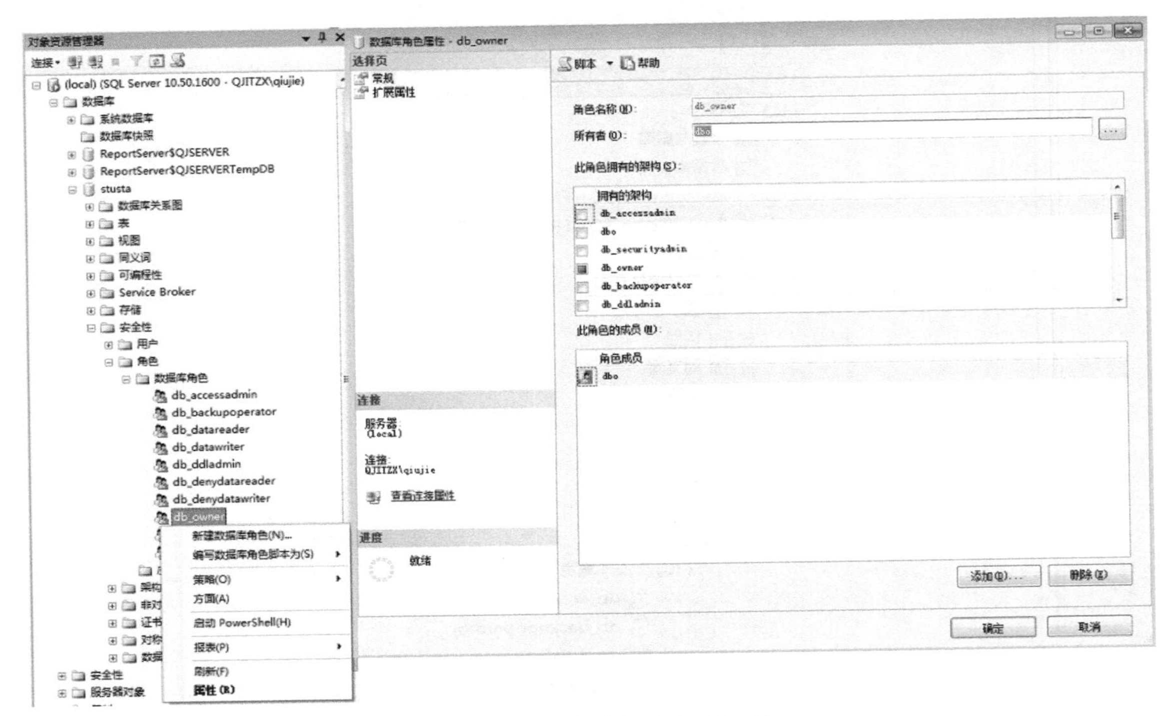

图 2–19　固定数据库角色属性

②添加固定数据库角色的角色成员。在“数据库角色属性”对话框中单击“添加”按钮，弹出“选择数据库用户或角色”对话框，单击“浏览”按钮，勾选要添加到该角色的数据库用户名，如图 2–20 所示。

③删除固定数据库角色的角色成员。在“数据库角色属性”对话框中，选中要删除的成员名称，单击“删除”按钮，再单击“确定”按钮。

（2）用户自定义数据库角色

有时固定数据库角色并不一定能满足系统安全管理的需求，此时可以添加自定义数据库角色来满足实际需求，可以通过 SSMS 或 SQL 语句来创建。

1）使用 SSMS 管理自定义数据库角色。

①在 SSMS 中依次展开“数据库”节点、“相应数据库”节点和“安全性”节点，在“角色”节点上单击鼠标右键，选择“新建”→“新建数据库角色（N）…”命令，如图 2–21 所示。

②在“数据库角色－新建”对话框中进行常规设置，输入角色名称，单击“所有者文本框”右侧的按钮，在弹出的对话框中选择所有者为“dbo”，单击“角色成员”下方的“添加”按钮，在弹出的对话框中选择该角色的成员，如图 2–22 所示。

③打开“安全对象”页面，单击该页面上的“搜索”按钮，在弹出的“添加对象”对话框中选中“特定对象”，单击“确定”按钮，在弹出的“选择对象”对话框中单击“对象类型”按钮，弹出“选择对象类型”对话框，勾选“表”，单击“确定”按钮，如图 2–23 所示。

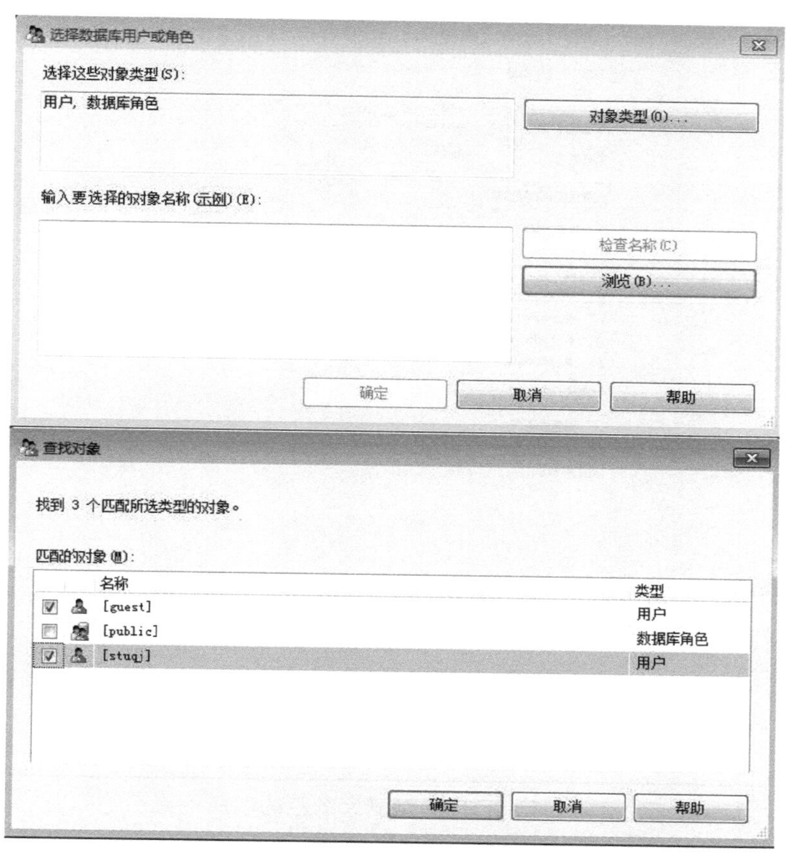

图 2-20　为数据库角色添加成员

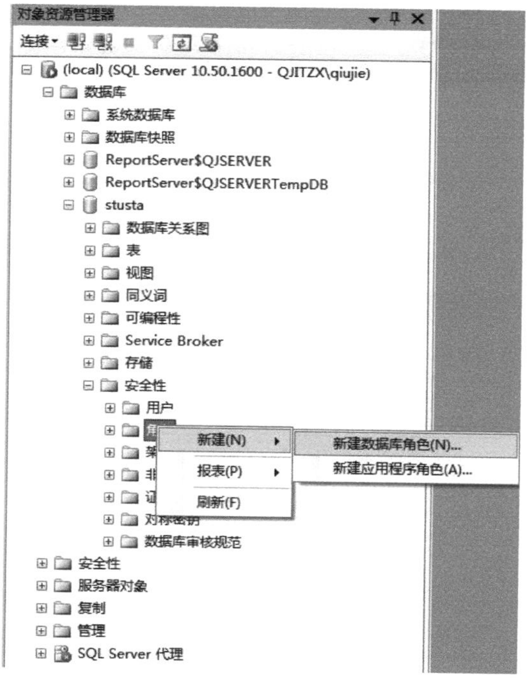

图 2-21　新建数据库角色

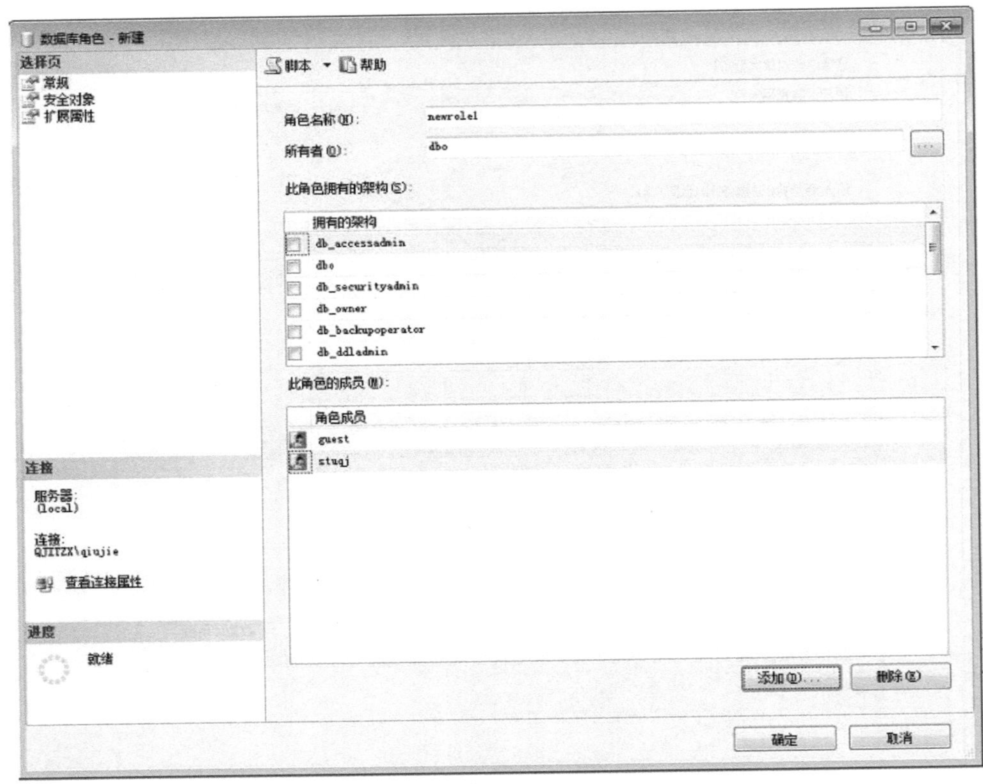

图 2-22　自定义数据库角色的常规设置

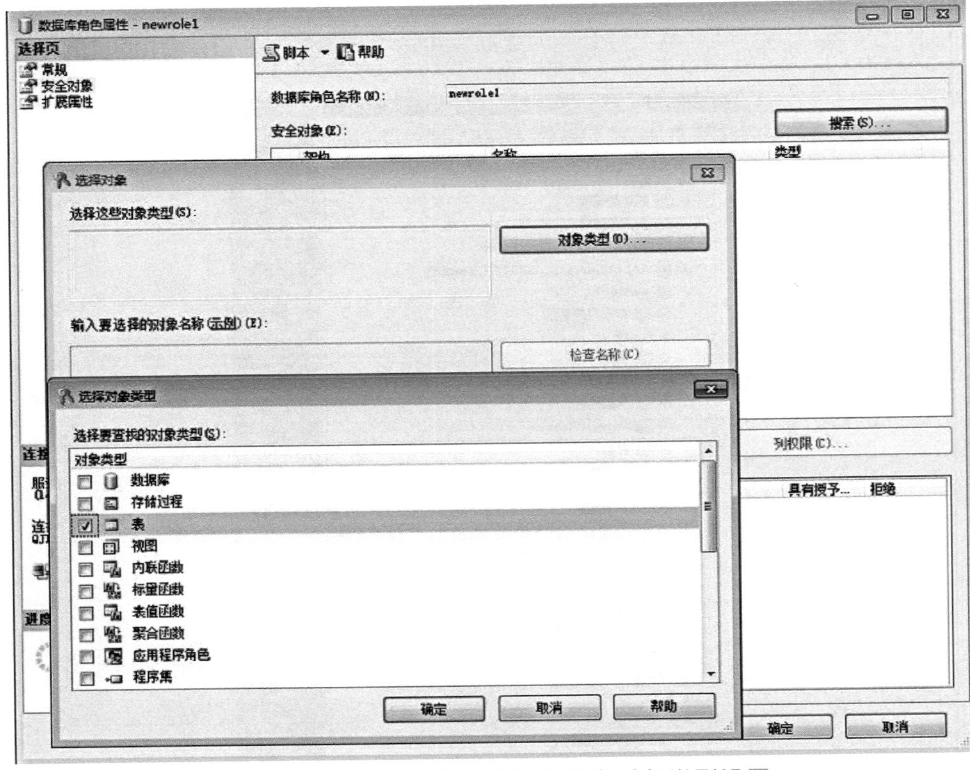

图 2-23　自定义数据库角色安全对象类型设置

④返回“选择对象”对话框，单击“浏览”按钮，在弹出的“查找对象”对话框中勾选要选择的对象，单击“确定”按钮，如图 2-24 所示。

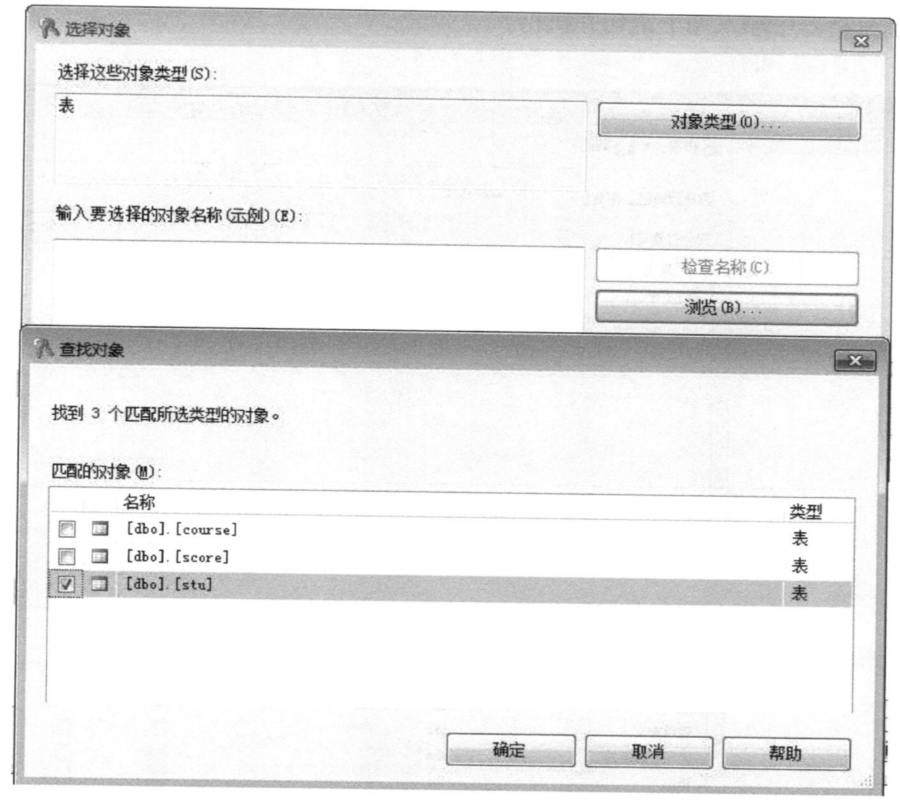

图 2-24　自定义数据库角色安全对象名称设置

⑤单击“确定”按钮，返回“数据库角色属性”对话框，通过勾选相应权限后的复选框，为添加的对象设置相应的权限，单击“确定”按钮，完成自定义角色的添加和授权，如图 2-25 所示。

⑥要删除自定义数据库角色，依次展开“数据库”节点、“相应数据库”节点、“安全性”节点、“角色”节点和“数据库角色”节点，在要删除的自定义数据库角色上单击鼠标右键，选择“删除”命令。

⑦要修改自定义数据库角色，依次展开“数据库”节点、“相应数据库”节点、“安全性”节点、“角色”节点和“数据库角色”节点，在要修改的自定义数据库角色上单击鼠标右键，选择“属性”命令，再进行设置。

2）使用 SQL 语句管理自定义数据库角色。

①创建自定义数据库角色。在 SQL Server 2008 中使用 CREATE ROLE 语句创建自定义数据库角色，语法格式如下：

```
CREATE ROLE role_name[AUTHORIZATION owner_name]
```

说明：role_name 是指要创建的自定义数据库角色名称。AUTHORIZATION owner_name 指自定义数据库角色新的所有者。

例：为 stuqj 创建数据库角色“newrole1”。

```
CREATE ROLE newrole1 AUTHORIZATION  stuqj
```

②删除自定义数据库角色。在 SQL Server 2008 中使用 DROP ROLE 语句删除自定义数据库角色，语法格式如下：

DROP ROLE role_name

例：删除数据库角色“newrole1”。

在查询分析器中输入如下语句并执行。

DROP ROLE newrole1

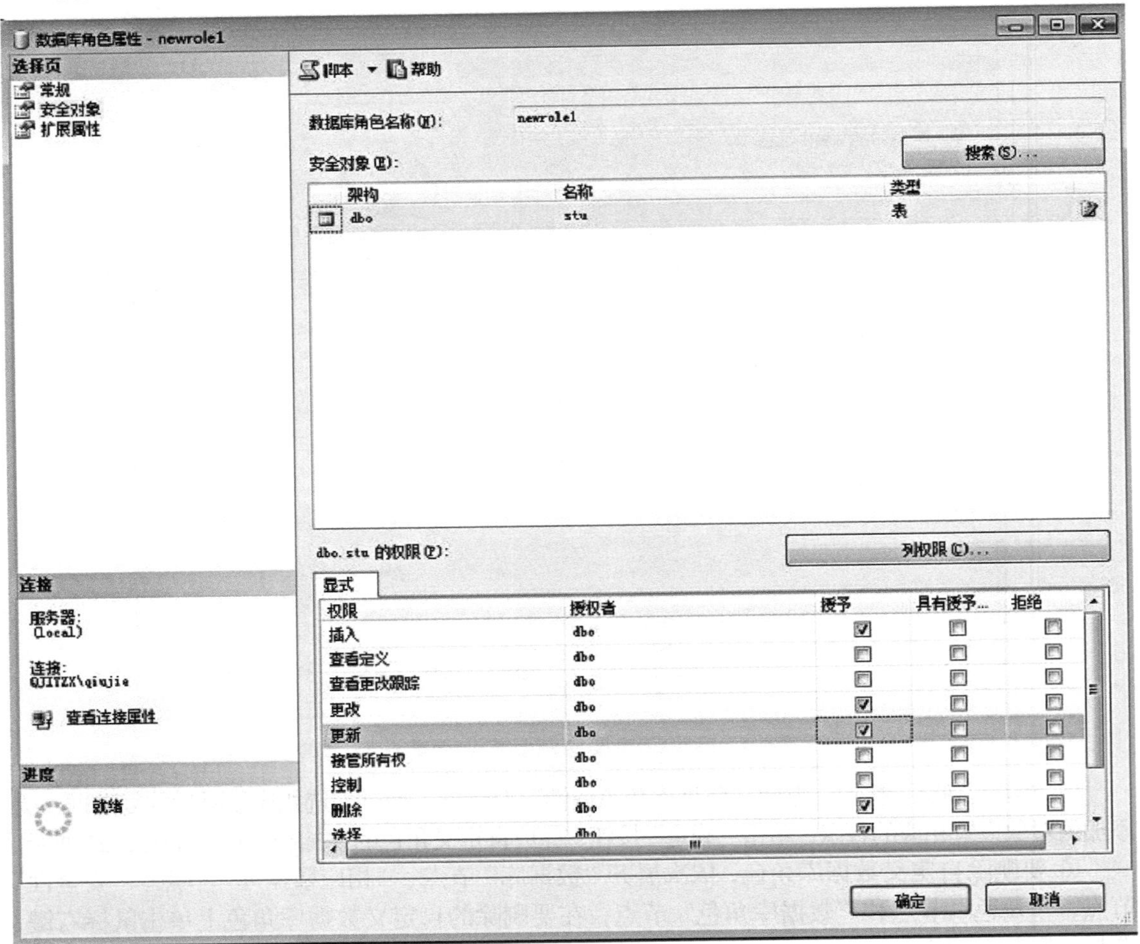

图 2-25　自定义数据库角色安全对象权限设置

（3）应用程序角色

1）应用程序角色概念。

应用程序角色可提供对应用程序分配权限的方法，而非授予用户组或者单独用户。用户可以连接到数据库、激活应用程序角色以及采用授予应用程序的权限，授予应用程序角色的权限在连接期间有效。应用程序角色允许用户为特定的应用程序创建密码保护的角色。

2）创建应用程序角色。

①在 SSMS 中依次展开“数据库”节点、“相应数据库”节点、“安全性”节点和“角色”节点，在“应用程序角色”上单击鼠标右键，选择“新建”→“新建应用程序角色（A）…”命令，如图 2-26 所示。

②在弹出的“应用程序角色 – 新建”对话框中输入角色名称、单击“默认架构”右侧的“浏览”按钮，在“定位架构”对话框中单击“浏览”按钮，勾选 dbo 复选框，单击“确定”按钮返回，再输入“密码”和“确认密码”，如图 2-27 所示。

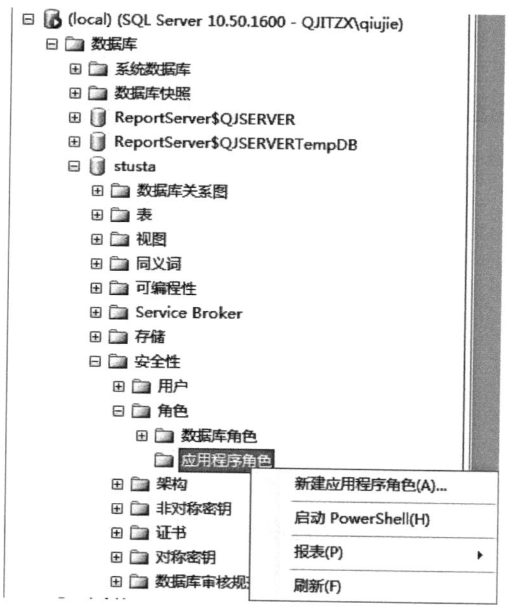

图 2-26 新建应用程序角色

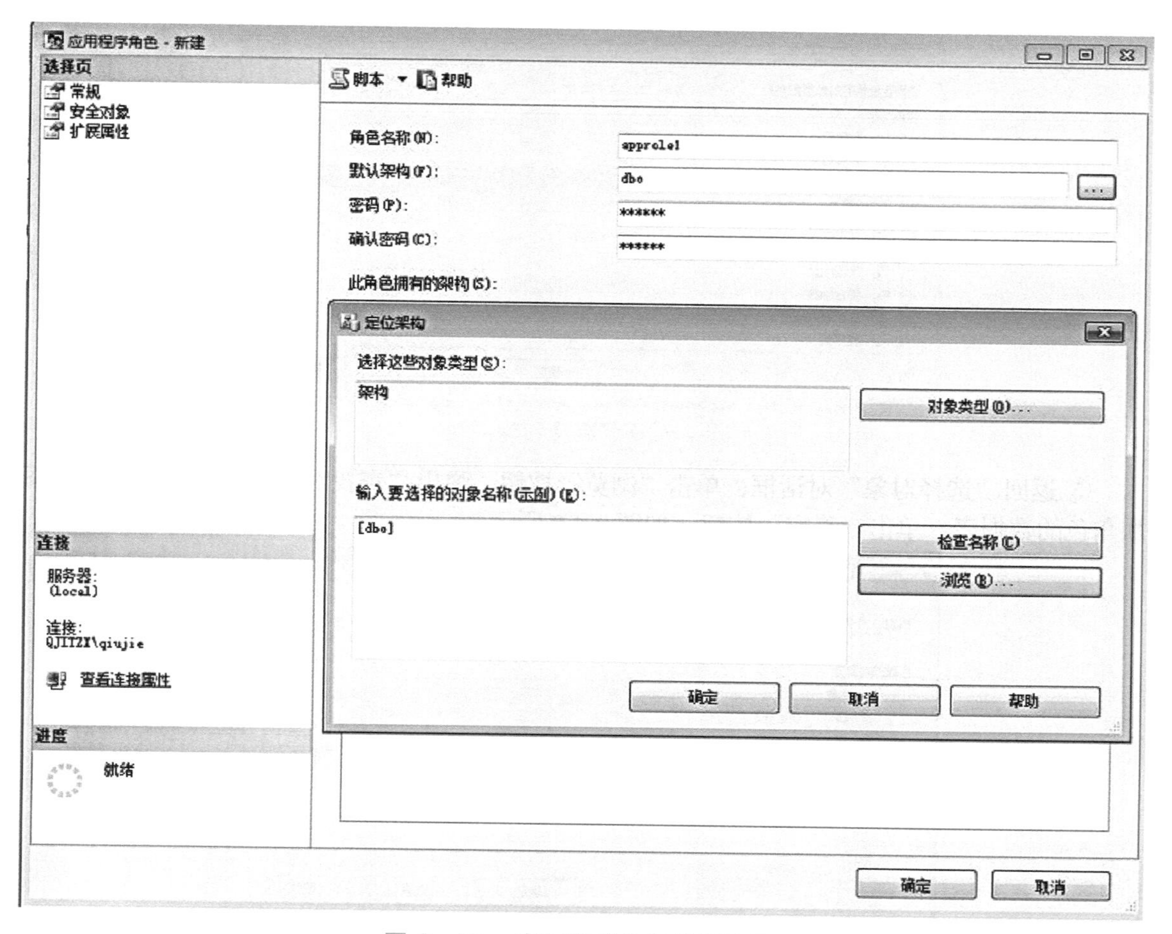

图 2-27 应用程序角色常规设置

③打开“安全对象”页面，单击“搜索”按钮，弹出“添加对象”对话框，在该对话框中选择“特定对象”单选按钮，单击“确定”按钮，如图 2-28 所示。

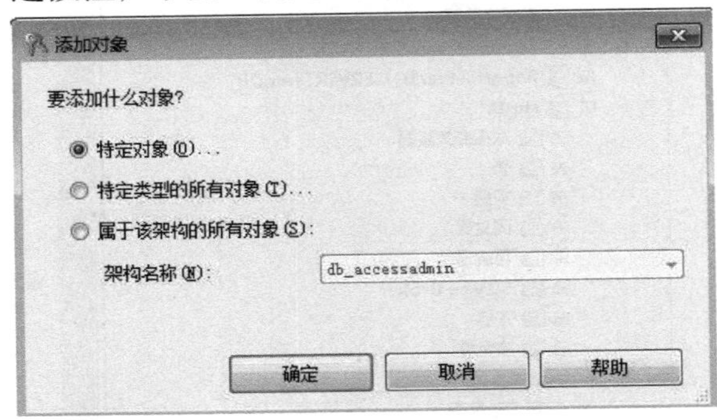

图 2-28 “添加对象”对话框

④在弹出的“选择对象”对话框中，单击“对象类型”按钮，在弹出的“选择对象类型”对话框中勾选需要添加到角色的对象，此处以“表”为例，单击“确定”按钮，如图 2-29 所示。

图 2-29 选择对象类型

⑤返回“选择对象”对话框，单击“浏览”按钮，弹出“查找对象”对话框，勾选要添加角色的数据表，单击“确定”按钮，如图 2-30 所示。

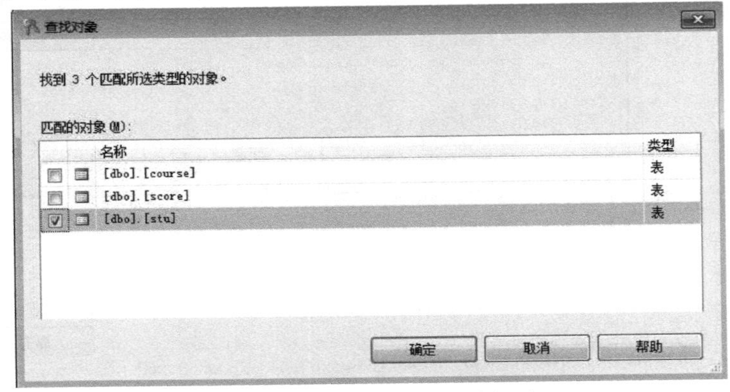

图 2-30 选择匹配的数据表

⑥返回“应用角色属性”对话框，勾选要授予该对象的权限，单击“确定”按钮，完成数据库角色的创建与授权。

【必备知识】

角色其实是对权限的一种集中管理方式。如果数据库服务器中的用户很多，则需要为每个用户分配相应的角色，这是一项很烦琐的工作，因为使用系统的用户中往往有许多用户的操作权限是一致的，所以在 SQL Server 中，通过角色可将用户分为不同的类。相同类用户统一管理，赋予相同的操作权限，从而简化对用户权限的管理工作。因为使用系统的用户中往往有许多用户的操作权限是一致的，赋予相同的操作权限，从而简化对用户权限的管理工作。

SQL Server 为用户预定义了服务器角色和数据库角色，用户也可以根据需要创建自己的数据库角色，以便对有某些特殊需要的用户组进行统一的权限管理。

1. 固定服务器角色

服务器角色独立于各个数据库，在 SQL Server 中创建一个登录账号后，如果要赋予其管理服务器的权限，则可设置这个登录账号为某个或某些服务器角色的成员。用户不能定义服务器角色。

2. 固定数据库角色

固定数据库角色定义在数据库级别上，具有进行特定数据库的管理及操作的权限，即对于数据库用户可以定义其为特定数据库角色的成员，从而具备了相应的操作权限。

3. 自定义数据库角色

有时固定数据库角色并不一定能满足系统安全管理的需求，这时可以添加自定义数据库角色来满足要求，可以通过 Management Studio 工具或系统存储过程来定义新的数据库角色。

【任务评价】

在完成本次任务的过程中，了解了 SQL Server 中服务器角色、数据库角色的含义，学会了使用 SSMS 工具和 SQL 语句进行角色管理，请对照表 2-5 进行总结与评价。

表 2-5 任务评价表

评价指标	评价结果	备注
1. 理解服务器角色的含义	□A □B □C □D	
2. 理解数据库角色的含义	□A □B □C □D	
3. 熟练掌握使用 SSMS 进行角色管理	□A □B □C □D	
4. 熟练掌握使用 T-SQL 进行角色管理	□A □B □C □D	
综合评价：		

【触类旁通】

1）使用 SSMS 为 stuqj 创建数据库角色“newrole1”。

2）使用 T–SQL 语句删除自定义数据库角色“newrole1”。

3）使用 SSMS 创建应用程序角色“approle1”。

4）为应用程序角色“approle1”添加表对象。

任务 4 权限管理

【任务情境】

你是否会有这样的需求：给某个用户查询所有数据库的权限；给某个用户只能备份数据库的权限；给一个用户只有指定数据库的权限；给一个用户只有某个表的权限；给一个用户只能查看某些对象（例如，视图）的权限；给一个用户只能执行一些存储过程的权限等。

【任务分析】

权限是指授权用户登录服务器后可以使用的数据库以及能够对数据库对象执行的操作。对数据库系统而言，保证数据的安全性永远都是最重要的问题之一。一个好的数据库环境必须明确每个用户的职责，并分配其对应的权限，同时出现问题了也可以找到根源。可以通过 SSMS 和 SQL 进行数据库权限管理。

【任务实施】

1. 使用 SSMS 分配用户权限

1）启动 SSMS，在“对象资源管理器”中依次展开“数据库”节点、“相应数据库”节点、“安全性”节点和“用户”节点，单击相应的数据库用户，在弹出的快捷菜单中选择“属性”命令，如图 2–31 所示。

2）在弹出的“数据库用户”对话框中单击“安全对象”项，单击“搜索”按钮，如图 2–32 所示，弹出“添加对象”对话框。

3）在“添加对象”对话框中选择“特定对象”选项，如图 2–33 所示，单击“确定”按钮，弹出“选择对象”对话框，如图 2–34 所示。

4）在“选择对象”对话框中单击“浏览”按钮，弹出“查找对象”对话框，在该对话框勾选匹配对象后单击“确定”按钮，回到“选择对象”对话框，再单击“确定”按钮，回到“数据库用户”对话框，如图 2-35 所示。

5）在“选择对象”对话框中，单击“浏览”按钮，弹出“查找对象”对话框，在该对话框中勾选匹配对象后单击“确定”按钮，回到“选择对象”对话框，再单击“确定”按钮，回到“数据库用户”对话框，如图 2-36 所示。

6）在“数据库用户”对话框中，选择授予用户的权限，单击“确定”按钮，完成数据库用户权限的分配，如图 2-37 所示。

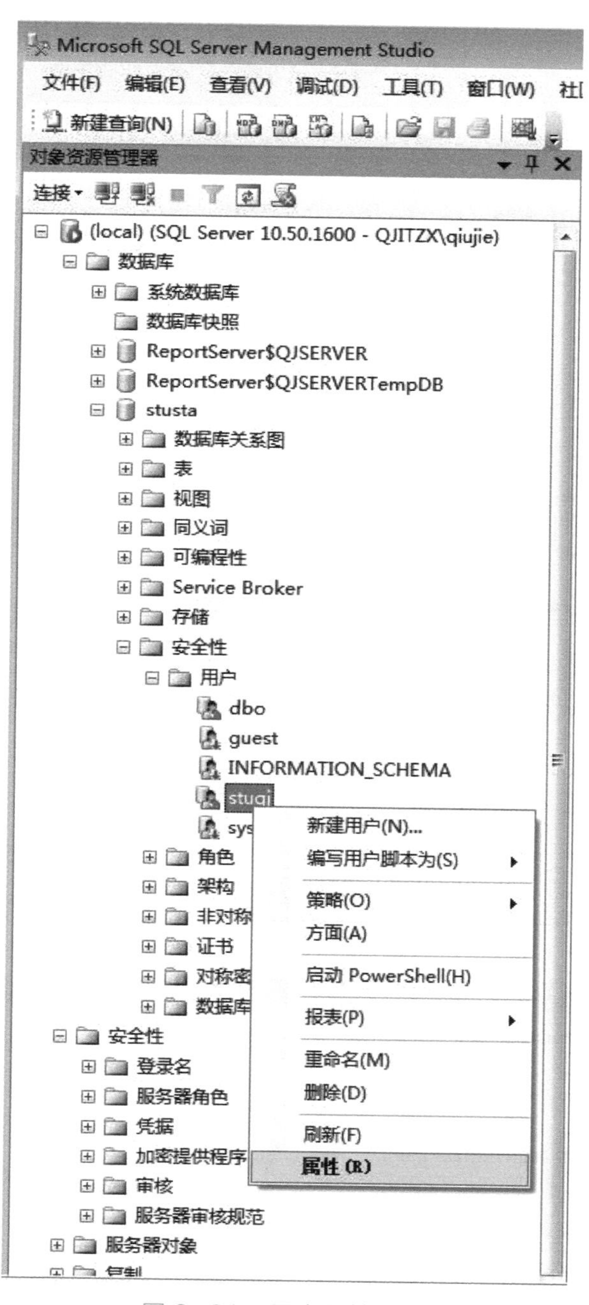

图 2-31 用户属性选择

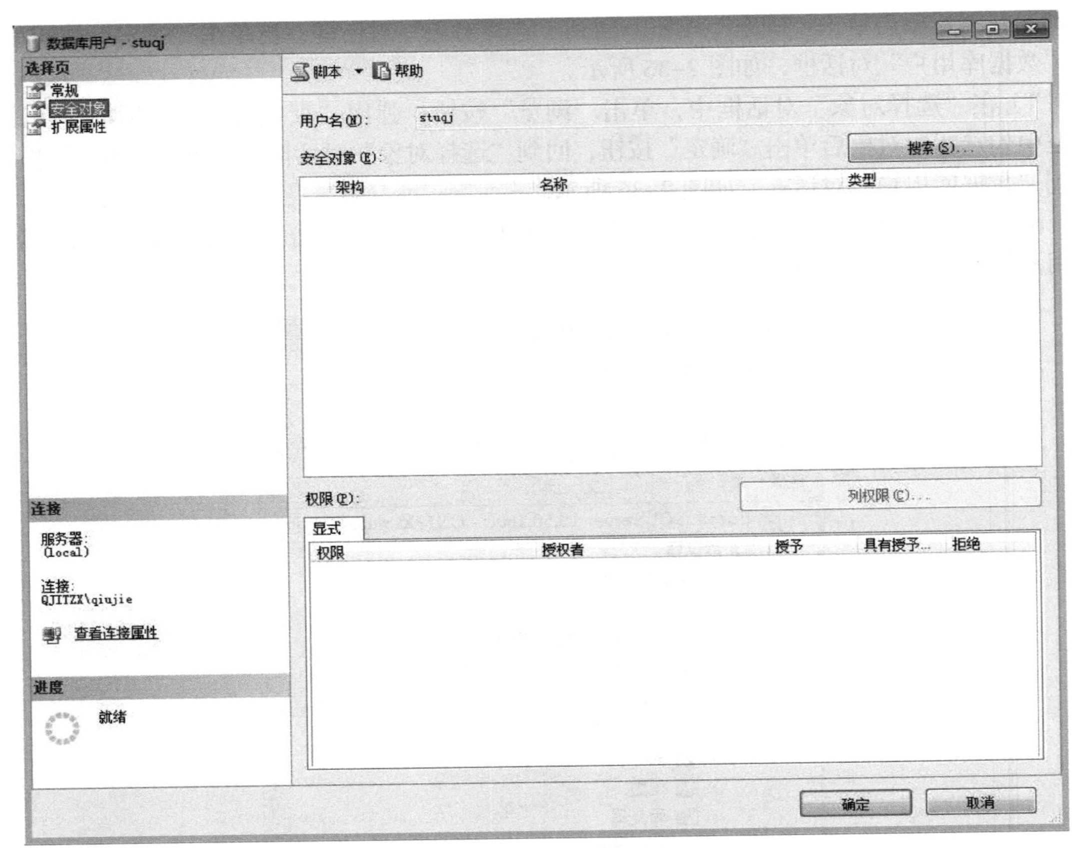

图 2-32　数据库用户

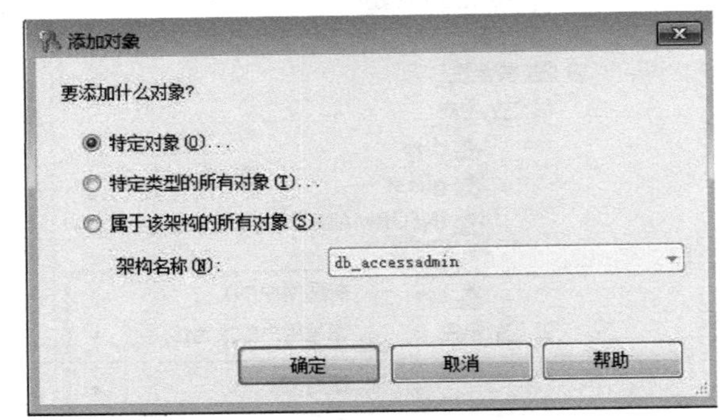

图 2-33　添加对象

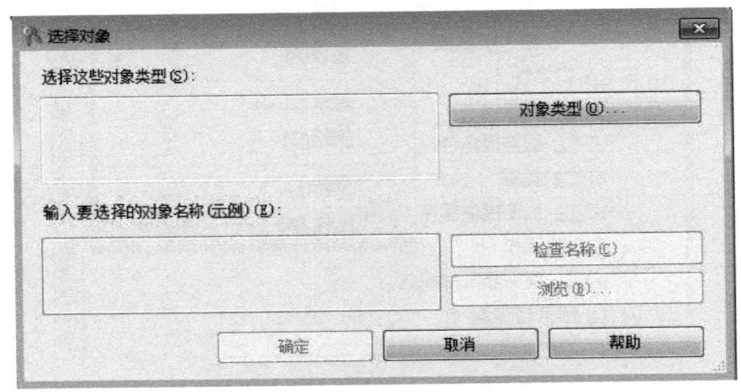

图 2-34　选择对象

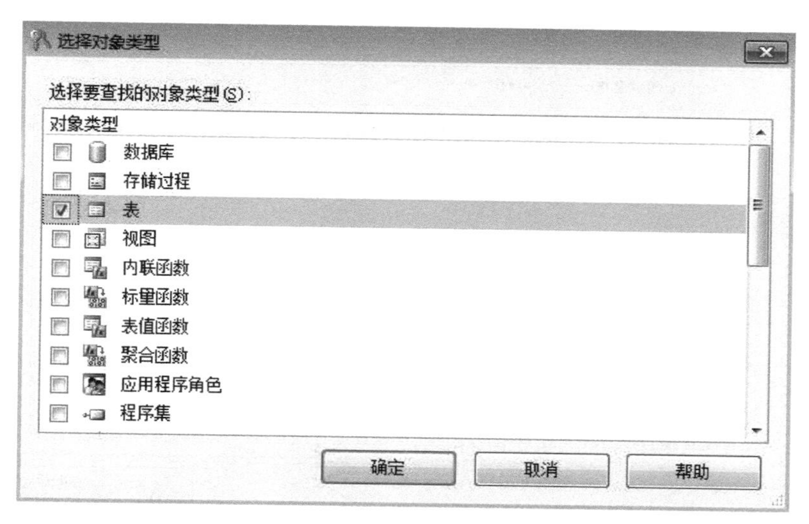

图 2-35　选择对象类型

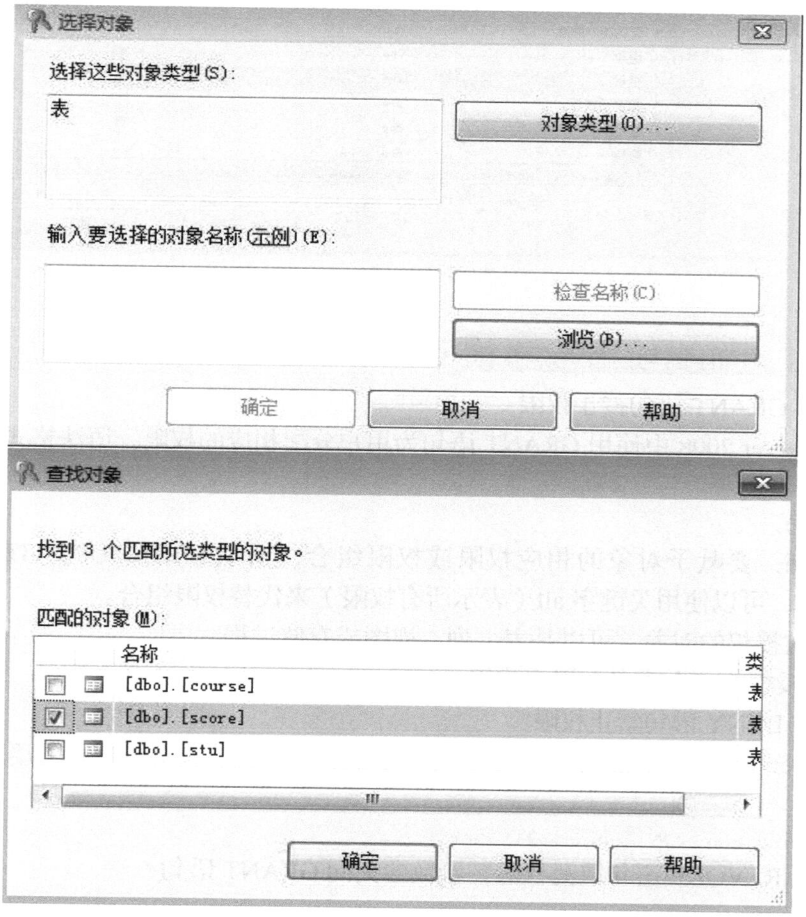

选择对象

选择这些对象类型(S):

表

对象类型(O)...

输入要选择的对象名称(示例)(E):

检查名称(C)

浏览(B)...

确定　取消　帮助

查找对象

找到 3 个匹配所选类型的对象。

匹配的对象(M):

		名称	类
☐		[dbo].[course]	表
☑		[dbo].[score]	表
☐		[dbo].[stu]	表

确定　取消　帮助

图 2-36　查找对象

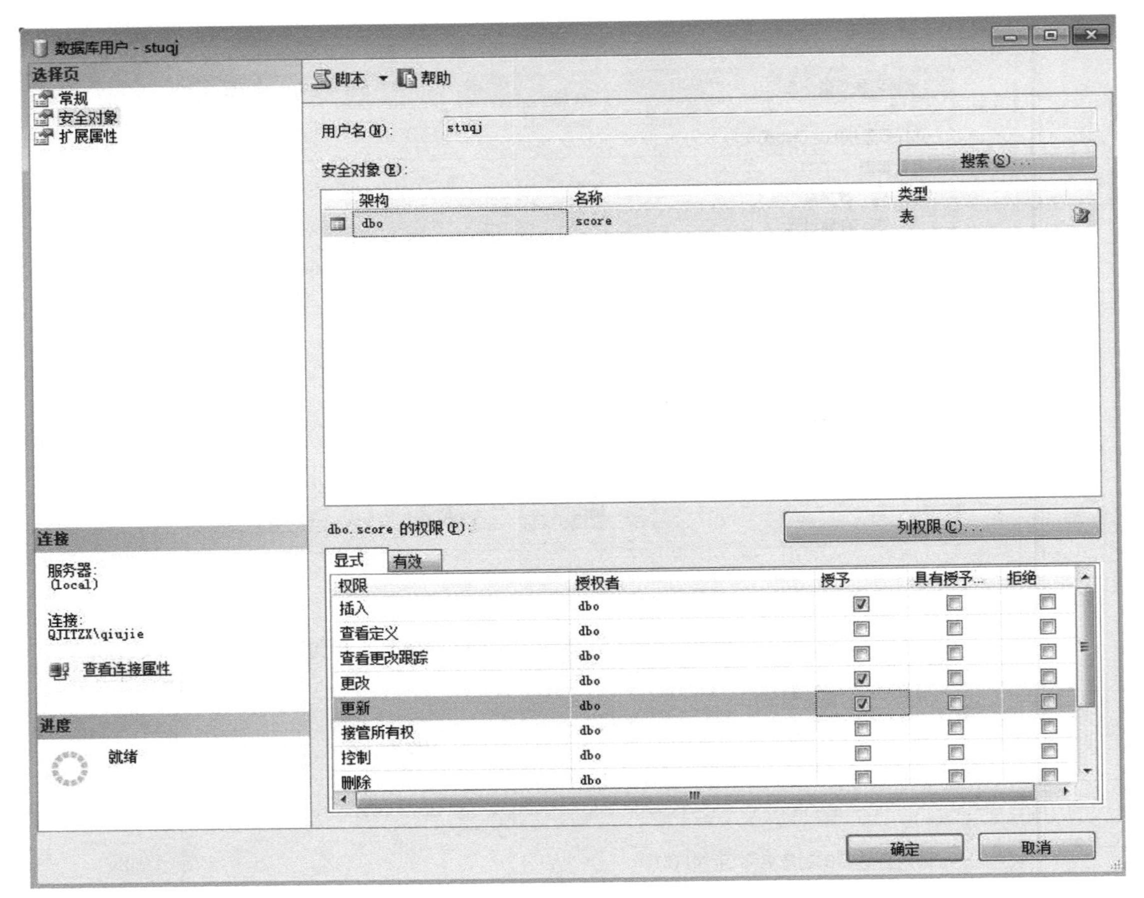

图 2-37　授予用户权限

2. 使用 T-SQL 语句分配用户权限

(1) 使用 GRANT 语句授予权限

在 SQL Server 2008 中使用 GRANT 语句为用户分配相应的权限，语法格式如下：

```
GRANT <permission> ON <object> TO <user> WITH GRANT OPTION
```

参数含义：

permission：要赋予对象的相应权限或权限组合，如 SELECT、UPDATE、INSERT 和 DELETE 权限，可以使用关键字 all（表示所有权限）来代替权限组合。

object：被授权的对象，可以是表、列、视图或存储过程。

user：被授权的一个或多个用户或组。

(2) 使用 DENY 语句禁止权限

在 SQL Server 2008 中使用 DENY 语句禁止权限，参数含义如 GRANT 语句，语法格式如下。

```
DENY <permission> ON <object> TO <user>
```

(3) 使用 REVOKE 语句取消权限，参数含义同 GRANT 语句

```
REVOKE <permission> ON <object> FROM <user>
```

使用 REVOKE 语句和 DENY 语句都能够取消数据库用户已具有的权限。其中，REVOKE 语句只是拒绝用户权限，但不能防止用户从组或角色成员的资格继承权限。DENY 语句拒绝用

户权限并防止用户通过其组成或角色成员资格继承权限，它比 REVOKE 语句更严厉。

【必备知识】

在 SQL Server 数据库管理系统中，权限是指用户对数据库或数据表执行的操作。按照对权限设置方法的不同，权限可以分为隐含权限、对象权限和语句权限三种类型。

1）隐含权限也称默认权限，是由系统安装后，固定服务器角色、固定数据库角色和数据库对象所有者无须授权就拥有的权限。

2）对象权限是数据库所有者对数据库对象所授予的“授予”“禁止”或“撤销”权限。包括是否允许用户读取数据表或执行查询(Select)、修改(Update)、插入(Insert)、删除(Delete)和执行（Execute）等操作；是否允许用户创建数据库、创建数据表、执行存储过程、备份数据库等操作。

3）语句权限是使用 T-SQL 语言中的数据库定义语言对数据库对象授予、禁止或撤销权限。语句权限应用于语句本身而不是数据库对象，一般只能由数据库所有者和 sa 用户使用语句权限。如果一个用户获得了某个语句的权限，则该用户就具有了执行该语句的权利。GRANT、DENY 和 REVOKE 命令分别表示授予、禁止和撤销权限。

在 SQL Server 中有三种特殊的用户，包括系统管理员、用户数据库所有者（建立相应数据库的数据库用户）DBO 和一般用户。系统管理员对整个系统有操作权；用户数据库所有者对他所建立的数据库具有全部的操作权利；一般用户对给定的数据库只有被授权的操作权限。数据库用户一般可分为用户组，任一数据库在建立后即被赋予一个用户组 public。

系统管理员可以授予其他用户 CREATE DATABASE 的权限，使其他用户可以成为数据库所有者。数据库所有者在他所拥有的数据库中可以授予其他用户的权限有：CREATE TABLE（建表）、CREATE DEFAULT（建默认）、CREATE RULE（建规则）、CREATE PROCEDURE（建存储备份日志）。

数据库对象所有者可以授予其他用户的操作权限有：SELECT、UPDATE、INSERT、EXECUTE、DELETE、REFERENCE。

【任务评价】

在管理数据库的过程中，有时候需要控制某个用户访问数据库的权限，用户拥有什么权限取决于角色，而拥有哪些对象取决于拥有包含这些对象的架构，架构的拥有者可以是数据库用户、数据库角色或应用程序角色。

在完成本次任务的过程中，了解了 SQL Server 中服务器角色和数据库角色的含义，学会了使用 SSMS 工具和 SQL 语句进行角色管理，请对照表 2-6 进行总结与评价。

表 2-6　任务评价表

评价指标	评价结果	备注
1. 理解 SQL Server 中权限的含义	□A　□B　□C　□D	
2. 掌握 SQL Server 中权限的类型	□A　□B　□C　□D	
3. 熟练掌握使用 SSMS 进行权限管理	□A　□B　□C　□D	
4. 熟练掌握使用 T-SQL 语句进行权限管理	□A　□B　□C　□D	
综合评价：		

【触类旁通】

1）使用 SSMS 授予数据库用户“userteacher”对“stu”表的查看、插入和修改权限。
2）使用 SQL 授予数据库用户“userteacher”对“score”表的查看和修改权限。
3）使用 SQL 禁止数据库用户“userstu”对“score”表的删除和修改权限。

项目小结

在本项目中，首先介绍了 SQL Server 身份验证模式、Windows 身份验证和 SQL Server 身份验证的区别与联系，使用 SSMS 图形化工具修改身份验证模式。其次，介绍了登录名与数据库用户的区别与联系，使用 SSMS 工具和 SQL 语句实现数据库用户管理（新建、修改、删除）。再次，介绍了 SQL Server 中服务器角色、数据库角色的含义，使用 SSMS 工具和 SQL 语句进行角色管理。最后介绍了 SQL Server 中权限的含义和类型，以及使用 SSMS 工具和 SQL 语句进行权限管理。

思考与实训

一、SQL Server 身份验证模式

1. 将当前 SQL Server 实例的验证模式设置为“SQL Server 和 Windows 身份验证模式”。
2. 分别使用 SSMS 和 SQL 语句在当前 SQL Server 实例“QJITZX”中创建“Windows 身份验证”，登录名为“loginuser”，并查看其属性。
3. 分别使用 SSMS 和 SQL 语句在当前 SQL Server 实例“QJITZX”中创建“SQL Server 身份验证”，登录名为“loginstu”。
4. 使用 SQL 语句删除登录名“loginstu”。

二、SQL Server 数据库用户管理

1. 分别使用 SSMS 和 SQL 语句创建与“loginuser”登录名对应的数据库用户“userstu”并查看其属性。
2. 将数据库用户“userstu”修改为“newsuerstu”。
3. 使用 SQL 语句删除数据库用户“newsuerstu”。

三、数据库角色管理

1. 查看固定数据库角色 db_ddladmin 的属性，并将数据库用户“userstu”添加到该角色中。
2. 使用 SQL 语句在 stuqj 数据库中创建自定义数据库角色“db_user”，并将所创建的数据库用户“userstu”添加到该角色中。
3. 删除数据库角色“db_user”。

四、数据库权限管理

1. 使用 SSMS 授予数据库用户“userstu”对“stu”表的查看、插入和修改权限。
2. 查看表“stu”的权限属性。
3. 使用 SQL 授予数据库用户“userstu”对“score”表的查看权限。

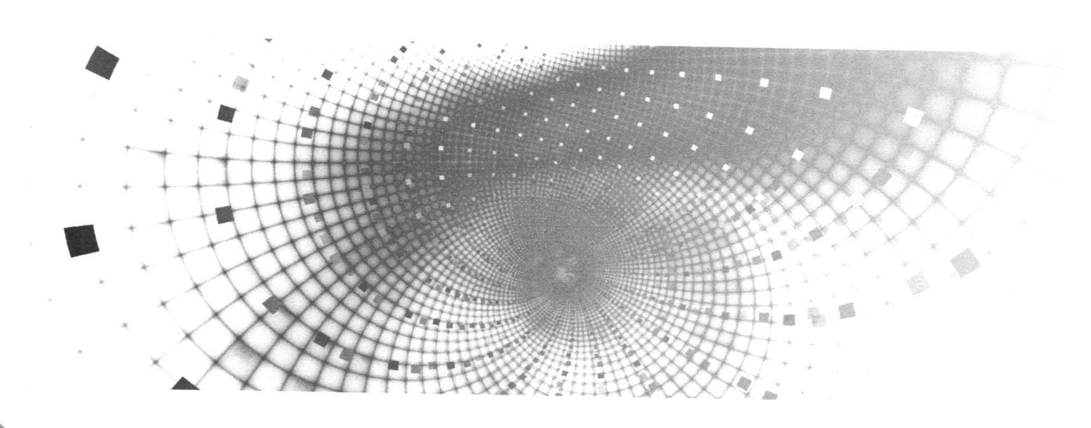

项目3 数据库维护

数据库维护对数据库管理员来说是一件非常重要的日常工作，其内容主要包括：数据库备份与还原、数据导入与导出、数据库分离与附加等，只有科学有效地管理和维护数据库系统，才能保证系统数据的安全性、完整性和有效性。

【职业能力目标】

1）会使用 SSMS 和 SQL 命令创建备份设备。

2）会使用 SSMS 和 SQL 命令备份、还原数据库。

3）会使用 SSMS 将数据库中的数据进行导入与导出。

4）会根据需要分离与附加数据库。

任务1 备份数据库

【任务情境】

数据库存储着大量用户数据，是非常宝贵的资料，虽然数据库自身有各种措施来保证数据的安全与完整，但现实生活中，由于产品故障、系统故障、自然灾害等意外的发生，都可能会造成数据的破坏和丢失，因此，在日常生活中要经常进行合理的备份，以便在意外发生之后，将数据库恢复到之前的状态。

【任务分析】

在 SQL Server 2008 中备份数据库的方法主要有两种：一是使用 SSMS 图形化工具进行备份；二是通过编写 BACKUP 语句进行备份。无论是哪一种方式，备份的一般步骤为：先创建一个备份设备，然后将数据库备份到该设备。

【任务实施】

1. 使用 SSMS 对"学籍管理系统"进行备份

扫码看视频

第 1 步：创建备份设备。

1）在对象资源管理器中展开"服务器对象"节点，选择"备份设备"，单击鼠标右键，在弹出的快捷菜单中选择"新建备份设备"命令，如图 3-1 所示。

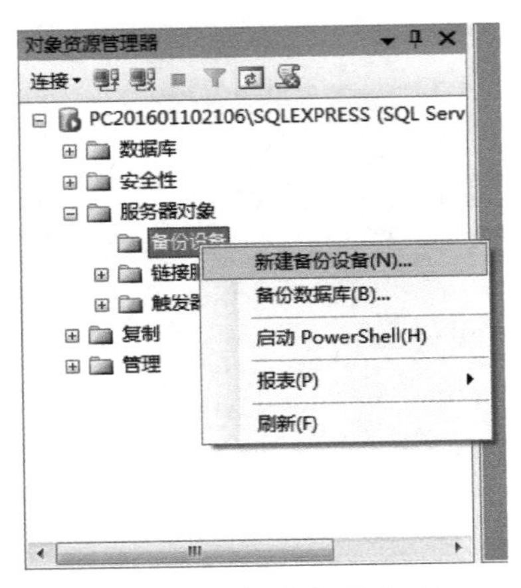

图 3-1 新建备份设备

2）在弹出的“备份设备”对话框中输入设备的名称，如“stusta_bf”，然后选择文件存储的路径，如图 3-2 所示。

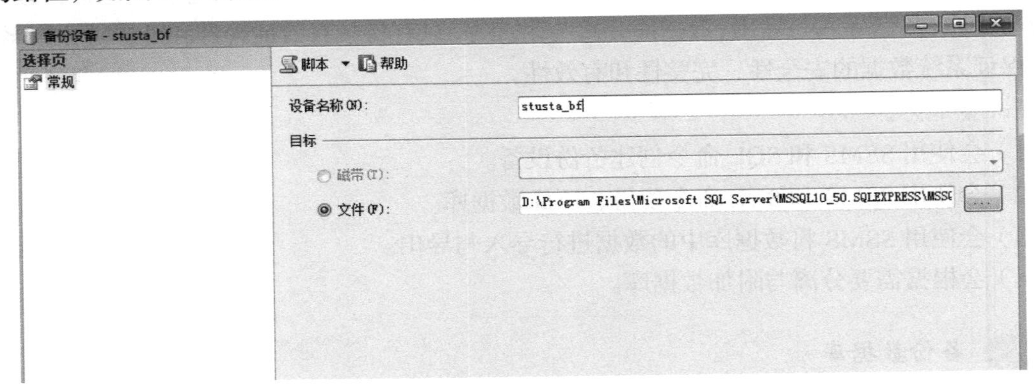

图 3-2 备份设备对话框

3）单击“确定”按钮，可以在资源管理器中看到创建好的备份设备，如图 3-3 所示。

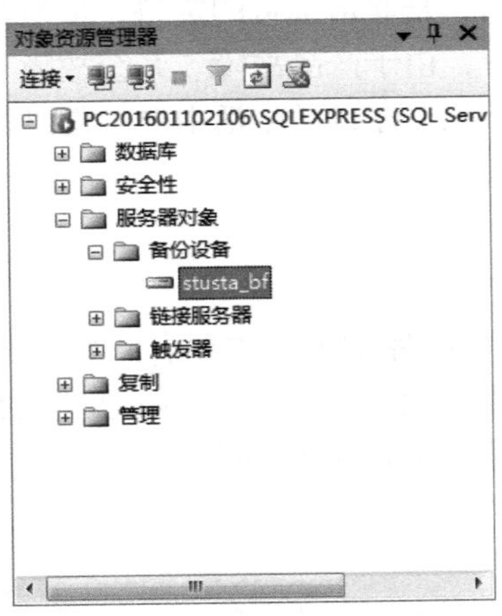

图 3-3 查看备份设备

第 2 步：备份“学籍管理系统”数据库。

1）在对象资源管理器中展开数据库节点，选择“stusta”数据库，单击鼠标右键，在弹出的快捷菜单中选择“任务”→“备份”命令，如图 3-4 所示。

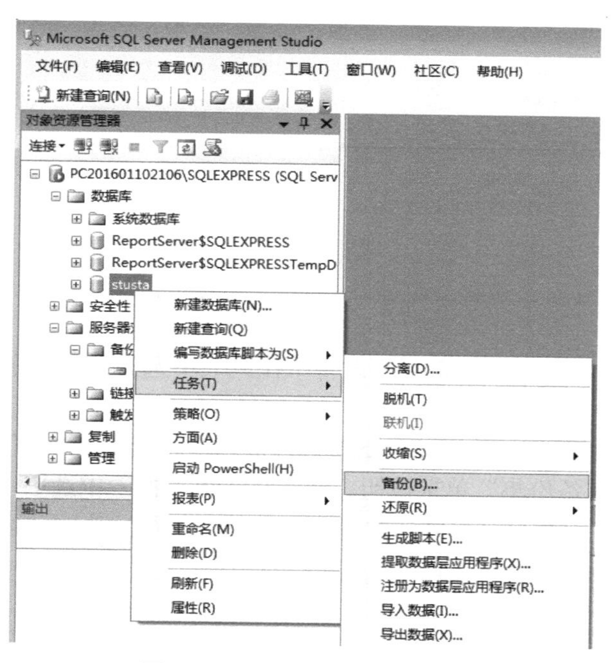

图 3-4 选择“备份”命令

2）出现“备份数据库”对话框，如图 3–5 所示，在“数据库”下拉列表中选择“stusta”，“备份类型”选择“完整”。

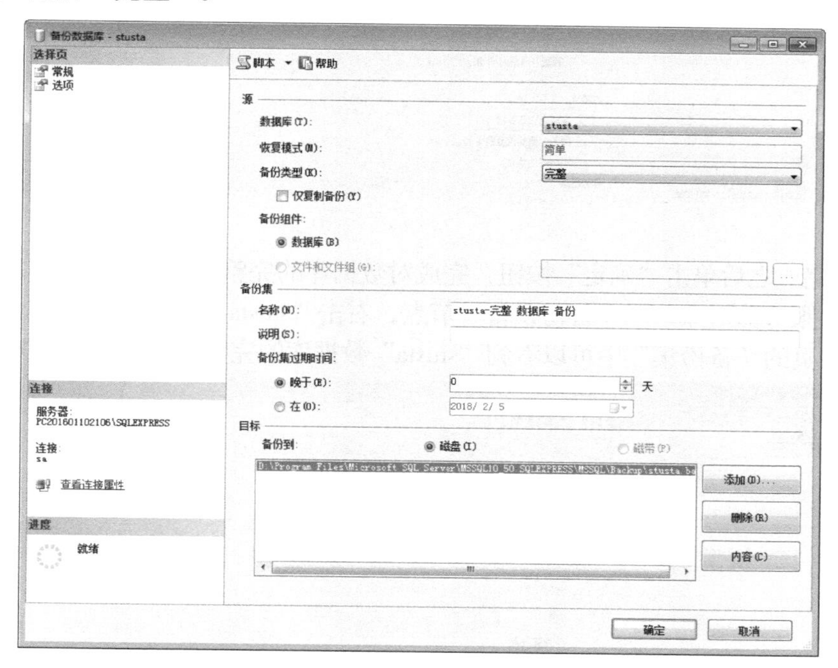

图 3-5 备份数据库

3）接着设置数据库备份的目标位置，在“目标”模块已生成了默认的备份位置，若想设置自定义的备份位置，则可通过“删除”按钮删除该默认位置，然后单击“添加”按钮，出现如图 3–6 所示的对话框。

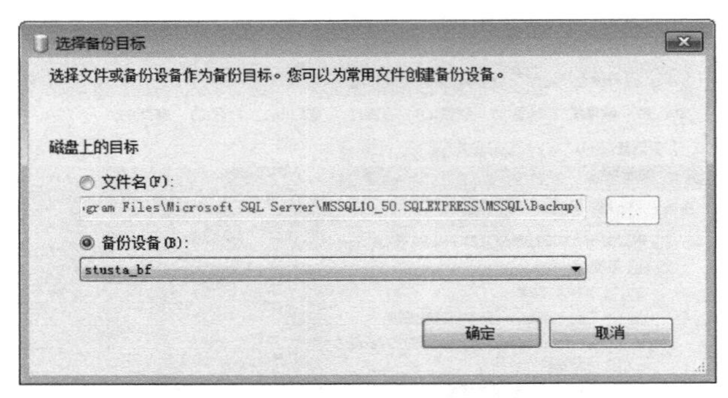

图 3-6　选择备份设备

4）选择“备份设备”选项，在备份设备下拉列表中选择一个之前建立好的备份设备，如“stusta_bf”。

5）单击“确定”按钮，回到“备份数据库”对话框，选择“选项”页，在“覆盖介质”中选择“覆盖所有现有备份集”单选按钮，接着在“可靠性”中选中“完成后验证备份”复选框，该选项用于验证备份文件与实际数据库文件是否一致。具体设置如图 3-7 所示。

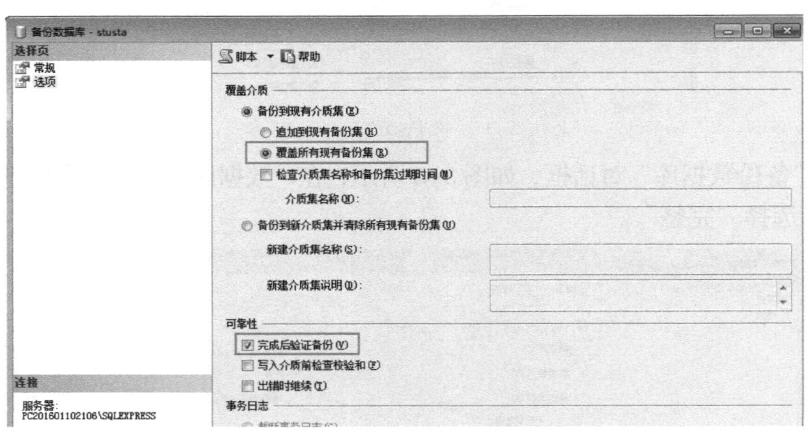

图 3-7　“选项”页设置

6）设置完成之后单击“确定”按钮，完成对数据库的完整备份，此时在“对象资源管理器”中展开“服务器对象”→“备份设备”节点，右击“stusta_bf”，选择“属性”命令，在“介质内容”页的“备份集”中可以看到“stusta”数据库的完整备份信息，如图 3-8 所示。

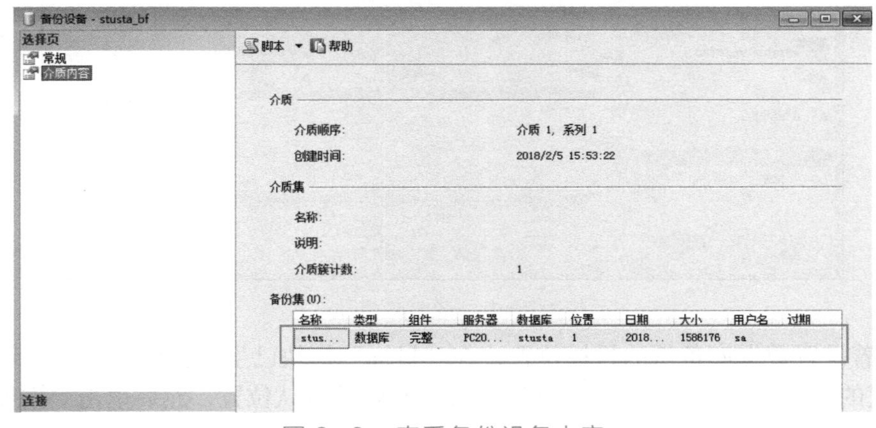

图 3-8　查看备份设备内容

2. 使用 BACKUP 语句对“学籍管理系统”进行备份

1）需使用系统存储过程 sp_addumpdevice 创建备份设备，然后再用 BACKUP 语句完成数据库的备份，执行代码如图 3-9 所示。

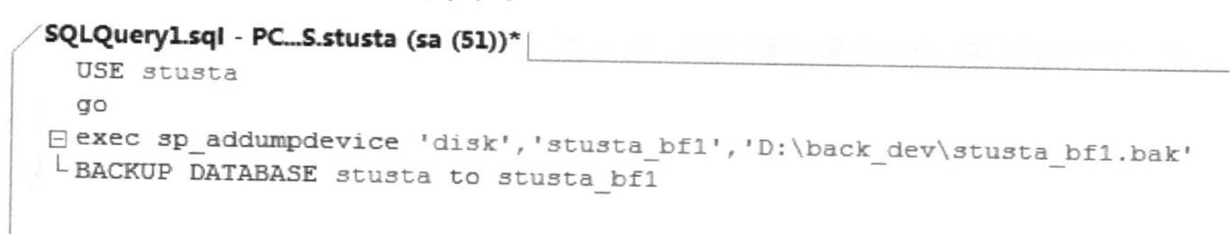

```
USE stusta
go
exec sp_addumpdevice 'disk','stusta_bf1','D:\back_dev\stusta_bf1.bak'
BACKUP DATABASE stusta to stusta_bf1
```

图 3-9 执行代码

2）运行结果如图 3-10 所示。

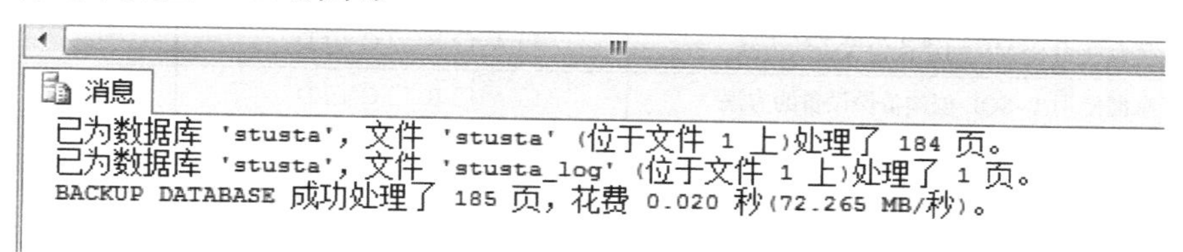

消息
已为数据库 'stusta'，文件 'stusta' (位于文件 1 上)处理了 184 页。
已为数据库 'stusta'，文件 'stusta_log' (位于文件 1 上)处理了 1 页。
BACKUP DATABASE 成功处理了 185 页，花费 0.020 秒(72.265 MB/秒)。

图 3-10 运行结果

扫码看视频

【必备知识】

1. 备份方式

备份是一项非常烦琐的工作，需要认真规划，确定适当的备份周期和备份策略。SQL Server 2008 提供了四种数据库备份的类型：完整备份、差异备份、事务日志备份、文件和文件组备份。对以上四种备份方法，需综合考虑各种可能发生的故障，根据实际情况制定符合自己的备份方案。在此，给出以下五张备份方案以供参考：

1）完整备份数据库，该操作较简单，方便管理。但无法恢复备份时间节点到故障发生期间的数据。

2）备份数据库和事物日志，该方案能保证故障发生时已完成的事务均可被恢复。

3）差异备份数据库，该方案备份速度快，耗费时间少，但不能单独使用，在差异备份之前必须先进行完整备份。

4）文件和文件组备份、差异备份和事务日志备份综合使用，该方案操作起来比较复杂，适用于大型数据库，并且数据文件分布在多个计算机硬盘上。

5）完整备份、差异备份和事务日志备份综合使用，该方案备份灵活，并且能够提高数据库的安全性，降低数据丢失的风险。

2. 使用 T-SQL 命令备份和还原数据库

1）系统存储过程 sp_addumpdevice 创建备份设备的基本语法格式如下。

参数含义：

devtype：备份设备的类型，可以是硬盘（disk）、磁带（tape）和管道（pipe）。

logicalname：备份设备的逻辑名称。

physicalname：备份设备的物理名称。

2）使用 BACKUP 语句备份整个数据库的基本语法格式如下。

sp_addumpdevice 'devtype',

```
'logicalname',
'physical_name'
BACKUP DATABASE 数据库名
TO 备份设备 [,…n]
```

【任务评价】

在完成本次任务的过程中，学会了创建备份设备、备份数据库，请对照表 3-1 进行总结与评价。

表 3-1　任务评价表

评价指标	评价结果	备　注
1. 熟练掌握使用 SSMS 创建备份设备的方法	□A □B □C □D	
2. 熟练掌握使用 T-SQL 创建备份设备的方法	□A □B □C □D	
3. 熟练掌握使用 SSMS 进行完整备份的方法	□A □B □C □D	
4. 熟练掌握使用 T-SQL 进行完整备份的方法	□A □B □C □D	
综合评价：		

【触类旁通】

1）使用 SSMS 创建一个备份设备“人事备份”，对系统中给定的“人事管理系统”数据库进行完整备份。

2）对“人事管理系统”数据库的“person”表添加一些记录，然后分别对该数据库进行差异备份和事物日志备份。

3）使用 SQL 命令创建备份设备“人事备份 1”，并完成对“人事管理系统”数据库的完整备份。

任务 2　还原数据库

【任务情境】

小王是某公司的数据库管理员，某天数据库突然发生故障，需要将数据库还原成原来的状态，避免数据丢失。

【任务分析】

在 SQL Server 2008 中还原数据库的方法主要有两种：一是使用 SSMS 进行还原；二是通过编写 RESTORE 语句进行还原。本任务需掌握这两种方法进行数据库还原。

【任务实施】

1. 使用 SSMS 还原“学籍管理系统”的完整备份

1）为了验证还原效果，首先删除“stusta”数据库下的“course”表。

2）在对象资源管理器中，展开数据库节点，选择 “stusta”数据库，单击鼠标右键，在弹出的快捷菜单中选择“任务”→“还原”→“数据库”命令，如图 3-11 所示。

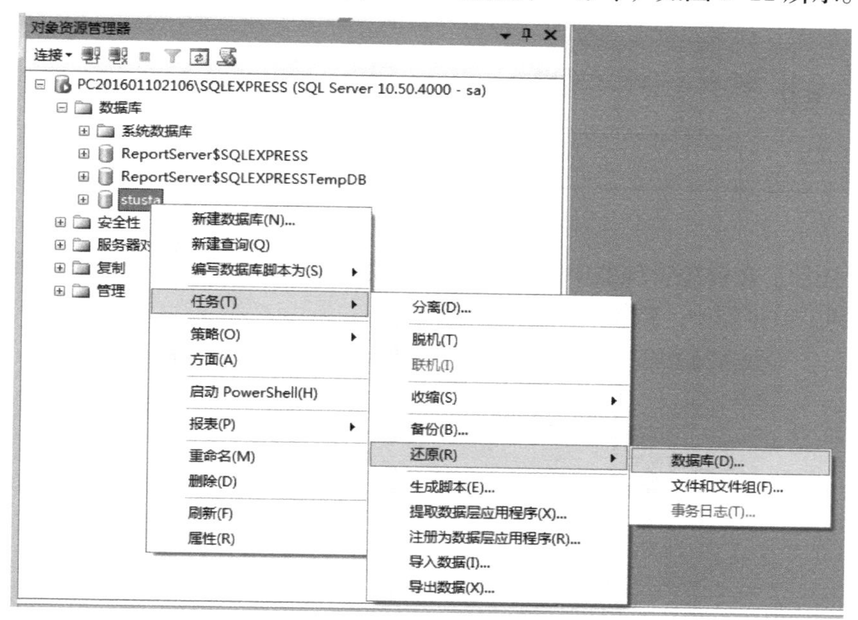

图 3-11　选择“任务”→“还原”→“数据库”命令

3）出现“还原数据库”对话框，在“源数据库”下拉列表中选择“stusta”数据库，在“选择用于还原的备份集”列表中勾选用于还原的备份集，如图 3-12 所示。

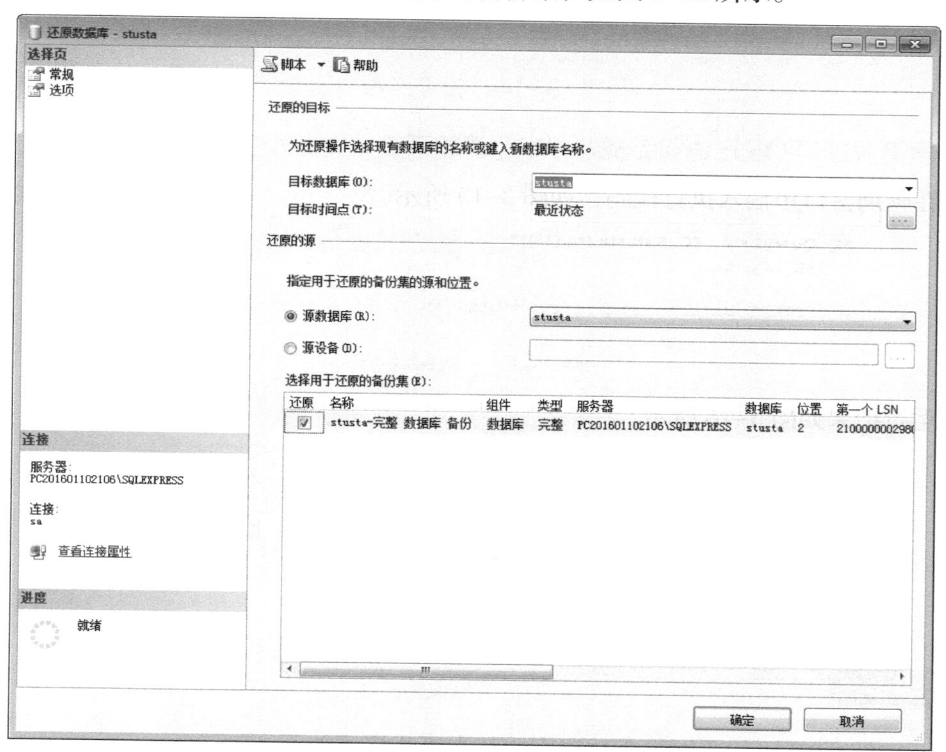

图 3-12　“还原数据库”对话框

4）单击“确定”按钮开始还原。

5）出现“还原成功”对话框，如图 3–13 所示，至此，还原操作完成。

图 3–13 “还原成功”对话框

6）验证还原。在资源管理器中展开“stusta”数据库下的“表”节点，可以看到“course”表已经还原到了数据库中，如图 3–14 所示。

图 3–14 验证还原

2. 使用 RESTORE 语句完成对“学籍管理系统”数据库备份的还原

1）在查询窗口中输入执行代码，如图 3–15 所示。

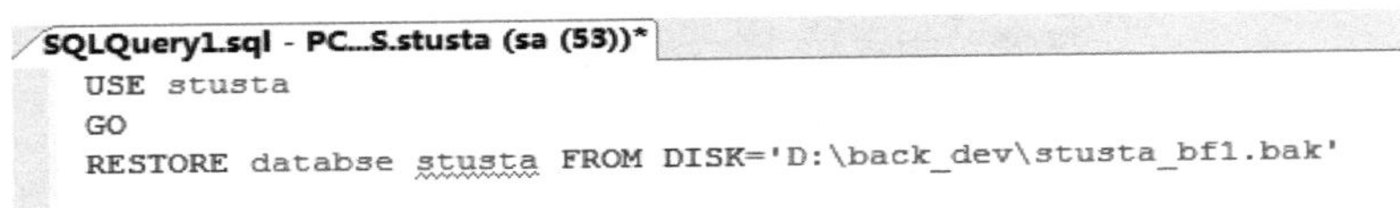

图 3–15 执行代码

2）运行结果如图 3–16 所示。

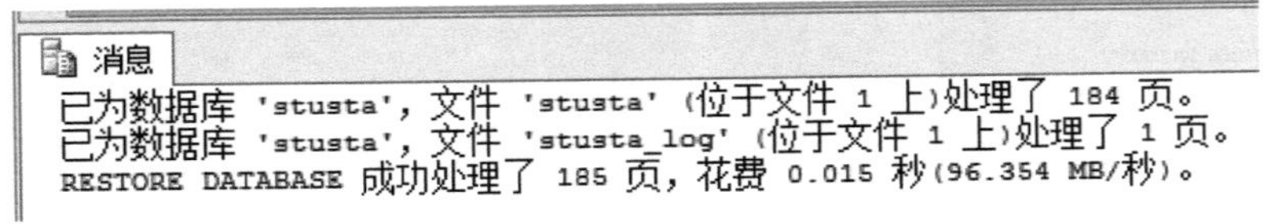

图 3–16 运行结果

【必备知识】

使用 RESTORE 语句还原整个数据库的基本语法格式如下。

```
RESTORE DATABASE 数据库名
    FROM 备份设备 [,…n]
```

【任务评价】

在完成本次任务的过程中，学会了还原数据库，请对照表 3-2 进行总结与评价。

表 3-2 任务评价表

评价指标	评价结果	备注
1. 熟练掌握使用 SSMS 还原数据库的方法	□A □B □C □D	
2. 熟练掌握使用 T-SQL 还原数据库的方法	□A □B □C □D	
综合评价：		

【触类旁通】

1）创建一个备份设备“超市管理备份”，对系统中给定的“超市管理系统”数据库进行完整备份。

2）使用 SSMS 对“超市管理系统”数据库进行还原。

3）使用 RESTORE 语句对“超市管理系统”数据库进行还原。

任务 3 导入与导出数据

【任务情境】

小张是学校学籍管理系统数据库的管理者，在工作中，他需要将学生选课的数据从数据库中导入到 Excel 中，或将整理好的 Excel 表中的数据导入到 SQL Server 的选课表中，以便更好地整理数据。

【任务分析】

SQL Server 的导入导出向导提供了将一种数据源转换成另一种数据源的简便操作方法。本任务通过向导将 Excel 文件中的数据库导入到 SQL Server 数据库中，并将 SQL Server 数据库中的数据导出到 Excel 文件中。

【任务实施】

1. 数据导入：将 Excel 文件“student.xls”导入到“stusta”数据库的表中

1）在对象资源管理器中，展开“数据库”节点，选择“stusta”数据库，单击鼠标右键，在弹出的快捷菜单中选择“任务”→“导入数据”命令，如图 3-17 所示。

2）出现 SQL Server 导入和导出向导，单击“下一步”按钮，出现“选择数据源”界面，进行如下设置：数据源选择“Microsoft Excel”，单击“浏览”按钮选择需要导入的 Excel 文件，Excel 版本选择“Microsoft Excel 2007”，并勾选“首行包含列名称”复选框，具体设置如图 3-18 所示。

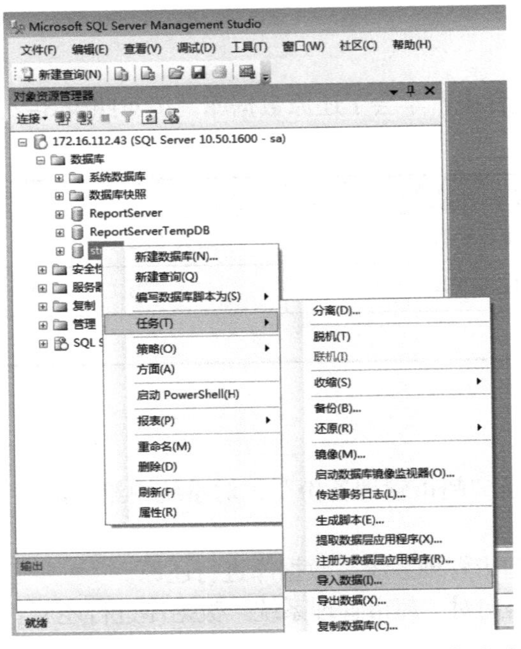

图 3-17 选择“任务”→“导入数据”命令

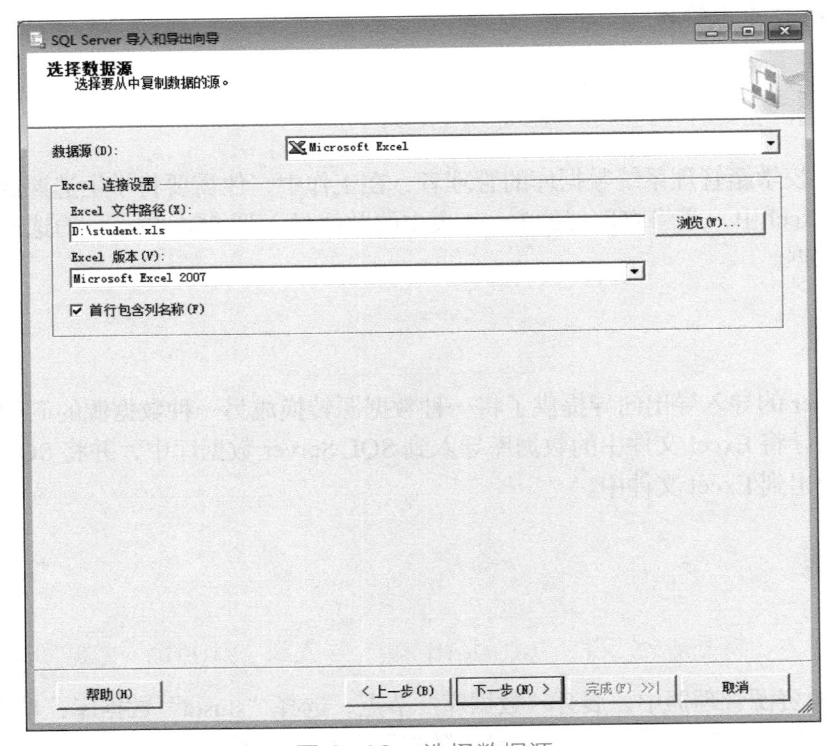

图 3-18 选择数据源

3）单击“下一步”按钮，出现“选择目标”界面，进行如下设置：保持默认值“SQL Server Native Client 10.0”，输入服务器的名称，身份验证选择“使用 SQL Server 身份验证”，并输入用户名和密码，最后选择数据库“stusta”，具体设置如图 3-19 所示，然后单击“下一步”按钮。

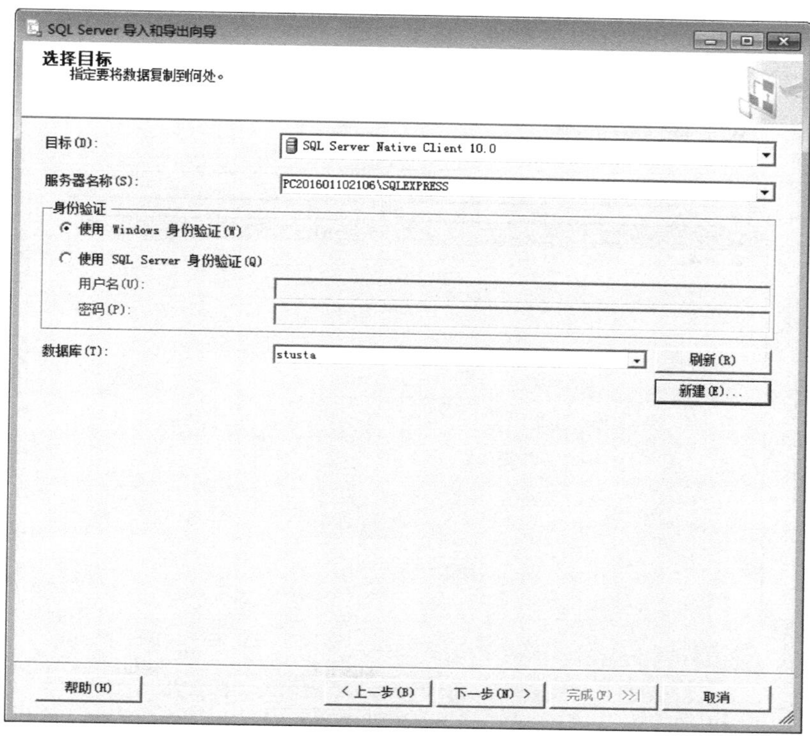

图 3-19　选择目标

4）此时出现“指定表复制或查询”界面，选择“复制一个或多个表或视图的数据”单选按钮，单击“下一步”按钮，如图 3-20 所示。

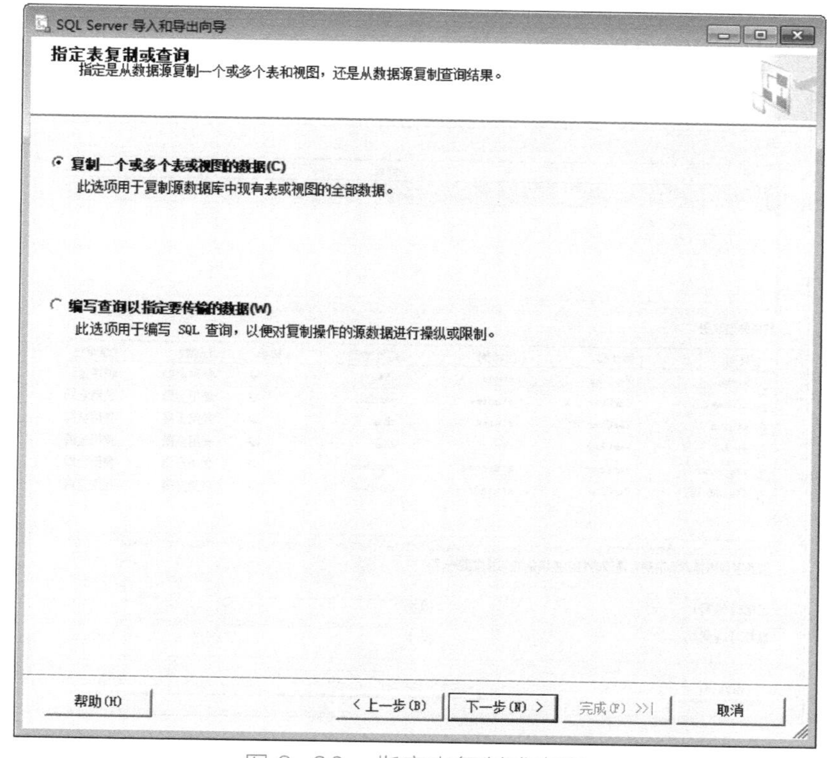

图 3-20　指定表复制或查询

5）出现“选择源表和源视图”界面，这里勾选“stu”表，如图 3-21 所示。

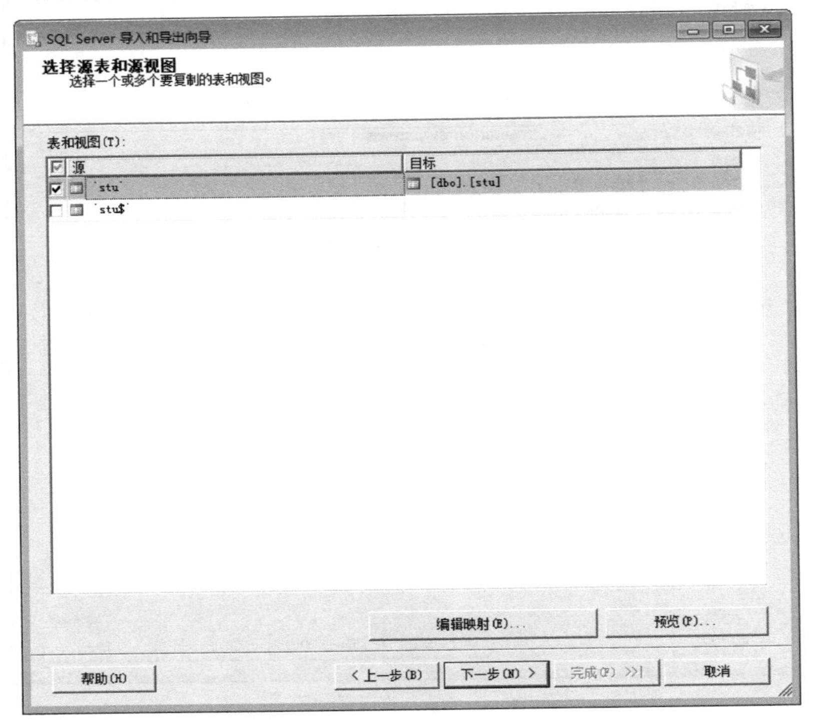

图 3-21　选择源表和源视图

6）单击“下一步”按钮，出现“查看数据类型映射”界面，如图 3-22 所示。

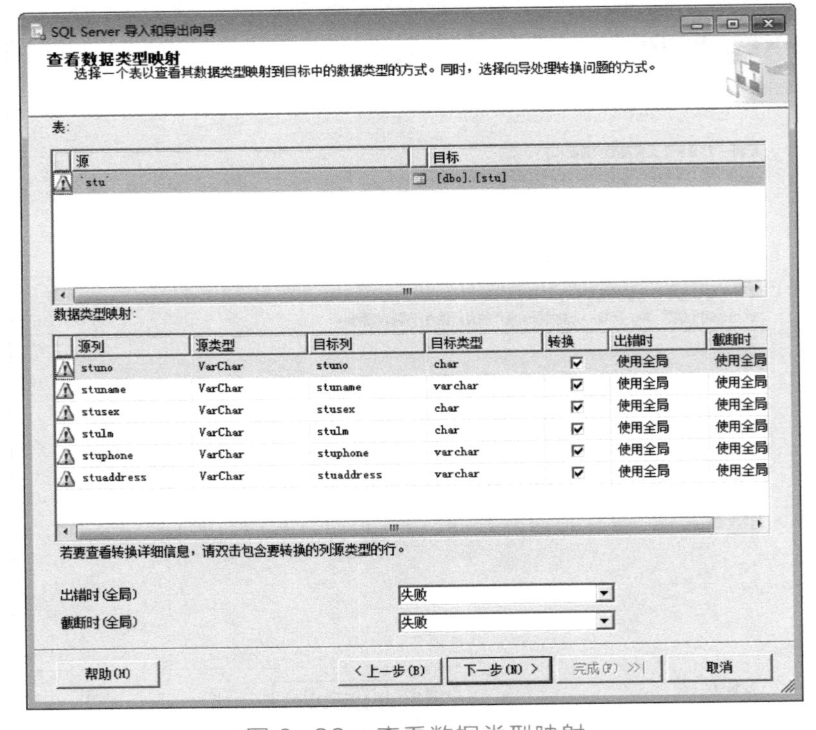

图 3-22　查看数据类型映射

7）单击“下一步”按钮，出现“运行包”界面，如图3-23所示。

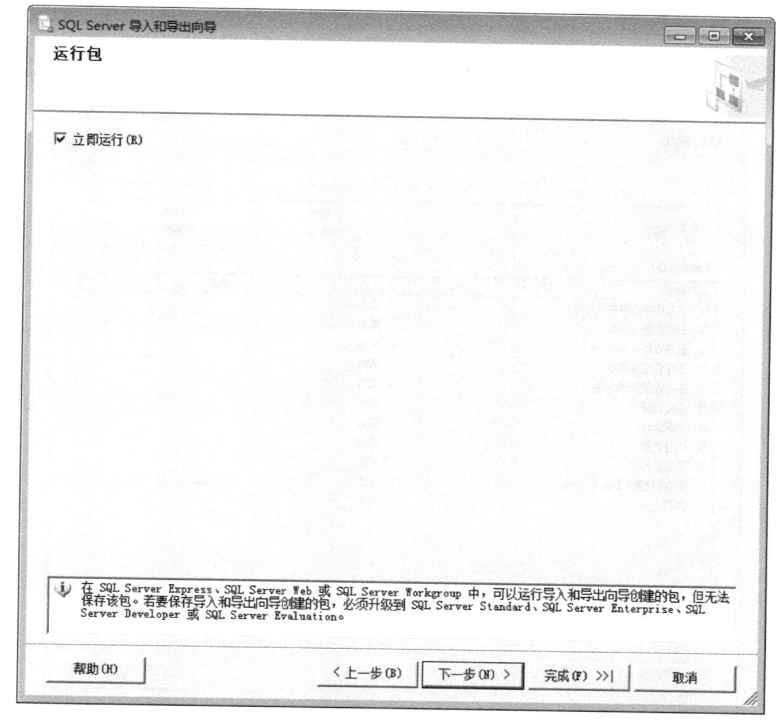

图3-23 运行包

8）单击“下一步”按钮，出现“完成该向导”界面，单击“完成”按钮完成该向导，如图3-24所示。

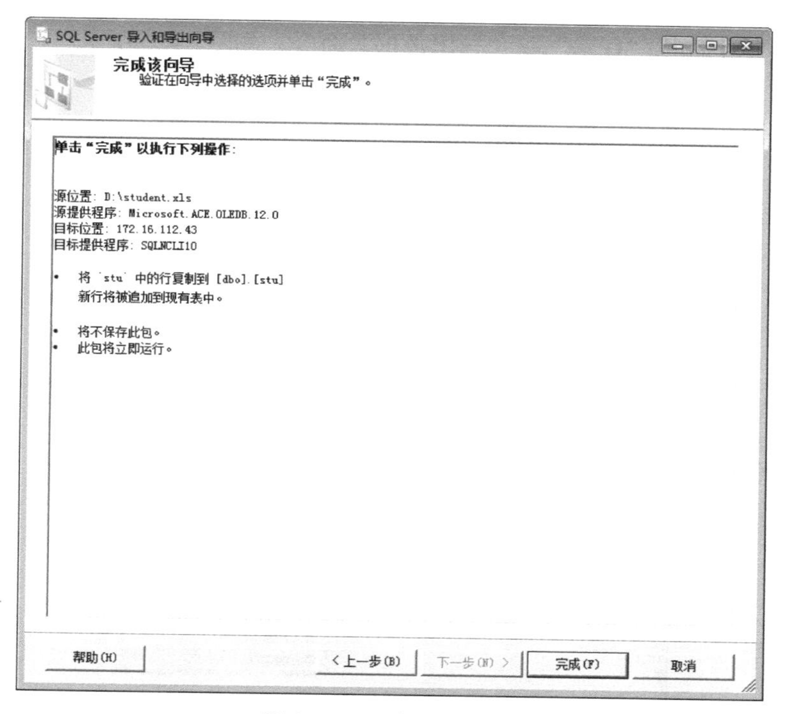

图3-24 完成该向导

9）此时出现“执行成功”界面，表示操作执行成功，并给出了执行的详细信息，用户可在“stusta”数据库中查看“stu”表，其数据内容和导入的文件“student.xls”内容一致，如图 3–25 所示。

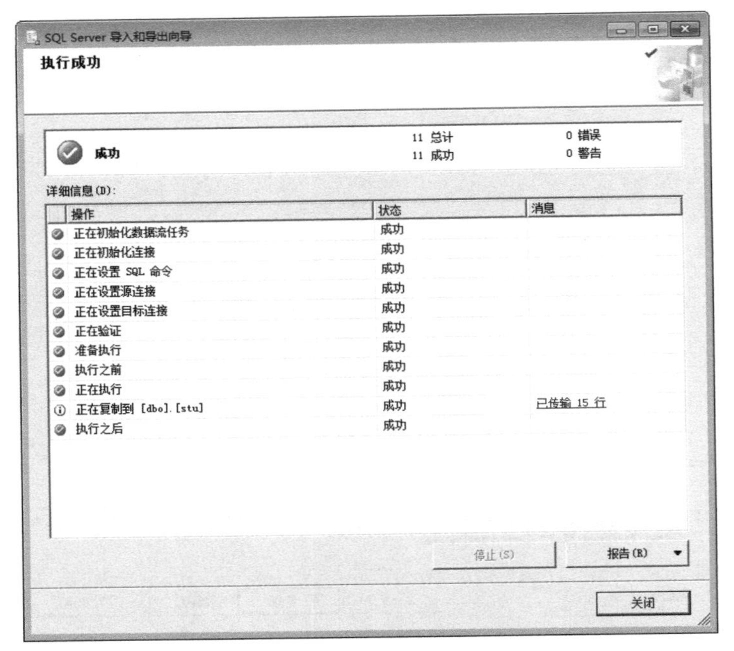

图 3–25　执行成功

2. 导出数据：将“stusta”数据库的数据导出到 Excel 文件“stusta.xls”中

1）在对象资源管理器中，展开“数据库”节点，选择“stusta”数据库，单击鼠标右键，在弹出的快捷菜单中选择“任务”→“导出数据”命令，如图 3–26 所示。

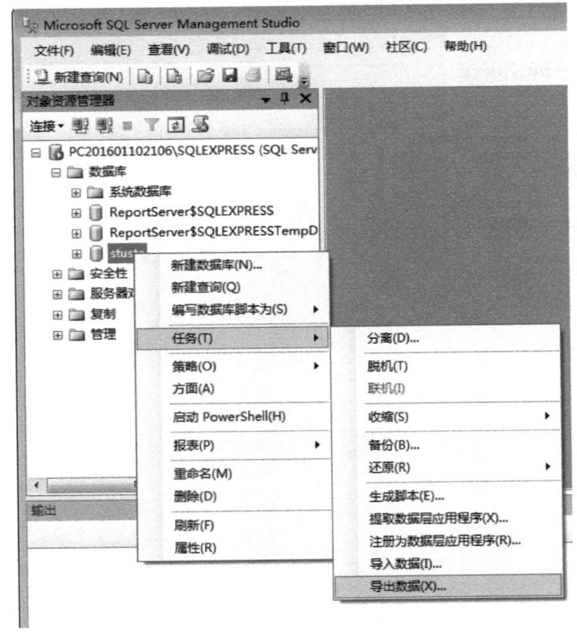

图 3–26　选择“任务”→“导出数据”命令

2)出现“SQL Server 导入和导出向导”，单击“下一步”按钮，出现“选择数据源”的界面，进行如下设置：数据库保持默认值“SQL Server Native Client 10.0”，输入服务器的名称，身份验证选择“使用 Windows 身份验证”，最后选择要导出的数据库为“stusta”，具体设置如图 3-27 所示。

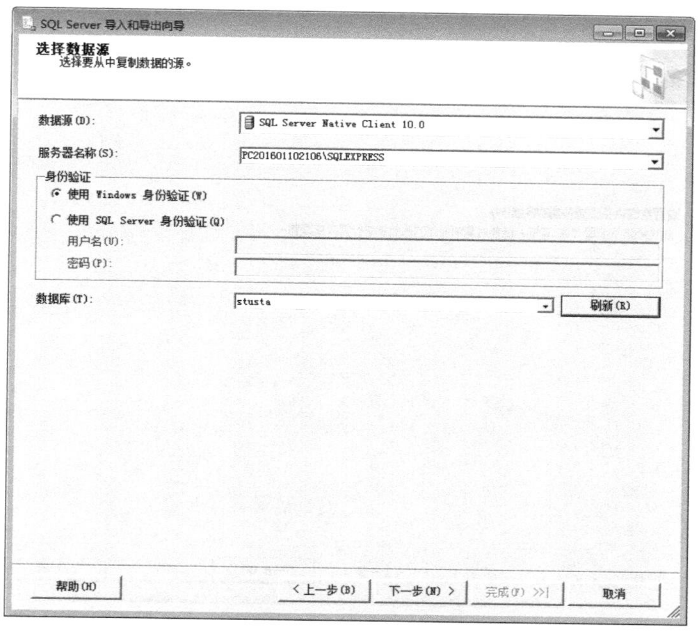

图 3-27 选择数据源

3）单击“下一步”按钮，出现“选择目标”界面，进行如下设置：目标选择“Microsoft Excel”文件，选择文件路径以及 Excel 版本，勾选“首行包含列名称”复选框，具体设置如图 3-28 所示，然后单击“下一步”按钮。

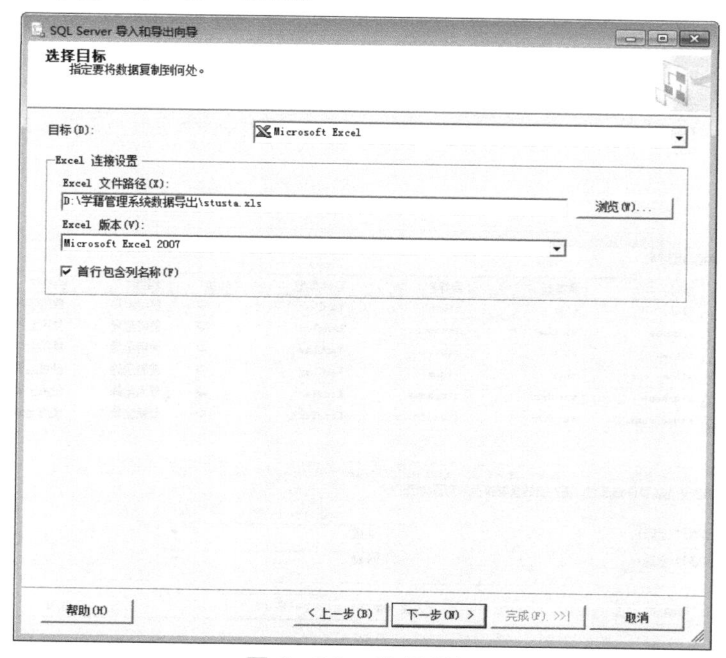

图 3-28 选择目标

4）选择“复制一个或多个表或视图的数据”单选按钮，单击“下一步”按钮，如图 3–29 所示。

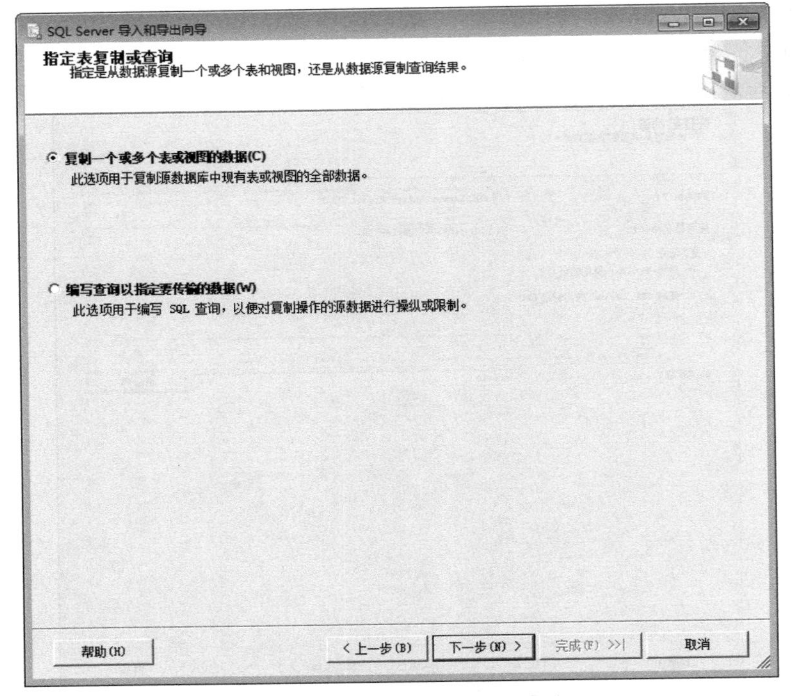

图 3–29　指定表复制或查询

5）勾选需要导出的表，在这里选择“stu”表，单击“下一步”按钮，可以看到数据类型的映射关系，如图 3–30 所示。

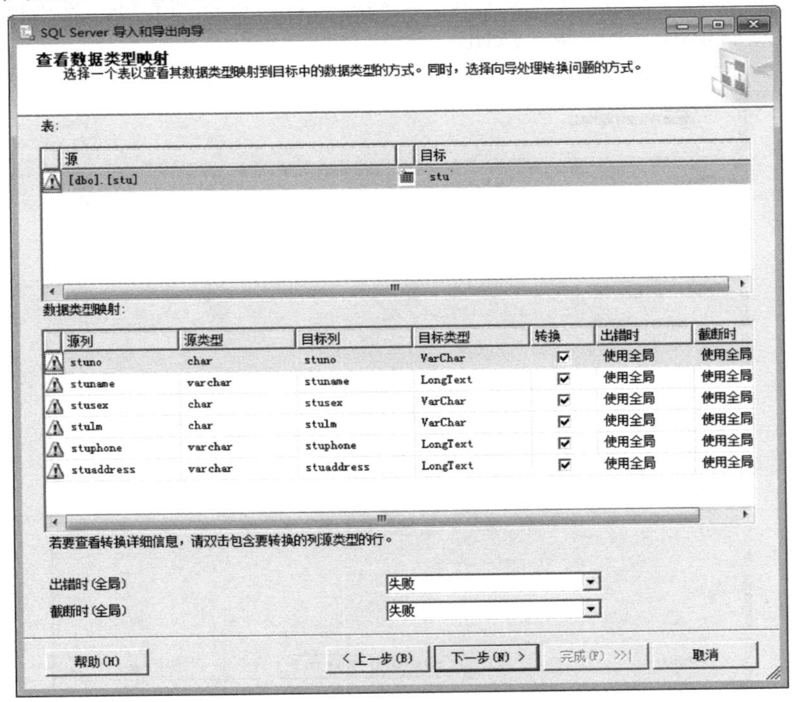

图 3–30　数据类型映射

6）单击“下一步”按钮，出现“运行包”界面，如图 3-31 所示。

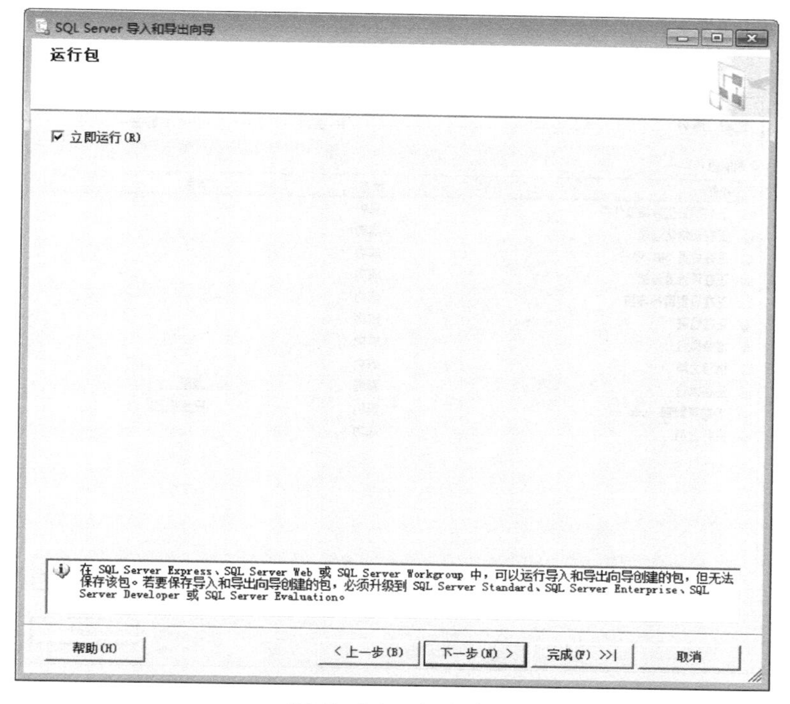

图 3-31 运行包

7）单击“下一步”按钮，出现如图 3-32 所示的界面，单击“完成”按钮完成该向导，出现“执行成功”界面，如图 3-33 所示。

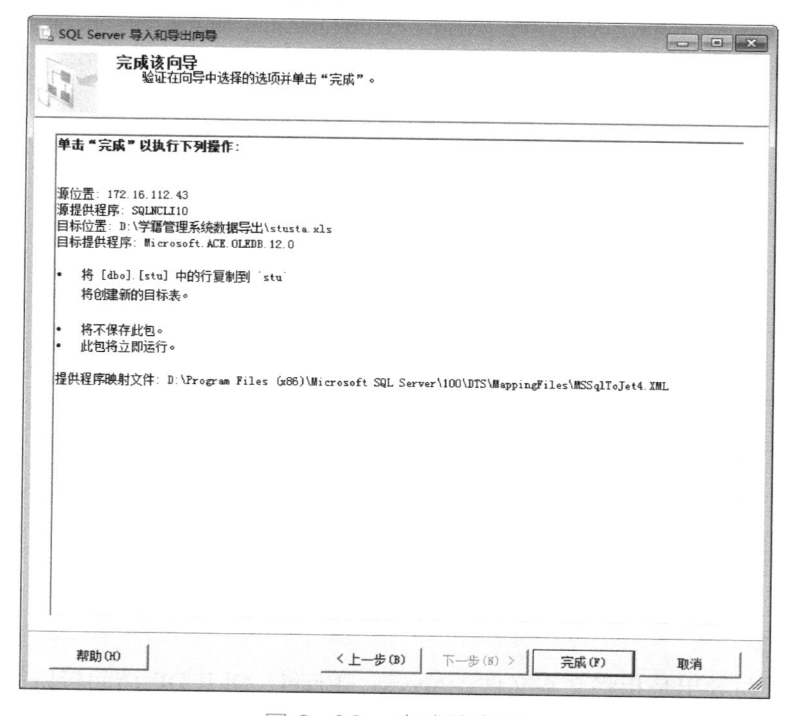

图 3-32 完成该向导

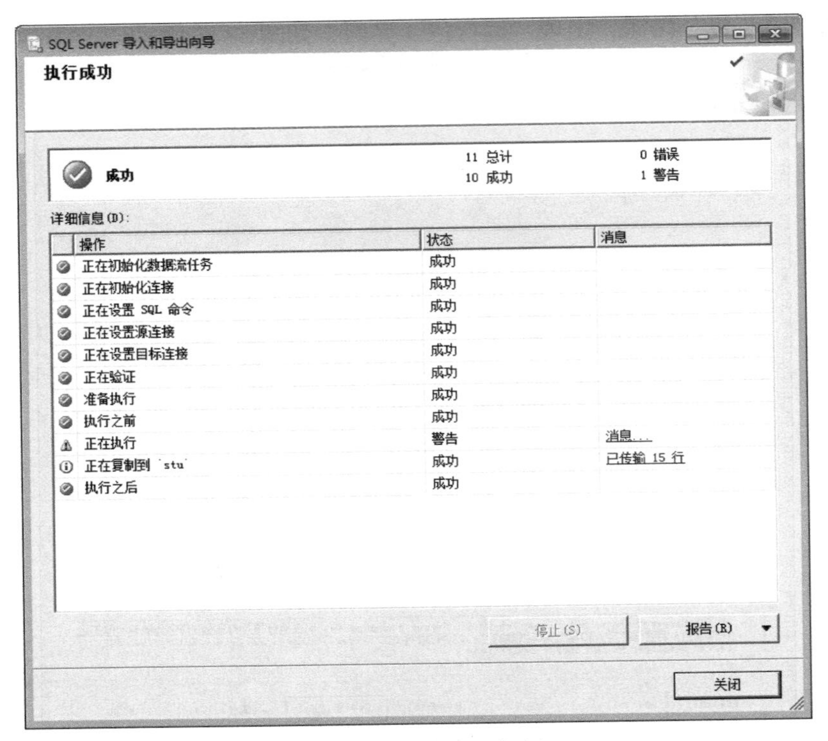

图 3-33　执行成功

8）此时在“D:\ 学籍管理系统数据导出”文件夹中已生成“stusta.xls”文件，该文件包含了一个工作表，对应 SQL Server 数据库中的 stu 表，内容如图 3-34 所示。

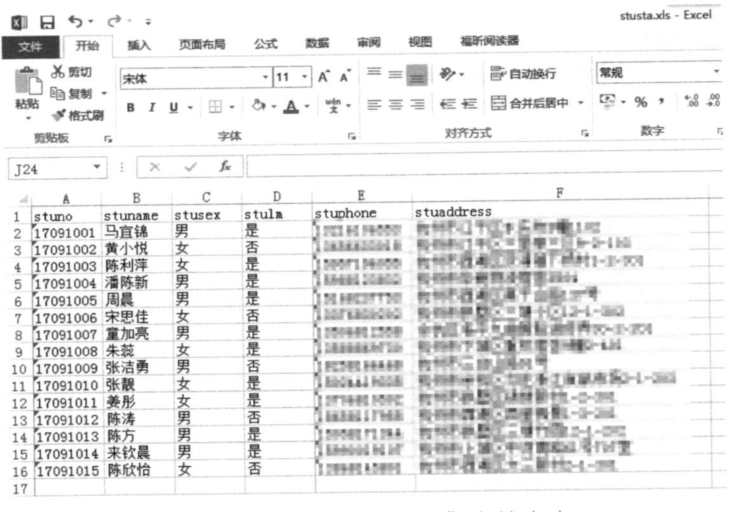

图 3-34　“stusta.xls”文件内容

【必备知识】

数据的导入与导出是指将文本文件、Access、Excel、OLE DB 访问接口等外部数据转换成 SQL Server 数据格式或将 SQL Server 数据库转换成其他数据格式的过程。在 SQL Server

2008 中提供了数据的导入与导出功能，使用户可以在不同类型的数据源之间进行转换，从而实现数据在不同应用系统之间的移植和共享。在 SQL Server 2008 中可以使用“SQL Server 导入和导出向导”完成 SQL Server 和其他数据的转换操作。

【任务评价】

在完成本次任务的过程中，学会了 SQL Server 数据的导入与导出，请对照表 3-3 进行总结与评价。

表 3-3 任务评价表

评价指标	评价结果	备注
1. 熟练掌握 SQL Server 数据的导入	□A □B □C □D	
2. 熟练掌握 SQL Server 数据的导出	□A □B □C □D	
综合评价：		

【触类旁通】

1）将文本文件“人员信息 .txt”导入到“人事管理系统”数据库中。
2）将系统中的“人事管理系统”数据库导出到 Excel 文件中。
3）将“stusta”数据库导出为 Access 数据库，并作导入操作。

任务 4 分离与附加数据库

【任务情境】

小张在管理学校数据库时，有时需要将数据库带回家里以便能继续工作。将数据库文件从一台计算机移动到另一台计算机上时，可使用 SQL Server 2008 R2 提供的数据库分离与附加功能实现。

【任务分析】

本任务通过将“stusta”数据库进行分离，再将其附加到 SQL Server 中，以掌握数据库分离与附加的方法。

【任务实施】

1. 将“stusta”数据库进行分离

1）在对象资源管理器中展开“数据库”节点，选择“stusta”数据库，单击鼠标右键，在弹出的快捷菜单中选择“任务”→“分离”命令，如图 3-35 所示。

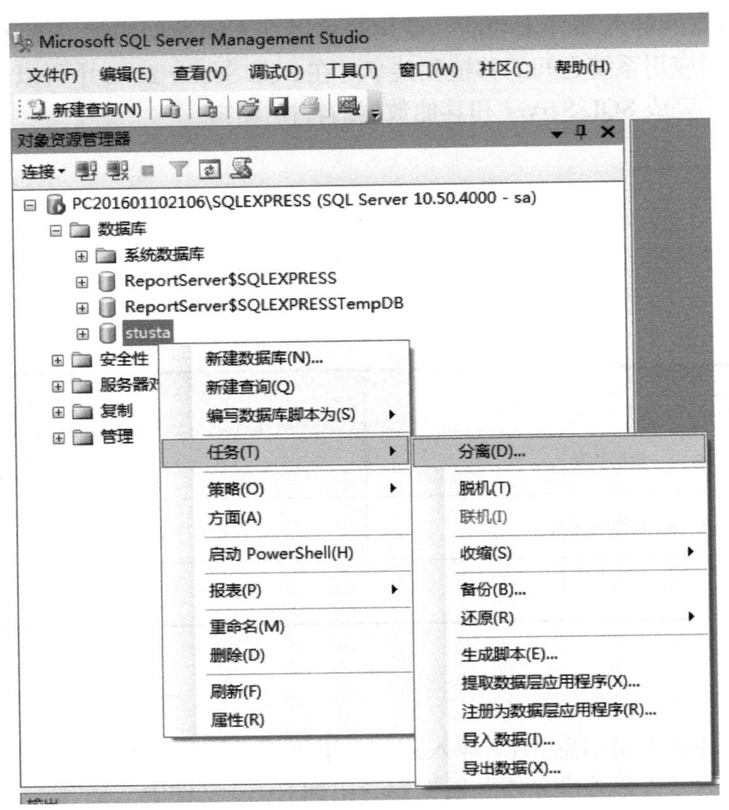

图 3-35 选择“任务”→“分离”命令

2）出现“分离数据库”对话框，如图 3-36 所示。

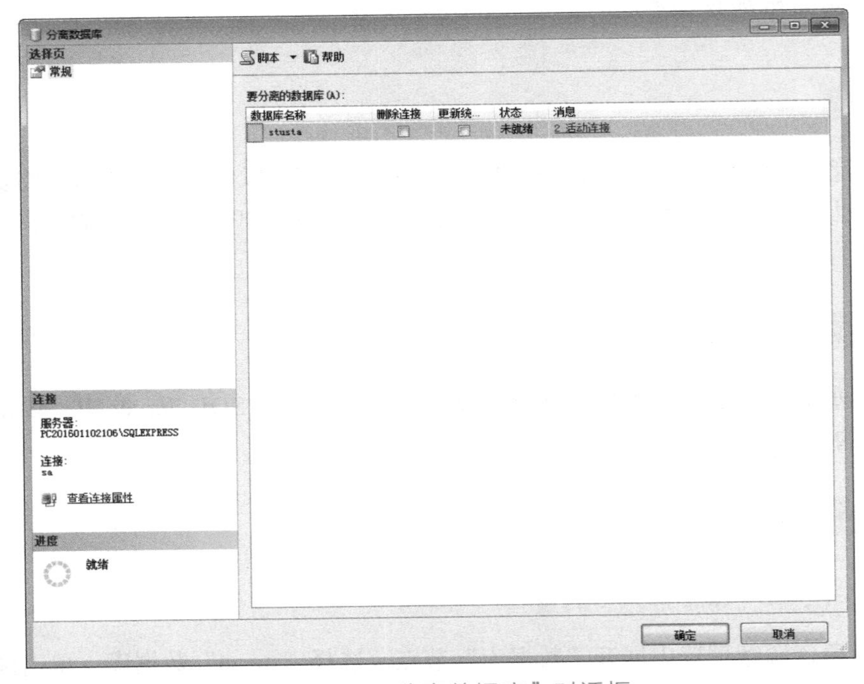

图 3-36 “分离数据库”对话框

3）单击“确定”按钮即可完成数据库的分离操作。

2. 附加“stusta”数据库至 SQL Server

1）在对象资源管理器中，展开要附加的服务器节点，在“数据库”节点上单击鼠标右键，在弹出的快捷菜单中选择“附加”命令，如图 3-37 所示。

图 3-37 选择“附加”命令

2）出现“附加数据库”对话框，如图 3-38 所示。

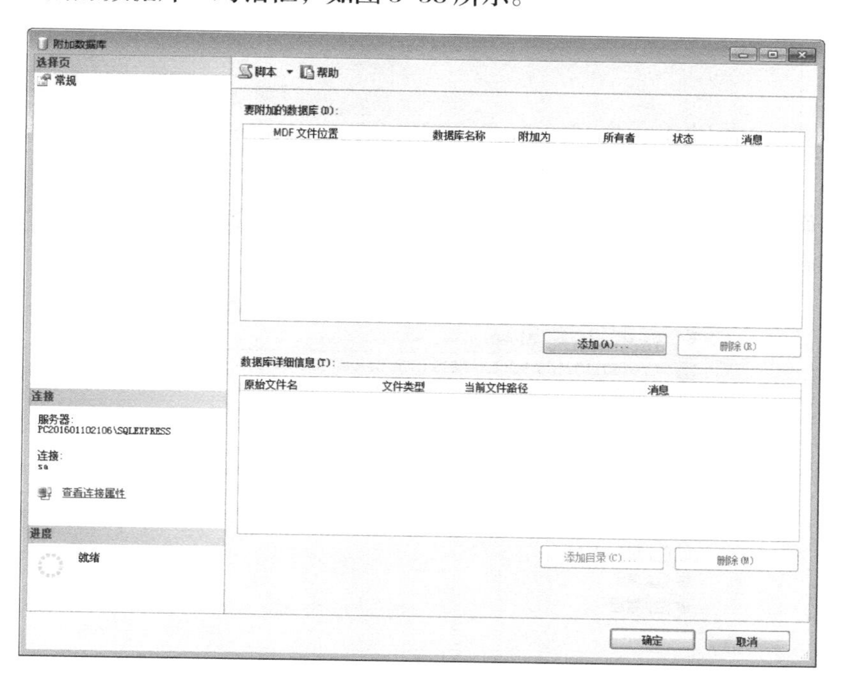

图 3-38 “附加数据库”对话框

3）单击“添加”按钮，出现“定位数据库文件”对话框，在此选择要附加的数据库文件，单击“确定”按钮，返回到“附加数据库”界面，如图 3–39 所示。

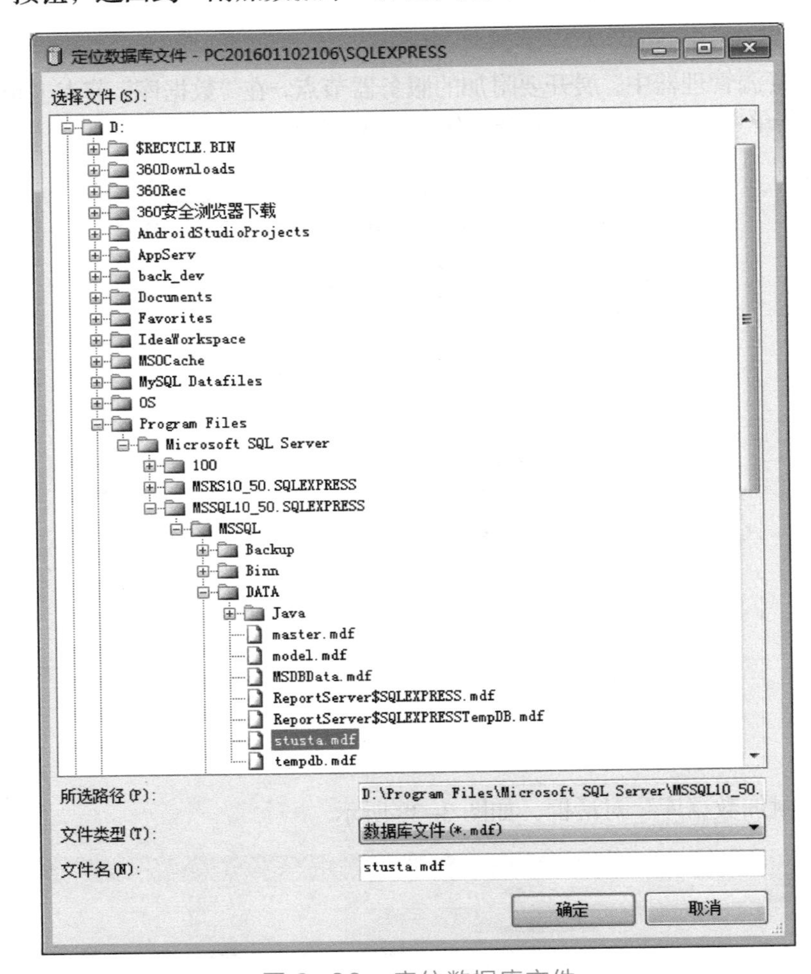

图 3–39　定位数据库文件

4）单击“确定”按钮，完成数据库的附加操作，在“对象资源管理器”中可以看到“stusta”已成功被附加到 SQL Server 中，如图 3–40 所示。

图 3–40　对象资源管理器

【必备知识】

用户在创建和管理数据库的过程中，常常需要将数据库的数据文件或日志文件移动到另一台计算机、服务器或磁盘上，且要保证数据完好无损，这将使用到 SQL Server 2008 提供的分离与附加数据库功能，只有分离了的数据库文件才可在操作系统下进行物理移动或复制。

【任务评价】

在完成本次任务的过程中，学会了 SQL Server 数据库的分离与附加，请对照表 3-4 进行总结与评价。

表 3-4 任务评价表

评价指标	评价结果	备注
1. 熟练掌握 SQL Server 数据库的分离方法	□A □B □C □D	
2. 熟练掌握 SQL Server 数据库的附加方法	□A □B □C □D	
综合评价：		

【触类旁通】

1）将给定的“STUDATA.mdb”文件附加到 SQL Server 2008 中。
2）将“人事管理系统”数据库从 SQL Server 2008 中分离。
3）将分离的“人事管理系统”数据库附加到 SQL Server 2008 中。

项目小结

在本项目中，首先介绍了数据库备份与还原的方法，在 SQL Server 中，可以使用 SSMS 和 T-SQL 语句这两种方法进行数据库的备份与还原操作，接着介绍了数据的导入与导出，用于将外部数据转换成 SQL Server 格式，或将 SQL Server 数据库转换成其他数据格式，最后介绍了数据库的分离与附加，便于数据库文件的迁移。

思考与实训

一、单选题

1. 备份设备是用来存放备份数据的物理设备，其中不包括（　　）。
   A. 磁盘　　B. 磁带　　C. 命名管道　　D. 光盘
2. 创建备份设备使用的系统存储过程是（　　）。
   A. sp_grantlogin　　B. sp_addlogin　　C. sp_addumpdevice　D. sp_dropdevice
3. 关于数据库备份以下叙述正确的是（　　）。
   A. 数据库应该每天进行完整备份
   B. 在差异备份之前必须先进行完整备份
   C. 事物日志备份是指完整备份的备份
   D. 文件和文件组备份在任意时刻都可以进行
4. 事务日志用于保存（　　）。
   A. 程序运行过程　　B. 程序执行结果

C. 数据操作　　D. 对数据的更新操作

5. 在 SQL Server 2008 中提供了四种数据库备份方式，其中（　　）是指将上一次完整备份结束之后所有发生改变的数据备份到备份设备。

A. 完整备份　　B. 差异备份　　C. 事务日志备份　　D. 文件和文件组备份

6. 在 SQL Server 2008 中提供了四种数据库备份方式，其中（　　）是指将上一次日志备份结束之后所有的事务日志备份到备份设备。

A. 完整备份　　B. 差异备份

C. 事务日志备份　　D. 文件和文件组备份

7. 在 SQL Server 2008 中提供了四种数据库备份方式，其中对于（　　）能执行数据库的定点恢复。

A. 完整备份　　B. 差异备份

C. 事务日志备份　　D. 文件和文件组备份

8. 分离数据库就是将数据库从（　　）中删除，但是保持对应的数据文件和事务日志文件完好无损。

A. SQL Server　　B. Windows　　C. 磁盘　　D. U 盘

9. 对于数据的导入与导出操作，以下哪种操作不可行（　　）。

A. 将 Access 数据导入到 SQL Server 中

B. 将 Excel 数据导入到 SQL Server 中

C. 将 SQL Server 数据导出到 Access 中

D. 将 Word 中的表格导入到 SQL Server 中

10. 在 SQL Server 2008 中，组成数据库的文件有三种类型，其中主数据文件的扩展名是（　　）。

A. .mdf　　B. .ndf　　C. .mdb　　D. .sql

二、填空题

1. SQL Server 2008 的数据备份一共有四种类型，分别应用于不同的场景，这四种类型分别是________、________、________、________。

2. 备份设备是用来存放备份数据的物理设备，在 SQL Server 2008 中可以使用三种类型的备份设备，分别是________、________、________。

3. 在 SQL Server 2008 中，________备份是对数据库中的部分文件或文件组进行备份。

4. 当建立一个备份设备时，要给该设备分配一个________和一个________，________是操作系统用来识别备份设备的名称，________用于 SQL Server 管理备份设备，是物理设备名称的一个别名。

5. 将“cjgl”数据库备份到备份设备“cjgl_bf01”中，备份的 T-SQL 语句为：________________________________。

三、实训操作

对给定的 BMS 数据库进行如下操作：

1. 将 BMS 数据库分离，之后再将其附加到 SQL Server 中。
2. 将 books 表导出到 Excel 表中。
3. 将 borrow.xls 文件中的数据导入到 borrow 表中，然后对 BMS 数据库进行完整备份。
4. 删除 borrow 表后，对 BMS 数据库进行还原。

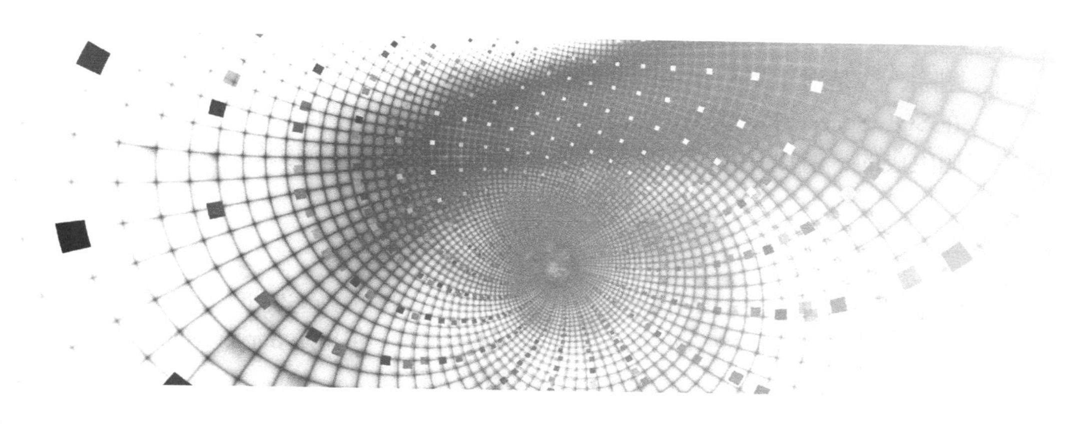

项目 4 数据加密

加密是指通过使用密钥或密码对数据进行模糊处理的过程。加密会使真实数据变得毫无意义，除非使用对应的解密密钥或密码还原真实数据。例如，将手机号码 17056942354 加密为 0x00DFDC076。

在 SQL Server 中，加密不能替代其他安全设置，如防止未被授权的人访问数据库。但加密是数据库安全防护中的最后一道防线，使得未被授权的人通过某种技术手段或者系统漏洞入侵了数据库，能看到密文数据，但由于没有密钥或密码，窃取到机密的或者有价值的数据也将毫无意义。

【职业能力目标】

1）熟悉加密与解密算法。

2）掌握 SQL Server 加密层次结构。

3）掌握通过 SQL 建立加密密钥。

4）掌握通过 SQL 对数据列的加密与解密。

5）了解 SQL Server 的透明数据加密。

6）掌握通过 SQL 建立透明数据加密。

任务 1 加密基础知识

扫码看视频

【任务情境】

近日学校学生反映经常收到诈骗电话，并且能准确地报出学生的住址等信息，在不排除管理人员泄露的情况下，学校要求信息部门做安全自查，小张作为信息中心的数据库管理人员，知道学校的数据库信息是不加密的，为了进一步提升安全防范水平，决定对学校的 SQL Server 数据库中的数据进行加密。

【任务分析】

在数据库设计中，数据库管理员一般会在权限上加以控制，例如，只允许浏览不允许添加、删除，或是对于用户登录的密码作加密处理，防止密码以明文的方式保存在数据库中。

在 SQL Server 中，数据的加密可依赖于其自身的密钥以及证书，而密钥与证书又是通过主密钥生成的，所以在正式加密前，需做好数据库主密钥的创建工作。

【任务实施】

1）执行“开始”→“所有程序”→“Microsoft SQL Server 2008”→“SQL Server Management Studio”命令，启动 SQL Server Management Studio 工具。在 SQL Server Management Studio 工具中，单击“新建查询”按钮，打开一个“新建查询”窗口。

2）在查询窗口中，输入以下代码，单击“执行”按钮，建立数据库主密钥。

```
CREATE MASTER KEY ENCRYPTION BY PASSWORD ='P@ssword'
```

数据库主密钥由代码中所示的密码和服务主密钥共同保护。在数据库主密钥创建成功后，用户就可以使用这个密钥创建对称密钥、非对称密钥和证书。假设读者在前面的章节中已经创建了 stusta 数据库，密钥与证书亦将创建在 stusta 中。

3）清空查询窗口中的代码，输入如下代码，单击“执行”按钮，创建证书、非对称密钥和对称密钥，执行结果如图 4-1 所示。

```
USE stusta
GO
-- 创建证书
CREATE CERTIFICATE CertStusta
with SUBJECT = 'Stusta Certificate'
GO
-- 创建非对称密钥
CREATE ASYMMETRIC KEY StustaAsymmetric
    WITH ALGORITHM = RSA_2048
    ENCRYPTION BY PASSWORD = 'P@ssword';
GO
-- 创建对称密钥
CREATE SYMMETRIC KEY StustaSymmetric
    WITH ALGORITHM = AES_256
    ENCRYPTION BY PASSWORD = 'P@ssword';
GO
```

图 4-1　创建成功的证书、非对称密钥和对称密钥

【必备知识】

简单的加密解密过程如图 4–2 所示。

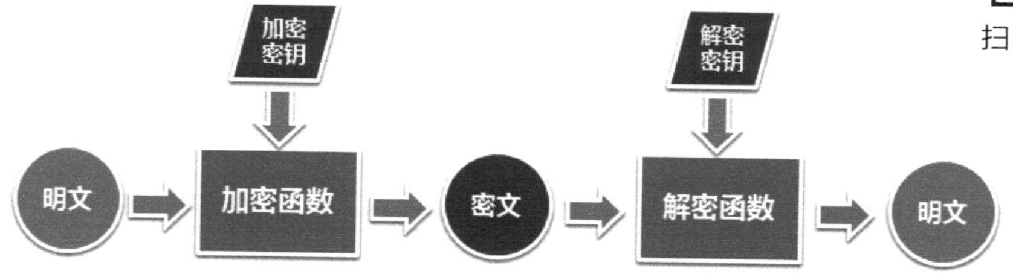

图 4–2　加密解密过程

通常来说，加密可以分为两大类，对称（Symmetric）加密和非对称（Asymmetric）加密。

1. 对称加密

对称加密算法是指在加密与解密时使用相同的密钥，在图 4–2 中当加密密钥等于解密密钥时，即为对称加密。对称加密有两个著名的算法，即数据加密标准（Data Encryption Standard，DES）和高级加密标准（Advanced Encryption Standard，AES）。

由于对称加密比非对称加密速度更快，所以无论是对少量数据的加密或是大量数据的加密，对称算法都适用。

但因为整个密文都依赖于密钥，所以就带来了分发密钥的安全问题，因为使用数据时不仅需要传输数据本身，还需要通过某种方式传输密钥，这有可能使得密钥在传输的过程中被窃取。

2. 非对称加密

非对称加密算法是指在加密和解密时使用了不同的密钥，在图 4–2 中当加密密钥不等于解密密钥时即为非对称密钥。用于加密的密钥称为公钥，用于解密的密钥称为私钥。

公钥可以自由分发，所有使用该密钥的加密数据只能使用相对应的私钥进行解密，这种算法解决了密钥的安全问题，安全性相比对称加密来说会大大提高。但由于非对称加密的算法通常会比对称密钥更复杂，因此不适合加密体量大的数据。

结合两种算法特点可以设计出第三种算法，即使用对称密钥来加密数据，而使用非对称密钥来加密对称密钥。这样既可以利用对称密钥的高性能，还可以利用非对称密钥的可靠性。

3. SQL Server 中的加密简介

SQL Server 2000 和以前的版本，是不支持加密的。所有的加密操作都需要在程序中完成。

SQL Server 2005 引入了列级加密，使得加密可以对特定列执行，这个过程涉及 4 对加密和解密的内置函数。

在 SQL Server 2008 中，引入了透明数据加密（Transparent Data Encryption，TDE）。所谓的透明数据加密就是在数据库中进行加密，但从程序的角度来看就好像没有加密一样，和列级加密不同的是，TDE 加密的级别是整个数据库。使用 TDE 加密的数据库文件或备份在另一个没有证书的实例上是不能附加或恢复的。

【任务评价】

在完成本次任务的过程中，学会了在 SQL Server 中创建密钥与证书，请对照表 4–1 进行总结与评价。

表 4–1 任务评价表

评价指标	评价结果	备注
1. 了解加密的基础知识	□A □B □C □D	
2. 掌握 SQL Server 主密钥的创建	□A □B □C □D	
3. 掌握 SQL Server 证书、对称密钥、非对称密钥的创建	□A □B □C □D	
综合评价：		

【触类旁通】

在前面的任务使用了 Transact–SQL 创建了对称密钥、非对称密钥、服务主密钥，Transact–SQL 相比图形化界面功能更加强大与全面，建议读者优先掌握，有创建必然会有更新或删除功能，如下列语句实现各自不同的功能：

修改数据库主密码

```
ALTER MASTER KEY REGENERATE WITH ENCRYPTION BY PASSWORD = 'dsjdkflJ4359';
```

删除数据库主密码

```
DROP MASTER KEY
```

修改对称密钥

```
ALTER SYMMETRIC KEY StuStaSymmetric
ADD ENCRYPTION BY PASSWORD = '<enterStrongPasswordHere>';
```

详情可以参阅微软 SQL Server 的联机丛书，其中对于 SQL 的用法有详细的说明和示例。

完成以下任务：

1）备份服务主密钥，并了解什么是服务主密钥。

2）备份数据库主密钥。

3）修改对称密钥。

任务 2 多级密钥管理

【任务情境】

在完成任务 1 后，小张认为使用密码来创建密钥与证书不是特别安全，因为密码很有可能会泄露。他决定利用 SQL Server 中的多级密钥，使用已经加密过的证书或者密钥来创建新的证书与密钥，达到层层保密的效果。

【任务分析】

当黑客或者第三方人员知道密码后，使用该密码创建的密钥与证书将不再安全。

由于 SQL Server 是层级加密结构，可以利用这一特性，使用密钥来加密新的密钥，从而提高加密等级，增加破解难度。

【任务实施】

1）执行“开始”→“所有程序”→“Microsoft SQL Server 2008”→“SQL Server Management Studio”命令，启动 SQL Server Management Studio 工具。在 SQL Server Management Studio 工具中，单击“新建查询”按钮，打开一个“新建查询”窗口。

2）对称密钥不仅可以通过密码创建，还可以通过其他对称密钥、非对称密钥和证书创建。清空查询窗口中的代码，输入如下代码，单击“执行”按钮，将会出现层层加密的情况，执行结果如图 4-3 所示。

```
USE stusta
GO
-- 由证书加密对称密钥
CREATE SYMMETRIC KEY SymmetricByCert
    WITH ALGORITHM = AES_256
    ENCRYPTION BY CERTIFICATE CertStusta;
GO
-- 由对称密钥加密对称密钥，要先打开对称密钥才能使用
OPEN SYMMETRIC KEY StustaSymmetric
    DECRYPTION BY PASSWORD='P@ssword'

CREATE SYMMETRIC KEY SymmetricBySy
    WITH ALGORITHM = AES_256
    ENCRYPTION BY SYMMETRIC KEY StustaSymmetric;
GO
-- 由非对称密钥加密对称密钥
CREATE SYMMETRIC KEY SymmetricByAsy
    WITH ALGORITHM = AES_256
    ENCRYPTION BY ASYMMETRIC KEY StustaASymmetric;
GO
```

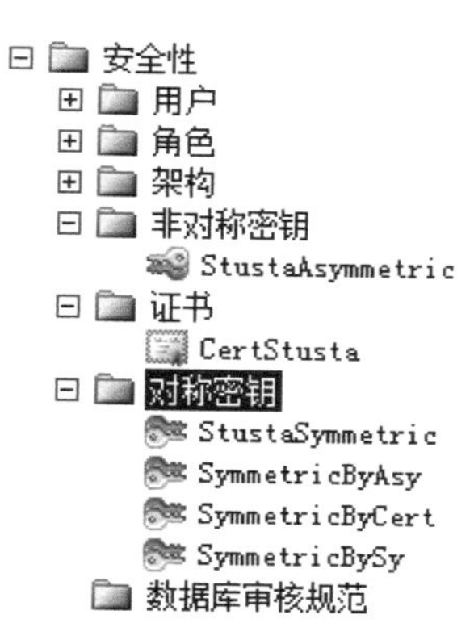

图 4-3　创建成功的对称密钥

【必备知识】

要掌握 SQL Server 的加密，就必须理解其加密的层次结构。SQL Server 使用分层加密的方式来加密数据。每一层可以使用证书、非对称密钥或对称密钥对它下一层进行加密。

加密层次结构的每一层对它下面的一层进行加密的方式以及最常用的加密配置如图 4–4 所示。层次结构的开始通常受密码的保护。

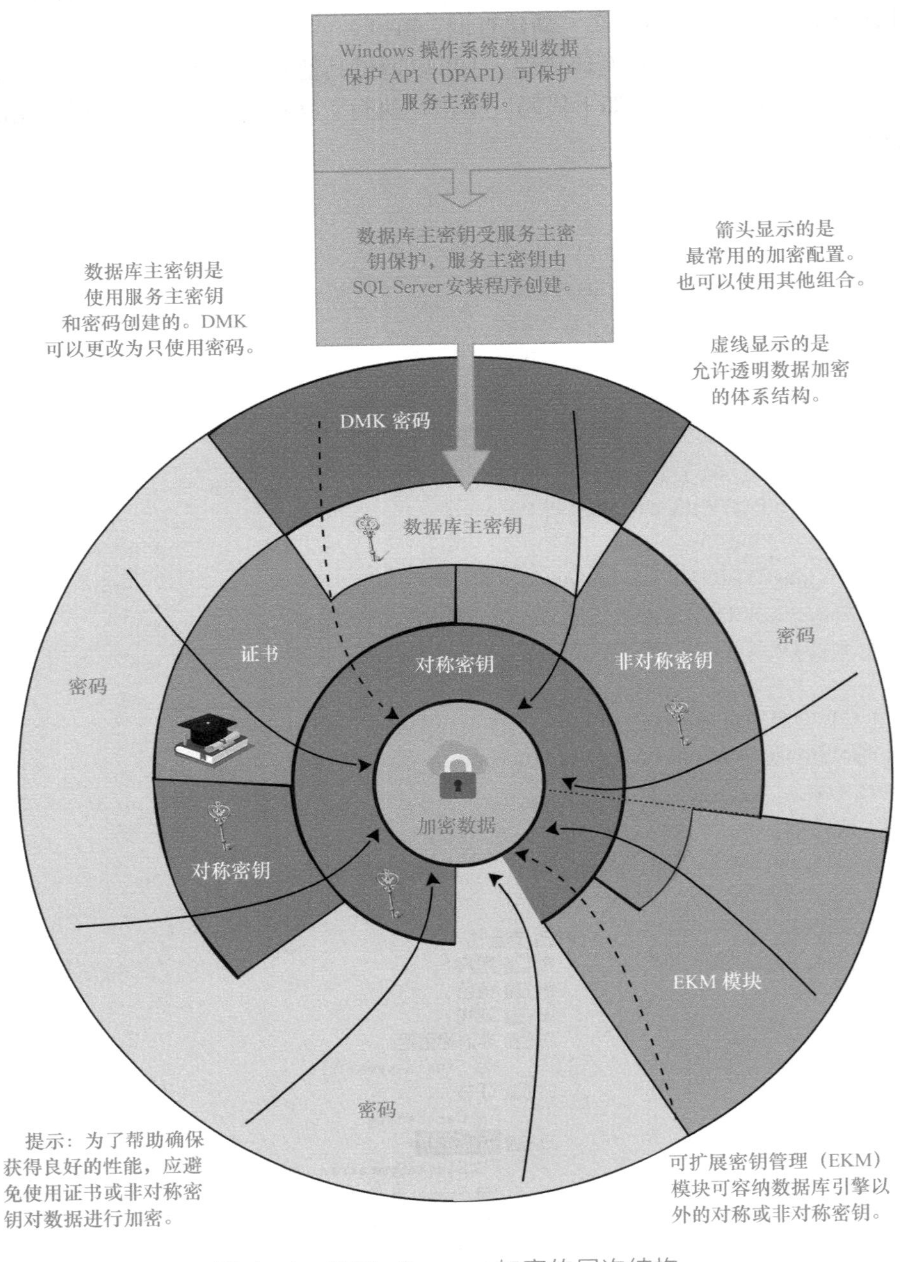

图 4–4　SQL Server 加密的层次结构

如图 4–4 所示，顶层是服务主密钥，在第一次启动 SQL Server 实例时将自动生成，用于对连接的服务器密码和数据库主密钥进行加密。服务主密钥是 SQL Server 加密层次结构的根密钥，受到 Windows 级的数据保护。

在服务主密钥之下的是数据库主密钥（DMK），是一种用于保护数据库中的证书和非对称密钥的对称密钥。这个密钥由服务主密钥进行加密。这是一个数据库级别的密钥。每一个数据库只能有一个数据库主密钥。

服务主密钥和所有数据库主密钥都是对称密钥。

【任务评价】

在完成本次任务的过程中，学会了 SQL Server 多级密钥管理，请对照表 4-2 进行总结与评价。

表 4-2 任务评价表

评价指标	评价结果	备注
1. 熟悉 SQL Server 加密的层次结构	□A □B □C □D	
2. 掌握使用对称密钥创建证书、对称密钥、非对称密钥	□A □B □C □D	
3. 掌握 SQL Server 证书、对称密钥、非对称密钥的修改	□A □B □C □D	
综合评价：		

【触类旁通】

在本项目任务 1 的触类旁通中，通过网上的相关资料进行自学并解决问题。对于密钥与证书，可以进行更多操作，如修改、删除、关闭、备份、还原密钥等。

详情可以参阅微软 SQL Server 的联机丛书，里面对于 SQL 的用法有详细的说明和示例。完成以下任务：

1）建立与修改证书，并了解证书创建的详细参数。

2）建立与修改非对称密钥。

3）关闭对称密钥，并了解关闭密钥对数据库的影响。

任务 3 数据列加密

【任务情境】

在本项目任务 1 与任务 2 中已经做好了加密的前期准备工作，下面开始分析数据库。小张发现在学生信息表（stu）中，学生的手机号码与地址是明文显示的，如图 4-5 所示。考虑到如果黑客入侵了数据库，可以很轻松地获取学生的个人信息，包括学生的姓名、电话与手机。作为数据库管理人员，希望即使黑客入侵了数据库，也能保证不泄露学生的个人信息，因此对手机号码与地址进行加密（模糊处理）。

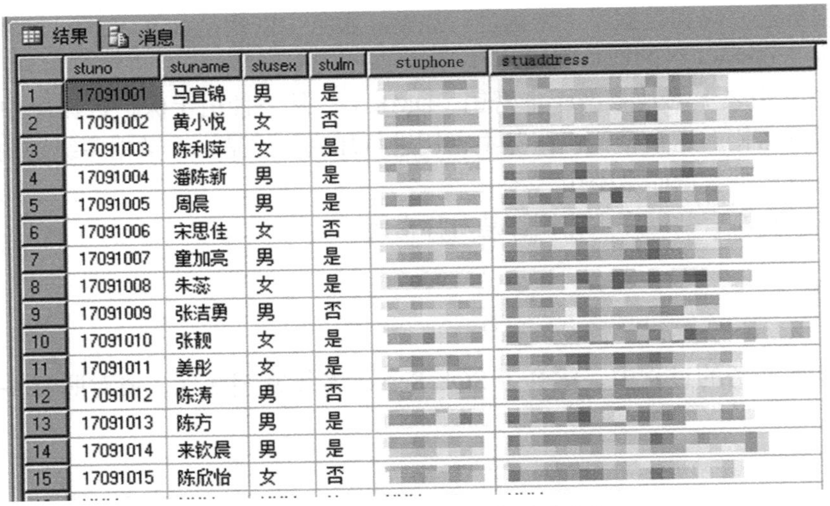

	stuno	stuname	stusex	stulm	stuphone	stuaddress
1	17091001	马宜锦	男	是	[illegible]	[illegible]
2	17091002	黄小悦	女	否	[illegible]	[illegible]
3	17091003	陈利萍	女	是	[illegible]	[illegible]
4	17091004	潘陈新	男	是	[illegible]	[illegible]
5	17091005	周晨	男	是	[illegible]	[illegible]
6	17091006	宋思佳	女	否	[illegible]	[illegible]
7	17091007	童加亮	男	是	[illegible]	[illegible]
8	17091008	朱蕊	女	是	[illegible]	[illegible]
9	17091009	张洁勇	男	否	[illegible]	[illegible]
10	17091010	张靓	女	是	[illegible]	[illegible]
11	17091011	姜彤	女	是	[illegible]	[illegible]
12	17091012	陈涛	男	否	[illegible]	[illegible]
13	17091013	陈方	男	是	[illegible]	[illegible]
14	17091014	来钦晨	男	是	[illegible]	[illegible]
15	17091015	陈欣怡	女	否	[illegible]	[illegible]

图 4-5　学生信息表中的手机号码与地址

【任务分析】

一般在业务系统设计时，会将字段的加密放在业务系统实现，即在编程时将加密逻辑写在系统中，然后将加密后的字段放入至数据库，数据库本身并不知道这个字段是否加密。

而在 SQL Server 2005 中，引入了列加密的功能。可以不使用编程语言，利用本项目任务 1 或任务 2 中创建的证书，使用对称密钥和非对称密钥对特定的列进行加密。

【任务实施】

SQL Server 加密或解密时需要将列转换成 Varbinary 类型，首先将 stuphone 列与 stuaddress 列转为 Varbinary 类型。可以通过 select into 语句新建表，该语句可以根据数据的不同创建不同的列类型。

1）执行“开始”→“所有程序”→“Microsoft SQL Server 2008”→“SQL Server Management Studio”命令，启动 SQL Server Management Studio 工具。在 SQL Server Management Studio 工具中，单击“新建查询”按钮，打开一个“新建查询”窗口。

2）在查询窗口中输入如下代码，单击“执行”按钮，将 stu 表中的数据格式复制到了 stu_encrypt，并将 stuphone_encrypt 与 stuadress_encrypt 字段的类型进行了转换。

```
USE stusta
GO
SELECT stuno,stuname,stusex,stulm,
-- 将 stuphone 字段转换为 Varbinary 类型
stuphone_encrypt = CONVERT(varbinary(500), stuphone),
-- 将 stuaddress 字段转换为 Varbinary 类型
stuadress_encrypt = CONVERT(varbinary(500), stuaddress)
INTO stu_encrypt
FROM stu
WHERE 1<>1
```

此时利用之前创建的由证书加密的对称密钥 SymmetricByCert 来进行列加密。

3）清空查询窗口中的代码，输入如下代码，单击“执行”按钮。将 stu 中的前 100 条数据存入 stu_encrypt，并利用对称密钥加密学生的电话与地址。

```
USE stusta
GO
-- 打开之前创建的由证书加密的对称密钥
OPEN SYMMETRIC KEY SymmetricByCert
DECRYPTION BY CERTIFICATE CertStusta
-- 利用这个密钥加密数据并插入新建的表
Insert stu_encrypt (
stuno,stuname,stusex,stulm,stuphone_encrypt,stuaddress_encrypt
)
select top 100
stuno,stuname,stusex,stulm,
-- 由于 stuphone 是 float 型，而 EncryptByKey 不支持这个类型，必须先将其转换为 nvarchar 型
stuphone_encrypt=EncryptByKey(KEY_GUID('SymmetricByCert'), convert(nvarchar(38),convert(decimal(38,0),stuphone))),
stuaddress_encrypt=EncryptByKey(KEY_GUID('SymmetricByCert'), stuaddress)
From stu
```

打开已经加密过的表 stu_encrypt，发现其中 stuphone 与 stuaddress 两个字段的内容已经进行了模糊处理，如图 4–6 所示。到此已经完成了对敏感数据加密的任务，即使黑客访问了数据库，也没有办法获取学生的电话与地址。但对于业务系统来说，还是希望显示不加密的数据，此时可以通过对应的解密函数查看数据。

结果 | 消息

	stuno	stuname	stusex	stulm	stuphone_encrypt	stuadress_encrypt
1	17091001	马宜锦	男	是	0x00EA0B90119E4642B9CF38BACC787A8A01000000CD33044...	0x00EA0B90119E4642B9CF38BACC787A8A01000000654E86C...
2	17091002	黄小悦	女	否	0x00EA0B90119E4642B9CF38BACC787A8A01000000E639BD6...	0x00EA0B90119E4642B9CF38BACC787A8A0100000053AF0A7...
3	17091003	陈利萍	女	是	0x00EA0B90119E4642B9CF38BACC787A8A0100000006433195...	0x00EA0B90119E4642B9CF38BACC787A8A01000000CB1FF93...
4	17091004	潘陈新	男	是	0x00EA0B90119E4642B9CF38BACC787A8A010000007E8A86B...	0x00EA0B90119E4642B9CF38BACC787A8A01000000C3F3CD...
5	17091005	周晨	男	是	0x00EA0B90119E4642B9CF38BACC787A8A0100000046C550C...	0x00EA0B90119E4642B9CF38BACC787A8A010000004AE009...
6	17091006	宋思佳	女	否	0x00EA0B90119E4642B9CF38BACC787A8A010000001F9B9B3...	0x00EA0B90119E4642B9CF38BACC787A8A010000002064A54...
7	17091007	童加亮	男	是	0x00EA0B90119E4642B9CF38BACC787A8A010000009A2A0C6...	0x00EA0B90119E4642B9CF38BACC787A8A010000006CFAC0...
8	17091008	朱蕊	女	是	0x00EA0B90119E4642B9CF38BACC787A8A01000000EE5D1D...	0x00EA0B90119E4642B9CF38BACC787A8A01000000235C433...
9	17091009	张洁勇	男	否	0x00EA0B90119E4642B9CF38BACC787A8A0100000009581759...	0x00EA0B90119E4642B9CF38BACC787A8A0100000014147F8...
10	17091010	张靓	女	是	0x00EA0B90119E4642B9CF38BACC787A8A01000000720B737...	0x00EA0B90119E4642B9CF38BACC787A8A010000001ECE2C...
11	17091011	姜彤	女	是	0x00EA0B90119E4642B9CF38BACC787A8A01000000CC9ADE...	0x00EA0B90119E4642B9CF38BACC787A8A01000000D14A6B...
12	17091012	陈涛	男	否	0x00EA0B90119E4642B9CF38BACC787A8A01000000B8F864E...	0x00EA0B90119E4642B9CF38BACC787A8A01000000D83C19...
13	17091013	陈方	男	是	0x00EA0B90119E4642B9CF38BACC787A8A010000012B282D...	0x00EA0B90119E4642B9CF38BACC787A8A010000007489036...
14	17091014	来钦晨	男	是	0x00EA0B90119E4642B9CF38BACC787A8A01000000A84A435...	0x00EA0B90119E4642B9CF38BACC787A8A010000008902D59...
15	17091015	陈欣怡	女	否	0x00EA0B90119E4642B9CF38BACC787A8A010000000BBB10F...	0x00EA0B90119E4642B9CF38BACC787A8A01000000C365F3F...

图 4–6 无法直接查看加密的列

4）清空查询窗口中的代码，输入如下代码，单击“执行”按钮，将加密后的学生电话与学生地址进行解密，如图 4–7 所示。

```
USE stusta
GO
OPEN SYMMETRIC KEY SymmetricByCert
DECRYPTION BY CERTIFICATE CertStusta

select stuno,stuname,stusex,stulm,
stuphone = convert(nvarchar(25), DecryptByKey(stuphone_encrypt)),
stuadress = convert(nvarchar(25), DecryptByKey(stuaddress_encrypt))
From stu_encrypt
```

```
OPEN SYMMETRIC KEY SymmetricByCert
DECRYPTION BY CERTIFICATE CertStusta

select stuno,
stuname,
stusex,
stulm,
stuphone = convert(nvarchar(25), DecryptByKey(stuphone_encrypt)),
stuaddress= convert(nvarchar(25), DecryptByKey(stuaddress_encrypt))
from stu_encrypt
```

结果 | 消息

	stuno	stuname	stusex	stulm	stuphone	stuaddress
1	17091001	马宜锦	男	是	[illegible]	[illegible]
2	17091002	黄小悦	女	否	[illegible]	[illegible]
3	17091003	陈利萍	女	是	[illegible]	[illegible]
4	17091004	潘陈新	男	是	[illegible]	[illegible]
5	17091005	周晨	男	是	[illegible]	[illegible]
6	17091006	宋思佳	女	否	[illegible]	[illegible]
7	17091007	童加亮	男	是	[illegible]	[illegible]
8	17091008	朱淼	女	是	[illegible]	[illegible]
9	17091009	张洁勇	男	否	[illegible]	[illegible]
10	17091010	张靓	女	是	[illegible]	[illegible]
11	17091011	姜彤	女	是	[illegible]	[illegible]
12	17091012	陈涛	男	否	[illegible]	[illegible]
13	17091013	陈方	男	是	[illegible]	[illegible]
14	17091014	来钦晨	男	是	[illegible]	[illegible]
15	17091015	陈欣怡	女	否	[illegible]	[illegible]

图 4-7　解密后结果可以正确显示

至此已经完成了列的加密与解密。

【必备知识】

1. 加密算法的选择

加密是管理员保护数据库安全可以采用的多种深度防御方法之一。加密算法使未经授权的用户无法轻易逆转数据。SQL Server 允许管理员和开发人员从多种算法中进行选择，其中包括 DES、Triple DES、TRIPLE_DES_3KEY、RC2、RC4、128 位 RC4、DESX、128 位 AES、192 位 AES 和 256 位 AES。

没有一种算法能够解决所有问题，有关每种算法优势的说明不属于本书的讨论范畴。但是下列一般原则适应于：

- 强加密通常会比较弱的加密占用更多的 CPU 资源。
- 长密钥通常会比短密钥生成更强的加密。
- 非对称加密比使用相同密钥长度的对称加密更强，但速度相对较慢。
- 使用长密钥的块密码比流密码更强。
- 复杂的长密码比短密码更强。
- 如果正在加密大量数据，应使用对称密钥来加密数据，并使用非对称密钥来加密该对称密钥。

- 不能压缩已加密的数据，但可以加密已压缩的数据。如果使用压缩，应在加密前压缩数据。

2. 加密与解密函数选择

根据加密解密的方式不同，SQL Server 内置了 4 对用于加密解密的函数，其中以 Encrypt 开头均为加密，以 Decrypt 开头均为解密。

利用证书对数据进行加密和解密：

EncryptByCert() 与 DecryptByCert()

利用非对称密钥对数据进行加密和解密：

EncryptByAsymKey() 与 DecryptByAsymKey()

利用对称密钥对数据进行加密和解密：

EncryptByKey() 与 DecryptByKey()

利用密码字段产生对称密钥对数据进行加密和解密：

EncryptByPassphrase() 与 DecryptByPassphrase()

加密数据列时需要程序在代码中显式调用 SQL Server 内置的加密和解密函数，加密或解密的列需要转换成 Varbinary 类型。

为了获得最佳性能，使用对称密钥加密数据，使用非对称密钥加密对称密钥。

【任务评价】

在完成本次任务的过程中，学会了 SQL Server 数据列加密与解密，请对照表 4-3 进行总结与评价。

表 4-3　任务评价表

评 价 指 标	评 价 结 果	备　注
1. 掌握 SQL Server 数据列的加密	□A　□B　□C　□D	
2. 掌握 SQL Server 数据列的解密	□A　□B　□C　□D	
综合评价：		

【触类旁通】

对于非对称密钥和证书进行加密与解密只是函数不同，操作方法还是一致的，读者可以通过刚才提供的函数完成以下任务。

1）利用证书对数据进行加密和解密。

2）利用非对称密钥对数据进行加密和解密。

3）利用密码字段产生对称密钥对数据进行加密和解密。

任务 4　透明数据加密

【任务情境】

经过上述任务，数据库安全已经得到了提升，但分析后仍然存在信息泄露的可能，小张需要定期向上级教育主管部门的备份服务器中上传学校的数据库备份文件，而这部分数据文件如果泄露将是不可控制的，如何保证上传的备份文件即使被第三方获取到也无法查看内部的信息呢？

【任务分析】

对于数据库备份文件的加密，用户仍然可以使用本项目任务 3 中对于特殊字段的加密方式，但这样相对比较复杂，需逐个对字段进行操作，如果遇到几十甚至上百张表，则数据库维护人员的工作量将大量增加。

在 SQL Server 2008 中引入了透明数据加密（以下简称 TDE），之所以叫透明数据加密，是因为这种加密在使用数据库的程序或用户看来就好像没有加密一样。TDE 加密是数据库级别的。数据的加密和解密是以页为单位，由数据引擎执行的。在写入时进行加密，在读出时进行解密，客户端程序不用做任何操作。

【任务实施】

1. 开启数据透明加密

流程：

1）创建主密钥（在 master 数据库中）；

2）创建或获取由主密钥保护的证书；

3）备份证书（为了使数据可以正常恢复，务必要对证书进行备份，此步骤至关重要）；

4）创建数据库加密密钥并通过此证书保护该密钥；

5）将数据库设置为使用加密。

（1）创建及备份证书（Transact–SQL）

1）执行“开始”→“所有程序”→“Microsoft SQL Server 2008”→“SQL Server Management Studio”命令，启动 SQL Server Management Studio 工具。在 SQL Server Management Studio 工具中，单击“新建查询”按钮，打开一个“新建查询”窗口

2）在查询窗口中输入如下代码，单击“执行”按钮，创建并备份证书。

```
USE MASTER;
GO
-- 删除原有的证书和密钥，如果没有则会报错，不用管
DROP CERTIFICATE CertStusta
GO
DROP MASTER KEY
GO

-- 使用 MASTER KEY 创建证书 CertStusta
CREATE CERTIFICATE CertStusta with SUBJECT = 'Stusta Certificate'
GO

-- 备份证书（至关重要）
BACKUP CERTIFICATE certstusta
TO FILE = 'D:\certstusta.cer'
```

```
WITH PRIVATE KEY
(
    FILE = 'D:\StuSQLPrivateKeyFile.pwk',
    ENCRYPTION BY PASSWORD = 'p@ssword'
);
GO

USE stusta;
GO
-- 在 stusta 数据库上使用 CertStusta 这个证书创建数据库私钥
CREATE DATABASE ENCRYPTION KEY
WITH ALGORITHM = AES_128
ENCRYPTION BY SERVER CERTIFICATE CertStusta;
GO
```

（2）使用 Transact-SQL 实现数据库加密

```
-- 启用数据库加密
--https://msdn.microsoft.com/zh-cn/library/bb522682.aspx
ALTER DATABASE [stusta] SET ENCRYPTION ON;
GO
```

（3）使用图形化工具实现数据库加密

1）使用 SQL Server Management Studio，在右侧的对象资源管理器中，右键单击加号展开“数据库”文件夹。

2）右键单击所创建的数据库，指向 “任务”，然后选择 “管理数据库加密”。

3）勾选“将数据库加密设置为 ON”，如图 4-8 所示。

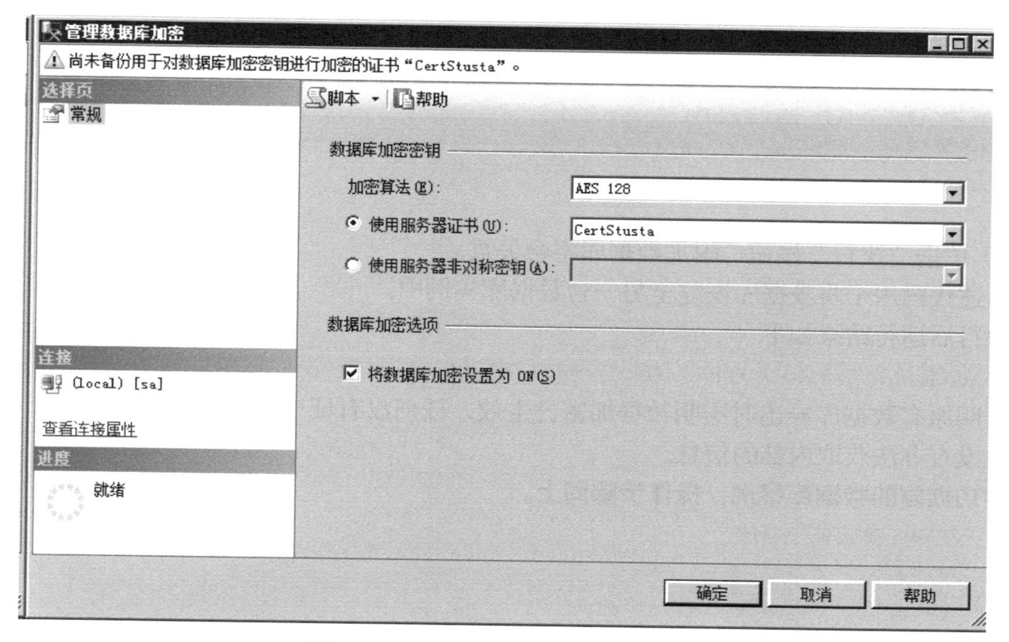

图 4-8 在图形界面中打开 TDE

2. 数据库分离

数据库的分离不属于本项目讨论的范畴，在此只做简单说明。

1）使用 SQL Server Management Studio，在右侧对象资源管理器中右键单击前面已进行加密的数据库，指向“任务”，然后选择“分离…”命令。

2）使用 Windows 资源管理器，将数据库文件从源服务器移动到或复制到目标服务器上的相同位置。

3）使用 Windows 资源管理器，将服务器证书和私钥文件的备份从源服务器移动到或复制到目标服务器上的相同位置。

3. 数据库恢复

流程：

1）创建主密钥（在 master 数据库中）；

2）还原证书；

3）还原数据库。

（1）Transact-SQL

没有证书的数据库恢复以失败告终

1）执行“开始”→“所有程序”→“Microsoft SQL Server 2008”→“SQL Server Management Studio”命令，启动 SQL Server Management Studio 工具。在 SQL Server Management Studio 工具中，单击“新建查询”按钮，打开一个“新建查询”窗口

2）在查询窗口中输入如下代码

```
-- 移动数据文件到另一台服务器中：
-- 另一台服务器实例中：
USE master;
GO

-- 附加数据库（失败）
CREATE DATABASE [Temp] ON
( FILENAME = N'D:\stusta.mdf' ),
( FILENAME = N'D:\stusta_log.ldf' )
FOR ATTACH ;
GO
```

3）单击“执行”按钮，附加数据库将会失败。

上述代码用于将数据库恢复至另一台数据库实例中。

执行后运行结果如下：

找不到指纹为 '0xF946418F0E550D1C5B006ED39969BE19E0AB810A' 的服务器证书。

证明原有数据库导出时透明数据加密已生效，任何没有证书的第三方即使复制到了数据库中也没有办法获取内部的信息。

成功恢复的数据库案例，操作步骤同上。

```
-- 创建新的数据库主密钥
USE master;
GO
CREATE MASTER KEY ENCRYPTION BY PASSWORD = 'p@ssword';
GO

-- 还原证书
CREATE CERTIFICATE certstusta
```

```
FROM FILE = 'D:\certstusta.cer'
WITH PRIVATE KEY
(
    FILE = 'D:\StuSQLPrivateKeyFile.pwk',
    DECRYPTION BY PASSWORD = 'p@ssword'
);
GO
-- 附加数据库（成功）
CREATE DATABASE [stusta] ON
( FILENAME = N'D:\stusta.mdf' ),
( FILENAME = N'D:\stusta_log.LDF' )
FOR ATTACH;
GO
```

执行后可以在左侧的数据库列表中找到恢复的数据库。

（2）SQL Server Management Studio 图形化工具

执行“开始”→“所有程序”→“Microsoft SQL Server 2008”→“SQL Server Management Studio”命令，启动 SQL Server Management Studio 工具。在左侧的“对象资源管理器”窗口中，右键单击“数据库”节点，在菜单栏中选择“附加”命令，如图 4–9 和图 4–10 所示。

如果图形化附加数据库失败，弹出窗口显示找不到对应的证书，添加证书后以同样的步骤执行，即可附加成功如图 4–11 所示。

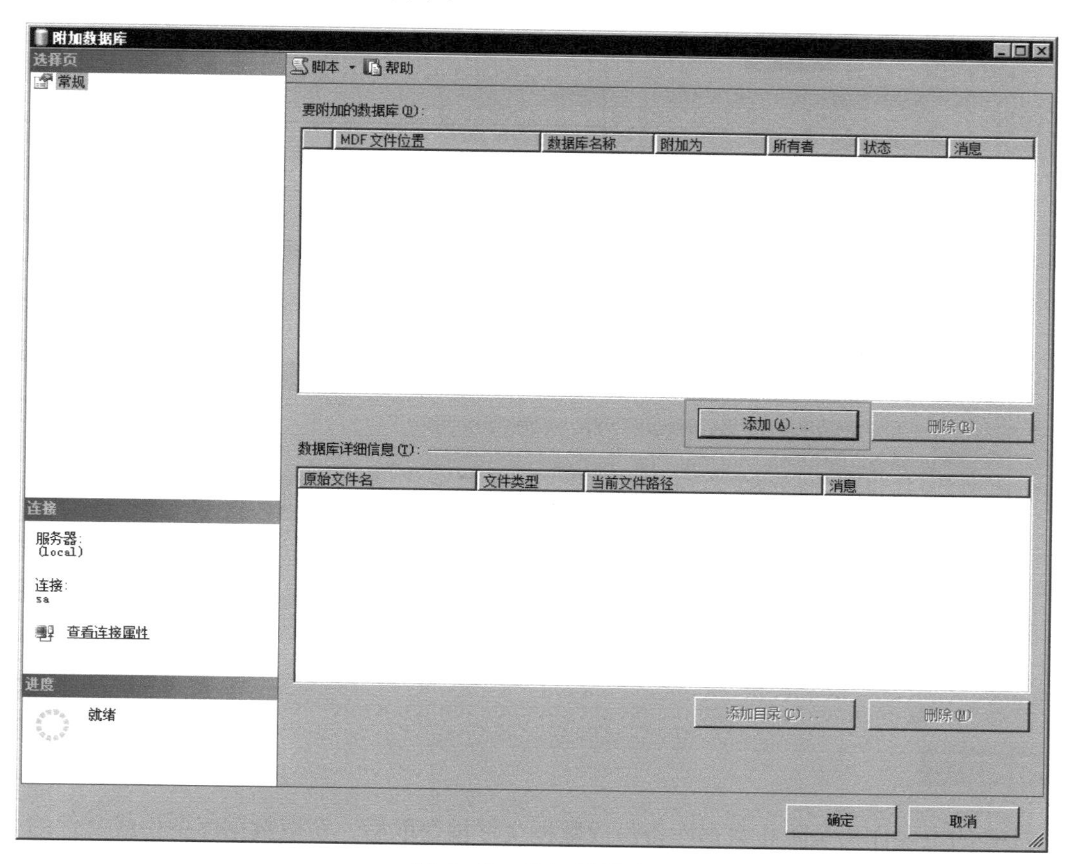

图 4–9 附加数据库

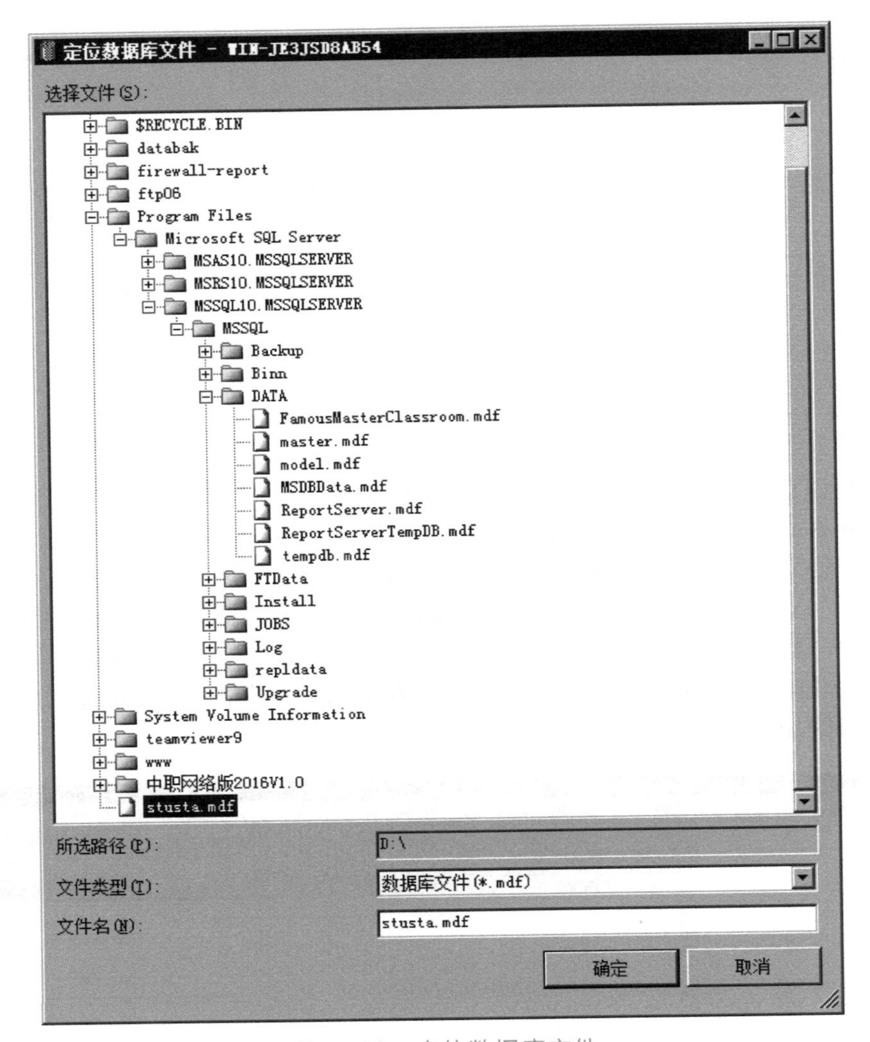

图 4-10　定位数据库文件

图 4-11　附加数据库失败

【必备知识】

TDE 的主要作用是防止数据库备份或数据文件被窃取后，窃取数据库备份或文件的人在没有数据加密密钥的情况下恢复或附加数据库。

TDE 使用数据加密密钥（DEK）进行加密。DEK 存在于 master 数据库中由服务主密钥保护，其保护层级如图 4–12 所示。

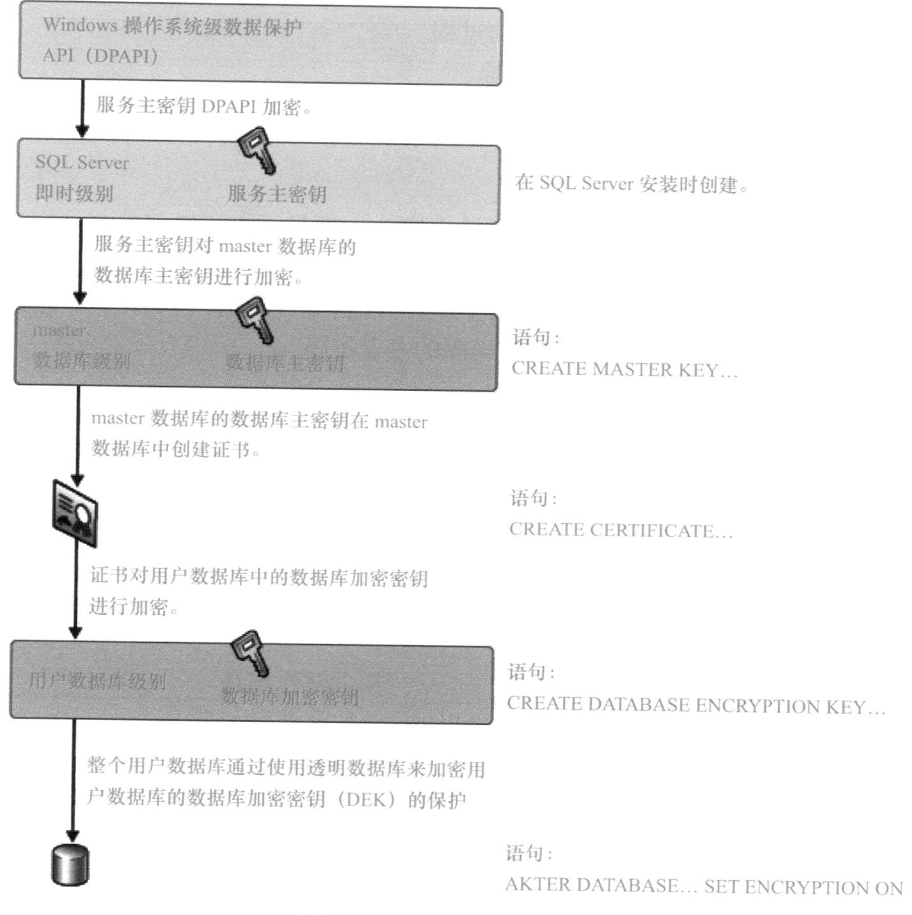

图 4–12　TDE 的加密层次

开启 TDE 的数据库，其日志和备份都会被自动加密。

【任务评价】

在完成本次任务的过程中，学会了 SQL Server 的透明数据加密，请对照表 4–4 进行总结与评价。

表 4–4　任务评价表

评价指标	评价结果	备　注
1. 理解 SQL Server 透明数据加密的作用及使用场景	□A　□B　□C　□D	
2. 掌握 SQL Server 透明数据加密的方法	□A　□B　□C　□D	
综合评价：		

【触类旁通】

在本任务中，尝试了在另一台服务器上附加数据库，并体会了透明数据加密的作用。现在任务发生了变化，如果是本服务器的数据库丢失，要求还原备份数据库至本服务器上。

1）写出将备份数据库还原至本服务器的过程。

2）使用 Transact-SQL 完成数据库的还原。

3）使用 SQL Server Management Studio 图形化工具完成数据库的还原。

项目小结

在数据库设计工作中，加密是一项重要的内容，本项目详细说明了 SQL Server 加密的层级、密钥、证书、透明加密等方面。在本项目的学习中，需要掌握 CREATE MASTER KEY、CREATE CERTIFICATE 等加密常用的操作。本项目抛砖引玉，因为攻击手段层出不穷，应有不断求索的精神，才能见招拆招，构筑牢固的安全屏障。

思考与实训

一、填空题

1. 加密可以分为两大类：________________和________________。
2. 服务主密钥是________________密钥。
3. SQL Server 2005 引入了________________，其主要作用是________________，与程序加密的区别是________________。
4. SQL Server 2008 引入了________________，其主要作用是________________。
5. SQL Server 内置了________________种加密解密方式，分别是________________。

二、实训操作

1. 请简述 SQL Server 的加密层级。
2. 思考成绩表与课程表中的字段，为防止无关人员获取学生的上课信息与成绩信息等内容，请使用列级加密与透明数据加密的方式进行加密。

MySQL 篇

学习了 Windows 环境下的 SQL Server 数据库后，我们再来认识一下可以在多种操作系统上运行的 MySQL 数据库。MySQL 是一个支持多用户、基于客户机 / 服务器的关系型数据库管理系统，由瑞典 MySQL AB 公司开发，目前为 Oracle 旗下的产品。MySQL 分为社区版和商业版，由于其具有体积小、速度快、开放源代码等特点，成为中小型网站开发的首选网站数据库之一。可以运行在 Linux、FreeBSD 和 Windows 等操作系统下。本篇主要学习在基于 Linux 的 CentOS 6.5 操作系统中的安全安装与维护。

本篇由浅入深地讲述了 MySQL 数据库的安全基础以及数据库安全的高级维护，包括在 Linux 环境下 MySQL 数据库的安装与使用、MySQL 日志管理、数据库权限、注入攻击的检测与防范等。本篇精心设计了项目中的每一个任务，一步步地指导读者进行从简单到复杂的数据库安全配置。同时引导未来的“数据库管理员们”对数据库的安全维护具有更为宽阔的视角和思路。

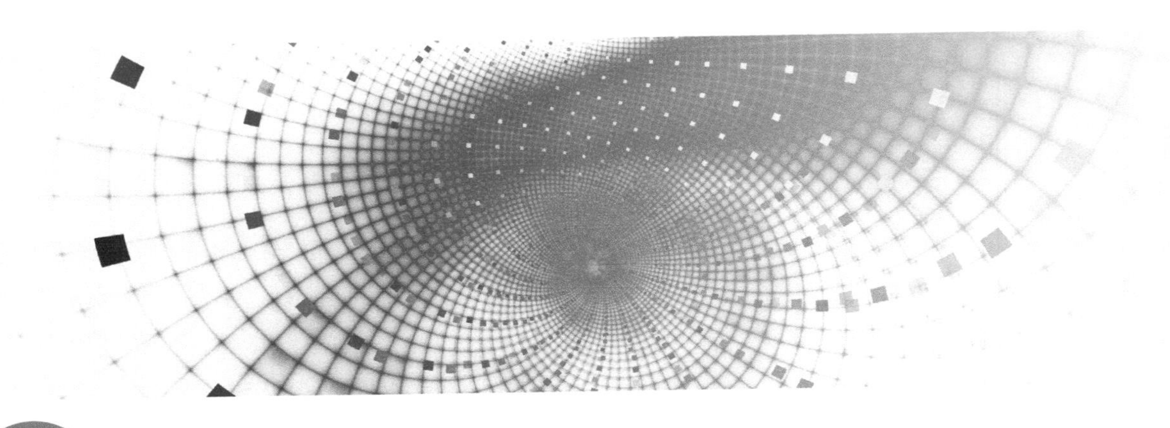

项目5 MySQL 数据库安全基础

扫码看视频

MySQL 是开源世界里一颗璀璨的明珠，是最流行的关系型开源数据库之一，由瑞典 MySQL AB 公司开发，目前为 Oracle 旗下的产品。在 Web 应用方面，MySQL 是较好的关系数据库管理系统。MySQL 使用的语言是最常用的标准化 SQL。

MySQL 软件采用了双授权政策，分为社区版和商业版，其中社区版可免费下载并使用，商业版收费但提供更多的功能和完备的技术支持。MySQL 体积小、速度快、成本低、开放源代码，一般中小型网站的开发多选择 MySQL 作为网站数据库。它搭配 PHP 和 Apache 可组成良好的开发环境。

【职业能力目标】

1）能够搭建 MySQL 数据库环境。

2）能够设置 MySQL 数据库账户、密码和自启动。

3）能够安装并使用 MySQL 数据库的管理工具。

4）能够使用 MySQL 数据库管理工具进行数据库维护。

5）能够对 MySQL 数据库的日志进行简单的查询。

任务1 安装 MySQL 数据库

【任务情境】

小张非常努力地完成了 SQL Server 2008 安全配置的学习，成功给学校数据库进行了加密，保护了学校师生的隐私信息，也体现了网络安全专业人员的个人价值。接下来，小张为了学习 MySQL 数据库的安全配置，同时为了方便日常对计算机的使用，已经在 Windows 10（64 位）下安装了虚拟机软件 VMware Workstation 12，并在虚拟机中安装了 CentOS 6.5（64 位）操作系统，接下来准备安装 MySQL 5.6.40，用来搭建 MySQL 数据库环境，如图 5–1 所示。

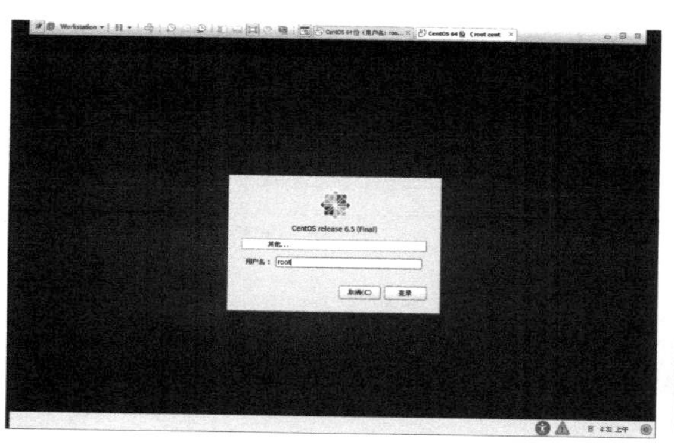

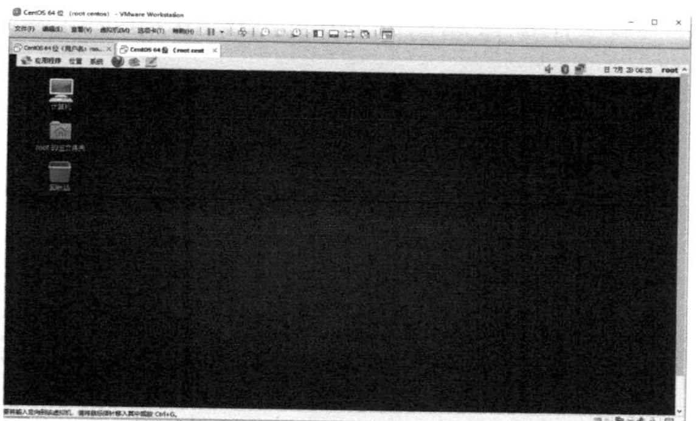

图 5-1　CentOS 6.5 登录界面及 root 账户桌面

【任务分析】

在 CentOS 中安装 MySQL 主要有两种方法：一种是通过源代码自行编译安装，这种适合高级用户定制 MySQL 的特性；另一种是通过编译过的二进制文件进行安装。

二进制文件安装的方法又分为两种：一种是不针对特定平台的通用安装方法，使用的二进制文件是扩展名为 .tar.gz 的压缩文件；第二种是使用 RPM 或其他包进行安装，这种安装进程会自动完成系统的相关配置，比较方便，因此这里主要采用 RPM 在本地进行安装。安装前还需要检查并卸载 CentOS 下原来的 MySQL 数据库。

小张采用的是 VMware 的虚拟机，为了方便 Windows 和 CentOS 下文件的复制以及文字的复制粘贴，建议操作前在 CentOS 下安装 VMware Tools 工具包。VMware Tools 工具包安装情况查询如图 5-2 所示。

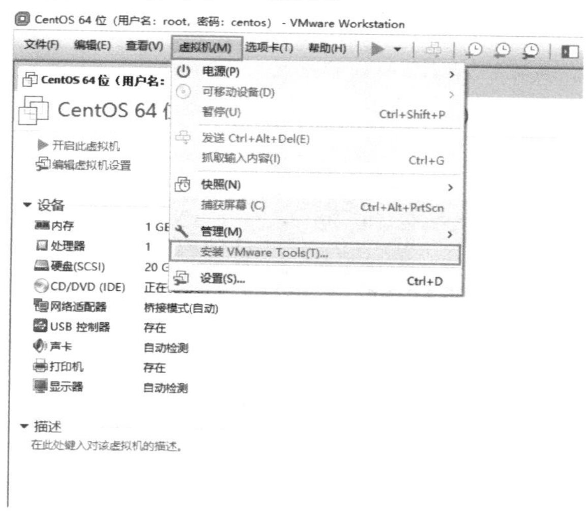

a）

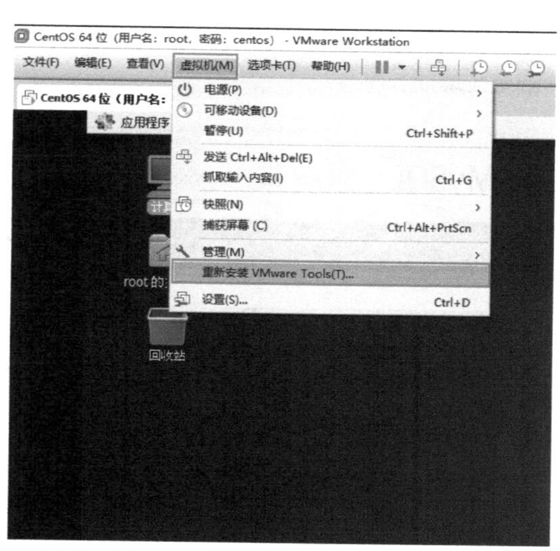

b）

图 5-2　未安装和已安装 VMware Tools 工具包

【任务实施】

1. 下载并校验 MySQL 的 RPM 软件包

第 1 步：找到下载页面。

1）用浏览器访问 https://dev.mysql.com 网站，单击“MySQL Downloads”按钮，如图 5–3 所示。

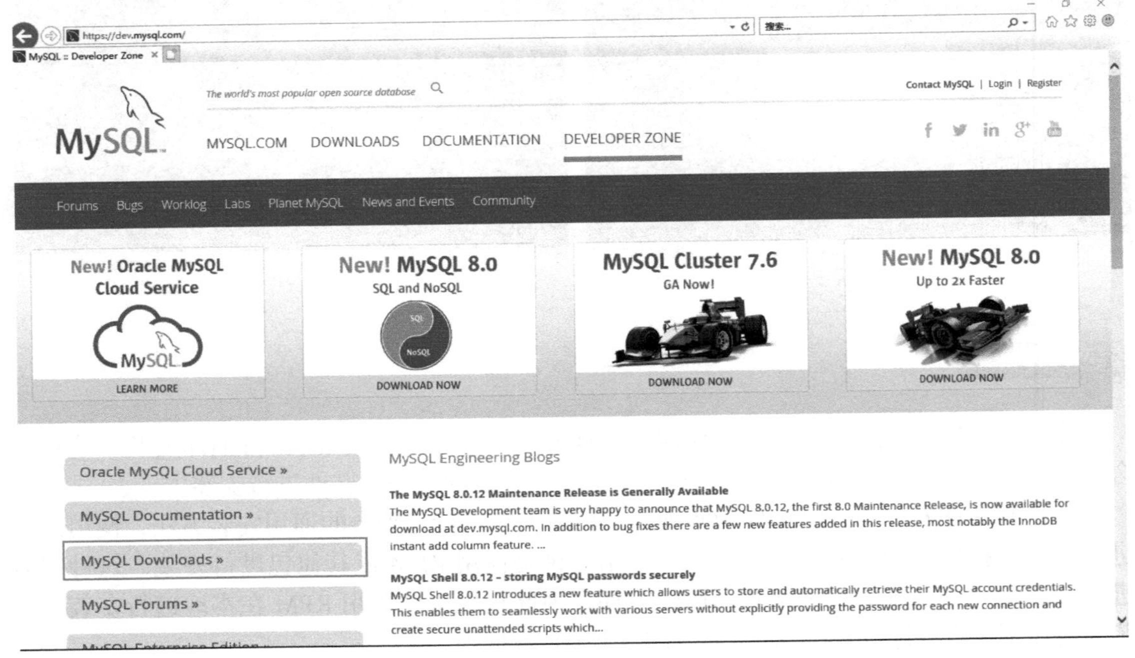

图 5–3　MySQL 社区站点首页

2）找到并单击“MySQL Community Server”（MySQL 社区服务）按钮和“MySQL Community Server 5.6 »”按钮，如图 5–4 所示。

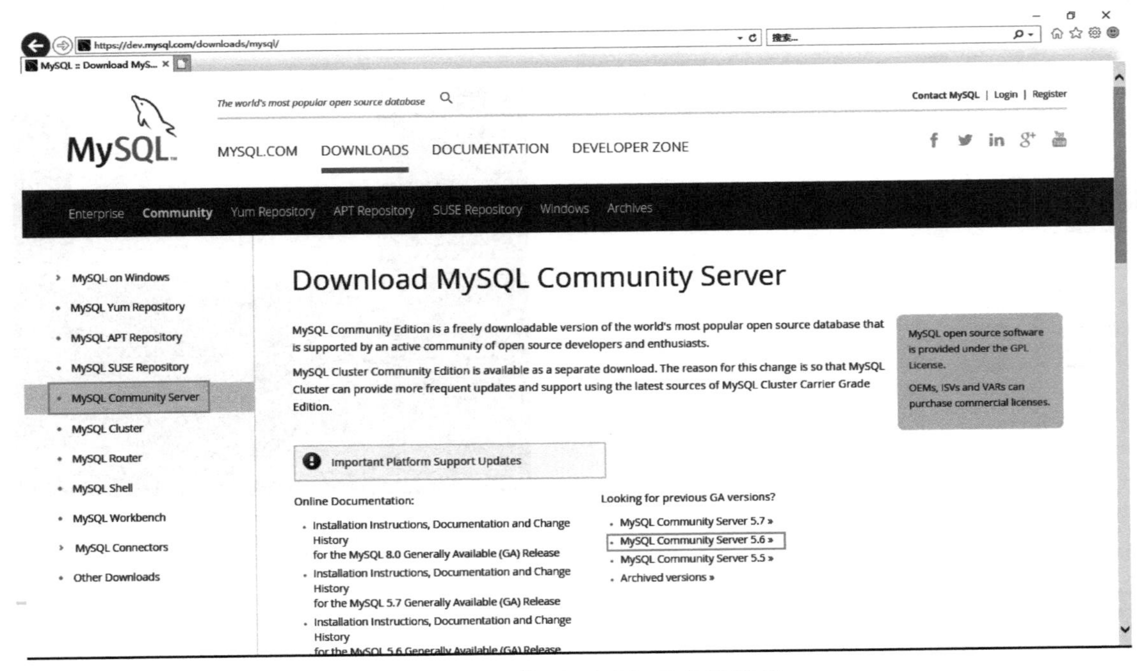

图 5–4　下载 MySQL 5.6 的链接

3）找到下载页面，在“MySQL Community Server 5.6.41”里面选择适合自己操作系统和版本的 MySQL 安装软件包，如图 5–5 所示。

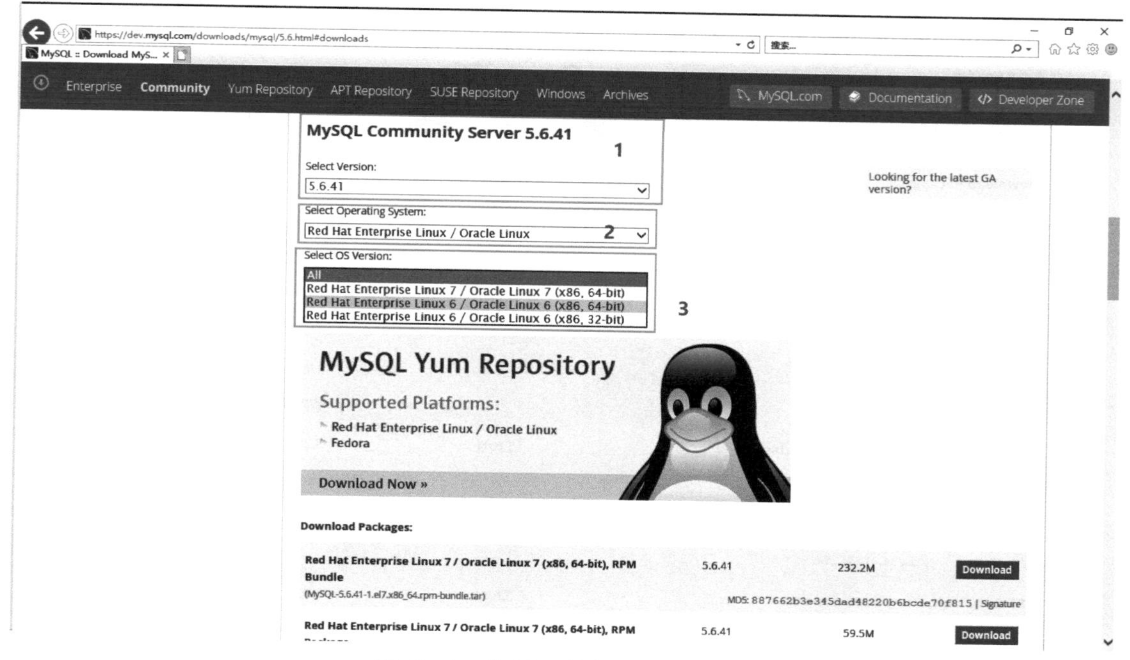

图 5–5　选择下载的系统和版本

第 2 步：判断并下载对应的软件包。

1）Select Version（选择版本）指的是选择 MySQL 的版本为 5.6.41。

2）Select Platform（选择平台）选择“Red Hat Enterprise Linux / Oracle Linux”（以下简写为 RHEL），因为 CentOS 就是 Red Hat 系列的。

3）Select OS Version（选择操作系统版本）列表中有三个选项，先找对应项目的 CentOS 系统的版本，CentOS 6.5 对应 RHEL 的版本为 6.5，其实 RPM 安装包的命名也包含系统版本信息，如“MySQL–server–5.6.41–1.el6.x86_64.rpm”中的 el6。再找对应的操作系统，64 位的是（x86，64–bit），32 位的是（x86，32–bit）。因本项目所采用的系统是 CentOS 6.5 64 位，故选择的是 Red Hat Enterprise Linux 6/Oracle Linux 6（X86，64–bit），如图 5–6 所示。

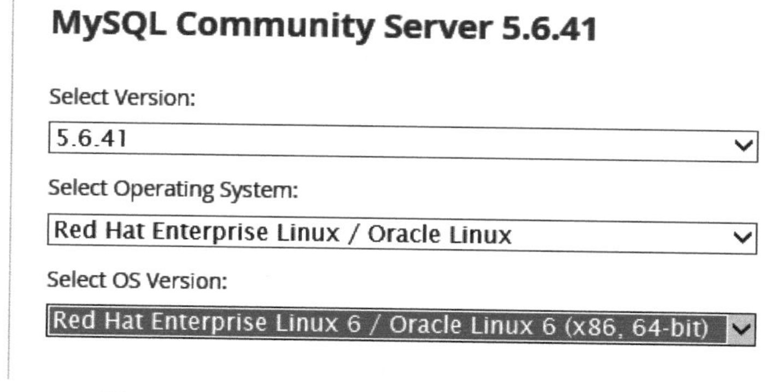

图 5–6　CentOS 6.5（64 位）需要下载的版本

4）再选择是 Bundle 集合包还是单独的 RPM 文件。RPM Bundle 就类似于一个压缩包，文件名一般如“MySQL–5.6.41–1.el6.x86_64.rpm–bundle.tar”（64 位）。单个的 RPM 安装包

一般名如“MySQL-server-5.6.41-1.el6.x86_64.rpm”（64位）。这里下载的是“MySQL-5.6.41-1.el6.x86_64.rpm-bundle.tar”，如图5-7所示。

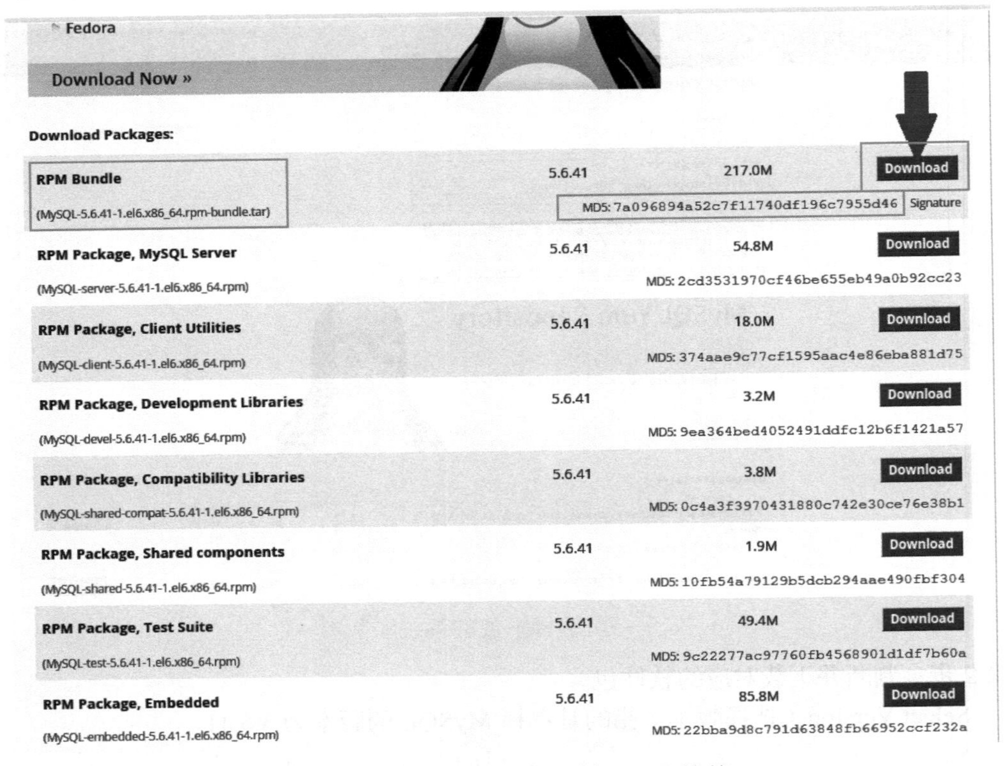

图 5-7　下载的集合包及其 MD5 的值

5）单击“Download（下载）”按钮后，在下一个页面单击“No thanks, just start my download（不，谢谢，仅开始我的下载）”按钮，如图5-8所示。

Begin Your Download

MySQL-5.6.41-1.el6.x86_64.rpm-bundle.tar

Login Now or Sign Up for a free account.

An Oracle Web Account provides you with the following advantages:

- Fast access to MySQL software downloads
- Download technical White Papers and Presentations
- Post messages in the MySQL Discussion Forums
- Report and track bugs in the MySQL bug system
- Comment in the MySQL Documentation

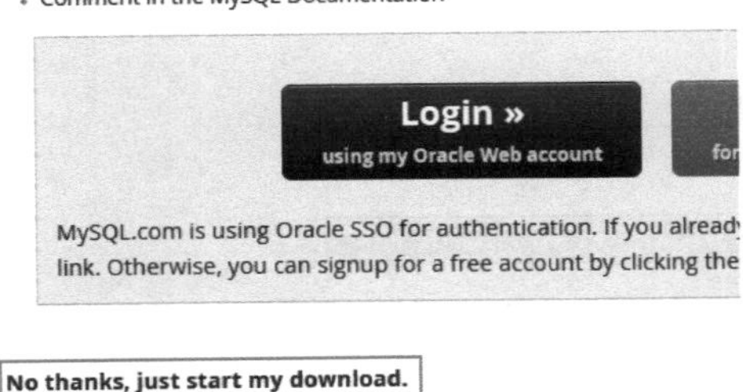

a）

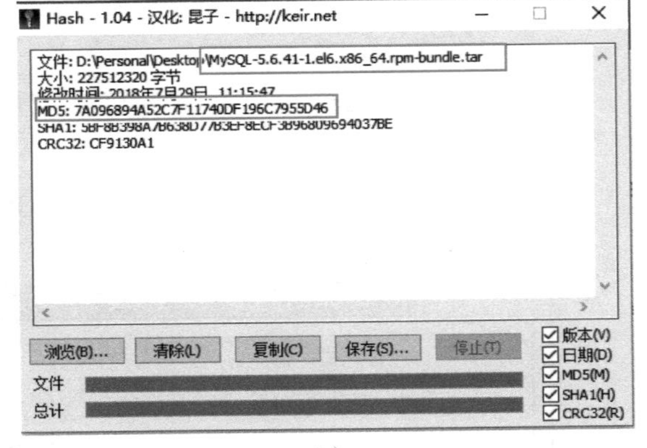

b）

图 5-8　最终下载页面和下载后的校验

第 3 步：校验安装包，以确保下载的安装文件没有被第三方修改，确保安全。

1）下载 Hash 校验软件。

2）将第 2 步下载后的文件直接拖入文本框内对其进行校验（图 5–8b 显示的 MD5 值同图 5–7 中的 MD5 值相同）。

目前 MD5 的安全性不高，建议结合 MD5 和 SHA1 共同对文件进行验证。

提示　进入下一步前，建议检查虚拟机的操作系统 CentOS 6.5（64 位或 32 位）是否已经安装了 VMware Tool，并给当前虚拟机创建一个快照。

2. 检查并卸载之前安装的 MySQL

第 1 步：查看之前安装的 MySQL。

1）用 root 账户登录 CentOS（见图 5–1 和图 5–2），在 CentOS 系统 root 账户桌面上单击鼠标右键，在弹出的快捷菜单中选择“在终端中打开”命令，如图 5–9 所示。

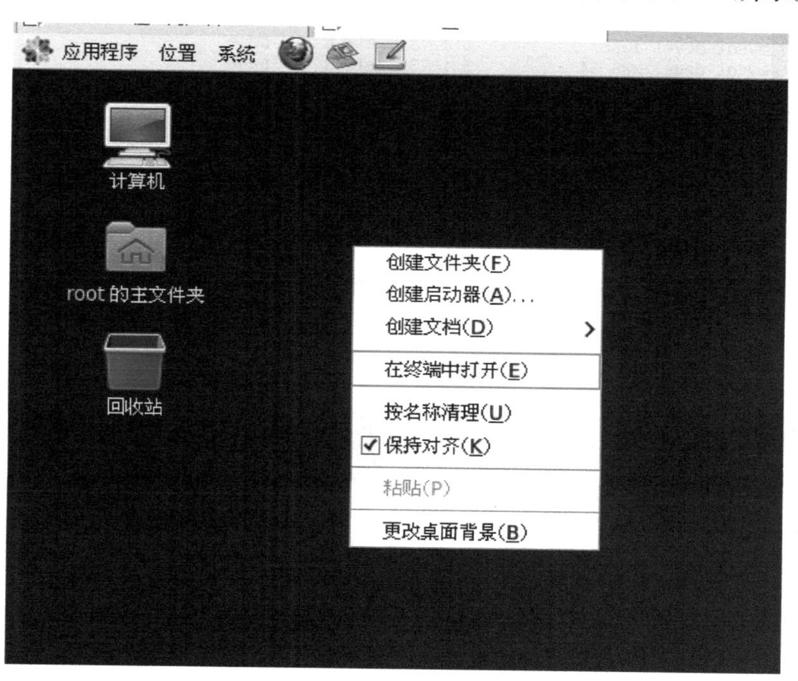

图 5–9　打开管理员 root 终端

2）查看已安装的 MySQL 包信息，在 # 号后面输入如下命令并按 <Enter> 键（区分大小写）：yum list installed mysql*

命令解释　yum 命令是用来管理 RedHat、CentOS 前端安装包的，可自动处理依赖关系。list 参数用来列表。installed 表示已经安装了。mysql*（注意区分大小写）是由“mysql”开头扩展名任意的文件名。

3）图 5–10 中“Installed Packages”（已安装的软件包）有“mysql–libs.x86_64”，版本为“5.1.71–1.el6”，这是 CentOS 安装后自带的 MySQL。“Available Packages”（可用的包）指的是目前可供安装的软件包，因版本是 5.1.73，需要卸载当前安装的“mysql–libs.x86_64 5.1.71–1.el6”，再安装 5.6 版本的 MySQL。

如果之前安装了 MySQL，将有可能看到，虚拟机中安装的 MySQL 的组件有 4 个，即 mysql.x86_64、mysql-devel.x86_64、mysql-libs.x86_64、mysql-server.x86_64，如图 5-11 所示。

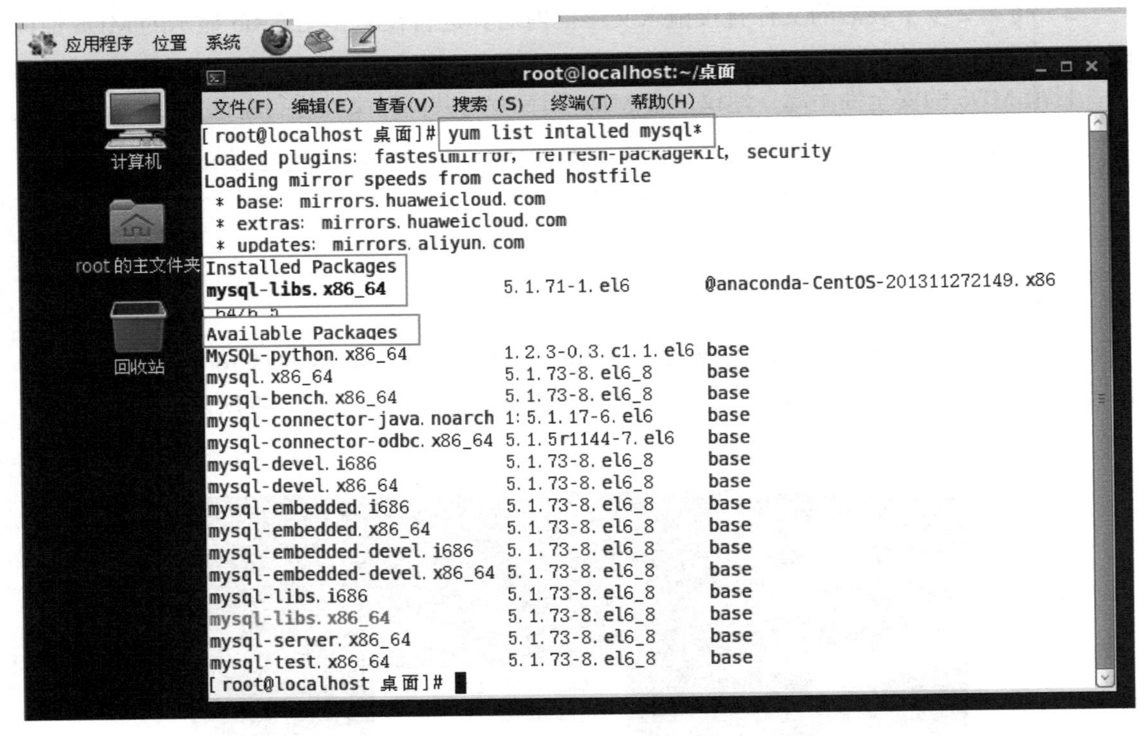

图 5-10 用 yum 查看 MySQL 的安装

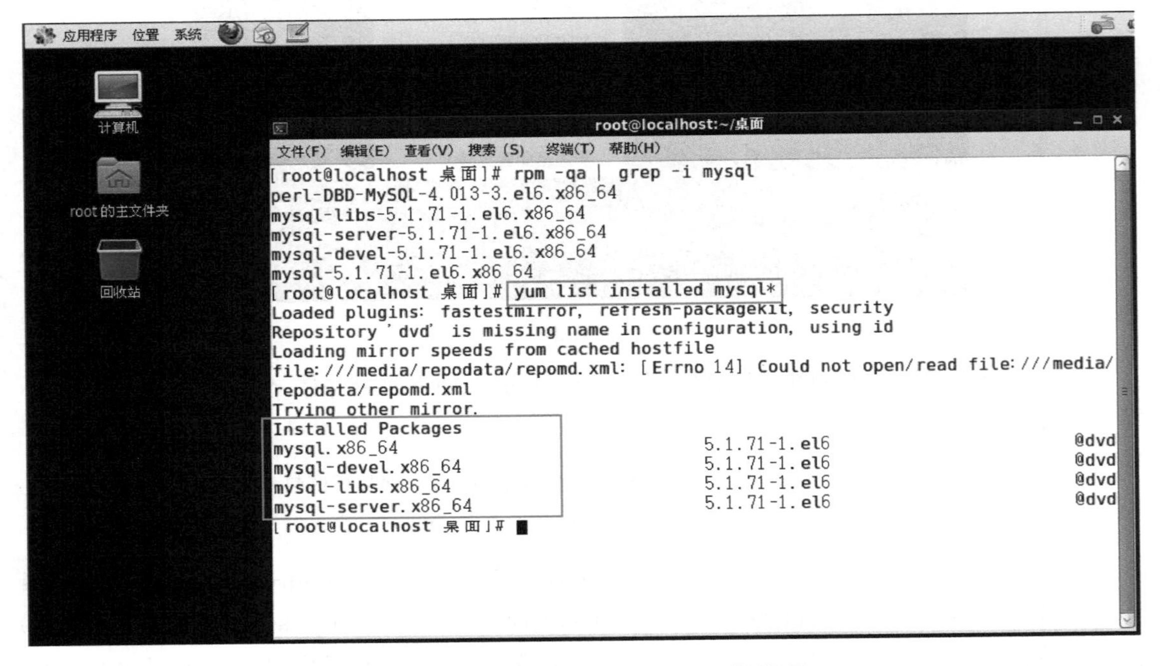

图 5-11 安装了其他 MySQL 的情况

4）另一种方法：在 # 号后面输入 rpm –qa | grep –i mysql，如图 5-12 所示，也可以看到

同图 5–11 相同的套件。

命令解释

rpm 基于 redhat 的软件包管理器。–qa 参数表示查找相应的文件。
| grep –i mysql 表示包含已安装的 mysql 套件。

```
root@localhost:~/桌面
文件(F) 编辑(E) 查看(V) 搜索(S) 终端(T) 帮助(H)
[root@localhost 桌面]# yum list installed mysql
Loaded plugins: fastestmirror, refresh-packagekit, security
Repository 'dvd' is missing name in configuration, using id
Loading mirror speeds from cached hostfile
dvd                                            | 4.0 kB     00:00 ...
Installed Packages
mysql.x86_64                        5.1.71-1.el6                  @dvd
[root@localhost 桌面]# rpm -qa | grep -i mysql
perl-DBD-MySQL-4.013-3.el6.x86_64
mysql-libs-5.1.71-1.el6.x86_64
mysql-server-5.1.71-1.el6.x86_64
mysql-devel-5.1.71-1.el6.x86_64
mysql-5.1.71-1.el6.x86_64
[root@localhost 桌面]#
```

图 5–12 MySQL 的安装情况

第 2 步：用 yum 命令开始卸载。

1）根据图 5–11 的列表输入如下命令移除安装：

```
yum remove mysql mysql–devel mysql–libs mysql–server
```

命令解释

yum 命令中参数 remove 表示移除，后面的四个文件名省略版本号并用空格隔开。

2）yum 开始搜索所有相关联的安装包文件，并列表显示在“Removing（移除）”和“Removing for dependencies”（移除依赖）里面，汇总要移除的 15 个 Package（s）（软件包），最终询问“Is this ok [y/N]:”（是这样吗 [按 y/N]），这里按 <y> 键然后按 <Enter> 键，如图 5–13 所示。

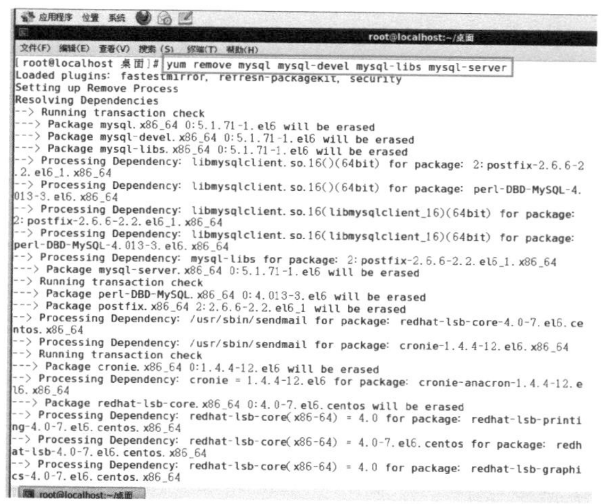

```
[root@localhost 桌面]# yum remove mysql mysql-devel mysql-libs mysql-server
Loaded plugins: fastestmirror, refresh-packagekit, security
Setting up Remove Process
Resolving Dependencies
--> Running transaction check
---> Package mysql.x86_64 0:5.1.71-1.el6 will be erased
---> Package mysql-devel.x86_64 0:5.1.71-1.el6 will be erased
---> Package mysql-libs.x86_64 0:5.1.71-1.el6 will be erased
--> Processing Dependency: libmysqlclient.so.16()(64bit) for package: 2:postfix-2.6.6-2.2.el6_1.x86_64
--> Processing Dependency: libmysqlclient.so.16()(64bit) for package: perl-DBD-MySQL-4.013-3.el6.x86_64
--> Processing Dependency: libmysqlclient.so.16(libmysqlclient_16)(64bit) for package: 2:postfix-2.6.6-2.2.el6_1.x86_64
--> Processing Dependency: libmysqlclient.so.16(libmysqlclient_16)(64bit) for package: perl-DBD-MySQL-4.013-3.el6.x86_64
--> Processing Dependency: mysql-libs for package: 2:postfix-2.6.6-2.2.el6_1.x86_64
---> Package mysql-server.x86_64 0:5.1.71-1.el6 will be erased
--> Running transaction check
---> Package perl-DBD-MySQL.x86_64 0:4.013-3.el6 will be erased
---> Package postfix.x86_64 2:2.6.6-2.2.el6_1 will be erased
--> Processing Dependency: /usr/sbin/sendmail for package: redhat-lsb-core-4.0-7.el6.centos.x86_64
--> Processing Dependency: /usr/sbin/sendmail for package: cronie-1.4.4-12.el6.x86_64
--> Running transaction check
---> Package cronie.x86_64 0:1.4.4-12.el6 will be erased
--> Processing Dependency: cronie = 1.4.4-12.el6 for package: cronie-anacron-1.4.4-12.el6.x86_64
---> Package redhat-lsb-core.x86_64 0:4.0-7.el6.centos will be erased
--> Processing Dependency: redhat-lsb-core(x86-64) = 4.0 for package: redhat-lsb-printing-4.0-7.el6.centos.x86_64
--> Processing Dependency: redhat-lsb-core(x86-64) = 4.0-7.el6.centos for package: redhat-lsb-4.0-7.el6.centos.x86_64
--> Processing Dependency: redhat-lsb-core(x86-64) = 4.0 for package: redhat-lsb-graphics-4.0-7.el6.centos.x86_64
```

a）

```
root@localhost:~/桌面
文件(F) 编辑(E) 查看(V) 搜索(S) 终端(T) 帮助(H)

Dependencies Resolved

================================================================================
 Package          Arch   Version              Repository                          Size
================================================================================
Removing:
 mysql            x86_64 5.1.71-1.el6         @dvd                                2.4 M
 mysql-devel      x86_64 5.1.71-1.el6         @dvd                                388 k
 mysql-libs       x86_64 5.1.71-1.el6         @dvd                                4.0 M
 mysql-server     x86_64 5.1.71-1.el6         @dvd                                 25 M
Removing for dependencies:
 cronie           x86_64 1.4.4-12.el6         @anaconda-CentOS-201311272149.x86_64/6.5 174 k
 cronie-anacron   x86_64 1.4.4-12.el6         @anaconda-CentOS-201311272149.x86_64/6.5  43 k
 crontabs         noarch 1.10-33.el6          @anaconda-CentOS-201311272149.x86_64/6.5 2.4 k
 perl-DBD-MySQL   x86_64 4.013-3.el6          @dvd                                338 k
 postfix          x86_64 2:2.6.6-2.2.el6_1
                                              @anaconda-CentOS-201311272149.x86_64/6.5 9.7 M
 redhat-lsb       x86_64 4.0-7.el6.centos     @anaconda-CentOS-201311272149.x86_64/6.5 0.0
 redhat-lsb-compat
                  x86_64 4.0-7.el6.centos     @anaconda-CentOS-201311272149.x86_64/6.5 0.0
 redhat-lsb-core
                  x86_64 4.0-7.el6.centos     @anaconda-CentOS-201311272149.x86_64/6.5  22 k
 redhat-lsb-graphics
                  x86_64 4.0-7.el6.centos     @anaconda-CentOS-201311272149.x86_64/6.5 0.0
 redhat-lsb-printing
                  x86_64 4.0-7.el6.centos     @anaconda-CentOS-201311272149.x86_64/6.5 0.0
 sysstat          x86_64 9.0.4-22.el6         @anaconda-CentOS-201311272149.x86_64/6.5 824 k

Transaction Summary
================================================================================
Remove       15 Package(s)

Installed size: 43 M
Is this ok [y/N]: y
```

b）

图 5–13 yum 命令移除 MySQL 安装并确认

3）最终显示“Complete！”（完成）即可，如图 5-14 所示。

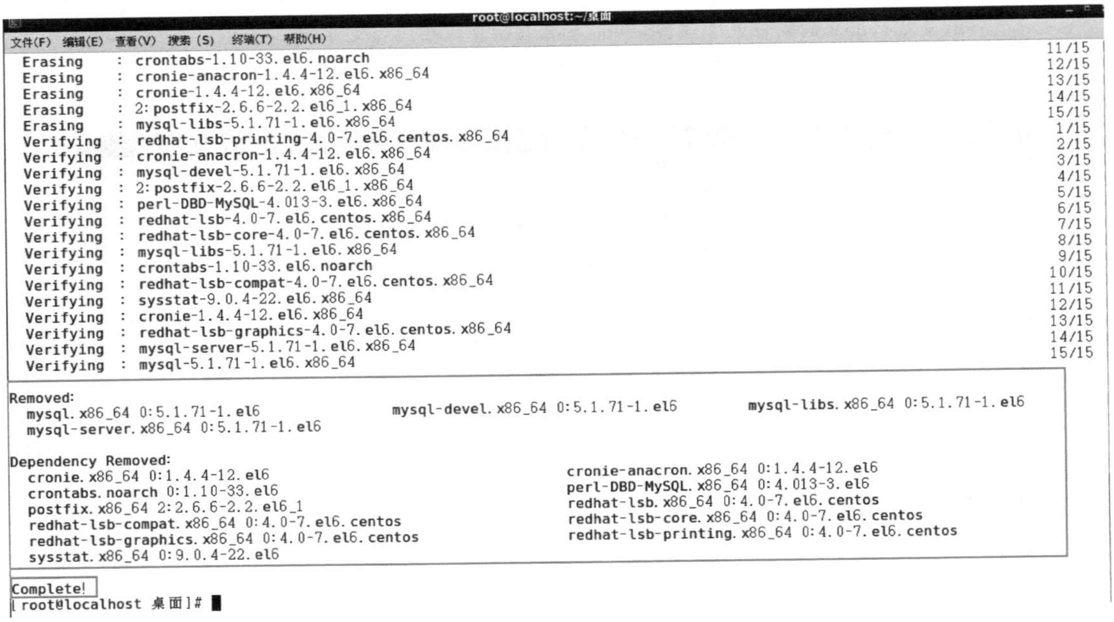
root@localhost:~/桌面
文件(F) 编辑(E) 查看(V) 搜索(S) 终端(T) 帮助(H)
Erasing : crontabs-1.10-33.el6.noarch 11/15
Erasing : cronie-anacron-1.4.4-12.el6.x86_64 12/15
Erasing : cronie-1.4.4-12.el6.x86_64 13/15
Erasing : 2:postfix-2.6.6-2.2.el6_1.x86_64 14/15
Erasing : mysql-libs-5.1.71-1.el6.x86_64 15/15
Verifying : redhat-lsb-printing-4.0-7.el6.centos.x86_64 1/15
Verifying : cronie-anacron-1.4.4-12.el6.x86_64 2/15
Verifying : mysql-devel-5.1.71-1.el6.x86_64 3/15
Verifying : 2:postfix-2.6.6-2.2.el6_1.x86_64 4/15
Verifying : perl-DBD-MySQL-4.013-3.el6.x86_64 5/15
Verifying : redhat-lsb-4.0-7.el6.centos.x86_64 6/15
Verifying : redhat-lsb-core-4.0-7.el6.centos.x86_64 7/15
Verifying : mysql-libs-5.1.71-1.el6.x86_64 8/15
Verifying : crontabs-1.10-33.el6.noarch 9/15
Verifying : redhat-lsb-compat-4.0-7.el6.centos.x86_64 10/15
Verifying : sysstat-9.0.4-22.el6.x86_64 11/15
Verifying : cronie-1.4.4-12.el6.x86_64 12/15
Verifying : redhat-lsb-graphics-4.0-7.el6.centos.x86_64 13/15
Verifying : mysql-server-5.1.71-1.el6.x86_64 14/15
Verifying : mysql-5.1.71-1.el6.x86_64 15/15
Removed:
mysql.x86_64 0:5.1.71-1.el6 mysql-devel.x86_64 0:5.1.71-1.el6 mysql-libs.x86_64 0:5.1.71-1.el6
mysql-server.x86_64 0:5.1.71-1.el6
Dependency Removed:
cronie.x86_64 0:1.4.4-12.el6 cronie-anacron.x86_64 0:1.4.4-12.el6
crontabs.noarch 0:1.10-33.el6 perl-DBD-MySQL.x86_64 0:4.013-3.el6
postfix.x86_64 2:2.6.6-2.2.el6_1 redhat-lsb.x86_64 0:4.0-7.el6.centos
redhat-lsb-compat.x86_64 0:4.0-7.el6.centos redhat-lsb-core.x86_64 0:4.0-7.el6.centos
redhat-lsb-graphics.x86_64 0:4.0-7.el6.centos redhat-lsb-printing.x86_64 0:4.0-7.el6.centos
sysstat.x86_64 0:9.0.4-22.el6
Complete!
[root@localhost 桌面]#

图 5-14 卸载完成

第 3 步：删除必要的配置文件和目录，检查残余配置项。

1）输入以下命令并按 <Enter> 键，删除残余配置和文件（目录）

```
rm –rf /var/lib/mysql
rm /etc/my.cnf
rm –rf /root/.mysql_sercret
```

命令解释：rm：删除目录或文件。参数 –rf 表示包含子目录删除（–r）和强制删除（–f）。

2）输入以下命令，检查残存的余项及配置项，如图 5-15 所示。

```
whereis mysql
chkconfig ––list | grep –i mysql
chkconfig ––del mysqld
```

命令解释：whereis：用于定位二进制文件、man 说明文件和源代码文件，速度较快，但时效性较差。chkconfig 用于检查、设置各种系统服务。参数 ––list 是列出，–del 是删除。

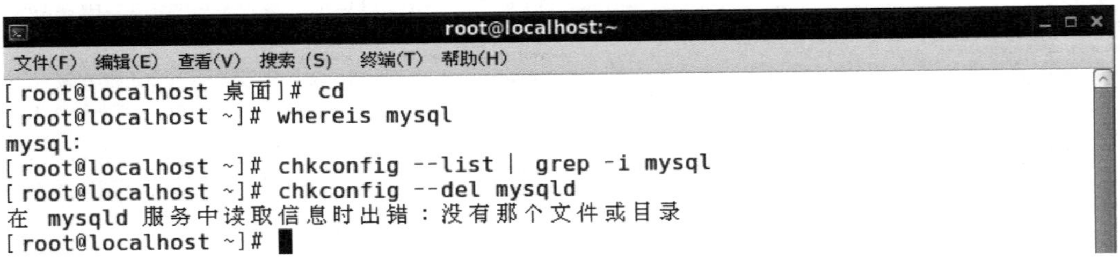
root@localhost:~
文件(F) 编辑(E) 查看(V) 搜索(S) 终端(T) 帮助(H)
[root@localhost 桌面]# cd
[root@localhost ~]# whereis mysql
mysql:
[root@localhost ~]# chkconfig --list | grep -i mysql
[root@localhost ~]# chkconfig --del mysqld
在 mysqld 服务中读取信息时出错：没有那个文件或目录
[root@localhost ~]#

图 5-15 验证删除情况

提示：进入下一步前，建议先给当前虚拟机创建一个快照。

3. 安装 MySQL

第 1 步：将任务 1 中下载的安装软件包复制到 CentOS 里并解压。

1）在 root 文件夹下新建安装用文件夹 mysql。在 root 终端中输入以下命令并按 <Enter> 键。

```
mkdir /root/mysql
```

或者双击打开 root 主文件夹，在文件夹空白区域单击鼠标右键，选择“创建文件夹”命令，然后改名为 mysql，如图 5-16 所示。

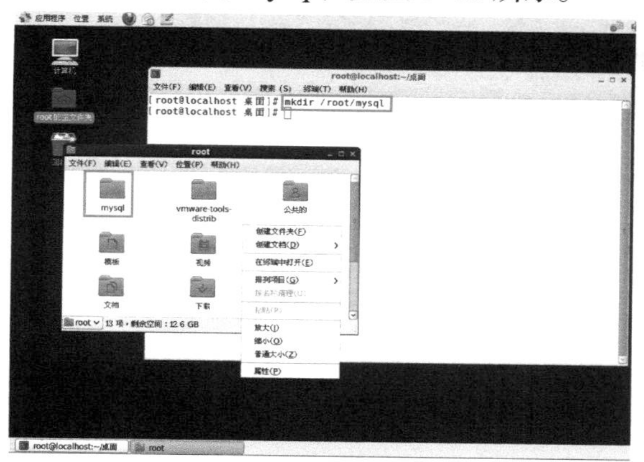

a）

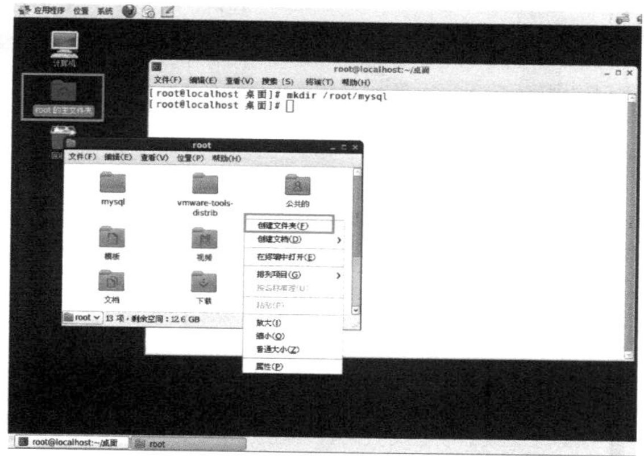

b）

图 5-16 用命令行方式和鼠标方式新建安装文件夹

2）在安装了 VMware Tools 工具包的虚拟机中可以直接用鼠标右键复制、粘贴的方式将安装包复制到 root/mysql 文件夹下，如图 5-17 所示。

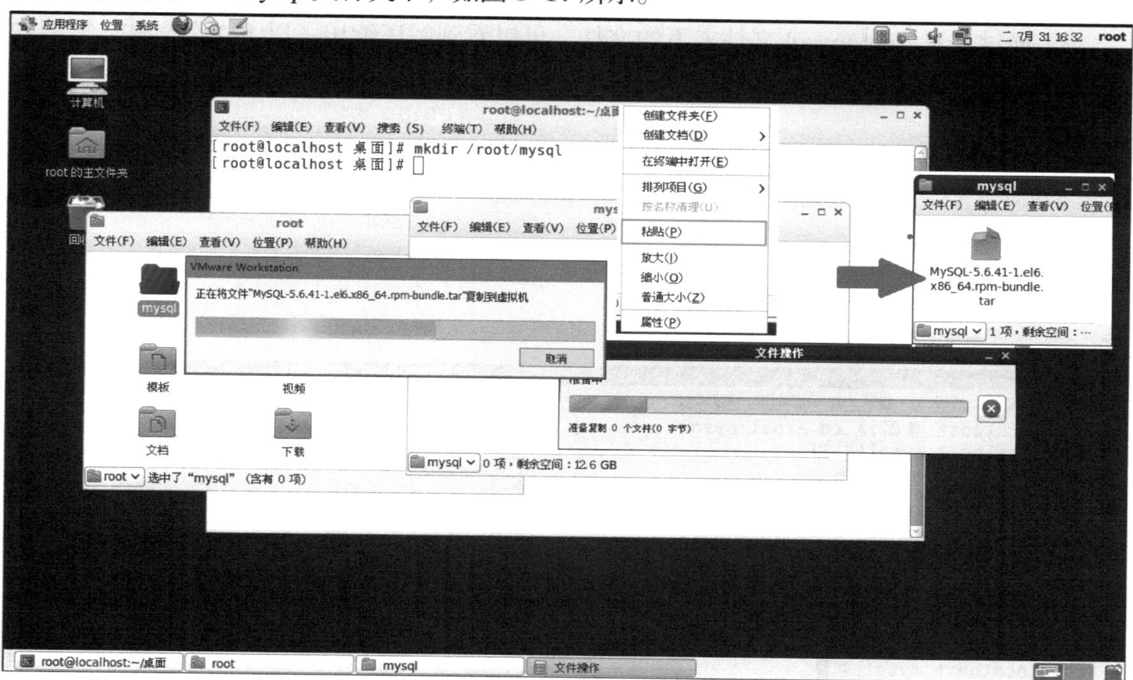

图 5-17 复制下载的安装包到 mysql 文件夹下

3）进入 /root/mysql 文件夹，进行解压缩，输入以下命令，如图 5-18 所示。

```
cd /root/mysql
tar -xvf MySQL-5.6.41-1.el6.x86_64.rpm-bundle.tar
```

命令解释　tar 命令对压缩文档进行操作。-x 参数表示解压缩。-v 参数表示显示解压缩的过程。-f 参数表示使用档案名字，此参数后面必须接文件名。

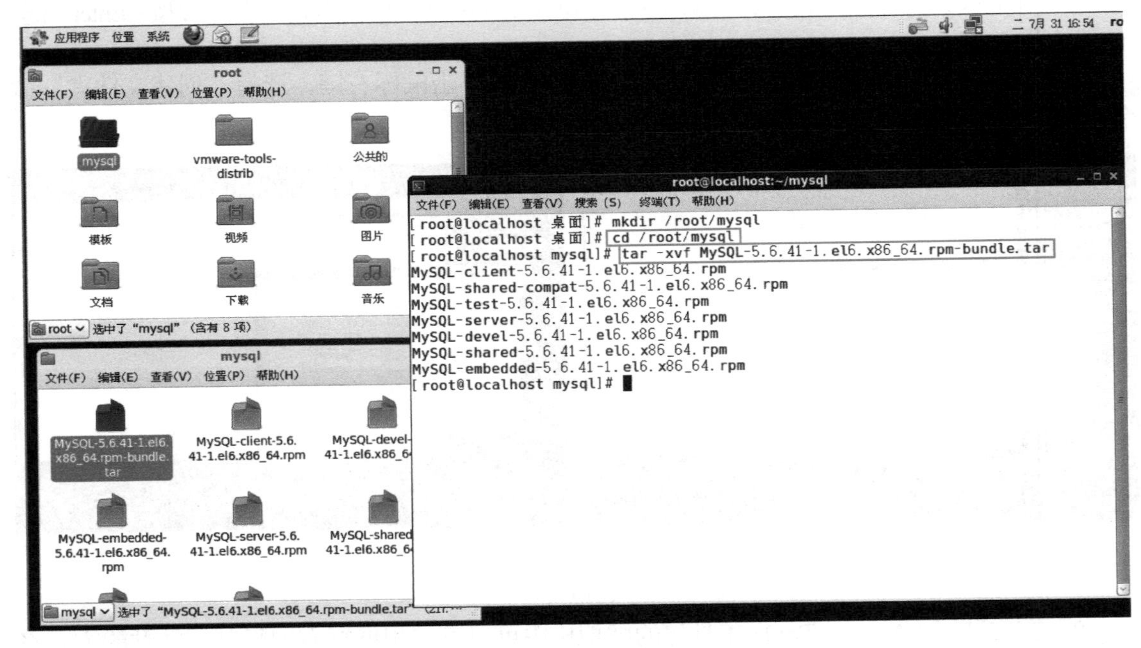

图 5-18　解压缩文件

4）通过查看 /root/mysql 文件夹下的文件，可以看到解压缩出了以下 7 个文件，需要安装的是前 5 个，如图 5-19 所示。

MySQL-shared-compat-5.6.41-1.el6.x86_64.rpm　　（RHEL 兼容包）
MySQL-server-5.6.41-1.el6.x86_64.rpm　　（MySQL 服务端程序）
MySQL-client-5.6.41-1.el6.x86_64.rpm　　（MySQL 客户端程序）
MySQL-devel-5.6.41-1.el6.x86_64.rpm　　（MySQL 的库和头文件）
MySQL-shared-5.6.41-1.el6.x86_64.rpm　　（MySQL 的共享库）
MySQL-embedded-5.6.41-1.el6.x86_64.rpm　　（MySQL 嵌入式套件）
MySQL-test-5.6.41-1.el6.x86_64.rpm　　（MySQL 测试套件）

```
root@localhost:~/mysql
文件(F)  编辑(E)  查看(V)  搜索(S)  终端(T)  帮助(H)
[root@localhost 桌面]# cd /root/mysql
[root@localhost mysql]# ll
总用量 444364
-rwxrw-rw-. 1 root root 227512320 7月  31 15:48 MySQL-5.6.41-1.el6.x86_64.rpm-bundle.tar
-rw-r--r--. 1 7155 31415  18896876 6月  18 15:14 MySQL-client-5.6.41-1.el6.x86_64.rpm
-rw-r--r--. 1 7155 31415   3391756 6月  18 15:14 MySQL-devel-5.6.41-1.el6.x86_64.rpm
-rw-r--r--. 1 7155 31415  89948924 6月  18 15:14 MySQL-embedded-5.6.41-1.el6.x86_64.rpm
-rw-r--r--. 1 7155 31415  57507364 6月  18 15:15 MySQL-server-5.6.41-1.el6.x86_64.rpm
-rw-r--r--. 1 7155 31415   1965492 6月  18 15:16 MySQL-shared-5.6.41-1.el6.x86_64.rpm
-rw-r--r--. 1 7155 31415   3969752 6月  18 15:16 MySQL-shared-compat-5.6.41-1.el6.x86_64.rpm
-rw-r--r--. 1 7155 31415  51822464 6月  18 15:16 MySQL-test-5.6.41-1.el6.x86_64.rpm
[root@localhost mysql]#
```

图 5-19　列出所有需要的文件

第 2 步：进入安装软件包目录，开始安装 MySQL-shared-compat（建议先安装，否则可能报错）。

1）进入存放解压缩后安装软件包的 mysql 文件夹，在 root 终端中输入如下命令。

```
cd /root/mysql
```

2）随后用 yum 命令的 install 参数开始安装，如图 5–20 所示，输入如下命令。

```
yum install MySQL–shared–compat–5.6.41–1.el6.x86_64.rpm
```

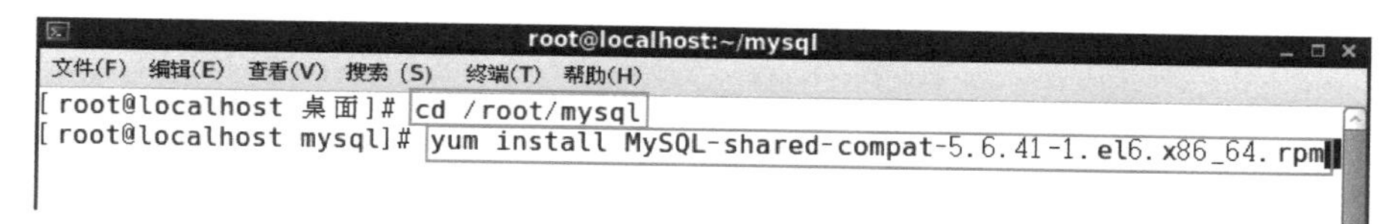

图 5–20　进入安装目录，开始安装

3）安装过程中会列出所有需要询问的安装，如图 5–21 所示，按 <y> 键，然后按 <Enter> 键。

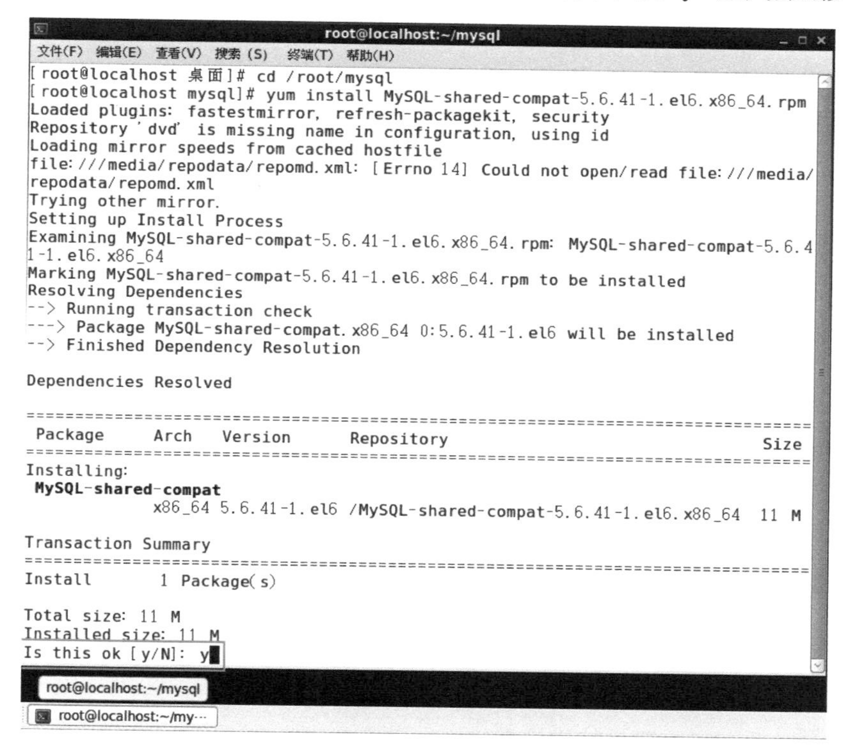

图 5–21　确认安装

4）随后经过安装包的检查、调试以及事务测试后，当提示“Complete！”（完成！）时表示安装成功，如图 5–22 所示。

```
Is this ok [y/N]: y
Downloading Packages:
Running rpm_check_debug
Running Transaction Test
Transaction Test Succeeded
Running Transaction
  Installing : MySQL-shared-compat-5.6.41-1.el6.x86_64                    1/1
  Verifying  : MySQL-shared-compat-5.6.41-1.el6.x86_64                    1/1

Installed:
  MySQL-shared-compat.x86_64 0:5.6.41-1.el6

Complete!
[root@localhost mysql]# 
```

图 5–22　安装完毕

第 3 步：继续安装 MySQL-server、MySQL-client、MySQL-devel、MySQL-shared 软件包

1）一次只安装一个软件包，依次参照第 2 步的 2）～ 4）分别输入如下命令。

```
yum install MySQL-server-5.6.41-1.el6.x86_64.rpm
yum install MySQL-client-5.6.41-1.el6.x86_64.rpm
yum install MySQL-devel-5.6.41-1.el6.x86_64.rpm
yum install MySQL-shared-5.6.41-1.el6.x86_64.rpm
```

也可以一次安装 4 个软件包，输入如下命令。

```
yum install MySQL-server-5.6.41-1.el6.x86_64.rpm MySQL-client-5.6.41-1.el6.x86_64.rpm MySQL-devel-5.6.41-1.el6.x86_64.rpm MySQL-shared-5.6.41-1.el6.x86_64.rpm
```

其余步骤相同。安装完成如图 5-23 所示。

2）安装完毕后检查安装的结果，输入如下命令。

```
yum list installed mysql*
```

```
root@localhost:~/桌面
文件(F) 编辑(E) 查看(V) 搜索(S) 终端(T) 帮助(H)
[root@localhost 桌面]# yum list installed mysql*
Loaded plugins: fastestmirror, refresh-packagekit, security
Repository 'dvd' is missing name in configuration, using id
Loading mirror speeds from cached hostfile
file:///media/repodata/repomd.xml: [Errno 14] Could not open/read file:///media/repodata/repomd.xml
Trying other mirror.
Installed Packages
MySQL-client.x86_64          5.6.41-1.el6 @/MySQL-client-5.6.41-1.el6.x86_64
MySQL-devel.x86_64           5.6.41-1.el6 @/MySQL-devel-5.6.41-1.el6.x86_64
MySQL-server.x86_64          5.6.41-1.el6 @/MySQL-server-5.6.41-1.el6.x86_64
MySQL-shared.x86_64          5.6.41-1.el6 @/MySQL-shared-5.6.41-1.el6.x86_64
MySQL-shared-compat.x86_64 5.6.41-1.el6 @/MySQL-shared-compat-5.6.41-1.el6.x86_64
[root@localhost 桌面]#
```

图 5-23　安装完成

提示　进入下一个任务前，请检查 MySQL 是否已经安装完毕，并建议给当前虚拟机创建一个快照。

【必备知识】

1. MySQL 数据库的目录结构与架构

为更好地学习 MySQL 数据库的安全配置，简要介绍一下 MySQL 的目录和系统架构。

1）使用 yum 方式安装的 MySQL 的部分默认目录或文件如下。

数据库目录：　/var/lib/mysql/　（存放数据库文件）。
配置文件目录：　/usr/share/mysql　（存放配置文件模板）。
相关命令目录：　/usr/bin　（存放客户端程序和脚本）。
相关命令目录：　/usr/sbin　（存放服务器程序和脚本）。
启动脚本目录：　/etc/rc.d/init.d/　（存放启动脚本文件）。
日志目录：　/var/log/ pid　（存放 MySQL 的日志文件）。

2）MySQL 的整体逻辑架构如图 5-24 所示，虚框中分为三个层。

第一层，连接线程处理。它们都是服务于 C/S（客户端 / 服务器）程序或者是这些程序所需要的连接处理、身份验证、安全性等。

第二层是 MySQL 的核心部分。在 MySQL 据库系统处理底层数据之前的所有工作都是在这一层完成的，包括权限判断、SQL 命令解析、行计划优化、query cache（查询缓存）的处理以及所有内置的函数（如日期、时间、数学运算、加密）等。各个存储引擎提供的功能都集中在这一层，如存储过程、触发器、视图等。

第三层是存储引擎层。也就是底层数据存取操作的实现部分，由多种存储引擎共同组成，它们负责存储和获取所有存储在 MySQL 中的数据，每个存储引擎都有自己的优点和缺点。服务器是通过存储引擎 API（Application Programming Interface，应用程序编程接口）来与它们交互的。这个接口隐藏了各个存储引擎不同的地方。对于查询层尽可能透明。这个 API 包含了很多底层的操作，如开始一个事物或者取出有特定主键的行。存储引擎不能解析 SQL，互相之间也不能通信，仅能简单地响应服务器的请求。

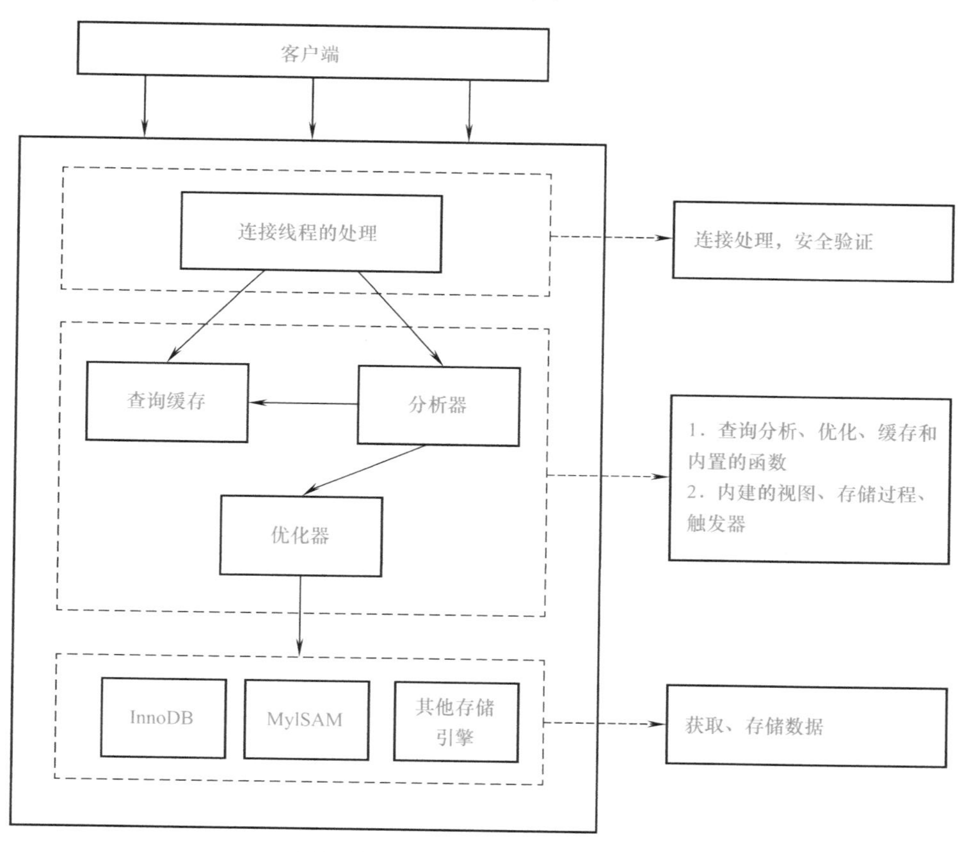

图 5-24　MySQL 整体逻辑架构

关于连接管理和安全：在服务器内部，每个 Client（客户）连接都有自己的线程。这个连接的查询都在一个单独的线程中执行。这些线程轮流运行在某一个 CPU 内核（多核 CPU）或者 CPU 中。服务器缓存了线程，因此不需要为每个 client 连接单独创建和销毁线程。当 clients（也就是应用程序）连接到了 MySQL 服务器时，服务器需要对它进行认证（Authenticate）。认证是基于用户名、主机以及密码。对于使用了 SSL（安全套接字层）的连接，还使用了 X.509 证书。clients 一旦连接上，服务器就验证它的权限（如是否允许客户端可以查询 world 数据库下的 Country 表的数据）。

3）MySQL 逻辑模块组成如图 5–25 所示。

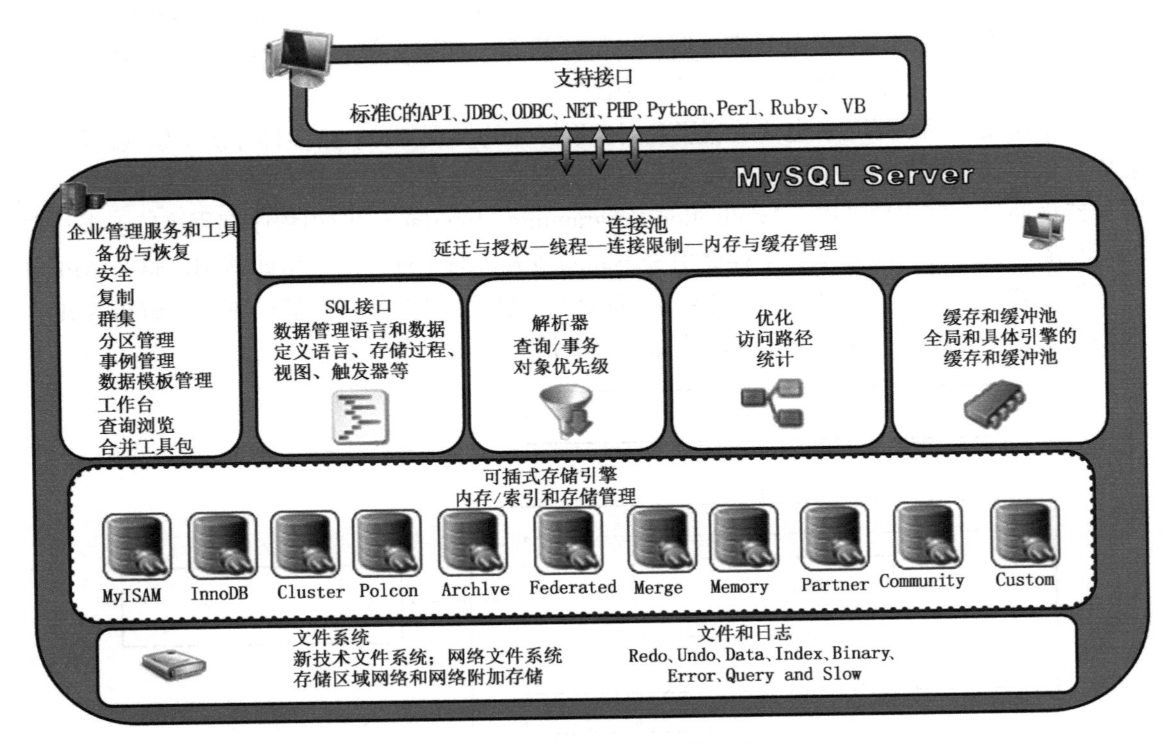

图 5–25　MySQL 逻辑模块组成

2. MySQL 基础数据名称

为了更好地对 MySQL 数据库进行维护和管理，需要进一步了解 MySQL 5.6.41 安装完成后包含哪些数据库，主要介绍 information_schema 库和 mysql 库。

information_schema 数据库是在安装 MySQL 过程中的初始化阶段自动生成的。它提供了访问数据库中元数据的所有信息，可以理解为数据字典。它就是信息库，里面保存着关于 MySQL 服务器所维护的所有其他数据库的信息，如数据库名、数据库里面的表、表的数据类型和访问权限等。但该库是只读库，只能进行 select 操作。在 information_schema 库中常用的表有：

TABLES（记录所有表的基本信息，访问该表可收集表的统计信息）；

PROCESSLIST（查看当前数据库的连接）；

GLOBAL_STATUS（查看数据库运行的各种状态值）；

GLOBAL_VARIABLES（查看数据库中的参数）；

PARTITIONS（查看数据库中表分区的情况）；

INNODB_LOCKS、INNODB_TRX、INNODB_LOCK_WAITS（监控数据库中锁的情况）。

mysql 库也是在初始化过程中自动创建的。在该库下最常用的一张表就是 user，用于管理数据库中的用户权限信息。关于用户权限的内容将在后面详细讨论。

3. 在 CentOS 6.5 中安装 VMware Tool 的方法

1）用 root 账户和密码登录 CentOS。

2）在虚拟机菜单中选择“安装 VMware Tools”命令，如图 5-26 所示。

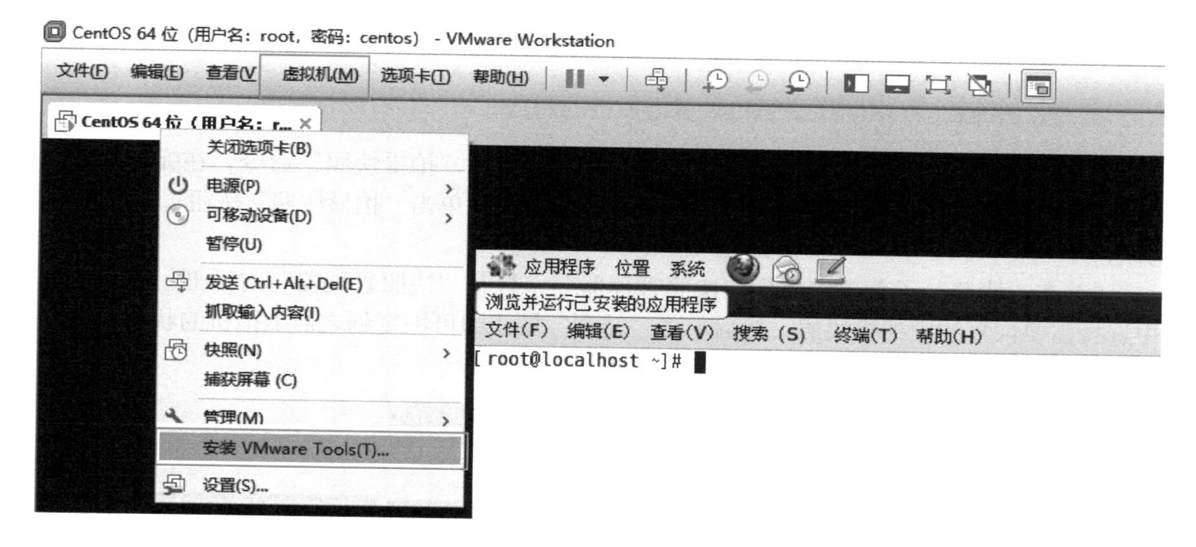

图 5-26 开始安装 VMware Tools

3）如果桌面和计算机文件夹中出现了“VMware Tools”图标则表示加载成功，否则检查“虚拟机”菜单（见图 5-26）下的“设置”选项，查看里面的设置是否是正确，并手动挂载光驱，命令如下：

mount /dev/cdrom /media/（将安装 VMWare Tools 镜像挂载到 /media 目录下）

检查过程如图 5-27 所示。

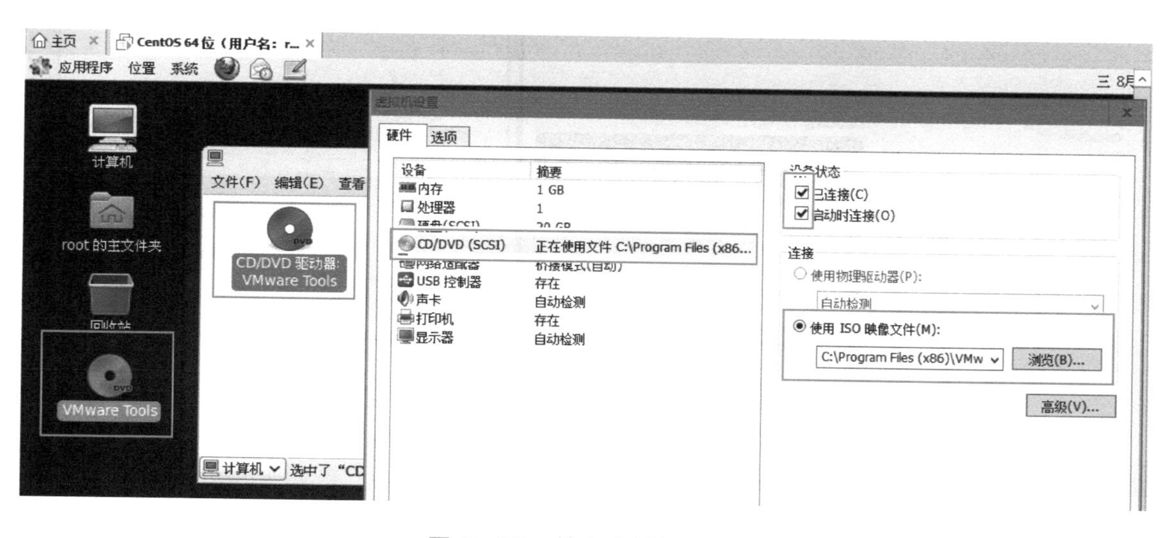

图 5-27 检查虚拟机设置

4）将光驱里面的 VMwareTools-10.1.6-5214329.tar.gz 文件复制到 CentOS 桌面上并解压缩到此处（CentOS 图形界面下均可使用鼠标右键完成操作）。

5）安装解压缩后 vmware-tools-distrib 文件夹中的“vmware-install.pl”文件。可以直接双击，然后选择“在终端中运行”，或者直接在终端中输入两行命令：

```
cd vmware-tools-distrib
./vmware-install.pl
```

6）选择默认设置，按 <Enter> 键，直至安装结束，随后重启 CentOS 即可。

4. 在 VMware 中创建快照和恢复虚拟机的方法

1）在“虚拟机”菜单下找到“快照”子菜单，选择“拍摄快照”命令，在弹出的“拍摄快照”对话框中填入有意义的名称（方便记忆），最后单击“拍摄快照”按钮，如图 5-28 所示。

2）在“快照”子菜单中找到“快照管理器”，打开“快照管理器”对话框，在大方框中选择需要恢复的虚拟机快照，然后单击“转到”按钮即可恢复到之前虚拟机的状态，如图 5-29 所示。

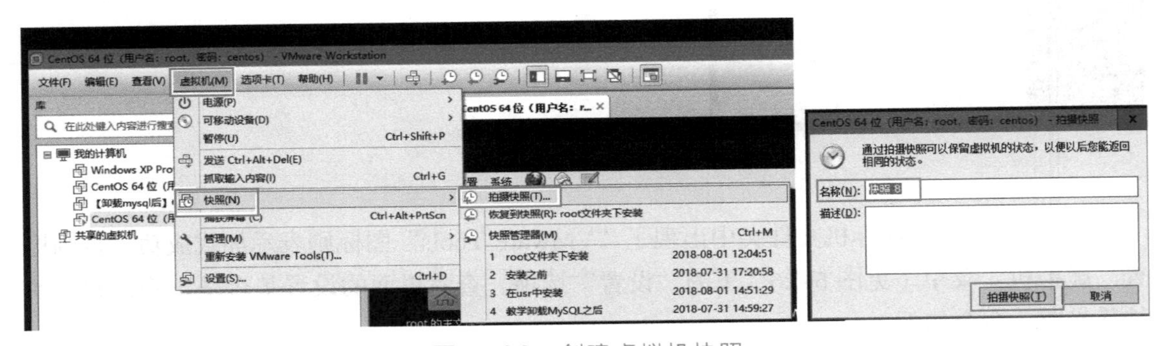

图 5-28 创建虚拟机快照

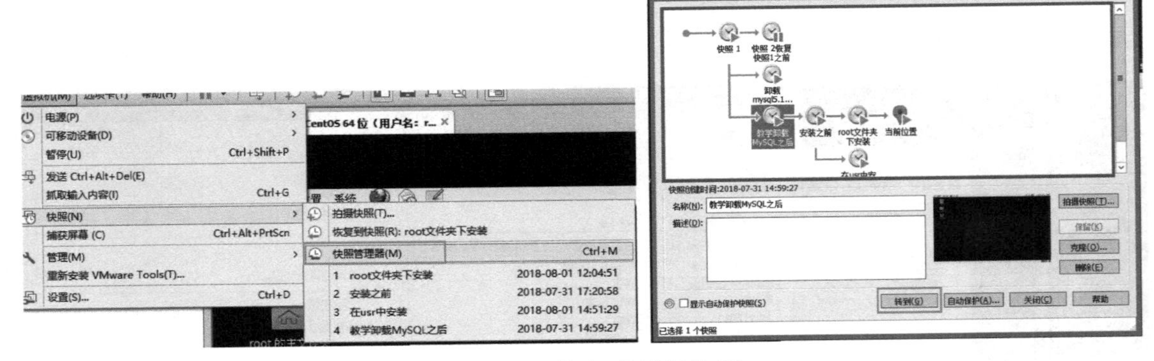

图 5-29 恢复虚拟机快照

【任务评价】

在完成本次任务的过程中，学会了下载 MySQL、卸载 MySQL 和安装 MySQL，请对照

表 5–1 进行总结与评价。

表 5–1 任务评价表

评价指标	评价结果	备 注
1. 熟练掌握下载各版本 MySQL 的方法	□A □B □C □D	
2. 熟练掌握用 yum 命令、rpm 命令查看 MySQL 安装的方法	□A □B □C □D	
3. 熟练掌握使用 yum 卸载 MySQL 的方法	□A □B □C □D	
4. 熟练掌握使用 yum 安装 MySQL 的方法	□A □B □C □D	
综合评价：		

【触类旁通】

1）根据计算机安装的 Windows 版本（32/64 位），从 dev.mysql.com 站点下载 Windows 下的 MySQL 5.6 的安装包，并尝试跟随安装向导进行安装，如图 5–30 所示。

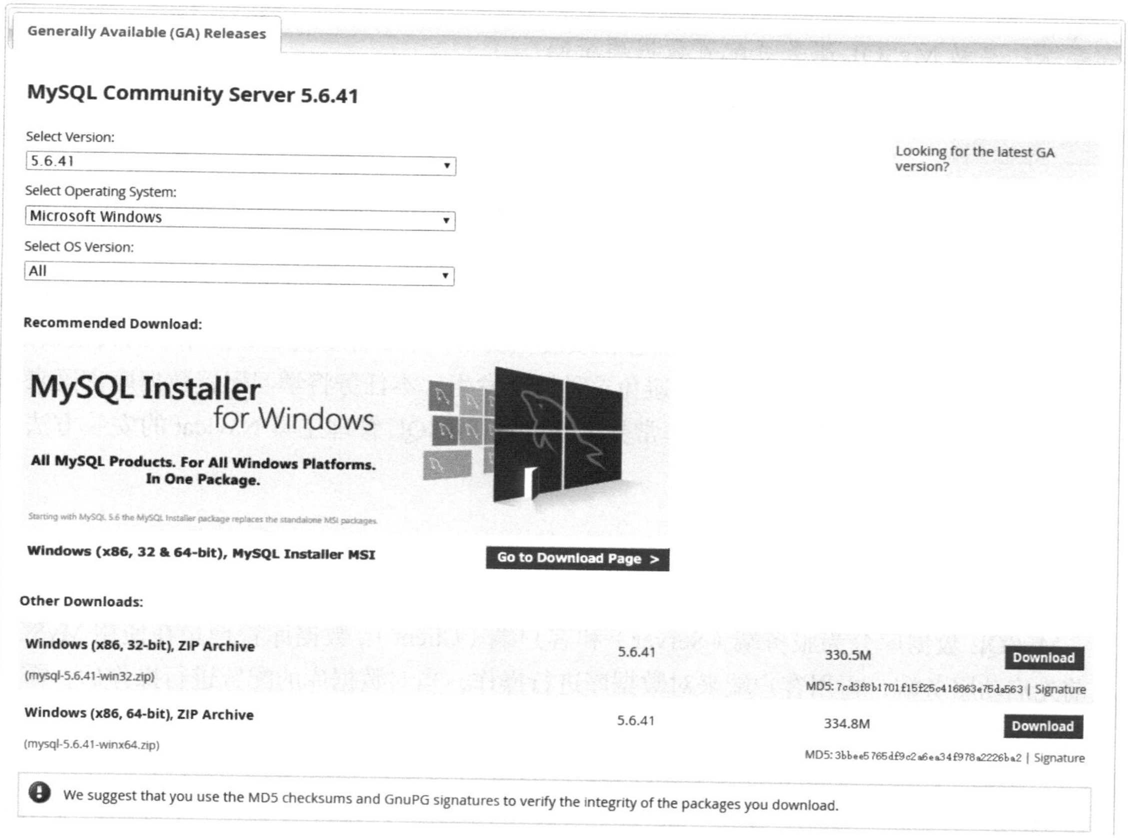

图 5–30 下载 Windows 环境下的 MySQL 5.6.41

2）尝试将用 rpm 命令将任务 1 第 2 步中的 MySQL 旧版本卸载，命令格式如下：

```
rpm –e mysql–libs–5.1.71–1.el6.x86_64
rpm –e mysql–server–5.1.71–1.el6.x86_64
rpm –e mysql–devel–5.1.71–1.el6.x86_64
rpm –e mysql–5.1.71–1.el6.x86_64
cd /var/lib/
rm –rf mysql/
```

随后清除其余的配置文件，做好安装 mysql 的准备工作。

3）使用 rpm 命令安装一次任务 1 第 3 步中的软件包，比较与使用 yum 命令安装过程的差别。

```
rpm –ivh MySQL–shared–compat–5.6.41–1.el6.x86_64.rpm
rpm –ivh MySQL–server–5.6.41–1.el6.x86_64.rpm
rpm –ivh MySQL–client–5.6.41–1.el6.x86_64.rpm
rpm –ivh MySQL–devel–5.6.41–1.el6.x86_64.rpm
rpm –ivh MySQL–shared–5.6.41–1.el6.x86_64.rpm
```

4）再次将虚拟机还原到卸载完之前的 MySQL 状态，用 yum 命令重新安装一次 MySQL Server，将安装过程中“Is this ok[y/N]:y”后面的内容复制到一个文本文件中并保存，可以尝试翻译一下，为任务 2 的课程做好准备。

 任务 2 启动 MySQL 服务并配置数据库密码

【任务情境】

小张在下载和安装完 MySQL 数据库后，紧接着就要开始进行数据库的初始化以及第一步的安全配置——数据库密码。有很多初学者为了使用上的便利，通常不给数据库设置密码，甚至于有些较为资深的程序员认为数据库和应用程序在同一台计算机上，就可以使用本地连接而不用设置密码，这就很容易造成黑客在攻破主机后，非常容易获取数据库中的大量数据，造成重要数据和个人隐私的泄露。为避免这种情况发生，本任务将学习配置数据库密码来提交数据库的安全性，还将介绍一个非常受人欢迎的 MySQL 管理工具 Navicat 的安装方法，为后面的学习做好准备。

【任务分析】

MySQL 数据库分为服务端（Server）和客户端（Client），数据库管理员在使用 MySQL 之前先启动服务端，再用客户端来对数据库进行操作，当对数据库的配置进行操作后，需要刷新或重启 MySQL 服务，并且建议将 MySQL 服务添加到系统启动项中进行自启动。

早期的 MySQL 安装完成后，默认的登录密码为空，管理员可以直接登录，但从 MySQL 5.5 以上版本开始，使用 yum 命令安装 MySQL 时，会自动生成一个随机的登录密码，保存在 ./root/.mysql_secret 目录下。在安装 MySQL 服务端的时候，系统会提示数据

库管理员查看此文件，同时系统还会提示管理员运行数据库安全配置向导（mysql_secure_installation），如图 5-31 所示。

日常在使用 MySQL 时，为了安全起见，将关闭 root 账户的远程访问权限，只允许本地访问。而为了方便数据库的远程访问，可以新建一个远程专用账户，可以使用 Navicat 软件进行便捷的远程 MySQL 数据库管理。

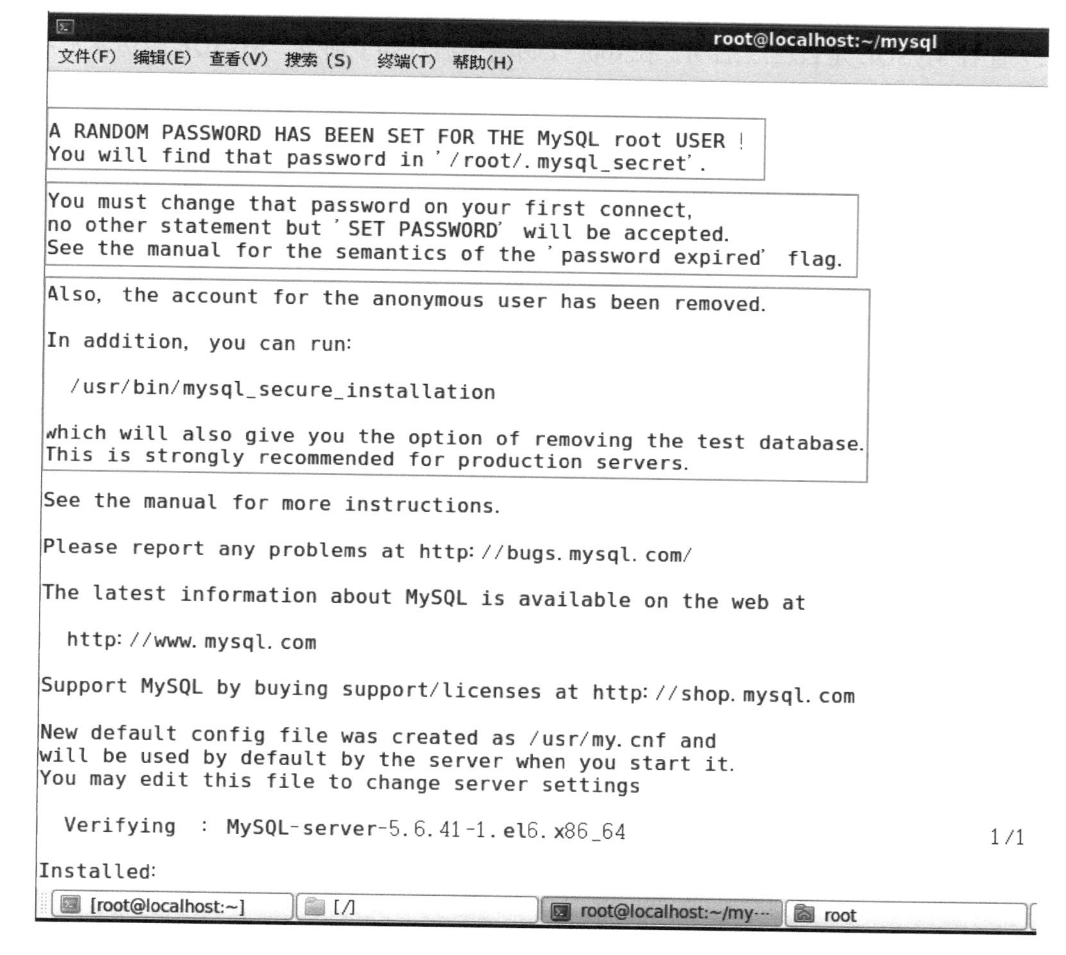

图 5-31 安装 MySQLServer 时的提示

图 5-31 中方框内的内容含义如下：

1）关于 MySQL root 用户的随机密码已经被设置。你将在如下目录中找到那个密码：“./root/.mysql_secret”。

2）用户必须在第一次连接时更改密码，没有其他声明，但“设置密码（SET PASSWORD）”将被接受。请查阅手册中“密码过期（password expired）”标志的内容。

3）当然，匿名用户账户已经被删除。

此外，您还可以运行：/usr/bin/mysql_secure_installation（MySQL 安全配置向导）

这也为您提供了删除测试数据库的选项，强烈建议用于生产用服务器。

【任务实施】

1. 启动 MySQL 服务

查看 MySQL 服务状态，重启和关闭 MySQL 服务，将 MySQL 服务添加至开机启动。

第 1 步：在使用客户端连接 MySQL 数据库前，要确保启动 MySQL 服务，启动方法如下。

1）进入 root 桌面的“在终端中打开”，在终端中进行操作。

2）查看 MySQL 是否已经启动，在 root 控制端中输入如下命令，MySQL 服务未启动时，如图 5-32 所示。

```
service mysql status
```

```
[root@MiWiFi-R3D-srv mysql]# service mysql status
MySQL is not running                                    [失败]
[root@MiWiFi-R3D-srv mysql]#
```

图 5-32　MySQL 服务未启动

3）启动 MySQL 服务，输入如下命令，启动过程如图 5-33 所示。

```
service mysql start
```

```
[root@MiWiFi-R3D-srv mysql]# service mysql start
Starting MySQL. Logging to '/var/lib/mysql/MiWiFi-R3D-srv.err'.
...............
```

图 5-33　MySQL 服务启动过程

4）再次查看 MySQL 服务是否启动，如图 5-34 所示。

```
[root@MiWiFi-R3D-srv mysql]# service mysql start
Starting MySQL. Logging to '/var/lib/mysql/MiWiFi-R3D-srv.err'.
.........................................                [确定]
[root@MiWiFi-R3D-srv mysql]# service mysql status
MySQL running (6642)                                     [确定]
[root@MiWiFi-R3D-srv mysql]#
```

图 5-34　确认 MySQL 服务已经启动

第 2 步：在启动 MySQL 服务后重启服务。

1）查看 MySQL 服务是否在运行，如果没有运行则启动 MySQL 服务。

2）MySQL 服务启动的状态下，输入下面的命令，重启过程如图 5-35 所示。

```
service mysql restart
```

```
[root@MiWiFi-R3D-srv mysql]# service mysql restart
Shutting down MySQL...                                   [确定]
Starting MySQL......                                     [确定]
[root@MiWiFi-R3D-srv mysql]#
```

图 5-35　MySQL 重启的过程

第 3 步：关闭 MySQL 服务。

1）查看 MySQL 服务是否在运行，如果没有运行则启动 MySQL 服务。

2）MySQL 服务启动的状态下，输入下面的命令可关闭 MySQL 服务，如图 5-36 所示。

```
service mysql stop
```

```
[root@MiWiFi-R3D-srv mysql]# service mysql stop
Shutting down MySQL..                                    [确定]
[root@MiWiFi-R3D-srv mysql]#
```

图 5-36　关闭 MySQL 服务

命令解释　service 命令用于启动、停止、查看和重启系统服务。所谓系统服务就是随系统启动而启动、随系统关闭而关闭的程序。

第 4 步：将 MySQL 服务加入开机启动。

1）在 root 桌面进入的终端中输入如下两条命令，即可将 MySQL 加入系统启动项，如图 5–37 所示。

```
chkconfig --add mysql
chkconfig mysql on
```

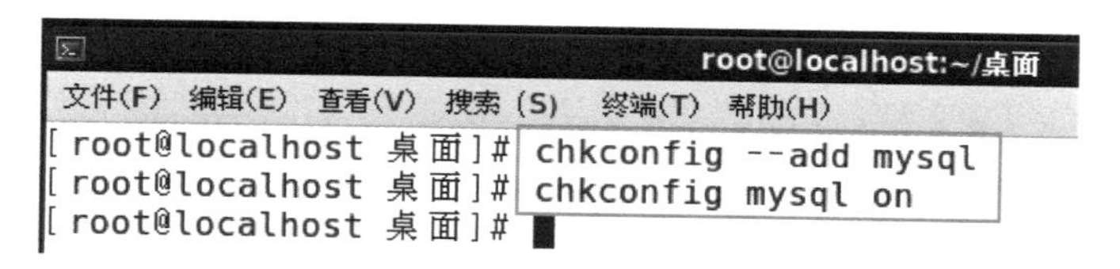

图 5–37　将 MySQL 加入系统启动项

2）运行以下命令检查是否正确配置，如图 5–38 所示。

```
chkconfig --list mysql
```

```
root@localhost:~/桌面
文件(F) 编辑(E) 查看(V) 搜索 (S) 终端(T) 帮助(H)
[root@localhost 桌面]# chkconfig --add mysql
[root@localhost 桌面]# chkconfig mysql on
[root@localhost 桌面]# chkconfig --list mysql
mysql          0:关闭   1:关闭   2:启用   3:启用   4:启用   5:启用   6:关闭
[root@localhost 桌面]#
```

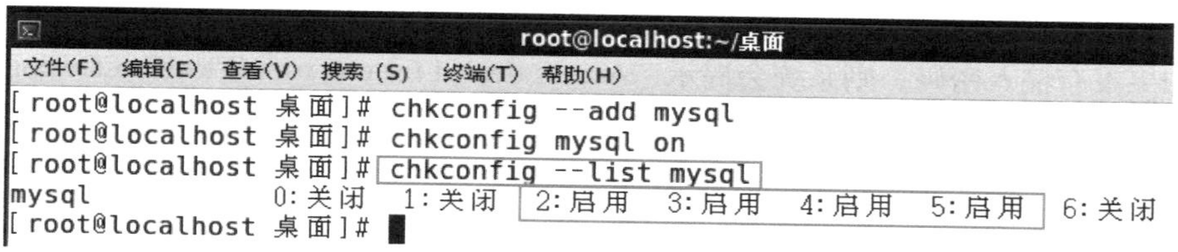

图 5–38　验证开机启动服务是否已经启用

命令解释　chkconfig 是管理系统服务的命令行工具，可以更新（启动或停止）和查询系统服务运行级信息。–list 参数表示列出服务运行的级别，0 ～ 6 分别代表的含义是关机、单用户模式、无网络连接的多用户模式、有网络连接的多用户命令行模式、不可用、带图形界面的多用户模式和重新启动。

提示　进入下一步前，建议先给当前虚拟机创建一个快照。

2. 登录 MySQL 数据库，修改初始密码

第 1 步：查看 MySQL 安装时的初始密码。

1）进入 root 桌面的“在终端中打开”。

2）输入如下命令并查看 MySQL 的初始密码，如图 5–39 所示。

```
cat /root/.mysql_secret
```

```
[root@MiWiFi-R3D-srv 桌面]# cat /root/.mysql_secret
# The random password set for the root user at Wed Aug  1 11:48:29 2018 (local t
ime): JoGlz_OkMmwmmrBw
```

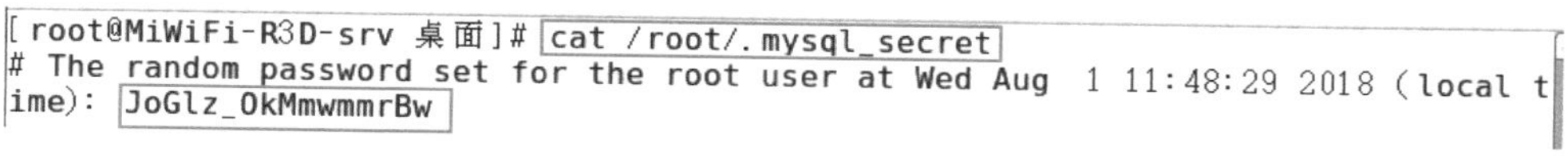

图 5–39　查看 MySQL 的初始密码

命令解释　cat 命令用于查看文件内容。

文档翻译 # The random password set for the root user at Wed Aug 1 11:48:29 2018 (local time) “# 在 2018 年 8 月 1 日 11:48:29（当地时间）为 root 用户设置的随机密码”。

3）记录 MySQL 的初始密码为（严格区分大小写）：JoGlz_OkMmwmmrBw，这是任务中的密码，实际操作过程中的密码肯定不同，请单独记录下来。

第 2 步：启动 MySQL 服务，用初始密码登录 MySQL。

1）查看 MySQL 服务是否已经启动，如果没有启动则需要先启动 MySQL 服务。

2）使用 MySQL 客户端登录 MySQL 服务，命令格式如下：

```
mysql –uroot –p
```

命令解释 mysql 命令用于客户端连接 MySQL 服务器，语法为 mysql [OPTIONS] [database]。其中 [OPTION] 表示可选项（参数），常用参数有 –u 指定用户名、–p 指定密码、–h 指定服务器 IP 或者域名、–p 指定端口号。使用时可以指定一个或多个选项（参数）。[database] 表示登录后使用哪个数据库，通常可以不写，登录后再指定数据库。

3）系统会提示“Enter password（输入密码）”，在后面的光标处输入第 1 步记录的密码“JoGlz_OkMmwmmrBw”（实际操作中密码不会相同），输入的时候注意大小写，且输入时光标不会移动。

4）如果没有输入密码，则系统会提示“Access denied for user'root'@'localhost'(using password: NO)”，如果输入了密码但错误，则系统会提示“Access denied for user 'root'@'localhost' (using password: YES)”。系统提示如图 5–40 所示。

```
[root@MiWiFi-R3D-srv 桌面]# mysql -uroot -p
Enter password:
ERROR 1045 (28000): Access denied for user 'root'@'localhost' (using password: NO)
[root@MiWiFi-R3D-srv 桌面]# mysql -uroot -p
Enter password:
ERROR 1045 (28000): Access denied for user 'root'@'localhost' (using password: YES)
```

图 5–40 没有输入密码和密码输入错误

5）如果输入密码正确，则会显示当前 MySQL 的版本信息并最终出现登录后的命令提示符：“mysql>”，如图 5–41 所示。

```
Starting MySQL..^[[A.....                                    [确定]
[root@MiWiFi-R3D-srv mysql]# mysql -uroot -p
Enter password:
ERROR 1045 (28000): Access denied for user 'root'@'localhost' (using password: N
O)
[root@MiWiFi-R3D-srv mysql]# cat /root/.mysql_secret
# The random password set for the root user at Sun Aug  5 18:39:40 2018 (local t
ime): BDIrkSsA4qFb2MQA

[root@MiWiFi-R3D-srv mysql]# mysql -uroot -p
Enter password:
Welcome to the MySQL monitor.  Commands end with ; or \g.
Your MySQL connection id is 2
Server version: 5.6.41

Copyright (c) 2000, 2018, Oracle and/or its affiliates. All rights reserved.

Oracle is a registered trademark of Oracle Corporation and/or its
affiliates. Other names may be trademarks of their respective
owners.

Type 'help;' or '\h' for help. Type '\c' to clear the current input statement.

mysql> █
```

图 5–41 成功登录 MySQL

第 3 步：修改 MySQL 登录密码。

1）登录成功后，使用如下命令将 root 账户的密码修改为 jrb_123456，注意 root 和 localhost 以及密码前后加的是英文状态下的单引号，语句的末尾有英文状态下的分号，如图 5–42 所示。

SET PASSWORD FOR 'root'@'localhost'=PASSWORD('jrb_123456');

```
mysql> SET PASSWORD FOR 'root'@'localhost'=PASSWORD('jrb_123456');
Query OK, 0 rows affected (0.27 sec)

mysql>
```

图 5–42　修改密码

2）修改完毕后，需要退出 MySQL 客户端并重启 MySQL 服务，依次输入以下命令：

quit

service mysql restart

3）重启服务后，再次在 MySQL 客户端用新密码登录 MySQL，验证密码修改成功，如图 5–43 所示。

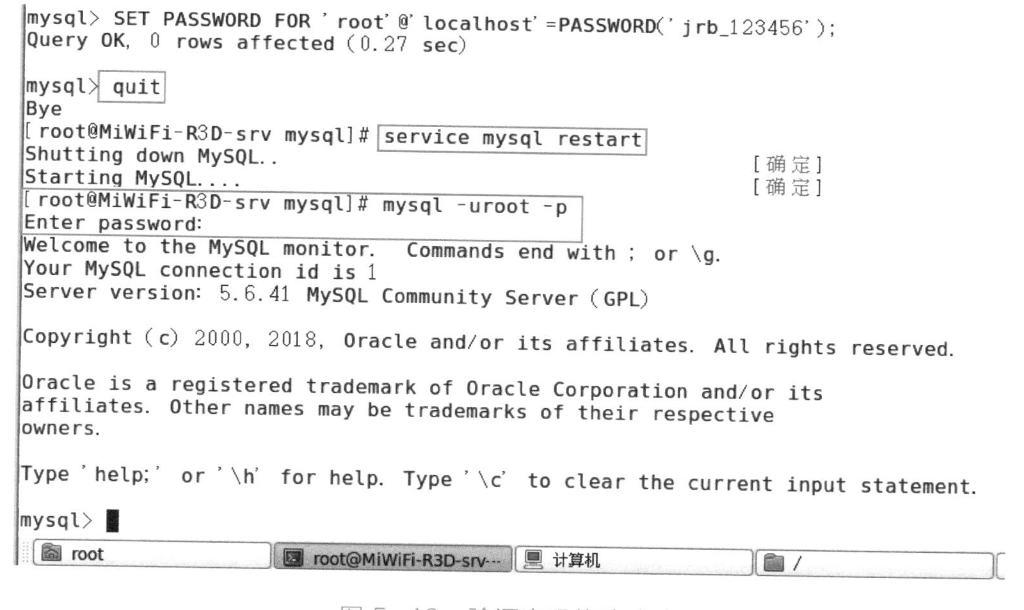
mysql> SET PASSWORD FOR 'root'@'localhost'=PASSWORD('jrb_123456');
Query OK, 0 rows affected (0.27 sec)
mysql> quit
Bye
[root@MiWiFi-R3D-srv mysql]# service mysql restart
Shutting down MySQL..
[确定]
Starting MySQL....
[确定]
[root@MiWiFi-R3D-srv mysql]# mysql -uroot -p
Enter password:
Welcome to the MySQL monitor. Commands end with ; or \g.
Your MySQL connection id is 1
Server version: 5.6.41 MySQL Community Server (GPL)
Copyright (c) 2000, 2018, Oracle and/or its affiliates. All rights reserved.
Oracle is a registered trademark of Oracle Corporation and/or its
affiliates. Other names may be trademarks of their respective
owners.
Type 'help;' or '\h' for help. Type '\c' to clear the current input statement.
mysql>
root
root@MiWiFi-R3D-srv···
计算机
/

图 5–43　验证密码修改成功

提示　在本任务最后的触类旁通第 1、2 题中有另外两种修改密码的方法以及不用重启 MySQL 服务而刷新 MySQL 安全配置的方法。请参照学习。

3. 进一步提升 MySQL 运行安全，使用 mysql_secure_installation 命令运行 MySQL 安全配置向导

1）在 CentOS 桌面终端中输入 mysql_secure_installation 命令，如图 5–44 所示。

```
[root@localhost 桌面]# mysql_secure_installation



NOTE: RUNNING ALL PARTS OF THIS SCRIPT IS RECOMMENDED FOR ALL MySQL
      SERVERS IN PRODUCTION USE!  PLEASE READ EACH STEP CAREFULLY!

In order to log into MySQL to secure it, we'll need the current
password for the root user.  If you've just installed MySQL, and
you haven't set the root password yet, the password will be blank,
so you should just press enter here.

Enter current password for root (enter for none):
```

图 5-44 安全向导输入密码

文档翻译

NOTE（注意）：运行此脚本的所有部分都建议在生产中使用的所有 MySQL 服务器！请仔细阅读每一步！

为确保安全的登录 MySQL，我们需要当前的 root 账户密码。如果您尚未设置，密码将为空，所以你需要按 <Enter> 键。

2）输入初始密码（如已修改过密码则输入修改后的密码，这里沿袭任务 2 中设置的密码 jrb_123456），然后按 <Enter> 键，如图 5-45 所示。

```
Enter current password for root (enter for none):
OK, successfully used password, moving on...

Setting the root password ensures that nobody can log into the MySQL
root user without the proper authorisation.

You already have a root password set, so you can safely answer 'n'.

Change the root password? [Y/n] n
```

图 5-45 跳过修改密码向导

3）系统提示设置 root 账户密码，因为在任务 2 中已经设置了密码，所以向导建议输入 n（已经设置了 root 账户密码，所以可以回答“n”），然后按 <Enter> 键。如果这里输入 y 并按 <Enter> 键，则向导会提示输入两次新密码，输入新密码时是不允许为空的，如图 5-46 所示。

```
You already have a root password set, so you can safely answer 'n'.

Change the root password? [Y/n] y
New password:
Sorry, you can't use an empty password here.        对不起，这里你不能使用空密码。

New password:                                        新密码：
Re-enter new password:                               再次输入新密码：
Password updated successfully!                       密码更新成功！
Reloading privilege tables..                         重新读取权限表..
 ... Success!                                        ...成功！

By default, a MySQL installation has an anonymous user, allowing anyone
to log into MySQL without having to have a user account created for
them.  This is intended only for testing, and to make the installation
go a bit smoother.  You should remove them before moving into a
production environment.

Remove anonymous users? [Y/n]
```

图 5-46 修改 MySQL 登录密码

4）随后安全向导将提示删除匿名用户，所谓匿名用户是指在调试 MySQL 时，不需要输入账户和密码就能登录 MySQL 的账户。这些账户在某些版本的 MySQL 安装时默认是存在的，新版本的 MySQL（通常指 MySQL 5.7 及以上版本）中，默认会删除匿名账户。这里可以一律选择 y，然后按 <Enter> 键，如图 5-47 所示。

```
Remove anonymous users? [Y/n] y
 ... Success!
                    root账户应该只允许来自本地（localhost）的连接（connect）
Normally, root should only be allowed to connect from 'localhost'.  This
ensures that someone cannot guess at the root password from the network.

Disallow root login remotely? [Y/n] █
```

图 5-47　删除匿名用户以及是否允许 root 账户的网络连接

5）接下来安全向导询问是否禁止互联网环境下的 root 账户登录。如果数据库服务器和应用服务器都是同一台计算机（例如，CentOS+PHP+Apache+MySQL 服务器），这里应该选择 y，然后按 <Enter> 键，如图 5-48 所示。

```
Normally, root should only be allowed to connect from 'localhost'.  This
ensures that someone cannot guess at the root password from the network.

Disallow root login remotely? [Y/n] y
 ... Success!
```

图 5-48　不允许 root 账户远程访问

但如果这台服务器仅作为数据库服务器，其他的应用安装在别的服务器上，或者需要远程管理这台 MySQL 服务器，则这里可以选择 n，这里为了任务顺利进行请选择 n，然后按 <Enter> 键，如图 5-49 所示。

```
Normally, root should only be allowed to connect from 'localhost'.  This
ensures that someone cannot guess at the root password from the network.

Disallow root login remotely? [Y/n] n
 ... skipping.  跳过

By default, MySQL comes with a database named 'test' that anyone can
access.  This is also intended only for testing, and should be removed
before moving into a production environment.

Remove test database and access to it? [Y/n] █  移除测试数据库和访问
```

图 5-49　不禁用 root 账户远程访问和删除测试数据库

6）下一个向导会提示删除测试用数据库，默认 MySQL 会安装一个测试数据库 (database named ‘test’)，这个数据库允许任何人访问，但仅用于测试，这个数据库在进入正常使用环境前应该被移除。这里一律选择 y，并按 <Enter> 键。

7）最后向导要求重新加载一次权限表，使更新的安全设置生效，安全向导设置完成，如图 5-50 所示。

```
Remove test database and access to it? [Y/n] y
 - Dropping test database... 清除测试数据库
 ... Success!                完成!
 - Removing privileges on test database...   移除测试数据库上的权限。。。
 ... Success!                                 。。。完成!

Reloading the privilege tables will ensure that all changes made so far
will take effect immediately. 重新加载权限表将确保迄今为止所做的所有更改会立即生效。

Reload privilege tables now? [Y/n] y   现在重新加载权限表吗?
 ... Success!        。。。完成!



All done!  If you've completed all of the above steps, your MySQL
installation should now be secure.
  都已完成!如果您已经完成以上所有的步骤,您的MySQL安装现在应该是安全的。
Thanks for using MySQL!
  感谢使用MySQL!

Cleaning up...  清理。。。
[root@localhost mysql]#
```

图 5-50 完成安全向导设置

4. 配置网站用远程访问账户和密码

第 1 步：查看 user 表中的访问权限，如图 5–51 所示。

1）用 root 账户和密码登录 MySQL，代码如下。

```
mysql –uroot –p
Enter password:
```

2）使用系统数据库 mysql，在“mysql>”提示符后输入如下命令（注意分号）：

```
use mysql;
```

3）查看 user 表中的用户以及登录地址，在“mysql>”提示符后输入如下命令（注意分号）：

```
select host,user,password from user;
```

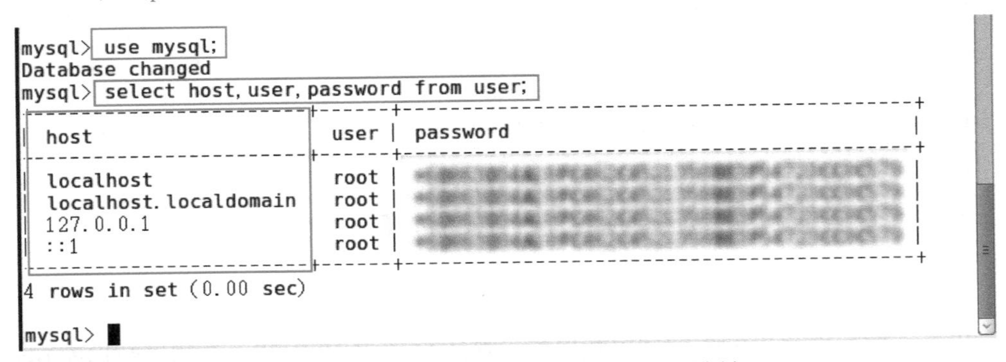

图 5–51 MySQL 用户表中的访问地址

4）屏幕上列出了当前所有用户以及允许登录的地址。其中 localhost（本机域名）= 127.0.0.1（本机 ipv4 地址）=::1（本机 ipv6 地址）表示只允许本地地址访问。localhost. localdomain（本地用户 . 本地域）表示在有计算机域管理的情形下也只允许本地用户访问。

提示　为了数据库的安全，在正式使用的场景下，如果默认显示的不止这几个账户而且 host 列里面包含有“%”（表示允许网络上所有的地址访问数据库），那么就要进行相应的安全处理。

第 2 步：设置允许网络中部分或所有的地址用 root 账户登录。

1）在“mysql>”提示符后输入如下命令（注意分号）：

```
grant all privileges on *.* to root@'%' identified by "jrb123456";
```

命令解释　grant 是 MySQL 的权限分配命令。all privileges 参数指的是所有的操作权限（包括 select 查询、update 更新、insert 插入、delete 删除等）。on *.* 表示操作的对象是所有（数据库 . 所有的表）。to 后面接的是“用户名 @ 地址”，“%”表示所有的 IP 地址都可以连接。indentified by “jrb123456”表示以“jrb123456”这个密码来认证。

2）刷新权限表，在“mysql>”提示符后输入如下命令（注意分号）：

```
flush privileges;
```

1）2）两步的执行结果如图 5-52 所示。

```
4 rows in set (0.00 sec)

mysql> grant all privileges on *.* to root@'%' identified by "jrb123456";
Query OK, 0 rows affected (0.00 sec)

mysql> flush privileges;
Query OK, 0 rows affected (0.00 sec)

mysql> █
```

图 5-52　添加所有网络访问权限以及刷新权限缓存

命令解释　flush privileges 的作用是将当前 user 和 privilege 表中的用户信息 / 权限设置从 mysql 库（MySQL 数据库的内置库）中提取到内存里（俗称刷新权限缓存）。如果希望 MySQL 用户数据和权限修改后，在“不重启 MySQL 服务”的情况下直接生效，那么就需要执行这个命令。

3）此时就可以允许 root 账户加密码 jrb123456 进行远程访问了。再次查看权限表 user，可以发现权限表中 host 项下多了 % 符号表示网络用户以及相应的用户名和密码，如图 5-53 所示。

提示　因为之前任务 2 登录 MySQL 的第 3 步中设置的本地 root 账户密码是 jrb_123456，而此例中设置的密码是 jrb123456，也就是说，通过网络访问数据库的密码和本地登录 root 账户的密码不同，在 user 表中 password 字段里面的密码加密后的值也不一样。

```
mysql> select host,user,password from user;
+-----------------------+------+-------------------------------------------+
| host                  | user | password                                  |
+-----------------------+------+-------------------------------------------+
| localhost             | root | *6D863D34A[illegible]F54723CC0C579        |
| localhost.localdomain | root | *6D863D34A[illegible]F54723CC0C579        |
| 127.0.0.1             | root | *6D863D34A[illegible]F54723CC0C579        |
| ::1                   | root | *6D863D34A[illegible]F54723CC0C579        |
| %                     | root | *A5024CAD9[illegible]A8EAD4C5DD943        |
+-----------------------+------+-------------------------------------------+
5 rows in set (0.00 sec)

mysql> █
```

图 5-53　相同账户，不同密码，访问区域不同

第 3 步：增加 jrb 账户，只允许 IP 地址为 192.168.19.1 ～ 192.168.19.254 这一段的地址进行访问，密码为 123456，使其拥有对 stu 数据库中所有表的查询、插入、更新、删除权限，并且该用户可以把这些权限授权分发给其他用户。需要在“mysql>”标识符后输入如下命令（注意句末分号）并按 <Enter> 键，如图 5–54 所示。

grant select,insert,update,delete on stu.* to jrb@'192.168.19.%' identified by "123456" with grant option;

提示　这里的 stu 数据库还没有新建，可以在“mysql>”提示符后输入：create database stu; 按 <Enter> 键后新建一个库。

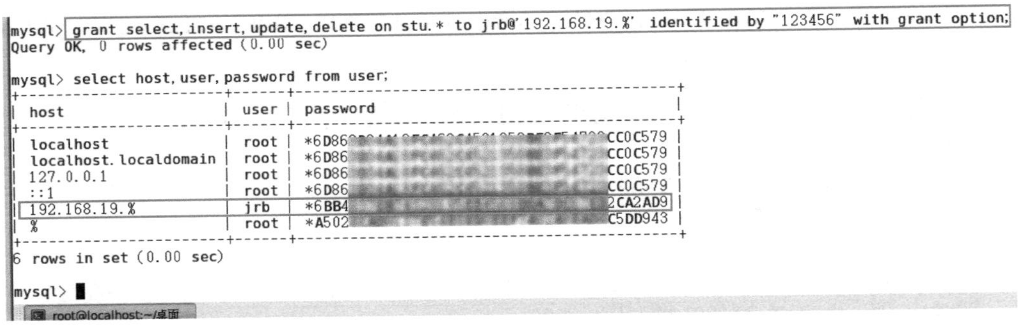

```
mysql> grant select,insert,update,delete on stu.* to jrb@'192.168.19.%' identified by "123456" with grant option;
Query OK, 0 rows affected (0.00 sec)

mysql> select host,user,password from user;
+-----------------------+------+-------------------------------------------+
| host                  | user | password                                  |
+-----------------------+------+-------------------------------------------+
| localhost             | root | *6D86[illegible]CC0C579                   |
| localhost.localdomain | root | *6D86[illegible]CC0C579                   |
| 127.0.0.1             | root | *6D86[illegible]CC0C579                   |
| ::1                   | root | *6D86[illegible]CC0C579                   |
| 192.168.19.%          | jrb  | *6BB4[illegible]2CA2AD9                   |
| %                     | root | *A502[illegible]C5DD943                   |
+-----------------------+------+-------------------------------------------+
6 rows in set (0.00 sec)

mysql> 
root@localhost:~/桌面
```

图 5–54　更为复杂的用户权限设置

第 4 步：修改 CentOS 防火墙配置，开放 MySQL 的默认端口 3306 端口。

1）在“mysql>”标识符后输入 quit 命令，退出 MySQL 客户端，如图 5–55 所示。

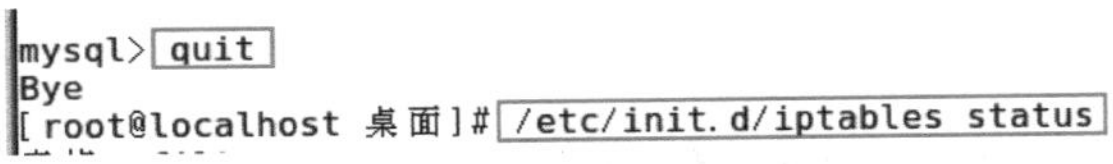

```
mysql> quit
Bye
[root@localhost 桌面]# /etc/init.d/iptables status
```

图 5–55　退出 MySQL，查看防火墙状态

2）输入如下命令，打开防火墙的 3306 端口：

/sbin/iptables –I INPUT –p tcp ––dport 3306 –j ACCEPT

3）输入如下命令并按 <Enter> 键，查看防火墙状态：

/etc/init.d/iptables status

4）输入如下命令，保存防火墙配置：

/etc/init.d/iptables save

配置情况如图 5–56 所示。

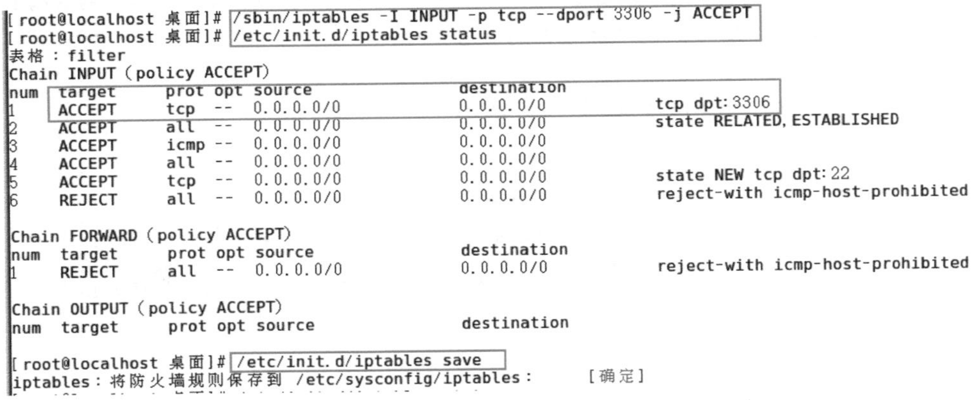

```
[root@localhost 桌面]# /sbin/iptables -I INPUT -p tcp --dport 3306 -j ACCEPT
[root@localhost 桌面]# /etc/init.d/iptables status
表格：filter
Chain INPUT (policy ACCEPT)
num  target     prot opt source               destination
1    ACCEPT     tcp  --  0.0.0.0/0            0.0.0.0/0           tcp dpt:3306
2    ACCEPT     all  --  0.0.0.0/0            0.0.0.0/0           state RELATED,ESTABLISHED
3    ACCEPT     icmp --  0.0.0.0/0            0.0.0.0/0
4    ACCEPT     all  --  0.0.0.0/0            0.0.0.0/0
5    ACCEPT     tcp  --  0.0.0.0/0            0.0.0.0/0           state NEW tcp dpt:22
6    REJECT     all  --  0.0.0.0/0            0.0.0.0/0           reject-with icmp-host-prohibited

Chain FORWARD (policy ACCEPT)
num  target     prot opt source               destination
1    REJECT     all  --  0.0.0.0/0            0.0.0.0/0           reject-with icmp-host-prohibited

Chain OUTPUT (policy ACCEPT)
num  target     prot opt source               destination

[root@localhost 桌面]# /etc/init.d/iptables save
iptables：将防火墙规则保存到 /etc/sysconfig/iptables：     [确定]
```

图 5–56　配置和保存防火墙

5）重启防火墙，使配置生效，如图 5-57 所示。

service iptables restart

```
[root@localhost 桌面]# service iptables restart
iptables：将链设置为政策 ACCEPT：filter                    [确定]
iptables：清除防火墙规则：                                  [确定]
iptables：正在卸载模块：                                    [确定]
iptables：应用防火墙规则：                                  [确定]
[root@localhost 桌面]#
```

图 5-57 重启防火墙，使配置生效

提示 如果用命令行方式配置不成功，则可以参考本任务的触类旁通中第 4 题中的图片，在 CentOS 图形界面中进行配置。

5. 安装配置 MySQL 数据库管理工具 Navicat for MySQL（注意，第 1、2、4、5 步在 Windows 中进行）

第 1 步：下载 Navicat for MySQL（Windows 64 位）。

1）在浏览器中访问 http://www.navicat.com.cn，找到下载页面，打开后如图 5-58 所示。

Navicat 产品 技术支持 合作伙伴 关于我们 客户服务中心 CN

Navicat for MySQL 功能列表 发行说明 试用 购买

Navicat for MySQL

下载试用

我们提供 14 天免费的全功能 Navicat 试用版。

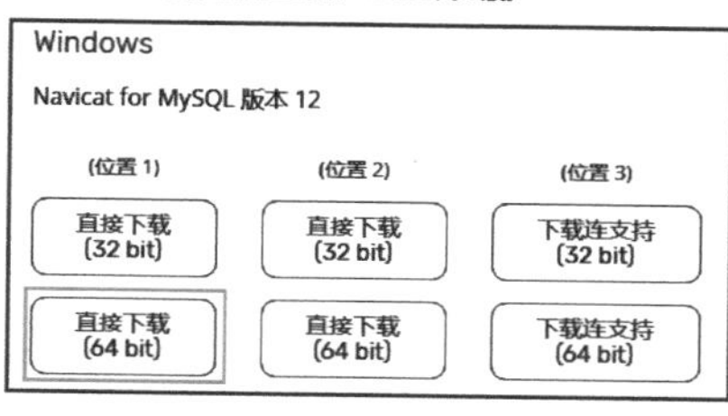

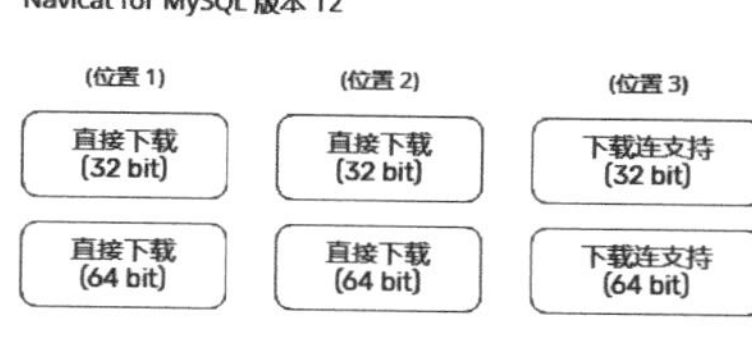

macOS

图 5-58 访问 Navicat 中文下载站点

2）根据所使用的操作系统单击相应的链接下载安装文件，在新弹出的页面等待几秒后会自动弹出下载对话框，选择好保存的位置，单击“下载”按钮进行下载，如图 5-59 所示。

感谢你下载 Navicat 14 天全功能的免费试用版。

你的下载将在几秒内自动开始。如果没有自动开始，请在这里下载。

需要协助吗？

联系我们的客户服务团队。

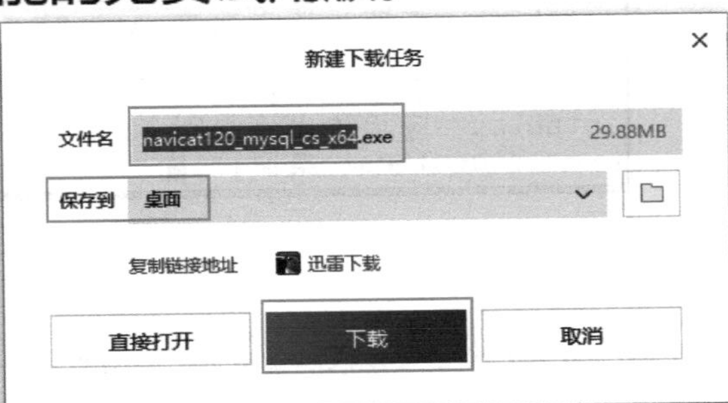

图 5-59　开始下载

第 2 步：在 Windows 下安装 Navicat for MySQL。

1）双击桌面上的程序图标开始安装向导。

2）在向导中单击“下一步”按钮（在许可协议页面选择“我同意”单选按钮），直到单击“已完成”按钮，完成安装，如图 5-60 所示。

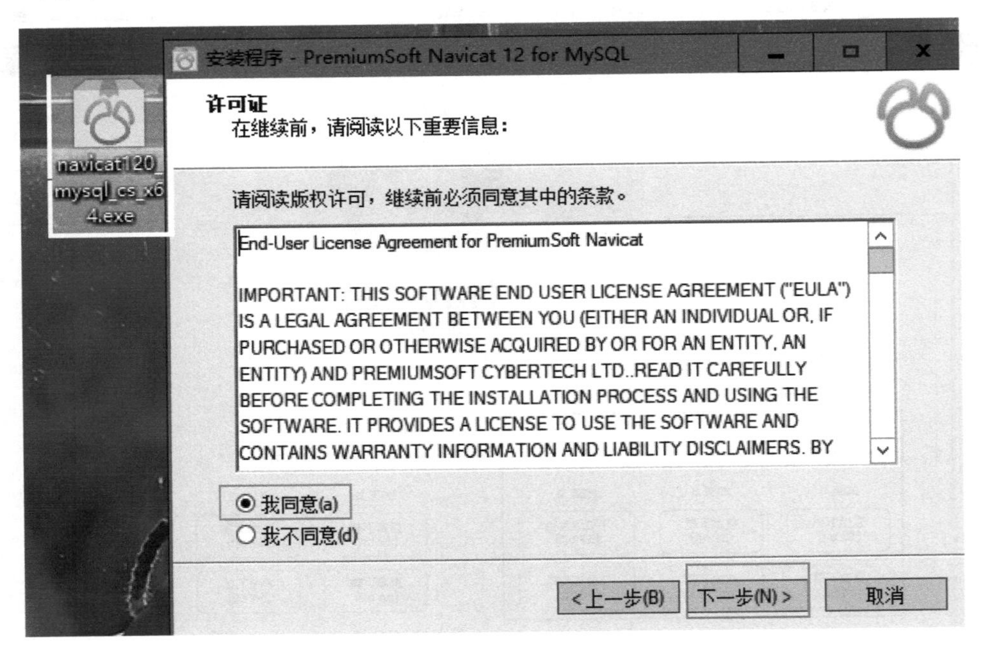

图 5-60　双击安装以及许可证协议

3）双击桌面上的“Navicat 12 for MySQL”绿色图标开始使用。

第 3 步：配置 VMware 虚拟机网络设置，查看 CentOS 网络设置。

1）打开 VMware Workstation 正在使用的 CentOS 操作系统的虚拟机设置菜单，如图 5-61 所示。

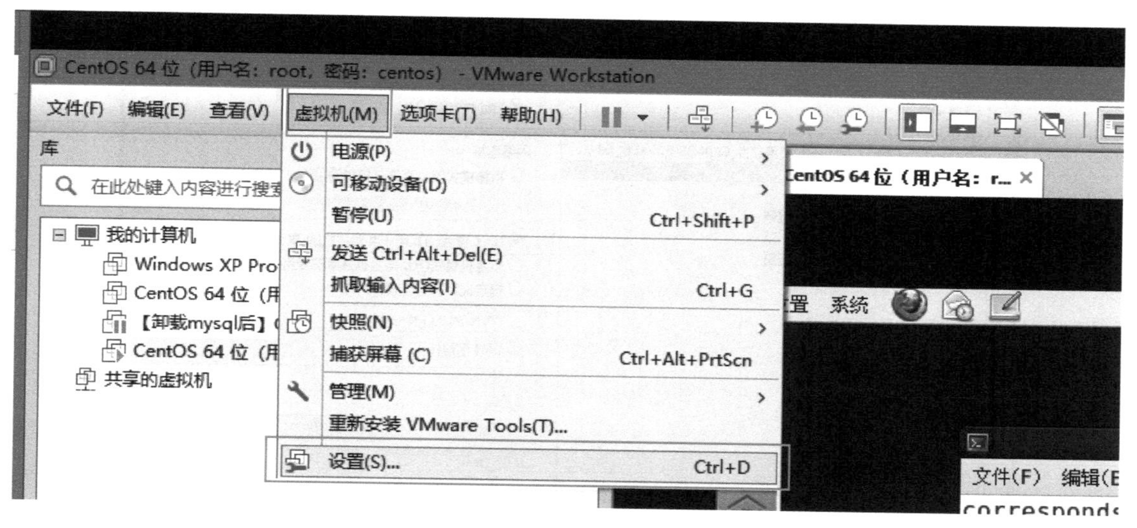

图 5-61　打开设置菜单

2）在虚拟机设置的“硬件”选项卡中找到“网络适配器”，默认要确认设备状态中的“已连接”和“启动时连接”复选框被选中，而且网络连接的默认状态是“桥接模式”，也就是 CentOS 所获得的 IP 地址和所在 Windows 获取的 IP 地址是在同一网段，如图 5-62 所示。如果需要另一台计算机访问 MySQL 数据库，则要采用此方式进行连接。

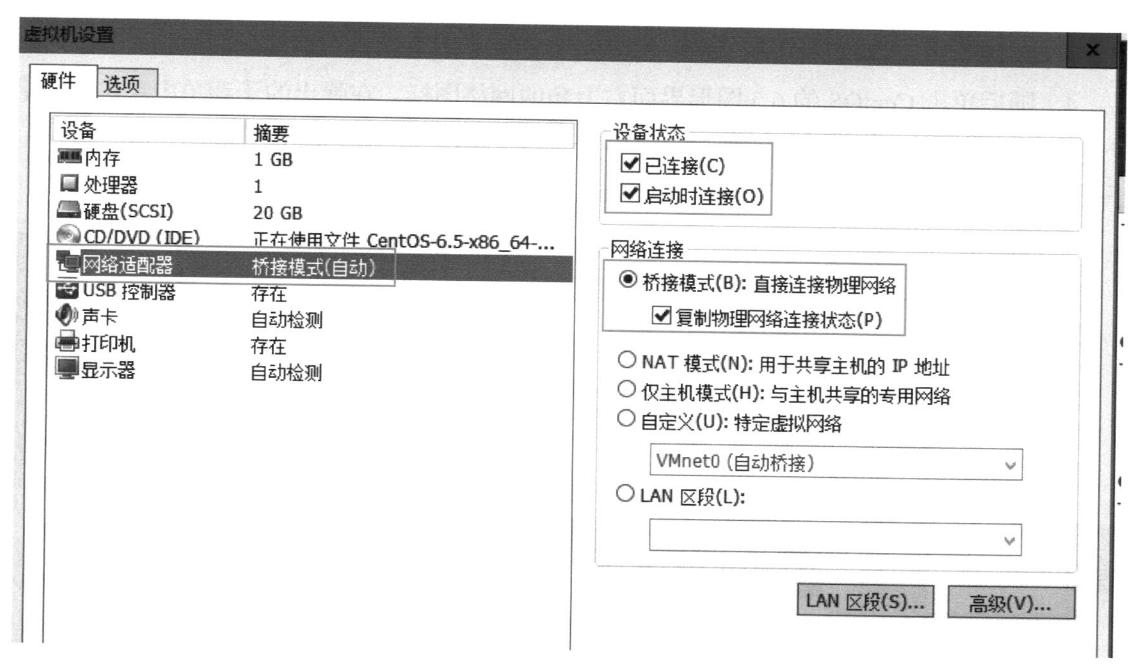

图 5-62　其他计算机访问本机 MySQL 的网络设置

3）在本任务中，虚拟机所在的 Windows 操作系统要访问虚拟机中的 CentOS 操作系统，故需要将网络连接的模式修改为“NAT 模式”，然后单击“确定”按钮，如图 5-63 所示。

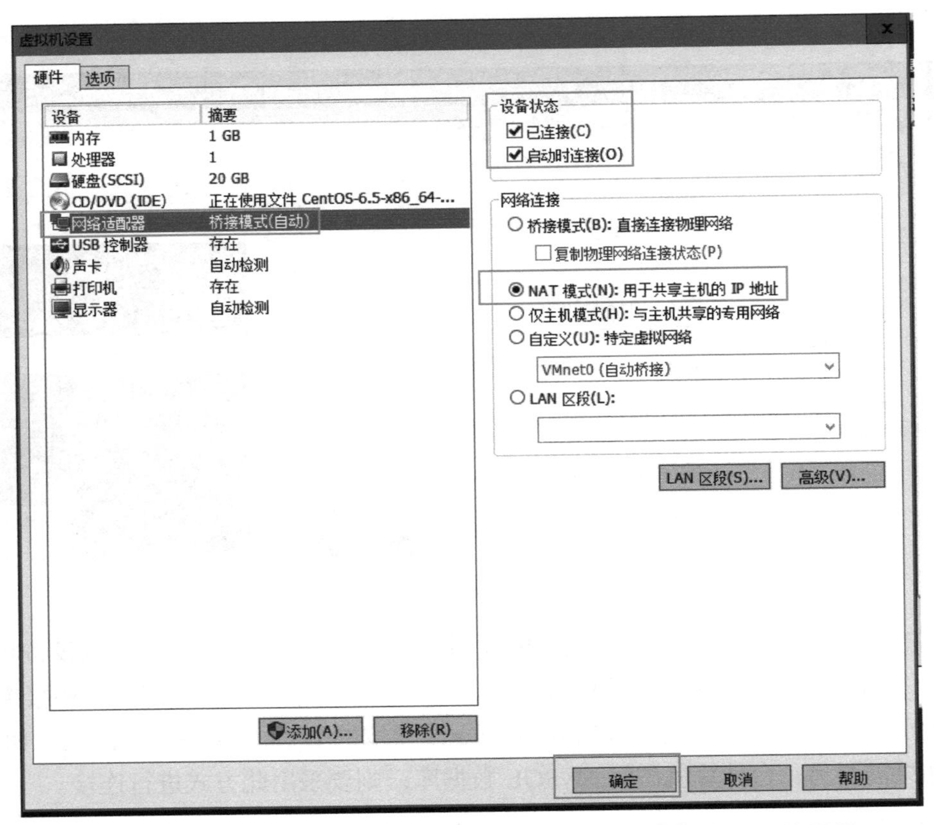

图 5-63　虚拟机所在的 Windows 操作系统访问 MySQL 的设置

4）随后单击 CentOS 的 6.5 图形界面右上角的网络图标，在弹出的子菜单中单击网络名称“system eth0”，刷新网络配置，然后鼠标右键单击网络图标，选择“连接信息”命令，在连接信息对话框里找到 CentOS 的 IP 地址，如图 5-64 所示。

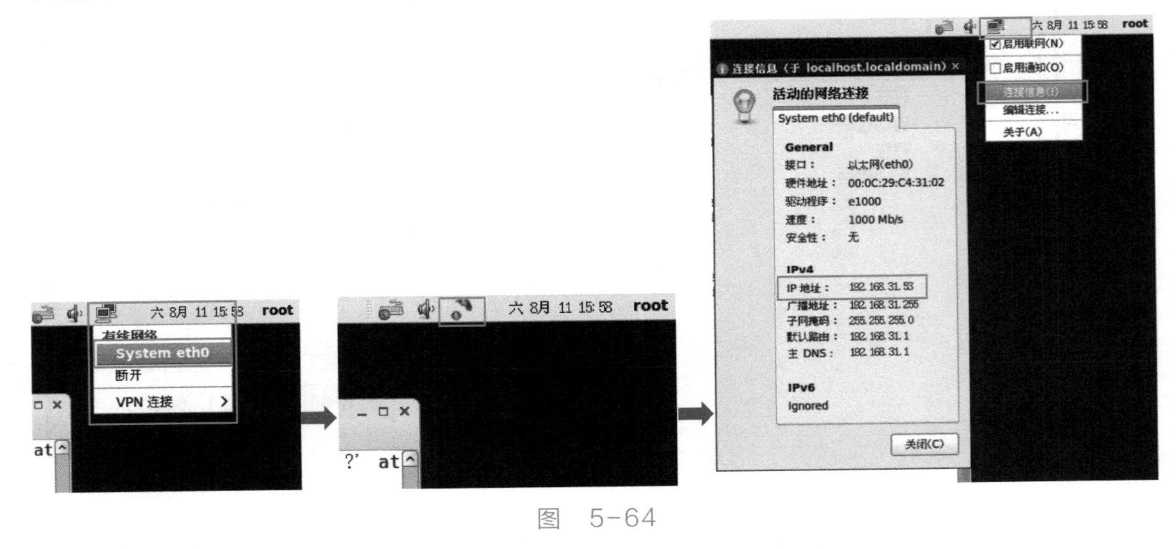

图　5-64

5）记录 CentOS 操作系统的 IP 地址 192.168.19.129（此地址以实际系统显示的为准），准备 Navicat for MySQL 的连接，如图 5-65 所示。

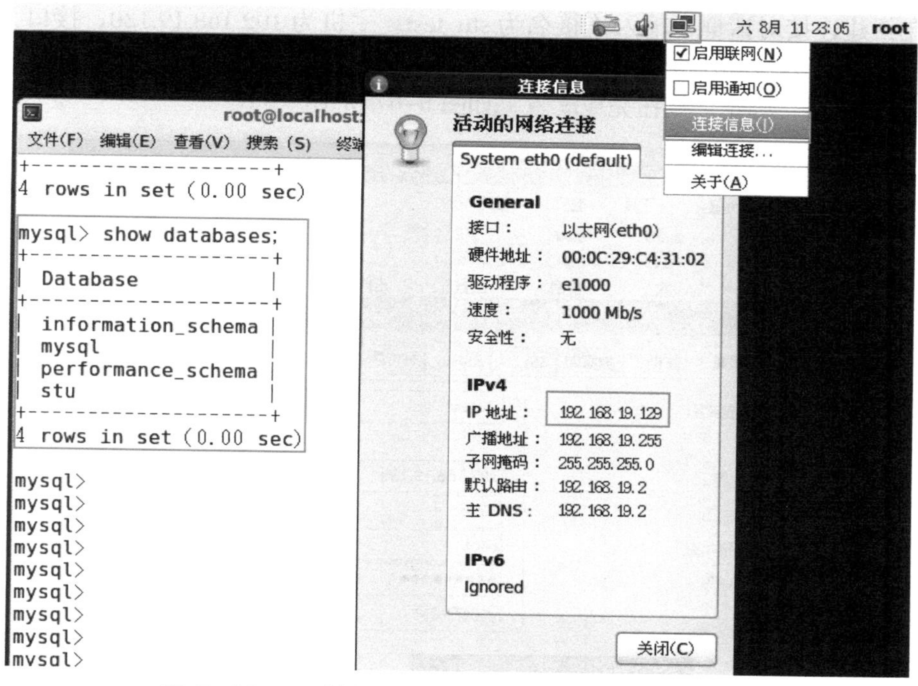

图 5-65　IP 地址以及 MySQL 中包含的数据库名

第 4 步：配置 Navicat for MySQL，访问 MySQL。

1）双击 Windows 桌面的 Navicat for MySQL 图标，打开软件，单击软件界面左上角的“连接”按钮，选择“MySQL...”命令，如图 5-66 所示。

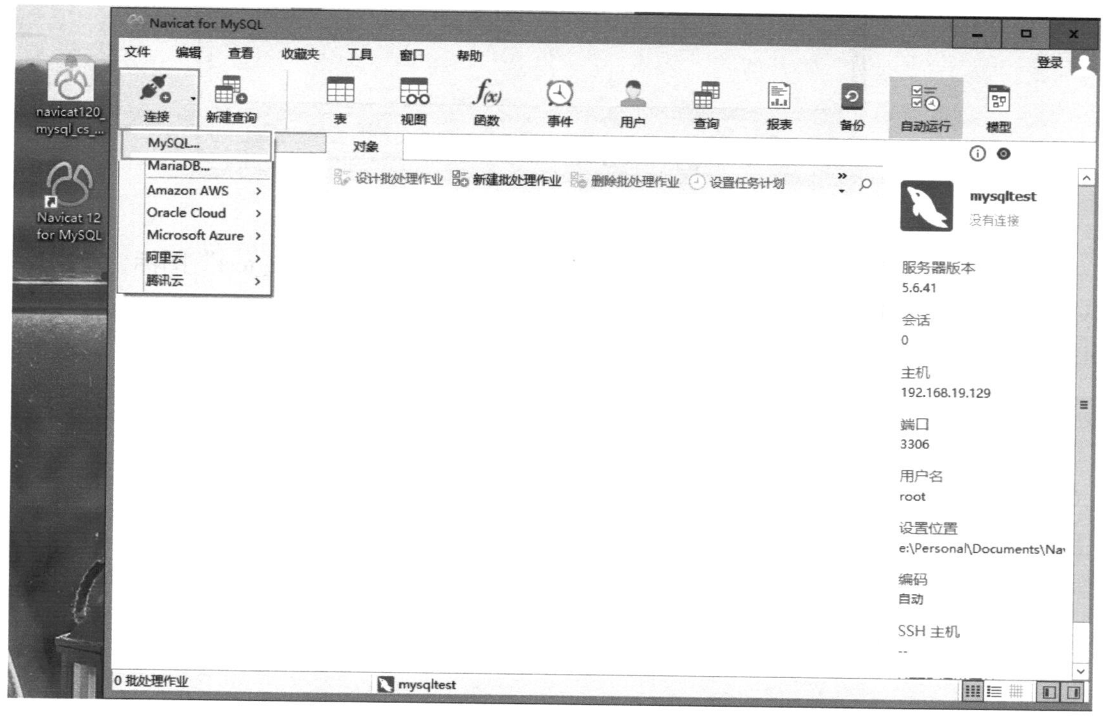

图 5-66　打开 Navicat 新建 MySQL 连接

2）在新建连接对话框中输入连接名为 stu_test，主机为 192.168.19.130，接口为 3306，用户名为 root，密码为 jrb123456，单击"测试连接"按钮，弹出"连接成功"对话框表示设置正确。最后单击"确定"按钮完成配置，如图 5-67 所示。

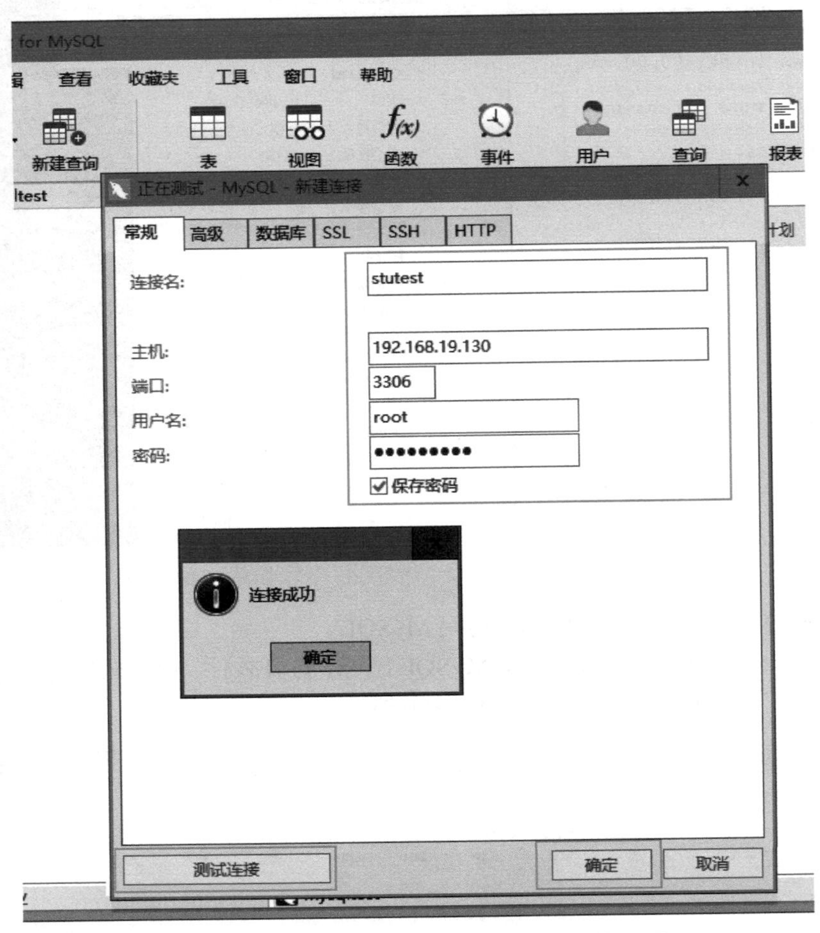

图 5-67 访问 MySQL 服务器的连接设置

3）关闭"新建连接"对话框后，在 Navicat 左侧边栏中找到"stu_test"图标，双击连接 MySQL 数据库，弹出 MySQL 数据库中所包含的 4 个数据库 information_schema、mysql、performance_schema、stu，如图 5-68 所示。

图 5-68 连接 MySQL 数据库

4）随后用户可以像操作 Windows 下的 SQLServer 的方式一样操作 MySQL 数据库。

【必备知识】

1. MySQL 账户和权限安全配置策略

数据库的账户和权限安全是数据库安全的基础，相当于数据库的第一把锁，而 MySQL 安全配置向导仅能配置最基本的安全选项，包括：1）为 root 用户设置密码。2）删除匿名账号。3）取消 root 账户远程登录。4）删除 test 库和对 test 库的访问权限。5）刷新授权表使得授权生效。实际上 MySQL 的账户和权限操作非常强大，主要由 4 个控制权限的表负责，分别是：

mysql.USER 表　　　　#MySQL 的用户权限
mysql.DB 表　　　　#MySQL 的数据库权限
mysql.TABLES_PRIV 表　　　　#MySQL 的表权限
mysql.COLUMNS_PRIV 表　　　　#MySQL 的特定列权限

可以在 MySQL 环境下通过输入下列命令查看相应的表内容：

```
use mysql;
select * from user;
select * from db;
select * from table_priv;
select * from columns_priv;
```

也可以通过 Navicat 的 root 账户登录 mysql 数据库来查看上述表的具体内容，如图 5-69 所示。

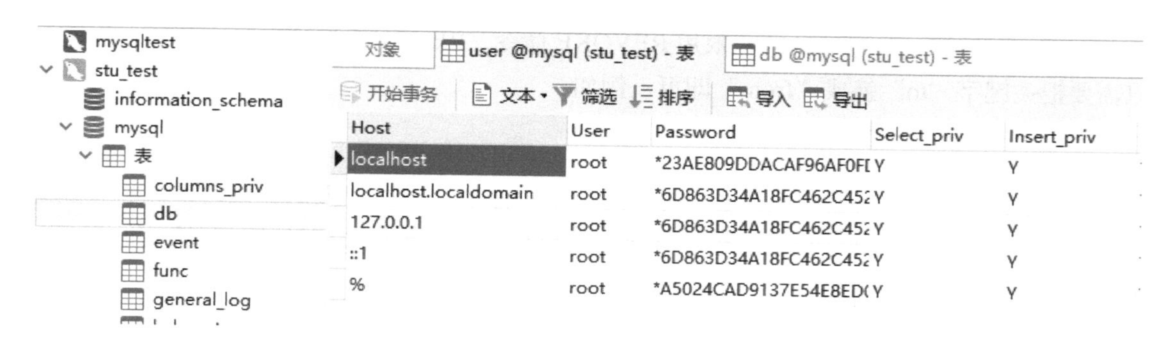

图 5-69　用 Navicat 查看 user 表

MySQL 在收到客户端请求的时候，将采用以下流程进行验证：

1）先从 user 表中的 Host、User、Password 这 3 个字段中判断连接的 IP、用户名、密码是否存在，存在则通过验证。

2）通过身份认证后进行权限分配，按照 user、db、tables_priv、columns_priv 的顺序进行验证。

首先检查 user 表中的全局权限，如果满足条件，则执行操作。

如果失败，则检查 mysql.db 表中是否有满足条件的权限，如果满足，则执行操作。

如果失败，则检查 mysql.table_priv 和 mysql.columns_priv(如果是存储过程操作，则检

查 mysql.procs_priv)，如果满足，则执行操作。

如果以上检查均失败，则系统拒绝执行操作。

2. MySQL 下的 GRANT 命令相关知识

GRANT 命令主要用于设置账号的权限，其语法格式如下（# 号后面是注释说明）：

```
GRANT {all privileges| priv_type [(column_list)] [, priv_type [(column_list)]] ...}
                                                    # 所有权限或者具体的权限列表
ON [object_type] {tbl_name | * | *.* | db_name.*}   # 所包含的数据库 . 表，{} 表示多选一
TO user [IDENTIFIED BY [PASSWORD] 'password']       # 给多用户分别定义密码的方法
    [, user [IDENTIFIED BY [PASSWORD] 'password']] ...
[WITH GRANT OPTION]                                 # 是否允许该用户分配权限给新用户
   object_type =
TABLE
| FUNCTION
| PROCEDURE
```

举例：

1）GRANT 普通数据用户 jrb 可以远程访问 studb 数据库，可以查询、插入、更新、删除 数据库中所有表数据的权利。

```
GRANT select, insert, update, delete ON studb.* to jrb@'%';
```

2）GRANT 数据库开发人员，创建表、索引、视图、存储过程、函数等权限。

```
GRANT create,alter,drop on studb.* TO developer@'192.168.1.%';
```

3）查看自己的权限：show GRANTS；查看用户 jrb@localhost 的权限：show GRANTS for jrb@localhost。

4）撤销已经赋予用户 jrb 的权限用 REVOKE 命令，REVOKE 与 GRANT 的语法差不多，只需要把关键字“to”换成“from”即可，例如：

```
GRANT all ON *.* TO jrb@localhost;
REVOKE all ON *.* FROM jrb@localhost;
```

5）使用 GRANT、REVOKE 命令的注意事项：修改完用户权限后，该用户只有重新连接 MySQL 数据库，才能使权限生效。如果想让授权的用户也可以将这些权限给其他用户，则需要选择“GRANT option”。

3. 忘记 MySQL 数据库密码时的操作

某些情况下，用户会忘记 MySQL 的密码，或者做实训的时候发现 MySQL 被之前的使用者添加了未知的密码，可以采用如下步骤修改 MySQL 的密码。

第 1 步：退出 MySQL，将 MySQL 服务停止，如图 5-70 所示。

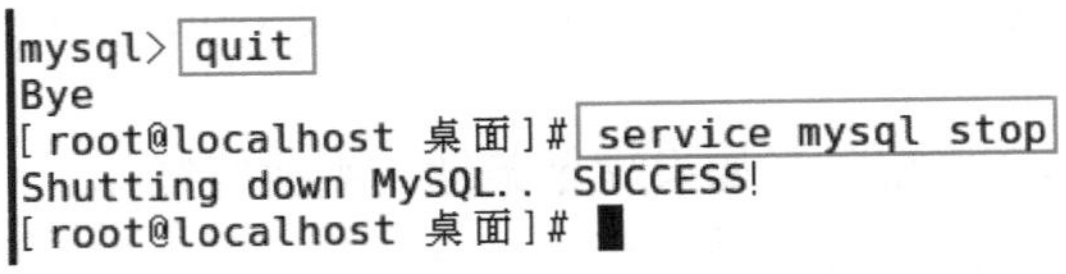

```
mysql> quit
Bye
[root@localhost 桌面]# service mysql stop
Shutting down MySQL.. SUCCESS!
[root@localhost 桌面]#
```

图 5-70　退出 MySQL，关闭服务

第 2 步：找到 mysqld_safe（MySQL 安全模式），加参数启动服务，如图 5–71 所示。

1）查找 MySQL 的安全模式程序所在的目录：

find / –iname 'mysqld_safe'

2）找到程序所在的位置为 /usr/bin/mysqld_safe，进入程序所在的目录：

cd /usr/bin

3）用跳过权限表和跳过网络连接的参数启动 MySQL 的服务，在此模式下为无密码登录，只能本地登录，网络用户无法登录，和授权有关的命令都无法执行。

mysqld_safe ––skip–grant–table ––user=root ––skip–networking &

```
[root@localhost 桌面]# find / -iname 'mysqld_safe'        查找mysqld_safe
/usr/bin/mysqld_safe
[root@localhost 桌面]# cd /usr/bin        进入mysqld_safe所在目录
[root@localhost bin]# mysqld_safe --skip-grant-table --user=root --skip-networking &        跳过权限表和网络连接启动服务
[1] 55208
[root@localhost bin]# 180812 11:29:40 mysqld_safe Logging to '/var/lib/mysql/localhost.localdomain.err'.
180812 11:29:40 mysqld_safe Starting mysqld daemon with databases from /var/lib/mysql
```

图 5–71 用安全模式启动 MySQL

第 3 步：用无密码登录 MySQL，修改密码为 123，如图 5–72 所示。

1）直接输入 mysql 命令，进入 MySQL。

2）用 update 命令修改：

update mysql.user set password=password('123') where user='root' and host='localhost';

3）刷新权限缓存：

flush privileges;

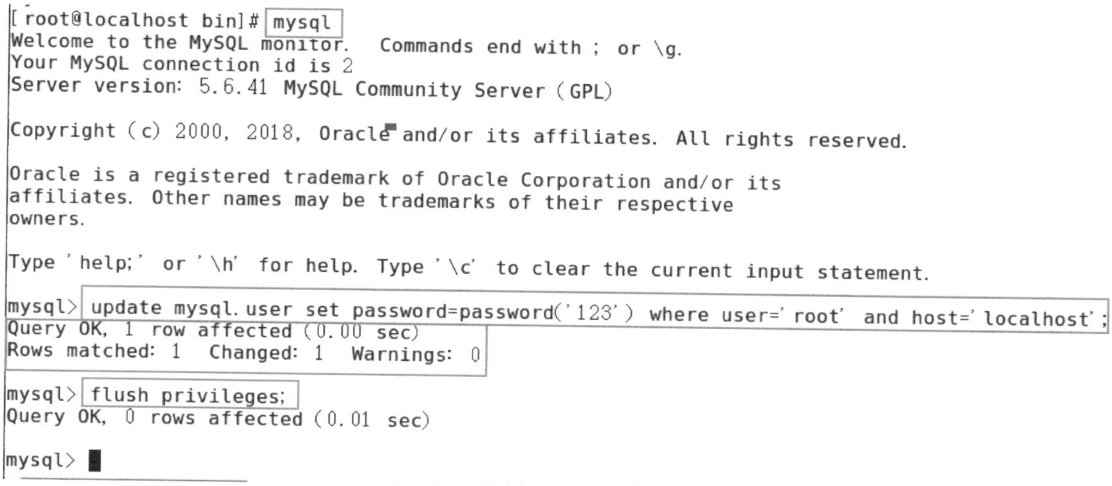

```
[root@localhost bin]# mysql
Welcome to the MySQL monitor.  Commands end with ; or \g.
Your MySQL connection id is 2
Server version: 5.6.41 MySQL Community Server (GPL)

Copyright (c) 2000, 2018, Oracle and/or its affiliates. All rights reserved.

Oracle is a registered trademark of Oracle Corporation and/or its
affiliates. Other names may be trademarks of their respective
owners.

Type 'help;' or '\h' for help. Type '\c' to clear the current input statement.

mysql> update mysql.user set password=password('123') where user='root' and host='localhost';
Query OK, 1 row affected (0.00 sec)
Rows matched: 1  Changed: 1  Warnings: 0

mysql> flush privileges;
Query OK, 0 rows affected (0.01 sec)

mysql>
```

图 5–72 无密码登录 MySQL，修改 root 密码

第 4 步：退出重启 MySQL 服务，用修改后的密码登录验证，如图 5–73 所示。

1）退出重启服务：

quit

service mysql restart

2）用新密码登录。

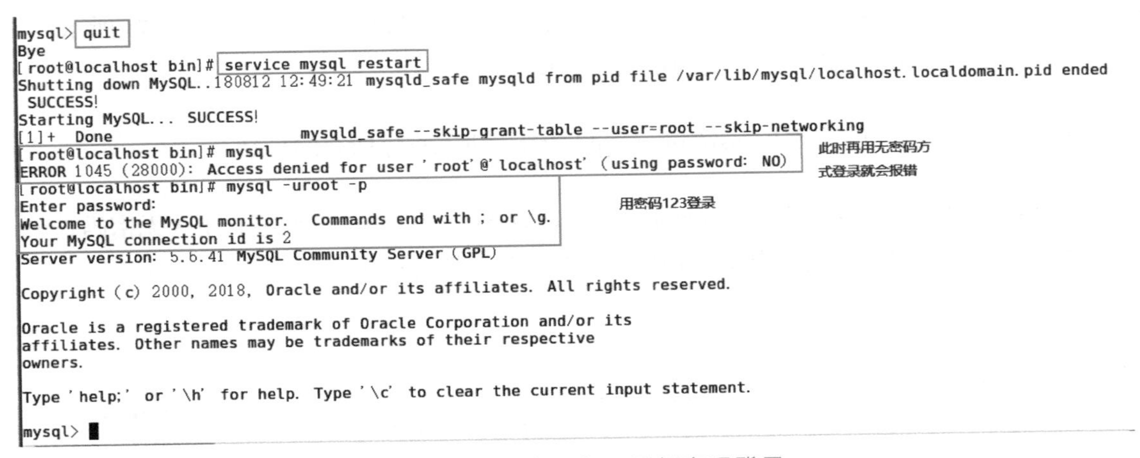

图 5-73　重启服务，用新密码登录

4. MySQL 安全设置——加密函数

加密函数是 MySQL 中用来对数据进行加密的函数。因为数据库中有些很敏感的信息不希望被其他人看到，所以就可以通过加密的方式来使这些数据变成看似乱码的数据。MySQL 强制要求对用户的密码进行加密处理，所用的都是 PASSWORD( ) 函数，在 MySQL 对用户输入的密码进行验证的时候，会自动对其进行加密后再验证，所以没有加密的用户密码是无法登录 MySQL 的。MySQL 支持的加密函数有：

1）PASSWORD(str)：对字符串型数据进行加密，例如，PASSWORD（‘123’），此函数加密后的数据是不可逆的，通常用于对用户注册的密码进行加密处理。

2）MD5(str)：对字符串型数据进行 MD5 加密，可以对普通数据字段进行加密。

3）ENCODE(str,pswd_str) / DECODE(crypt_str,pswd_str)：利用 pswd_str（加密字符）对普通字符串（str）进行加密或对加密字符串 (crypt_str) 进行解密。加密后的结果是一个二进制数，必须用 BLOB 类型字段来保存。ENCODE 和 DECODE 是互逆的过程。

5. 几款较常用的 MySQL 管理工具和应用程序

工欲善其事，必先利其器。几乎每个开发人员都有最钟爱的 MySQL 管理工具，它在许多方面支持包括 PostgreSQL，MySQL，SQLite，Redis，MongoDB 在内的多种数据库；提供各种最新的特性，包括触发器、事件、视图、存储过程和外键，支持导入、数据备份、对象结构等多种功能。

1）Navicat：MySQL 和 MariaDB 数据库管理与开发理想的解决方案。它可同时在一个应用程序上连接 MySQL 和 MariaDB 数据库。这种兼容前端为数据库提供了一个直观而强大的图形界面来实现管理、开发和维护功能，为 MySQL 和 MariaDB 的初级开发人员和专业开发人员提供了一组全面的开发工具。该工具支持中文。

2）phpMyAdmin：最常用的 MySQL 维护工具，是一个用 PHP 开发的基于 Web 方式架构在网站主机上的 MySQL 管理工具，支持中文，管理数据库非常方便。不足之处在于对大数据库的备份和恢复不方便。

3）MySQL ODBC Connector：一款强大的 MySQL 管理工具，系统安装官方提供的 ODBC 接口程序后，可以通过 ODBC 来访问 MySQL，进而实现 SQLServer、Access 和

MySQL 之间的数据转换，还能支持 ASP 访问 MySQL 数据库。目前只有英文界面。

4）MySQL GUI Tools：MySQL 官方提供的图形化管理工具，功能很强大，值得推荐，但没有中文界面。

5）Database Master：一个现代的、强大的、直观且易用的数据库管理程序。它以一个一致而现代的界面适用于 MongoDB、MySQL、PostgreSQL、FireBird、SQL Lite、MS SQL Server、SQL Azure、Oracle、IBM DB2、IBM Informix、Netezza、Ingres 以及 EffiProz 等数据库。Database Master 简化了管理、查询、编辑、可视化、设计和报告数据库系统。用户可以通过 ODBC 与 OLEDB 连接任何数据库系统，也可以访问 MS Access、MS FoxPro Database、DBase 和 XML 文件。该工具仅有英文界面。

6）MySQL Workbench：一款专为 MySQL 设计的 ER/ 数据库建模工具。它是著名的数据库设计工具 DBDesigner 4 的继任者。可以用 MySQL Workbench 设计和创建新的数据库图示，建立数据库文档，进行复杂的 MySQL 迁移。该工具目前仅支持英文界面。

7）MySQLDumper：使用 PHP 开发的 MySQL 数据库备份恢复程序，解决了使用 PHP 进行大数据库备份和恢复的问题，数百兆的数据库都可以方便进行备份恢复，不用担心由于网速太慢而出现中断的问题，非常方便易用。该工具由德国人开发，没有中文语言包。

【任务分析】

在完成本次任务的过程中，学会了 MySQL 初始配置和使用的相关知识，请对照表 5–2 进行总结与评价。

表 5–2 任务评价表

评价指标	评价结果	备注
1. 熟练掌握 MySQL 服务启动、停止、重启的方法	□A □B □C □D	
2. 熟练掌握将 MySQL 服务添加至系统启动项的方法	□A □B □C □D	
3. 熟练掌握查看和修改 MySQL 初始密码的方法	□A □B □C □D	
4. 熟练掌握使用 MySQL 安全配置向导进行设置的方法	□A □B □C □D	
5. 熟练掌握使用 MySQL 远程访问账户的配置方法	□A □B □C □D	
6. 熟练掌握配置系统防火墙打开 TCP 3306 端口的方法	□A □B □C □D	
7. 熟练掌握配置 Navicat 软件与 MySQL 服务器连接的方法	□A □B □C □D	
综合评价：		

【触类旁通】

在虚拟机上做好快照，随后实验用另外两种方式修改 MySQL 的登录密码。

1）方式一：用 root 账户登录 CentOS，然后在桌面上的“在终端中打开”上单击鼠标右键，输入下面的命令：

/usr/bin/mysqladmin –u root –p password "123456"

随后系统会提示输入原始密码，输入正确后即可修改密码，修改后系统会提示："Warning: Using a password on the command line interface can be insecure.（警告：在命令行界面上使用密码可能是不安全的）"。注意，这里是调用了 mysql 的控制台程序来修改密码，使用 yum 安装的 mysql 存放的目录是 /usr/bin/。如果是其他方式安装的 MySQL，则可以用下面的命令来查找：

find / –iname 'mysqladmin'

执行结果如图 5–74 所示。

```
[root@localhost 桌面]# find / -iname 'mysqladmin'
/usr/bin/mysqladmin
[root@localhost 桌面]# /usr/bin/mysqladmin -u root -p password "123456"
Enter password:
Warning: Using a password on the command line interface can be insecure.
[root@localhost 桌面]#
```

图 5–74 修改后的密码是 123456

2）方式二：用 root 账户登录 MySQL，随后使用 mysql 系统库，输入如下命令（注意 MySQL 所有的命令最后有分号）后按 <Enter> 键：

use mysql;

然后使用如下的 SQL 命令修改 root 账户的密码为 jrb_123456

update user set password=PASSWORD('jrb_123456') where User='root';

如果屏幕显示 "Query OK, 4 rows affected (0.00 sec) 和 Rows matched: 4 Changed: 4 Warnings: 0" 表示修改成功。再输入下列命令，刷新权限表缓存如图 5–75 所示。

flush privileges;

```
[root@localhost 桌面]# mysql -uroot -p
Enter password:
Welcome to the MySQL monitor.  Commands end with ; or \g.
Your MySQL connection id is 5
Server version: 5.6.41 MySQL Community Server (GPL)

Copyright (c) 2000, 2018, Oracle and/or its affiliates. All rights reserved.

Oracle is a registered trademark of Oracle Corporation and/or its
affiliates. Other names may be trademarks of their respective
owners.

Type 'help;' or '\h' for help. Type '\c' to clear the current input statement.

mysql> use mysql
Reading table information for completion of table and column names
You can turn off this feature to get a quicker startup with -A

Database changed
mysql> update user set password=PASSWORD('jrb_123456') where User='root';
Query OK, 4 rows affected (0.00 sec)
Rows matched: 4  Changed: 4  Warnings: 0

mysql> flush privileges;
Query OK, 0 rows affected (0.00 sec)

mysql>
```

图 5–75 密码又被改回 "jrb_123456"

3）使用 grant 命令，新建一个用户名为 lxq 的 MySQL 账户，拥有对 stu 数据库操作的所有权限，密码为 whysx_123456，仅允许从 IP 地址 192.168.1.2 登录 MySQL 数据库。

4）在 CentOS 图形界面下配置防火墙，开放 TCP、UDP 的 3306 端口，如图 5-76 所示。

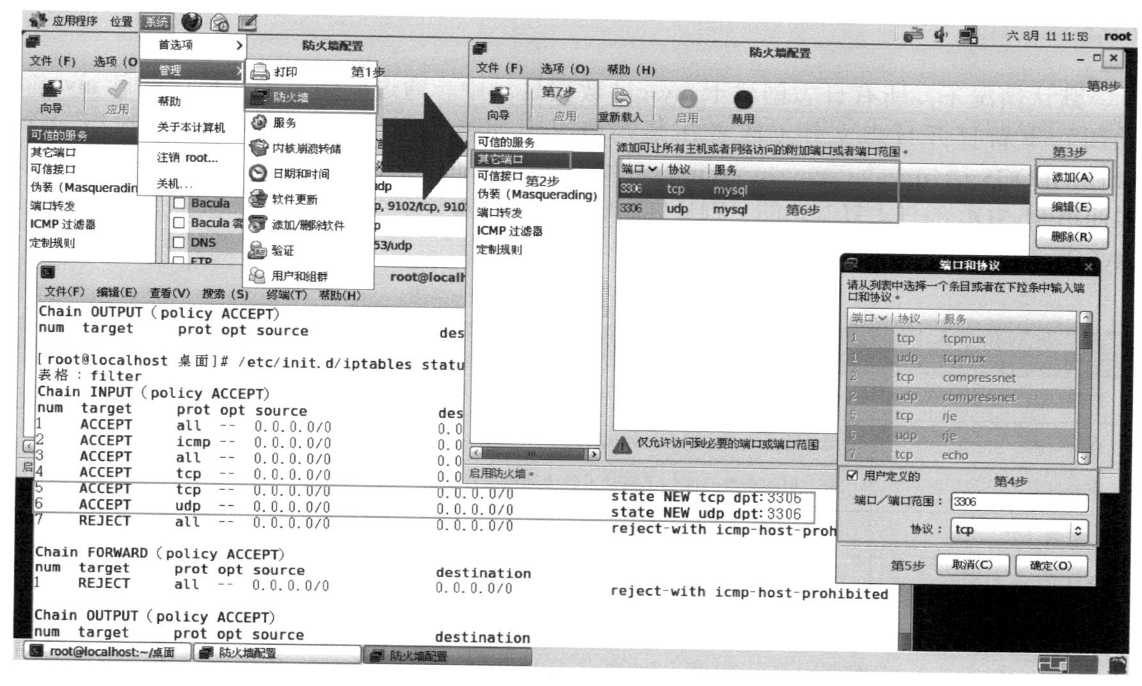

图 5-76 在 CentOS 图形界面下修改防火墙配置

5）利用 Windows 下的 Navicat for MySQL 程序，分别用本任务和触类旁通中新建的 root 账户、jrb 账户、lxq 账户连接数据库。

6）安装 CentOS 下的 Navicat for MySQL 程序，并使用 root 账户的本地密码（jrb_123456）实现对 MySQL 的访问。

7）尝试用 REVOKE 命令回收部分已经分配给其他用户的权限，详细步骤可以自行搜集和参考相关资料。

任务 3 MySQL 日志管理

【任务情境】

本任务开始介绍 MySQL 数据库的日志管理。为了确保数据库平稳可靠运行，需要对数据库进行维护和管理，这是每一位数据库管理员的职责。日常管理包括：顺利启动 MySQL 服务器，并让它尽可能长时间地持续运转；对日志文件进行维护等。日志是 MySQL 数据库的重要组成部分，日志文件中记录着 MySQL 数据库运行期间发生的各种变化，如 MySQL 数据库的客户端连接情况，SQL 语句的执行情况和错误信息。当数据库出现意外损坏时，可通过日志文件分析数据、优化查询等。它包含着几种常用的日志文件，分别是错误日志（-log-err）、查询日志（-log）、二进制日志（-log-bin）以及慢查询日志(–log–slow–queries)等，而对于管理MySQL而言，主动查看日志文件是不可或缺的技能，主动分析日志文件是必要的职业素养，主动备份日志文件更是重中之重。

【任务分析】

默认情况下，所有日志创建于mysqld数据目录中。通过刷新日志，可以强制mysqld关闭和重新打开日志文件（或者在某些情况下切换到一个新的日志）。当执行一个FLUSHLOGS语句或执行mysqladminflush–logs或mysqladminrefresh时，出现日志刷新。如果使用MySQL的日志复制功能，则从复制服务器可以维护更多日志文件，被称为接替日志。MySQL日志文件的类型见表5–3。

表5–3 MySQL日志文件类型

日志文件类型	日志的内容、作用
错误日志	记录启动、运行或停止mysqld时出现的问题
查询日志	记录建立的客户端连接和执行的语句
更新日志	记录更改数据的语句（通常不赞成使用该日志）
二进制日志	记录所有更改数据的语句。可用于复制（备份、镜像、集群等）
慢日志	记录所有执行时间超过long_query_time秒（设置值）的所有查询或不使用索引的查询

MySQL默认开启的只有错误日志，而查询日志、二进制日志、慢查询日志是需要手动开启的，开启后还要进行相关的配置，随后才是日志的查看、管理和备份。因为大多数日志的数量较多，直接查看起来不是很方便，建议采用第三方工具进行分类和整理。错误日志、慢查询日志需要经常进行查看和备份；二进制日志是数据库备份恢复的必须，需要经常对其进行维护和配置；查询日志的系统消耗较大，不建议在日常使用中开启；而慢查询日志需要根据应用的不同进行合理的时间设置，以方便管理员优化数据库。

【任务实施】

提示　建议学习本节课程前先导入一个数据量较大的数据库，例如，MySQL官方提供的示例数据employees（雇员）库，下载地址https://launchpad.net/test–db/employees–db–1/1.0.6。操作前请做好虚拟机的快照。

1. 操作错误日志

默认时错误日志是开启的，且存放位置在数据目录中，名称为“localhost.localdomain.err”。

错误日志记录的事件：

（1）服务器启动/关闭过程中的信息

（2）服务器运行过程中的错误信息

（3）事件调试器运行一个事件时间产生的信息

（4）在从服务器上启动从服务器进程时产生的信息

第1步：查看与错误日志相关的变量。

1）登入数据库，输入命令，可以看到所有与日志相关的变量，如图5–77所示。

show variables like '%log%';

```
| innodb_log_file_size                      | 50331648                              |
| innodb_log_files_in_group                 | 2                                     |
| innodb_log_group_home_dir                 | ./                                    |
| innodb_mirrored_log_groups                | 1                                     |
| innodb_online_alter_log_max_size          | 134217728                             |
| innodb_undo_logs                          | 128                                   |
| log_bin                                   | OFF                                   |
| log_bin_basename                          |                                       |
| log_bin_index                             |                                       |
| log_bin_trust_function_creators           | OFF                                   |
| log_bin_use_v1_row_events                 | OFF                                   |
| log_error                                 | ./localhost.localdomain.err           |
| log_output                                | FILE                                  |
| log_queries_not_using_indexes             | OFF                                   |
| log_slave_updates                         | OFF                                   |
| log_slow_admin_statements                 | OFF                                   |
| log_slow_slave_statements                 | OFF                                   |
| log_throttle_queries_not_using_indexes    | 0                                     |
| log_warnings                              | 1                                     |
| max_binlog_cache_size                     | 18446744073709547520                  |
| max_binlog_size                           | 1073741824                            |
| max_binlog_stmt_cache_size                | 18446744073709547520                  |
| max_relay_log_size                        | 0                                     |
| relay_log                                 |                                       |
| relay_log_basename                        |                                       |
| relay_log_index                           |                                       |
| relay_log_info_file                       | relay-log.info                        |
| relay_log_info_repository                 | FILE                                  |
| relay_log_purge                           | ON                                    |
| relay_log_recovery                        | OFF                                   |
| relay_log_space_limit                     | 0                                     |
| simplified_binlog_gtid_recovery           | OFF                                   |
| slow_query_log                            | OFF                                   |
| slow_query_log_file                       | /var/lib/mysql/localhost-slow.log     |
| sql_log_bin                               | ON                                    |
```

图 5-77 查询与日志相关的变量

其中的 log_error 和 log_warnings 两个变量是与错误日志相关的：

log_error: 定义了错误日志的文件名和文件位置

log_warnings：定义了是否将警告信息记录进错误日志。默认设定为 1，表示启用；设定为 0，表示禁用；若其值大于 1 表示将新发起连接时产生的“失败的连接”和“拒绝访问”类的错误信息也记录进错误日志。

2）修改 Log_warnings 值的方法是：

set global log_warnings=0;

命令解释　set global log_warnings 表示设置全局变量 log_warnings 的值，和日志相关的变量一般都是全局变量。

第 2 步：备份错误日志（在 Cent OS 下）。

1）错误日志的保存目录为：/var/lib/mysql/localhost.localdomain.err，在 Cent OS 下输入以下代码并新建一个 backup-err 文件夹，如图 5-78 所示。

mkdir /backup-err

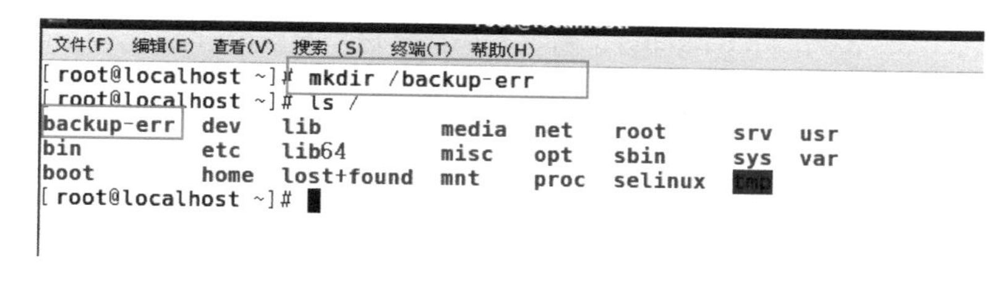

图 5-78 新建备份文件夹

2）使用 cp 命令备份错误日志到 backup-err 文件夹中并以日期命名，如图 5-79 所示。

```
[root@localhost ~]# cp /var/lib/mysql/localhost.localdomain.err /backup-err/$(date +%Y-%m-%d)
[root@localhost ~]# ll /backup-err/
总用量 8
-rw-r-----. 1 root root 7028 8月  6 18:19 2018-08-06
[root@localhost ~]# █
```

图 5-79　备份错误日志并用日期命名

命令解释　date+%Y-%m-%d 命令是显示当前日期，与 cp 命令连用需加上 $() 括起来表示它是一个变量，并以这个变量的输出结果命名备份文件。

3）使用 cat 命令备份错误日志到 backup-err 文件夹中并以日期命名，如图 5-80 所示。

```
root@localhost:~
文件(F) 编辑(E) 查看(V) 搜索(S) 终端(T) 帮助(H)
[root@localhost ~]# cat /var/lib/mysql/localhost.localdomain.err > /backup-err/$(date +%Y-%m-%d)
[root@localhost ~]# ll /backup-err/
总用量 8
-rw-r--r--. 1 root root 7028 8月  6 18:41 2018-08-06
[root@localhost ~]# █
```

图 5-80　用 cat 命令进行备份（备份时间 2018-08-06）

命令解释　“>”：符号含义为重定向，将“>”前命令输出的结果输出到“>”后的文件中。

4）查看备份后的错误日志文件内容，如图 5-81 所示。

cat /backup-err/2018-08-06

```
文件(F) 编辑(E) 查看(V) 搜索(S) 终端(T) 帮助(H)
[root@localhost ~]# cat /backup-err/2018-08-06
2018-08-01 11:56:00 50300 [Note] Plugin 'FEDERATED' is disabled.
2018-08-01 11:56:00 50300 [Note] InnoDB: Using atomics to ref count buffer pool pages
2018-08-01 11:56:00 50300 [Note] InnoDB: The InnoDB memory heap is disabled
2018-08-01 11:56:00 50300 [Note] InnoDB: Mutexes and rw_locks use GCC atomic builtins
2018-08-01 11:56:00 50300 [Note] InnoDB: Memory barrier is not used
2018-08-01 11:56:00 50300 [Note] InnoDB: Compressed tables use zlib 1.2.3
2018-08-01 11:56:00 50300 [Note] InnoDB: Using Linux native AIO
2018-08-01 11:56:00 50300 [Note] InnoDB: Using CPU crc32 instructions
2018-08-01 11:56:00 50300 [Note] InnoDB: Initializing buffer pool, size = 128.0M
2018-08-01 11:56:00 50300 [Note] InnoDB: Completed initialization of buffer pool
2018-08-01 11:56:00 50300 [Note] InnoDB: Highest supported file format is Barracuda.
2018-08-01 11:56:00 50300 [Note] InnoDB: 128 rollback segment(s) are active.
2018-08-01 11:56:00 50300 [Note] InnoDB: Waiting for purge to start
2018-08-01 11:56:00 50300 [Note] InnoDB: 5.6.41 started; log sequence number 1625987
2018-08-01 11:56:00 50300 [Warning] No existing UUID has been found, so we assume that this is the first time that this
 has been started. Generating a new UUID: cdca6445-953e-11e8-aaba-79fd8cc432ac.
2018-08-01 11:56:00 50300 [Note] Server hostname (bind-address): '*'; port: 3306
2018-08-01 11:56:00 50300 [Note] IPv6 is available.
2018-08-01 11:56:00 50300 [Note]   - '::' resolves to '::';
2018-08-01 11:56:00 50300 [Note] Server socket created on IP: '::'.
2018-08-01 11:56:00 50300 [Note] Event Scheduler: Loaded 0 events
2018-08-01 11:56:00 50300 [Note] /usr/sbin/mysqld: ready for connections.
Version: '5.6.41'  socket: '/var/lib/mysql/mysql.sock'  port: 3306  MySQL Community Server (GPL)
2018-08-01 12:04:00 50300 [Note] /usr/sbin/mysqld: Normal shutdown

2018-08-01 12:04:00 50300 [Note] Giving 0 client threads a chance to die gracefully
2018-08-01 12:04:00 50300 [Note] Event Scheduler: Purging the queue. 0 events
2018-08-01 12:04:00 50300 [Note] Shutting down slave threads
2018-08-01 12:04:00 50300 [Note] Forcefully disconnecting 0 remaining clients
2018-08-01 12:04:00 50300 [Note] Binlog end
2018-08-01 12:04:00 50300 [Note] Shutting down plugin 'partition'
2018-08-01 12:04:00 50300 [Note] Shutting down plugin 'INNODB_SYS_DATAFILES'
2018-08-01 12:04:00 50300 [Note] Shutting down plugin 'INNODB_SYS_TABLESPACES'
2018-08-01 12:04:00 50300 [Note] Shutting down plugin 'INNODB_SYS_FOREIGN_COLS'
```

图 5-81　查看备份后错误日志

5）cat 命令与 grep 命令连用，查询带警告的日志信息，如图 5-82 所示。

cat /backup-err/2018-08-06 | grep -i warning

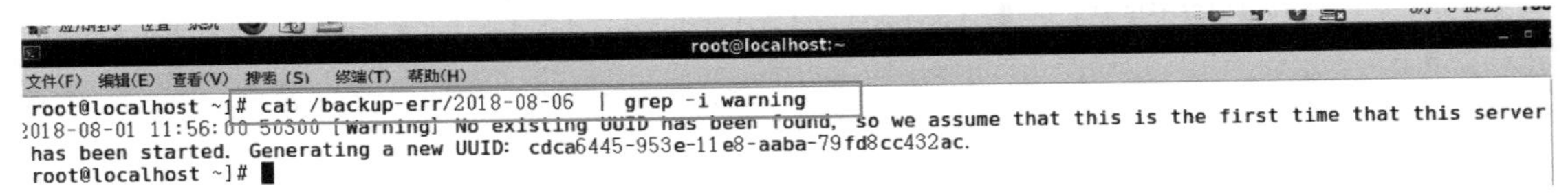
root@localhost:~
文件(F) 编辑(E) 查看(V) 搜索(S) 终端(T) 帮助(H)
root@localhost ~]# cat /backup-err/2018-08-06 | grep -i warning
2018-08-01 11:56:00 50300 [Warning] No existing UUID has been found, so we assume that this is the first time that this server
has been started. Generating a new UUID: cdca6445-953e-11e8-aaba-79fd8cc432ac.
root@localhost ~]#

图 5-82　查询警告日志

命令解释　|：表示管道输出，将“|”前的命令输出的结果交给“|”后的命令继续处理，grep 命令为文本搜索，-i 为忽略大小写。

第 3 步：删除错误日志。

1）为防止错误日志占用过多的空间，需要定期备份日志到其他地方后清除错误日志，用 root 账户登录 MySQL，然后在“mysql>”提示符后输入命令，如图 5-83 所示。

```
flush logs;
```

```
root@localhost:~/mysql
文件(F)  编辑(E)  查看(V)  搜索(S)  终端(T)  帮助(H)
mysql> flush logs;
Query OK, 0 rows affected (0.00 sec)

mysql>
```

图 5-83　在 MySQL 中清除错误日志

2）执行该命令后，系统会自动创建一个新的错误日志文件，也可以在 root 用户 shell 下输入以下命令，如图 5-84 所示。

```
echo > /var/lib/mysql/localhost.localdomain.err
```

```
ity Server (GPL)
root@localhost ~]# echo > /var/lib/mysql/localhost.localdomain.err
root@localhost ~]# cat /var/lib/mysql/localhost.localdomain.err

root@localhost ~]#
```

图 5-84　重定向文件

命令解释　echo 命令为输出指定的字符串或变量，命令后为空，重定向空内容至文件内容并覆盖。

2. 操作查询日志

MySQL 的查询日志记录了所有 MySQL 数据库请求的信息，无论这些请求是否得到了正确的执行。查询日志的默认文件名为 hostname.log，默认情况下 MySQL 查询日志是关闭的，因为在生产环境下，如果开启 MySQL 查询日志，会对性能产生影响，在并发操作多的环境下会产生大量的信息，导致不必要的磁盘读写。何况，MySQL 慢查询日志可以用来定位那些出现性能问题的 SQL 语句，所以 MySQL 查询日志被应用的场景不多。它跟 SQL Server 中的 profiler 有点类似，但是不能跟踪某个会话、用户、客户端，只能对整个数据库进行跟踪。

第 1 步：启动查询日志。

1）在 mysql 下输入“show variables like'general%'”；可查看查询日志的两个变量 general_log（日志记录的开关）和 general_log_file（日志文件的存放位置），如图 5-85 所示。

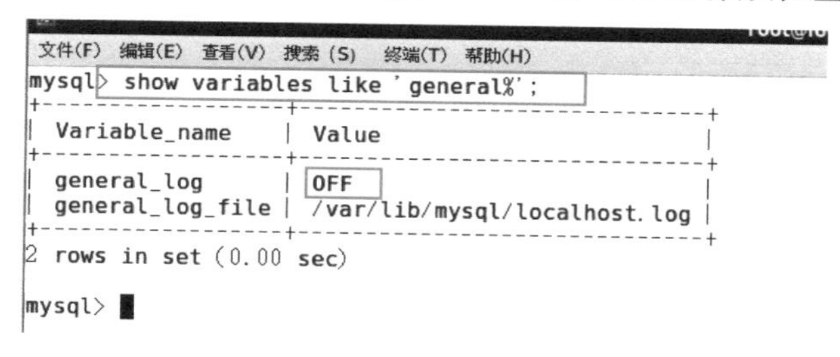

图 5-85　查看日志变量

2）在 mysql 下输入“set global general_log=on;”可开启 general_log（查询日志），如图 5–86 所示。

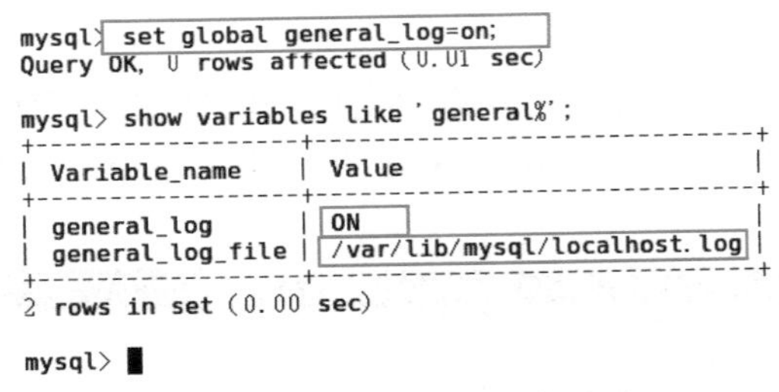

```
mysql> set global general_log=on;
Query OK, 0 rows affected (0.01 sec)

mysql> show variables like 'general%';
+------------------+-----------------------------+
| Variable_name    | Value                       |
+------------------+-----------------------------+
| general_log      | ON                          |
| general_log_file | /var/lib/mysql/localhost.log|
+------------------+-----------------------------+
2 rows in set (0.00 sec)

mysql>
```

图 5–86 打开查询日志

命令解释 在 mysql 中 show variables like 是显示可配置变量参数，而 set global 命令可以设置这个变量的全局参数。

第 2 步：输入查询命令，查看查询日志。

1）查询日志的功能是记录所有 MySQL 数据库请求的信息，可以任意输入一些命令，然后查看查询日志。

2）查询日志的存放位置为 /var/lib/mysql/localhost.log，如图 5–87 所示。查看查询日志的命令是：

cat /var/lib/mysql/localhost.log

```
/usr/bin/mysqladmin
[root@localhost ~]# cat /var/lib/mysql/localhost.log
/usr/sbin/mysqld, Version: 5.6.41 (MySQL Community Server (GPL)). started with:
Tcp port: 3306  Unix socket: /var/lib/mysql/mysql.sock
Time                 Id Command    Argument
180806 16:37:53      1 Query     show databases
180806 17:17:22      1 Query     show variables like 'log_*'
180806 17:17:28      1 Query     show variables like 'log_'
180806 17:17:34      1 Query     show variables like 'log_error'
180806 17:39:09      1 Query     show variables like '%log%'
180806 17:43:59      1 Query     show variables like '%log%'
180806 17:58:55      1 Query     show variables like '%log%'
180806 17:59:59      1 Query     set global log_error='/var/lib/mysql/log.error'
180806 18:00:46      1 Query     set global log_error='/var/lib/mysql/log.err'
180806 18:01:40      1 Query     set global log_error='/var/lib/mysql/log.err'
180806 19:05:44      1 Query     flush logs
/usr/sbin/mysqld, Version: 5.6.41 (MySQL Community Server (GPL)). started with:
Tcp port: 3306  Unix socket: /var/lib/mysql/mysql.sock
Time                 Id Command    Argument
180806 19:11:39      1 Query     flush privileges
180806 19:38:24      1 Query     show variables like 'general%'
180806 19:40:03      1 Query     set global general_log=off
```

图 5–87 查询日志的内容

3）列出查询日志的作用是协助管理员了解数据库的操作情况，它是安全巡查的重要手段，并可为数据库的修复和备份提供参考依据。

第 3 步：备份查询日志。

备份查询日志的方法可以参考备份错误日志的备份方法，如图 5–88 所示。

```
[root@localhost /]# cp /var/lib/mysql/localhost.log /backup-log/
[root@localhost /]#
[root@localhost /]#
[root@localhost /]#
[root@localhost /]#
[root@localhost /]#
[root@localhost /]#
[root@localhost /]# ll /backup-log/
总用量 4
-rw-r-----. 1 root root 2612 8月  11 12:02 localhost.log
[root@localhost /]#
```

图 5–88 备份查询日志

命令解释　备份使用的 cp 命令参数可使用 -r 来备份整个日志的文件夹，-p 可保留文件夹的现有权限。

第 4 步：删除查询日志。

删除查询日志可以使用“flush logs;”或者“echo > 日志所在绝对路径”，如图 5-89 和 5-90 所示。

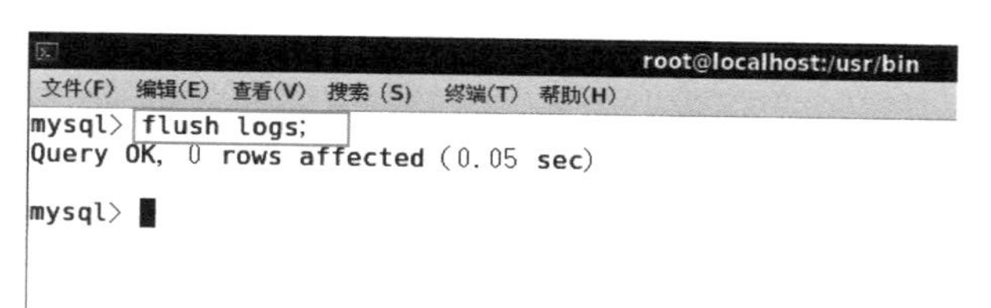

图 5-89　删除查询日志（1）

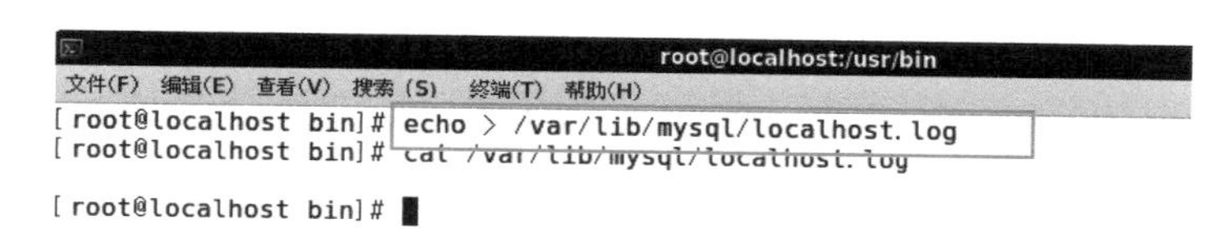

图 5-90　删除查询日志（2）

执行以上命令后，会生成新的查询日志。

3. 操作二进制日志

MySQL 的二进制日志是用来记录操作 MySQL 数据库中的写入性操作（增、删、改，但不包括查询），相当于 SQL Server 中完整恢复模式下的事务日志文件。它的功能包括：

1）可用于复制，配置了主从复制的时候，主服务器会将其产生的二进制日志发送到 slave 端，slave 端会利用这个二进制日志的信息在本地重做，实现主从同步。

2）可用于用户恢复，MySQL 可以在全备和差异备份的基础上，利用二进制日志进行基于时间点或者事物 ID 的恢复操作。原理等同于主从复制的日志重做。

第 1 步：编辑 MySQL 的配置文件 my.cnf 开启二进制日志。

1）在 CentOS 的 root 账户终端下修改 MySQL 的配置文件，如图 5-91 所示，输入以下命令：

```
vim /usr/my.cnf
```

图 5-91　编辑配置文件 my.cnf

2）打开 my.cnf 文件后，先按 <I> 键，进入插入模式（左下角有“插入”），如图 5-92 所示。

3）在 my.cnf 文件中找到“[mysqld]”项目，在该项的下一行添加：

```
log-bin=mysql-bin
```

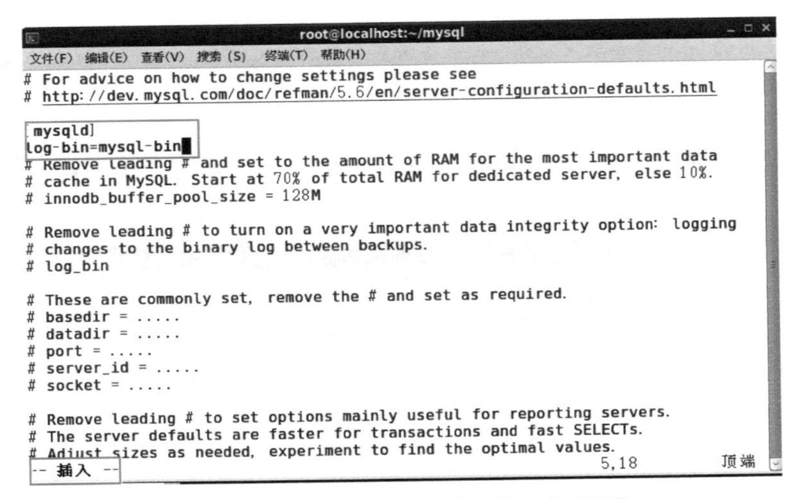

图 5-92　进入插入模式，添加配置项

如果只针对特定的数据库做二进制日志，则继续插入“binlog-do-db= 数据库名”，如图 5-93 所示。

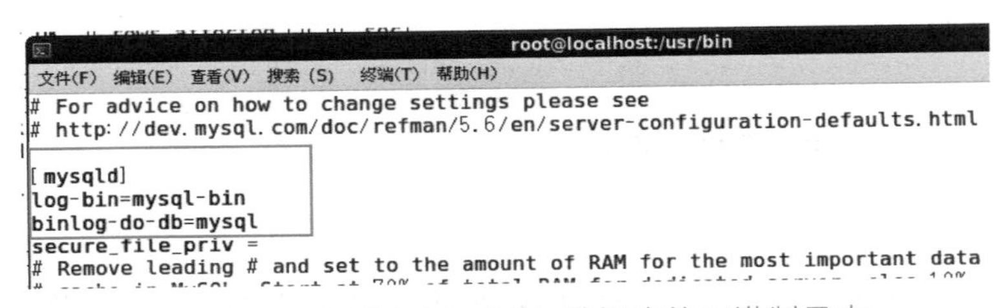

图 5-93　只开启 MySQL 数据库的二进制日志

如果要排除指定数据库的二进制日志，则添加“binlog-ignore-db= 数据库名”。

4）按 <ESC> 键（左下角的“插入”消失），输入“:wq”后按 <Enter> 键，退出对 my.cnf 的编辑，如图 5-94 所示。

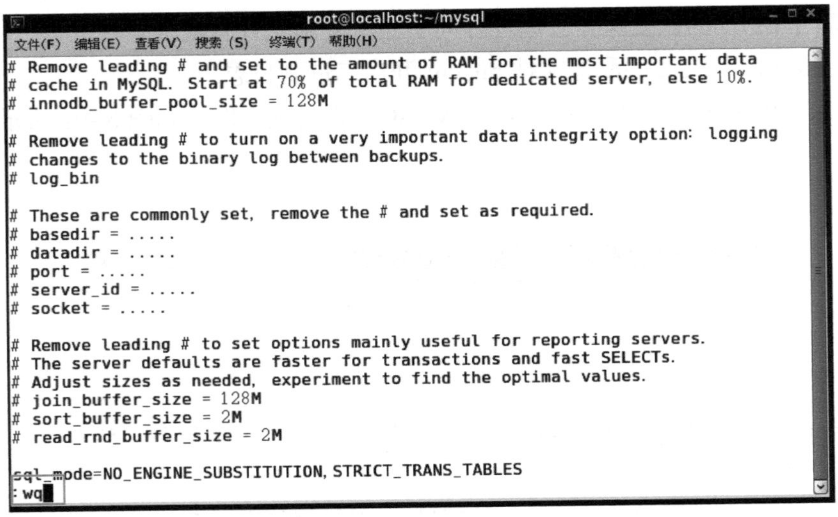

```
root@localhost:~/mysql
文件(F) 编辑(E) 查看(V) 搜索(S) 终端(T) 帮助(H)
# Remove leading # and set to the amount of RAM for the most important data
# cache in MySQL. Start at 70% of total RAM for dedicated server, else 10%.
# innodb_buffer_pool_size = 128M

# Remove leading # to turn on a very important data integrity option: logging
# changes to the binary log between backups.
# log_bin

# These are commonly set, remove the # and set as required.
# basedir = .....
# datadir = .....
# port = .....
# server_id = .....
# socket = .....

# Remove leading # to set options mainly useful for reporting servers.
# The server defaults are faster for transactions and fast SELECTs.
# Adjust sizes as needed, experiment to find the optimal values.
# join_buffer_size = 128M
# sort_buffer_size = 2M
# read_rnd_buffer_size = 2M

sql_mode=NO_ENGINE_SUBSTITUTION,STRICT_TRANS_TABLES
:wq
```

图 5-94　退出 vim 编辑器

5）重启 MySQL 服务，然后用 root 账户登录 MySQL 客户端。

```
service mysql restart
mysql –uroot –p
password:
```

6）输入如下命令查询二进制日志的开启情况以及存放位置，如图 5–95 所示。

```
show variables like 'log%';
```

```
mysql> show variables like 'log%';
+-----------------------------------------+--------------------------------------+
| Variable_name                           | Value                                |
+-----------------------------------------+--------------------------------------+
| log_bin                                 | ON                                   |
| log_bin_basename                        | /var/lib/mysql/mysql-bin             |
| log_bin_index                           | /var/lib/mysql/mysql-bin.index       |
| log_bin_trust_function_creators         | OFF                                  |
| log_bin_use_v1_row_events               | OFF                                  |
| log_error                               | ./localhost.localdomain.err          |
| log_output                              | FILE                                 |
| log_queries_not_using_indexes           | OFF                                  |
| log_slave_updates                       | OFF                                  |
| log_slow_admin_statements               | OFF                                  |
| log_slow_slave_statements               | OFF                                  |
| log_throttle_queries_not_using_indexes  | 0                                    |
| log_warnings                            | 1                                    |
+-----------------------------------------+--------------------------------------+
13 rows in set (0.01 sec)

mysql>
```

图 5–95　二进制日志已打开

7）退出 MySQL 客户端，在 CentOS 中查看相应的二进制日志文件位置是否生成了相关文件，若已生成，则如图 5–96 所示。

```
ll /var/lib/mysql/mysql–bin.*
```

```
| log_warnings                            | 1                                    |
+-----------------------------------------+--------------------------------------+
13 rows in set (0.01 sec)

mysql> quit
Bye
[root@localhost mysql]# ll /var/lib/mysql/mysql-bin.*
-rw-rw----. 1 mysql mysql 120 8月  13 16:03 /var/lib/mysql/mysql-bin.000001
-rw-rw----. 1 mysql mysql  19 8月  13 16:03 /var/lib/mysql/mysql-bin.index
[root@localhost mysql]#
```

图 5–96　二进制日志文件已生成

第 2 步：在 MySQL 数据库内查看二进制日志文件大小和日志文件详细信息。

1）在 MySQL 数据库中，使用如下命令查看单个二进制文件的大小，如图 5–97 所示。

```
show binary logs;
```

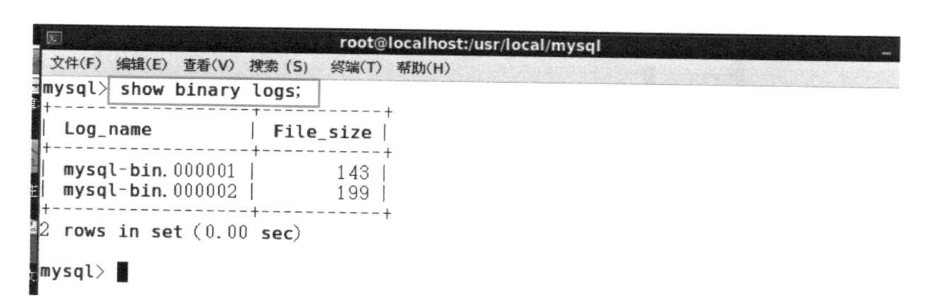

```
root@localhost:/usr/local/mysql
文件(F) 编辑(E) 查看(V) 搜索(S) 终端(T) 帮助(H)
mysql> show binary logs;
+------------------+-----------+
| Log_name         | File_size |
+------------------+-----------+
| mysql-bin.000001 |       143 |
| mysql-bin.000002 |       199 |
+------------------+-----------+
2 rows in set (0.00 sec)

mysql>
```

图 5–97　查看二进制文件的大小

2）查看单个日志文件的详细信息，在 MySQL 中使用如下命令：

```
show binlog events in'mysql-bin.000001';
```

最后面接的就是具体的日志文件名，如图 5–98 所示。

```
mysql> mysql> show binlog events in 'mysql-bin.000001';
+------------------+-----+-------------+-----------+-------------+---------------------------------------+
| Log_name         | Pos | Event_type  | Server_id | End_log_pos | Info                                  |
+------------------+-----+-------------+-----------+-------------+---------------------------------------+
| mysql-bin.000001 |   4 | Format_desc |         1 |         120 | Server ver: 5.6.41-log, Binlog ver: 4 |
| mysql-bin.000001 | 120 | Stop        |         1 |         143 |                                       |
+------------------+-----+-------------+-----------+-------------+---------------------------------------+
2 rows in set (0.00 sec)

mysql> show binlog events in 'mysql-bin.000002';
+------------------+-----+-------------+-----------+-------------+---------------------------------------+
| Log_name         | Pos | Event_type  | Server_id | End_log_pos | Info                                  |
+------------------+-----+-------------+-----------+-------------+---------------------------------------+
| mysql-bin.000002 |   4 | Format_desc |         1 |         120 | Server ver: 5.6.41-log, Binlog ver: 4 |
| mysql-bin.000002 | 120 | Query       |         1 |         199 | flush privileges                      |
+------------------+-----+-------------+-----------+-------------+---------------------------------------+
2 rows in set (0.00 sec)

mysql> 
```

图 5–98　查看单个二进制日志的详细信息

3）查看单个日志文件的最大值，在 MySQL 中使用如下命令，如图 5–99 所示。

show variables like 'max_binlog_size'；

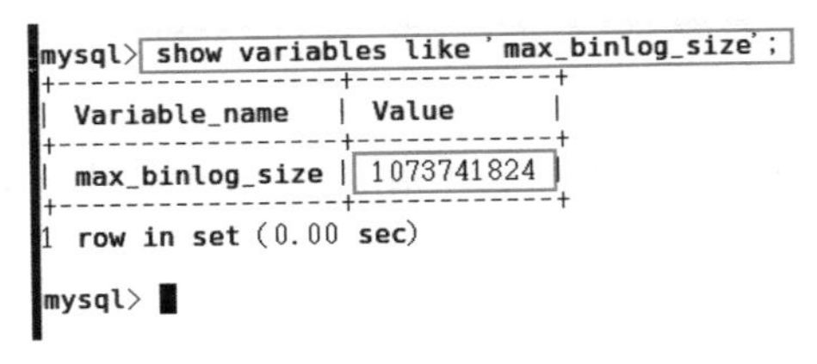

```
mysql> show variables like 'max_binlog_size';
+-----------------+------------+
| Variable_name   | Value      |
+-----------------+------------+
| max_binlog_size | 1073741824 |
+-----------------+------------+
1 row in set (0.00 sec)

mysql> 
```

图 5–99　单个二进制日志的大小

参数说明　max_binlog_size 参数指定了单个二进制日志文件的最大值，如果超过该值，则产生新的二进制日志文件，后缀名 +1 并记录到 .index 文件，从 MySQL 5.0 开始的默认值为 1073741824，代表 1G。

4）查看二进制日志的缓存大小，在 MySQL 中使用如下命令，如图 5–100 所示。

show variables like 'binlog_cache%'；

```
mysql> show variables like 'binlog_cache%';
+-------------------+-------+
| Variable_name     | Value |
+-------------------+-------+
| binlog_cache_size | 32768 |
+-------------------+-------+
1 row in set (0.00 sec)

mysql> 
```

图 5–100　查看二进制日志的缓存大小

参数说明　binlog_cache_size，所有未提交的事务会记录到一个缓存中，等待事务提交时，直接将缓存中的二进制日志写入二进制日志文件。该缓存的大小由 binlog_cache_size 决定，默认大小为 32KB。此外，binlog_cache_size 是基于 session 的，也就是，当一个线程开始一个事务时，MySQL 会自动分配一个大小为 binlog_cache_size 的缓存，可以通过 show global status 查看 binlog_cache_use、binlog_cache_disk_use 的状态，可以判断当前 binlog_cache_size 的设置是否合适。

5）查看二进制日志文件的格式的命令如下：

show variables like 'binlog_format';

查看结果如图 5-101 所示。

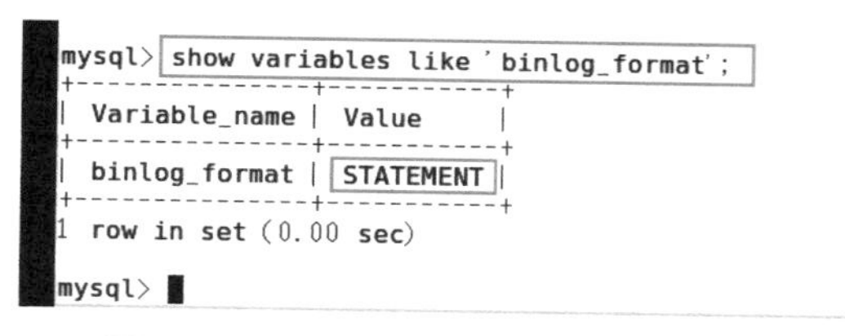

图 5-101　查看二进制日志的格式

参数说明

binlog_format 参数是从 MySQL 5.1.11 版本开始引入这个参数，该参数可以设置的值有 STATEMENT、ROW、MIXED。

STATEMENT 格式和之前的 MySQL 版本一样，二进制日志文件记录的是日志的逻辑 SQL 语句。系统可以将日志解析为原文本，并可以重新执行该记录的命令。该格式的优点是记录清晰易读、日志量小、对 I/O 影响较小。缺点是某些情况下日志复制会出错。

ROW 格式是将每一行的变更记录到日志中，而不是记录 SQL 语句。这种格式的优点是会记录每一行数据变化的细节，不会出现复制出错的情况，但缺点是日志量大，对 I/O 影响较大，例如对一个 100 万条记录进行更新操作时，日志会记录下 100 万条记录的变化情况，日志量大增。

MIXD 格式兼具上两种格式的优点，避开了它们的缺点，建议采用此格式。

提示

3）4）5）中查看的变量名都可用"set global '变量名' = 值"，来进行设置。

第 3 步：查看二进制日志记录的事件。

1）在 MySQL 下查看二进制日志记录的事件，如图 5-102 所示。

show binlog events in 'mysql-bin.000002';

```
mysql> show binlog events in 'mysql-bin.000002';
+------------------+-----+-------------+-----------+-------------+--------------------------------------------
| Log_name         | Pos | Event_type  | Server_id | End_log_pos | Info
+------------------+-----+-------------+-----------+-------------+--------------------------------------------
| mysql-bin.000002 |   4 | Format_desc |         1 |         120 | Server ver: 5.6.41-log, Binlog ver: 4
| mysql-bin.000002 | 120 | Query       |         1 |         199 | flush privileges
| mysql-bin.000002 | 199 | Query       |         1 |         308 | create database xiaozhang
| mysql-bin.000002 | 308 | Query       |         1 |         483 | use `xiaozhang`; create table mytable (
name varchar(20),
sex char(1),
birth date,
birthaddr varchar(20)) |
+------------------+-----+-------------+-----------+-------------+--------------------------------------------
4 rows in set (0.00 sec)

mysql>
```

图 5-102　在 MySQL 下查看二进制日志

2）在 CentOS 下查看二进制日志记录的事件，如图 5-103 所示。

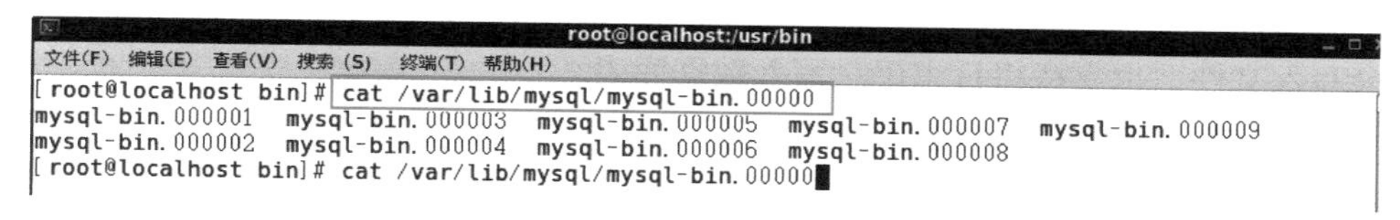

图 5-103　CentOS 下查看二进制日志记录

第 4 步：删除二进制日志。

1）删除所有二进制日志文件，新文件从 000001 开始，如图 5-104 所示。

```
reset master;
```

```
mysql> reset master;
Query OK, 0 rows affected (0.02 sec)

mysql> show binary logs;
+------------------+-----------+
| Log_name         | File_size |
+------------------+-----------+
| mysql-bin.000001 |       120 |
+------------------+-----------+
row in set (0.00 sec)

mysql>
```

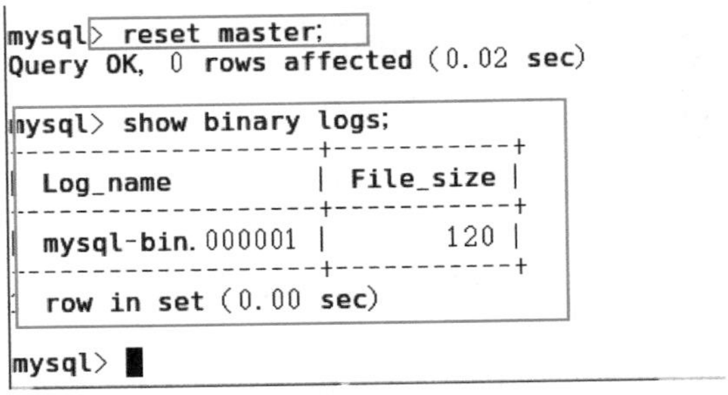

图 5-104　删除所有二进制日志

2）删除指定文件名的二进制日志，使用如下命令，如图 5-105 所示。

```
purge master logs to ‘mysql–bin.000004’;
```

```
mysql> purge master logs to 'mysql-bin.000004';
Query OK, 0 rows affected (0.01 sec)

mysql>
```

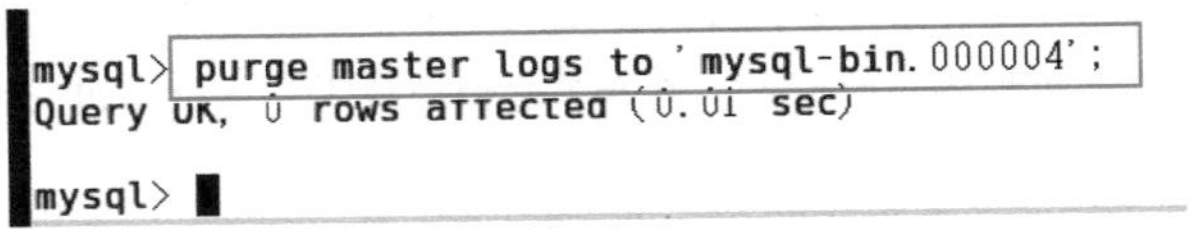

图 5-105　删除指定二进制日志

删除指定日期之前的二进制日志，使用如下命令，如图 5-106 所示。

```
purge master logs before ‘YYYY–MM–DD HH24:MiSS’;
```

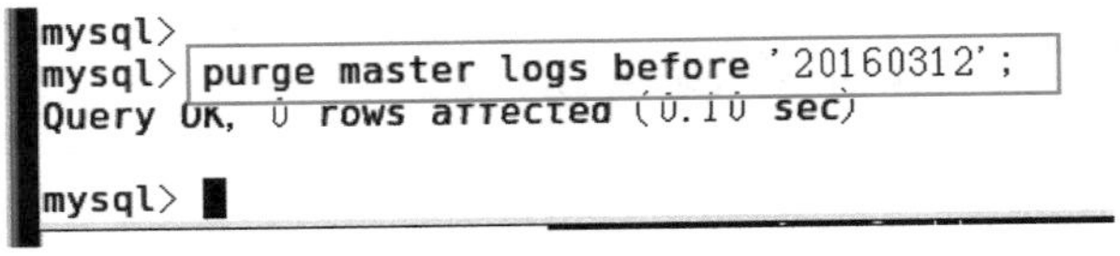

```
mysql>
mysql> purge master logs before '20160312';
Query OK, 0 rows affected (0.10 sec)

mysql>
```

图 5-106　删除指定日期之前的二进制日志

4. 操作慢查询日志

MySQL 的慢查询日志是 MySQL 提供的一种日志记录，它用来记录在 MySQL 中响应时间超过阈值的语句，具体指运行时间超过 long_query_time 值的 SQL，会被记录到慢查询日志中。long_query_time 的默认值为 10，表示运行 10s 以上的语句。默认情况下，MySQL 数据库并不启动慢查询日志，需要手动设置这个参数，当然，如果不是调优需要的话，那么一般不建议启动该参数，因为开启慢查询日志会或多或少对性能造成影响。慢查询日志支持将日志记录写入文件，也支持将日志记录写入数据库表。

第 1 步：使用命令开启慢查询日志，并设置慢查询日志记录时间为 1s。

1）开启慢查询日志：

```
set global slow_query_log=on;
```

2）设置慢查询日志记录时间为 1s，如图 5-107 所示。

set global slow_launch_time=1;

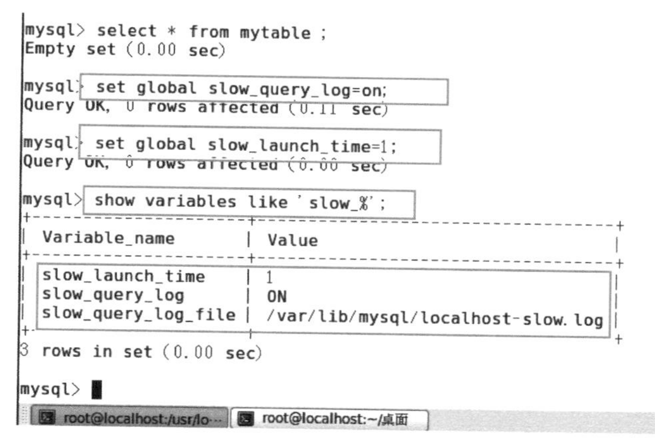

```
mysql> select * from mytable ;
Empty set (0.00 sec)

mysql> set global slow_query_log=on;
Query OK, 0 rows affected (0.11 sec)

mysql> set global slow_launch_time=1;
Query OK, 0 rows affected (0.00 sec)

mysql> show variables like 'slow_%';
+---------------------+------------------------------------+
| Variable_name       | Value                              |
+---------------------+------------------------------------+
| slow_launch_time    | 1                                  |
| slow_query_log      | ON                                 |
| slow_query_log_file | /var/lib/mysql/localhost-slow.log  |
+---------------------+------------------------------------+
3 rows in set (0.00 sec)

mysql>
```

图 5-107　打开慢查询日志

第 2 步：查看慢查询日志。

1）图 5-107 中 slow_query_log_file 为慢查询日志文件存放的位置。和错误日志、查询日志一样，慢查询日志记录的格式也是纯文本，可以被直接读取。

2）查看慢查询日志，如图 5-108 所示。

more /var/lib/mysql/localhost-slow.log

```
Display all 180 possibilities? (y or n)
[root@localhost 桌面]# more /var/lib/mysql/localhost-slow.log
/usr/sbin/mysqld, Version: 5.6.41-log (MySQL Community Server (GPL)). started with:
Tcp port: 3306  Unix socket: /var/lib/mysql/mysql.sock
Time                 Id Command    Argument
[root@localhost 桌面]# a
```

图 5-108　查看慢查询日志

3）MySQL 通过慢查询日志定位执行效率较低的 SQL 语句，当慢查询日志的内容过多时，通过 mysqldumpslow 工具（MySQL 客户端安装自带）来对慢查询日志进行分类汇总。

第 3 步：备份慢查询日志（参考本项目任务 3 的 1 中对错误日志的备份）。

第 4 步：通过重启慢查询日志可清空日志内容。

1）输入命令：set global slow_query_log=0;

2）输入命令：set global slow_query_log=1;

执行结果如图 5-109 所示。

```
mysql> set global slow_query_log=0;
Query OK, 0 rows affected (0.00 sec)

mysql> set global slow_query_log=1;
Query OK, 0 rows affected (0.00 sec)

mysql>
```

图 5-109　重启慢查询日志

参数说明

slow_query_log：是否开启慢查询日志，1表示开启，0表示关闭。

log-slow-queries：旧版（5.6以下版本）MySQL数据库慢查询日志存储路径。可以不设置该参数，系统会给一个默认的文件host_name-slow.log。

slow-query-log-file：新版（5.6及以上版本）MySQL数据库慢查询日志存储路径。可以不设置该参数，系统会给一个默认的文件host_name-slow.log。

long_query_time：慢查询阈值，当查询时间多于设定的阈值时，记录日志。

log_queries_not_using_indexes：未使用索引的查询也被记录到慢查询日志中（可选项）。

log_output：日志存储方式。log_output='FILE'表示将日志存入文件，默认值是'FILE'。log_output='TABLE'表示将日志存入数据库，这样日志信息就会被写入mysql.slow_log表中。MySQL数据库同时支持两种日志存储方式，配置的时候以逗号隔开即可，如：log_output='FILE,TABLE'。日志记录到系统的专用日志表中要比记录到文件中耗费更多系统资源，因此对于需要启用慢查询日志，又需要能够获得更高的系统性能，那么建议优先记录到文件。

第5步：查看和修改日志的存储方式

（1）查看慢查询日志的存储方式

show variables like 'log_out%';

可以看到慢查询日志的存储方式为FILE（文件）。

（2）修改慢查询日志的存储方式为TABLE（表格）

set global log_output='TABLE';

（3）重复运行第（1）条命令，查看日志的存储方式变为TABLE（表格）

show variables like 'log_out%';

操作步骤如图5-110所示。

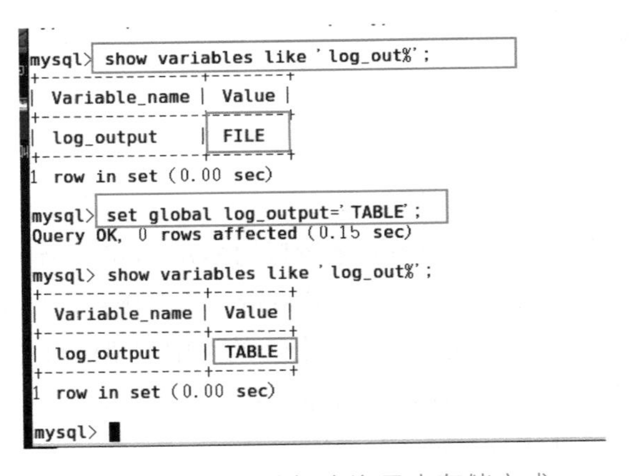
```
mysql> show variables like 'log_out%';
+---------------+-------+
| Variable_name | Value |
+---------------+-------+
| log_output    | FILE  |
+---------------+-------+
1 row in set (0.00 sec)

mysql> set global log_output='TABLE';
Query OK, 0 rows affected (0.15 sec)

mysql> show variables like 'log_out%';
+---------------+-------+
| Variable_name | Value |
+---------------+-------+
| log_output    | TABLE |
+---------------+-------+
1 row in set (0.00 sec)

mysql>
```

图5-110　修改慢查询日志存储方式

第6步：如果调优的话，建议开启系统变量log-queries-not-using-indexes（未使用索引查询日志）这个选项。如果开启了这个参数，其使用full index scan（全索引扫描）的sql命令也会被记录到慢查询日志中，如图5-11所示。

（1）查看记录未使用索引查询的日志的选项参数

show variables like 'log_queries_not%';

（2）打开记录未使用索引查询日志的参数选项

set global log_queries_not_using_indexes=1;

```
mysql> show variables like 'log_queries_not%';
+-------------------------------+-------+
| Variable_name                 | Value |
+-------------------------------+-------+
| log_queries_not_using_indexes | OFF   |
+-------------------------------+-------+
1 row in set (0.00 sec)

mysql> set global log_queries_not_using_indexes=1;
Query OK, 0 rows affected (0.00 sec)

mysql> show variables like 'log_queries_not%';
+-------------------------------+-------+
| Variable_name                 | Value |
+-------------------------------+-------+
| log_queries_not_using_indexes | ON    |
+-------------------------------+-------+
1 row in set (0.00 sec)

mysql>
```

图 5-111　开启慢查询 log-queries-not-using-indexes

第 7 步：查询有多少条慢查询记录，使用系统变量，如图 5-112 所示。

show global status like '%Slow_queries%';

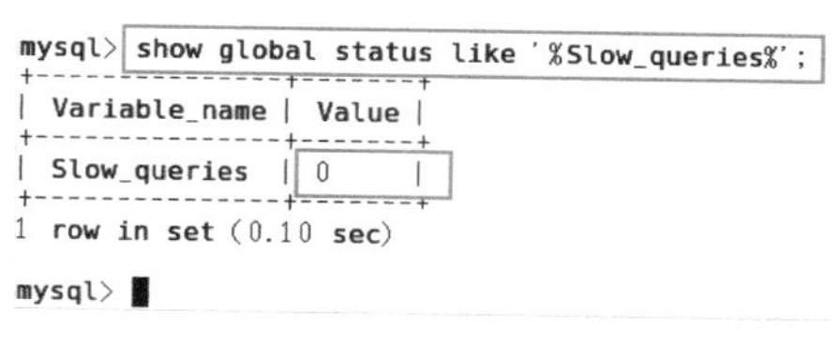

图 5-112　查询慢查询记录数量

【必备知识】

1. MySQL 配置文件的读取顺序

本项目多个任务中所涉及的"/usr/my.cnf"是 MySQL 多个配置文件中的一个，MySQL 的配置文件可以在 CentOS 中输入命令"my_print_defaults | grep my.cnf"来查看其默认读取的顺序，对 MySQL 的安全配置有着重要的参考意义。

/etc/my.cnf
/etc/mysql/my.cnf
/usr/etc/my.cnf
~/.my.cnf

先读取 /etc/my.cnf, 再读取 /etc/mysql/my.cnf，接着读取安装目录下面的 my.cnf，最后读取 /home/USERNAME 下面的 my.cnf。其中前两个可以视为全局参数，后面两个可以视为用户选项参数。

2. 合理使用慢查询日志

MySQL 通过慢查询日志定位执行效率较低的 SQL 语句，当慢查询日志的内容过多时，通过 mysqldumpslow 工具（MySQL 客户端安装自带）来对慢查询日志进行分类汇总。

MySQL 通过慢查询日志定位那些执行效率较低的 SQL 语句，用"--log-slow-queries[=file_name]"选项启动时，MySQL 会写一个包含所有执行时间超过 long_query_time 值的 SQL 语句的日志文件，通过查看这个日志文件定位效率较低的 SQL。

慢查询日志在查询结束以后才记录，所以在应用反映执行效率出现问题的时候查询慢查询日志并不能定位问题，可以使用 show processlist 命令查看当前 MySQL 在进行的线程，包括线程的状态、是否锁表等，可以实时地查看 SQL 的执行情况，同时对一些锁表操作进行优化。

3. 日常使用过程中的小型 MySQL 数据库安全注意事项

1）用 IPTABLE 或者 TCP WRAP 的方式，限制可连接的客户端 IP。
2）删除默认空密码账号、匿名账号及 TEST SCHEMA。
3）禁止使用弱密码。
4）不在数据库中存储明文密码或者个人敏感信息。
5）不建议使用简单 MD5 加密 match 函数，建议在使用加密函数时，加上 salt 干扰串。
6）默认不授予 PROCESS、FIlE、SUPER 等权限。
7）尽量不使用系统 ROOT 账号运行 mysqld 进程。
8）默认关闭监听公网 IP，只允许本地 match 网络连接。
9）不允许普通账号读写其他账号的数据库。
10）有过创建账号指定明文密码时，及时清除历史记录。

4. 日常生产过程中的大中型 MySQL 数据库的安全策略

MySQL 的使用成本和可扩展性决定了 MySQL 被运用于越来越多的业务中，在关键业务中对数据安全性的要求也更高。为了保证 MySQL 的数据安全，这里简单介绍一些数据库的安全策略，具体的配置可以查找相关的资料或者借助网络搜索。

（1）操作系统级别的安全
1.1 不要将数据库放在系统分区
1.2 使用专用的最小权限账号运行 MySQL 数据库进程
1.3 禁止使用 MySQL 命令行历史记录
1.4 确保 MYSQL_PWD 环境变量未设置敏感信息（密码）
1.5 确保在用户配置文件中未配置 MYSQL_PWD
（2）数据库的安装与配置
2.1 安装与规划
　　2.1.1 就地备份策略
　　2.1.2 验证备份是好的
　　2.1.3 备份应该是安全的可担保的
　　2.1.4 备份应该能够被验证是安全的
　　2.1.5 基于时间点的恢复
　　2.1.6 灾难恢复计划
　　2.1.7 配置备份和相关文件
2.2 使用数据库专用服务器
2.3 不在系统命令行中指定密码
2.4 不使用重复数据库账户
2.5 历史命令行密码设置为不可见
（3）文件权限控制
3.1 控制数据目录的访问权限
3.2 控制二进制文件的权限
3.3 控制错误日志的权限
3.4 控制慢查询日志文件的权限
3.5 控制通用日志文件的权限

3.6 控制审计日志文件的权限
3.7 控制 SSL 密钥文件的权限
3.8 控制 MySQL 插件目录的权限
（4）通用安全
4.1 安装最新补丁
4.2 删除 test 数据库
4.3 确保用户自定义函数不被加载（allow–suspicious–udfs 参数设置为 FALSE）
4.4 确保读取本地文件的参数设置失效
4.5 确保 mysqld 不会跳过权限表而被加载（––skip –grant–tables 参数）
4.6 确保不能使用连接文件（–skip–symbolic–links）
4.7 确保安全目录的设置不为空（数据库相关文件的导出用）
4.8 确保所有表都严格遵守所定义的 SQL 模式
（5）权限配置
5.1 控制可以访问所有数据库的账号
5.2 限制非管理员用户的权限
5.3 合理控制 DML/DDL（数据操纵 / 数据定义）语句操作授权
（6）审计和日志
6.1 开启错误日志审计功能
6.2 确保日志存放在非系统区域
6.3 确保日志警告级别大于 1，确保失败连接和拒绝访问等信息会被记录
6.4 确保日志审计功能打开
6.5 关闭原始日志功能，避免敏感信息被记录
（7）认证
7.1 将兼容老密码的参数 Old_Passwords 关闭
7.2 防止用低版本客户端和旧的密码验证方式登录服务器（secure_auth 设置）
7.3 确保密码不保存在全局设置中
7.4 确保 sql_mode 中包含有不自动创建账户设置（NO_AUTO_CREATE_USER）
7.5 为所有 MySQL 账户设置密码，并确保密码策略已经到位
7.6 确保没有用户拥有通配主机名，确保没有匿名账户存在
（8）网络设置
8.1 限制可以连接 MySQL 的客户端
8.2 确保使用 SSL 加密连接，并确保尽量包含更多明确的群体或用户
（9）数据库复制
9.1 确保复制的流量安全
9.2 确保“master_info_repository”（主库信息存储库）参数设置为“Table”（表）
9.3 确保 SSL 加密连接时验证服务器证书
9.4 确保用于复制的用户没有超级权限
9.5 确保复制用户没有通配符主机名

5. 扩展阅读：使用二进制文件恢复数据库

经常有网站管理员因为各种原因和操作导致网站数据误删，而且又没有做网站备份，结

果不知所措，甚至给网站运营和赢利带来负面影响。这里简要讲解如何通过 MySQL 的二进制日志（binlog）来恢复数据。基本思路：

1）开启 binlog 功能及基本操作；

2）往站点添加数据；

3）查看 binlog 日志内容是否更新；

4）删除数据；

5）binlog 日志内容解析；

6）恢复指定数据。

第 1 步：确认二进制日志已经开启，并已做好相应配置（参照任务 3 中的案例 3）。

第 2 步：新建案例数据，查看二进制日志。

1）在 MySQL 中新建任意数据库、数据表，并填充若干数据，如图 5–113 所示。

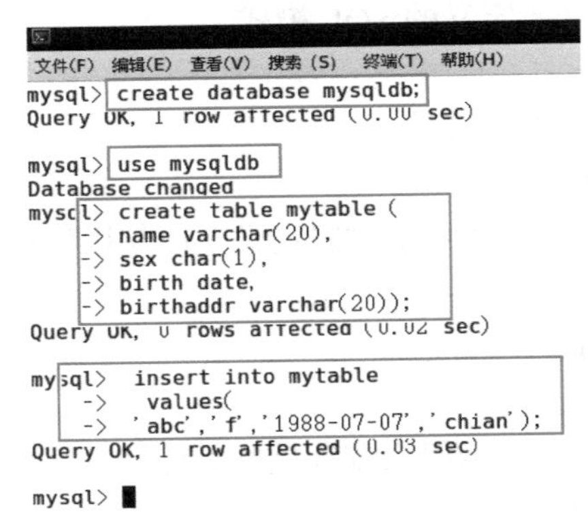

图 5–113 新建库和表结构并填充数据

2）查看二进制文件，查看数据是否记录成功（假设二进制日志数据有且只有一个，否则可修改扩展名中的数值），如图 5–114 所示。

show binlog events in' mysql-bin.000001';

```
mysql> show binlog events in 'mysql-bin.000001';
+------------------+-----+-------------+-----------+-------------+---------------------------------------------
| Log_name         | Pos | Event_type  | Server_id | End_log_pos | Info
+------------------+-----+-------------+-----------+-------------+---------------------------------------------
| mysql-bin.000001 |   4 | Format_desc |         1 |         120 | Server ver: 5.6.41-log, Binlog ver: 4
| mysql-bin.000001 | 120 | Query       |         1 |         227 | drop database xiaozhang
| mysql-bin.000001 | 227 | Query       |         1 |         330 | create database mysqldb
| mysql-bin.000001 | 330 | Query       |         1 |         501 | use `mysqldb`; create table mytable (
name varchar(20),
sex char(1),
birth date,
birthaddr varchar(20)) |
| mysql-bin.000001 | 501 | Query       |         1 |         586 | BEGIN
| mysql-bin.000001 | 586 | Query       |         1 |         732 | use `mysqldb`; insert into mytable
values(
'abc','f','1988-07-07','chian')                                      |
| mysql-bin.000001 | 732 | Xid         |         1 |         763 | COMMIT /* xid=76 */
+------------------+-----+-------------+-----------+-------------+---------------------------------------------
7 rows in set (0.00 sec)

mysql>
```

图 5–114 查看二进制日志内容是否更新成功

第 3 步：删除数据库，查看时间节点。

1）删除数据库，如图 5-115 所示。

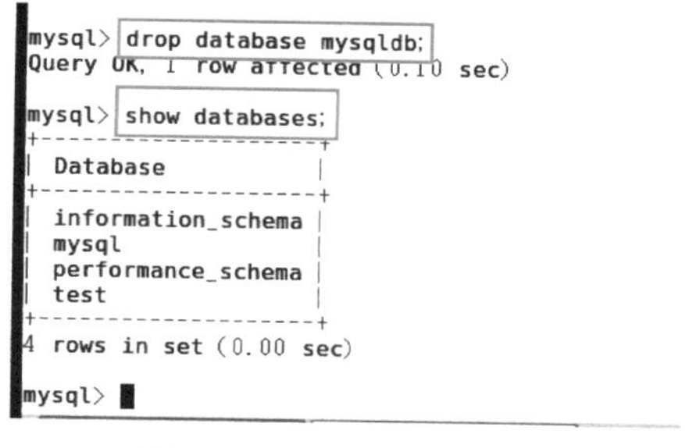

```
mysql> drop database mysqldb;
Query OK, 1 row affected (0.10 sec)

mysql> show databases;
+--------------------+
| Database           |
+--------------------+
| information_schema |
| mysql              |
| performance_schema |
| test               |
+--------------------+
4 rows in set (0.00 sec)

mysql>
```

图 5-115　删除数据库

2）退出 MySQL 环境，在 CentOS 环境中再次查看二进制日志内容，查找相应的时间节点，如图 5-116 所示。

```
mysqlbinlog --no-defaults /var/lib/mysql/mysql-bin.000001
```

从日志中可以看出，插入数据的时间为 2018-8-11 19:43:13，清空数据库的时间是 2018-08-11 19:45:48。

```
/*!*/;
# at 501
#180811 19:43:13 server id 1  end_log_pos 586 CRC32 0x8ffff9b7  Query  thread_id=1  exec_time=0  error_code=0
SET TIMESTAMP=1533987793/*!*/;
BEGIN
/*!*/;
# at 586
#180811 19:43:13 server id 1  end_log_pos 732 CRC32 0x05fb0d87  Query  thread_id=1  exec_time=0  error_code=0
SET TIMESTAMP=1533987793/*!*/;
insert into mytable
  values(
 'abc','f','1988-07-07','chian')
/*!*/;
# at 732
#180811 19:43:13 server id 1  end_log_pos 763 CRC32 0x4ecd53cc  Xid = 76
COMMIT/*!*/;
# at 763
#180811 19:45:48 server id 1  end_log_pos 864 CRC32 0x3833b98e  Query  thread_id=1  exec_time=0  error_code=0
SET TIMESTAMP=1533987948/*!*/;
drop database mysqldb
/*!*/;
# at 864
#180811 19:47:47 server id 1  end_log_pos 911 CRC32 0x75ad8770  Rotate to mysql-bin.000002  pos: 4
DELIMITER ;
# End of log file
ROLLBACK /* added by mysqlbinlog */;
/*!50003 SET COMPLETION_TYPE=@OLD_COMPLETION_TYPE*/;
/*!50530 SET @@SESSION.PSEUDO_SLAVE_MODE=0*/;
[root@localhost 桌面]#
```

图 5-116　在 CentOS 下查看二进制日志，确定时间节点

第 4 步：利用二进制日志恢复数据。

1）在 CentOS 下使用命令恢复数据库，如图 5-117 所示。

```
mysqlbinlog --start-datetime="2018-08-11 19:35:24" --stop-datetime="2018-08-11 19:43:13" /var/lib/mysql/mysql-bin.000001|mysql -uroot -p123456
```

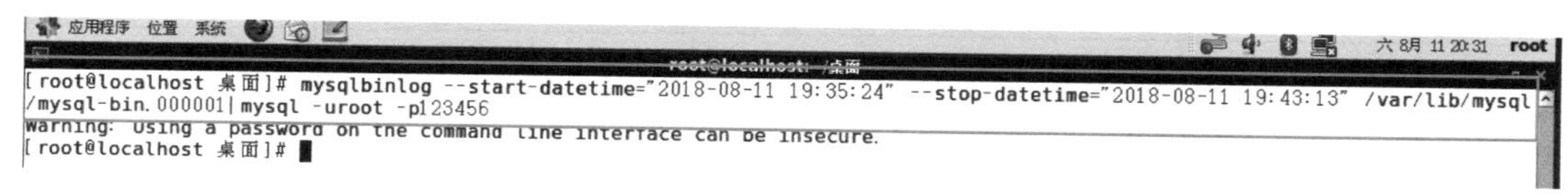

```
[root@localhost 桌面]# mysqlbinlog --start-datetime="2018-08-11 19:35:24" --stop-datetime="2018-08-11 19:43:13" /var/lib/mysql
/mysql-bin.000001| mysql -uroot -p123456
Warning: Using a password on the command line interface can be insecure.
[root@localhost 桌面]#
```

图 5-117　在 CentOS 下使用二进制日志恢复数据库

提示　--start-datetime 和 --stop-datetime 是根据时间节点的开始和结束来恢复数据库数据的，所有时间节点非常重要，应仔细查看，避免误操作导致更严重的数据破坏。

2）进入 MySQL，查看恢复的结果，如图 5–118 所示。

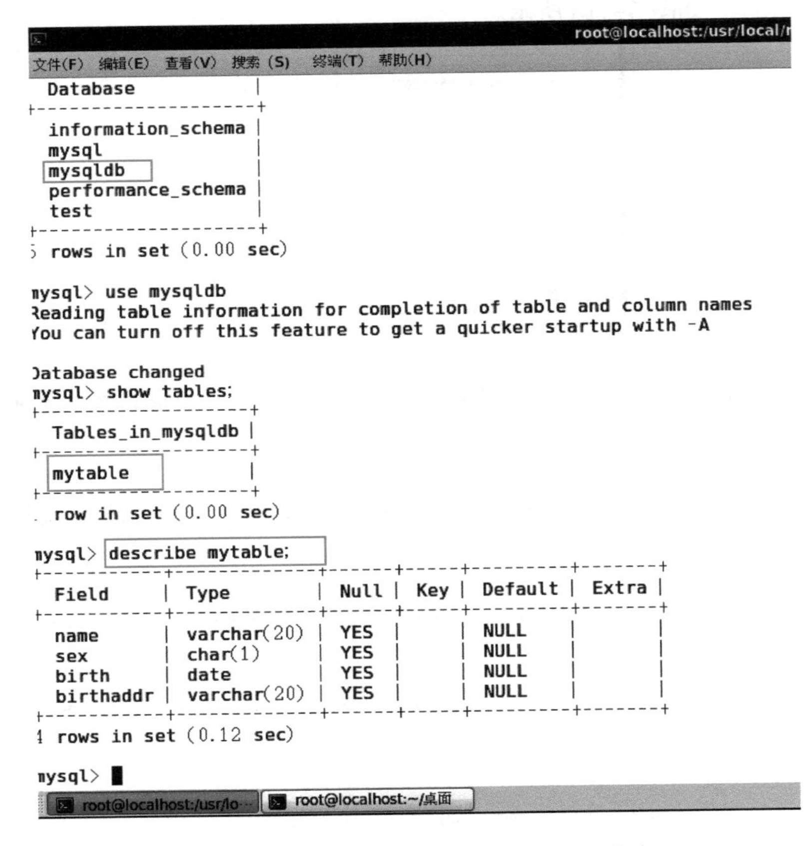

图 5–118　数据库、数据表、记录已恢复

【任务评价】

在完成本次任务的过程中，学会了 MySQL 错误日志、查询日志、二进制日志和慢查询日志的相关知识，请对照表 5–4 进行总结与评价。

表 5–4　任务评价表

评价指标	评价结果	备　注
1. 熟练掌握 MySQL 错误日志的查看、备份方法	□A　□B　□C　□D	
2. 熟练掌握 MySQL 查询日志开启、关闭、查看、备份方法	□A　□B　□C　□D	
3. 熟练掌握 MySQL 二进制日志的开启、关闭、设置、查看方法	□A　□B　□C　□D	
4. 熟练掌握 MySQL 慢查询日志的开启、设置、查看方法	□A　□B　□C　□D	
5. 了解可以使用 MySQL 二进制日志恢复数据库	□A　□B　□C　□D	
综合评价：		

【触类旁通】

1）对现在的 MySQL 错误日志进行查看和备份，如图 5-119 所示。

错误日志的保存目录为：/var/lib/mysql/localhost.localdomain.err，备份可用到之前学到的方法。

cp /var/lib/mysql/localhost.localdomain.err / ‘备份点的绝对路径’

```
[root@localhost bin]# rm -rf /backup-err/*
[root@localhost bin]# cp /var/lib/mysql/localhost.localdomain.err /backup-err/$(date +%Y-%m-%d)
[root@localhost bin]# ls /backup-err/
2018-08-21
[root@localhost bin]# 
```

图 5-119 备份指定日期的错误日志

2）将二进制日志备份后清空，使其重新开始编号。

二进制清空可使用如下命令。

reset master; 删除所有二进制日志，重新编号

purge master logs to 'mysql-bin.000004'; 删除指定二进制文件名的二进制日志

purge master logs before 'YYYY-MM-DD HH24:MiSS'; 删除指定时间前的二进制日志

3）设置有关日志的参数变量，如更改日志存放位置。

show variables like '%log%'; 查看所有日志相关的变量情况

set global ‘变量名’ = ‘参数’； 设置指定变量的值

4）查看、检查和关闭查询日志。

show variables like 'general%'; 可查看查询日志的两个变量。

general_log 变量为查询日志的开启和关闭

general_log_file 变量为查询日志存放位置

5）将 stusta 数据库逐步删除，然后通过二进制日志恢复（做此实验前请备份数据库或制作系统快照）。

命令参考：

mysqlbinlog --start-datetime="YYYY-MM-DD HH24:MiSS" --stop-datetime="YYYY-MM-DD HH24:MiSS" /var/lib/mysql/mysql-bin.000001|mysql -uroot -p（数据库 root 账户密码）

使用二进制日志恢复数据库应注意记录恢复时间节点，节点的时间内包含数据库的变更操作，让数据库能通过二进制日志进行回滚操作。

项目小结

在本项目中，首先从 CentOS 系统下 MySQL 的安全卸载和软件包的安装切入，通过任务引导的方式，逐步引入添加系统服务、密码修改、添加用户权限、设置 MySQL 安全向导、配置远程登录账户等数据库基础维护操作；最后通过对 MySQL 数据库日志的实例讲解，介绍了 MySQL 数据库很重要的安全维护操作——数据库日志的备份和查看（包含错误日志、查询日志、二进制日志和慢查询日志）。

思考与实训

一、选择题

1. 下列哪个选项不是 MySQL 的技术特点（ ）。

   A. 是一个客户端或服务器系统

   B. 包括支持各种客户端程序和库的多线程 SQL 服务器

   C. 是一个自身非常安全的数据库系统

   D. 包括广泛的应用程序编程接口和管理工具

2. MySQL 服务器的默认端口是什么（ ）。

   A. 80 B. 8000 C. 3308 D. 3306

3. 下面哪种 MySQL 密码使用方式最不安全（ ）。

   A. 直接将密码写在命令行中

   B. 使用交互方式输入密码

   C. 将用户名和密码写在配置文件里

   D. 将写有用户名和密码的配置文件进行严格的权限限制

4. 下面哪个命令可以用来查找 MySQL 系统中的匿名用户（ ）。

   A. select * from mysql.user where user="";

   B. DROP USER ""

   C. DELETE FROM user WHERE user="";

   D. select * from user where user="";

5. 下面哪个选项不是 MySQL 安全配置向导能配置的安全选项（ ）。

   A. 为 root 用户设置密码

   B. 修改日志存储位置

   C. 取消 root 账户远程登录

   D. 删除匿名账号、test 库和对 test 库的访问权限

6. MySQL 通过身份认证后进行权限分配时，最先验证的是（ ）表。

   A. columns_priv B. tables_priv C. db D. user

7. 将 studb 数据库的查询和更新权限赋予远程用户 jrb，且允许将权限赋予其他用户的命令是（ ）。

   A. grant select, insert, update, delete on studb.* to jrb@'%;

   B. grant create,alter,drop on studb.* to developer@'192.168.1.%';

   C. grant select, update on studb.* to jrb@'% with grant option;

   D. grant create,alter,drop on studb.* to developer@'192.168.1.%' with grant option;

8. 下列哪个命令是回收用户 jrb 的新建权限（ ）。

   A. revoke create on *.* from 'jrb@%';

   B. drop user 'jrb'@'%';

   C. rename user 'test3'@'%' to 'jrb'@'%';

   D. update user set password=password('123456') where user='jrb';

9. 在 CentOS 6.5 环境下导出 MySQL 的表数据为文本的默认目录为（ ）。

   A. /var/lib/mysql-files/

   B. 使用 show variables like ‘%secure%’; 命令查看

C. /usr/mysql/

D. 在 usr/mysql/my.cnf 中查找或添加 secure_file_priv =

10. MySQL 默认打开的日志是（　　）。

A. 查询日志　　B. 错误日志　　C. 二进制日志　　D. 慢查询日志

二、填空题

1. 使用 tar –xvf MySQL–5.6.41–1.el6.x86_64.rpm–bundle.tar 命令解压出来以下 7 个文件：MySQL–shared–compat–5.6.41–1.el6.x86_64.rpm、MySQL–server–5.6.41–1.el6.x86_64.rpm、MySQL–client–5.6.41–1.el6.x86_64.rpm、MySQL–devel–5.6.41–1.el6.x86_64.rpm、MySQL–shared–5.6.41–1.el6.x86_64.rpm、MySQL–embedded–5.6.41–1.el6.x86_64.rpm、MySQL–test–5.6.41–1.el6.x86_64.rpm，用来安装 MySQL 服务端和客户端程序的命令分别是______________________________、______________________________。

2. 在登录 MySQL 数据库，修改初始密码时，使用________________命令查看 root 账户的初始密码，然后使用________________命令和输入密码登录 MySQL，最后在 mysql> 提示符下输入命令________________，修改 root 本地账户的密码为 123456。

3. 打开二进制日志的方法是编辑 /usr/my.cnf 配置文件，在 mysqld 下插入______________，如果需要对特定数据库开启二进制日志，则需要添加______________参数。

4. 在 MySQL 中开启慢查询日志的命令是________________，将慢查询日志记录时间设置为 0.5s 的命令是________________。

三、实训操作

利用 VMWare 虚拟机的快照功能将 MySQL 数据恢复到任务 1 之后，对 MySQL 数据库进行如下操作：

1. 打开数据库的二进制日志和慢查询日志；

2. 新建个人远程账户 abc，赋予全部权限，且仅允许从单个 IP 地址访问数据库；

3. 利用 Navicat 软件为 score 表做备份，将导出的文件存放在 Windows 桌面上；

4. 在完成上述操作后在 MySQL 所在的系统环境中查看相应的错误日志、二进制日志和慢查询日志（如果有的话），并尝试进行备份。

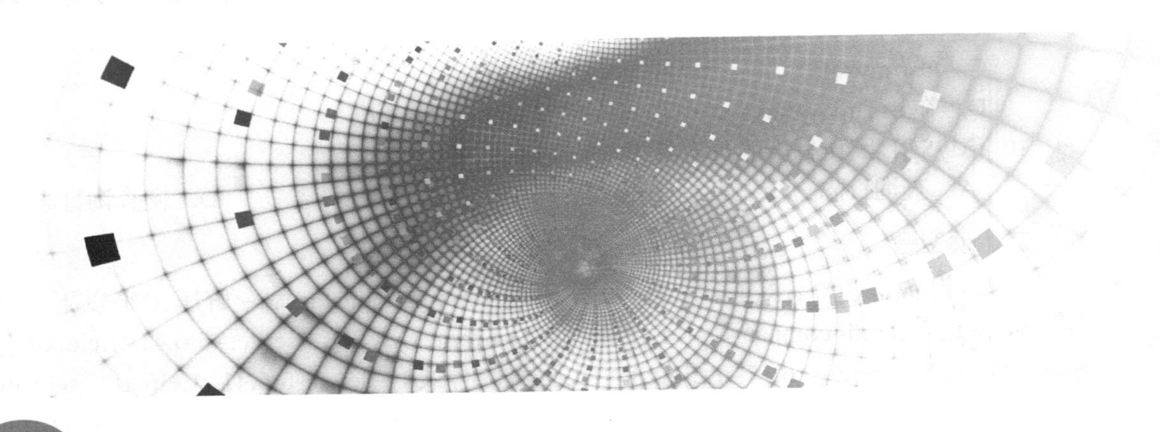

项目 6 MySQL 数据库高级安全维护

小张在学习完项目 5 后，对 MySQL 的安全安装、设置、管理有了初步的认识。由于 MySQL 数据库社区版免费、开源的性质，虽然有了较好的普及性和较大的使用范围，但对于运维人员的要求是非常高的，小张感到安全责任重大，所以，需要了解和掌握更多的 MySQL 安全维护知识。小张希望能够初步接触并参与职业院校信息安全攻防方面的内容，锻炼自己的技能。

【职业能力目标】

1）能够使用数据库工具 Navicat 进行 MySQL 数据库的维护

2）能够设置各种数据库对象和范围（粒度）的账户权限

3）能够搭建简单的主从 MySQL 服务器

任务 1 使用 Navicat 进行 MySQL 数据库的维护

【任务情境】

Navicat for MySQL 和 Navicat Premium 是基于 Windows 平台，为 MySQL 量身定做，提供类似于 Access（Excel）的用户管理界面工具。此解决方案的出现，可以解放 PHP、J2EE 等程序员以及数据库设计者、管理者的大脑，降低开发成本，也可以显著降低小张的学习门槛，为用户带来更高的开发效率。

【任务分析】

Navicat for MySQL 使用了极好的图形用户界面（GUI），可以用一种安全和更为容易的方式快速和容易地创建、组织、存取和共享信息。用户可完全控制 MySQL 数据库和不同的管理资料，包括一个多功能的图形化管理用户和访问权限的管理工具，便于将数据从一个数据库转移到另一个数据库中（本地到远程、远程到远程、远程到本地）进行数据备份。Navicat for MySQL 支持 Unicode 以及本地或远程 MySQL 服务器多连接，用户可浏览数据库、建立和删除数据库、编辑数据、建立或执行 SQL 查询、管理用户权限（安全设定）、将数据库备份 / 还原、导入 / 导出数据（支持导入 CSV、TXT、DBF 和 XML 数据格式）等。软件与任何 MySQL 5.0.x 以上服务器版本兼容，支持 Triggers 以及 BINARY VARBINARY/BIT 数据格式等的规范。

为了展示 Navicat 的数据备份效率，将引入 MySQL 官方的测试数据库 employees，里面有将近 400 万条数据，可以按照项目 5 任务 2 中介绍的方法将 Navicat 同虚拟机中的 MySQL 服务器连接，然后开始下面的任务。

【任务实施】

1. 下载 MySQL 案例 employees（雇员）数据库并导入 MySQL

第 1 步：找到 MySQL 示例数据库 employees 的下载地址，并下载。

1）访问 https://launchpad.net/，在示例数据库中找到名为 Sample database with test suite（带有测试套件的示例数据库）的页面，下方有三个文件压缩包可供下载，分别对应的是 employees_db-code-1.0.6.tar.bz2（数据库结构）、employees_db-dump-files-1.0.5.tar.bz2（数据库转储数据）和 employees_db-full-1.0.6.tar.bz2（同时包含有数据库结构和转储数据），如图 6-1 所示。

2）单击 employees_db-full-1.0.6.tar.bz2（同时包含有数据库结构和转储数据）链接，下载完整的 employees 数据库文件。

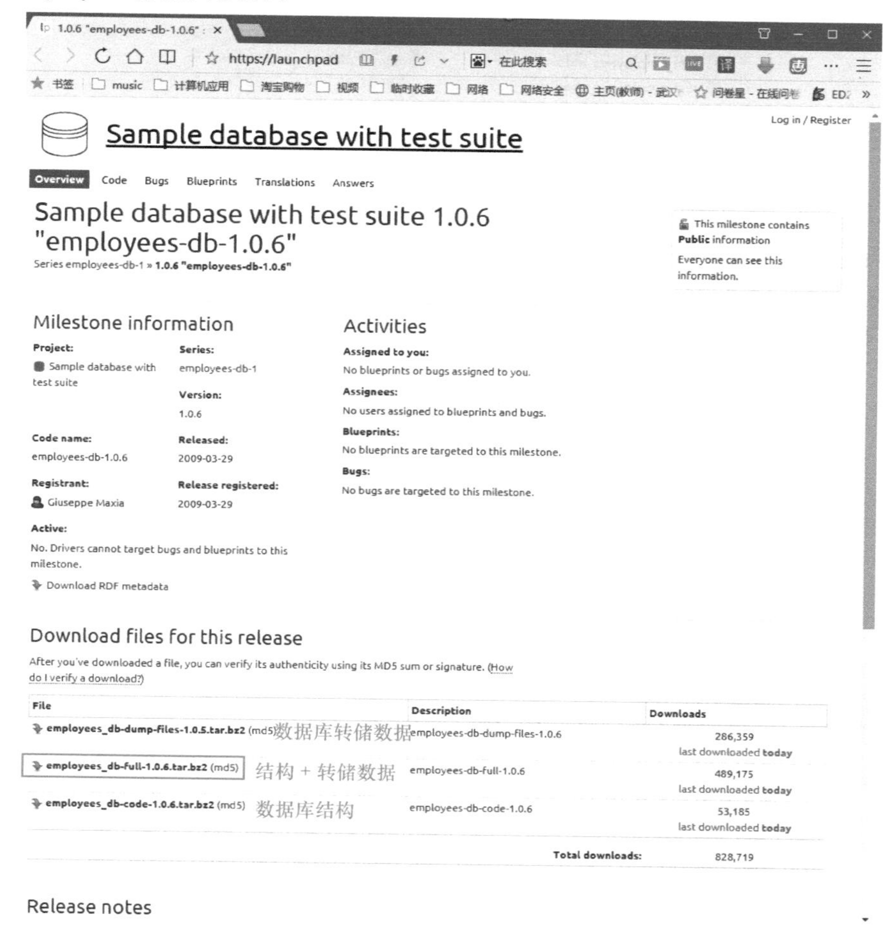

图 6-1　下载 employees 数据库

第 2 步：解压缩并复制到 CentOS 下。

1）解压缩 employees_db-full-1.0.6.tar.bz2，将解压缩后的 employees_db 文件夹复制到虚拟机中 CentOS 的桌面上，如图 6-2 所示。

电脑 › 桌面 › employees_db　　搜索"em...

名称	修改日期	类型
._employees.sql	2008-11-28 18:13	SQL Text File
._employees_partitioned2.sql	2008-10-09 17:49	SQL Text File
._load_departments.dump	2008-07-30 5:52	DUMP 文件
._load_dept_manager.dump	2008-07-30 5:52	DUMP 文件
._load_employees.dump	2008-07-30 5:52	DUMP 文件
._load_salaries.dump	2008-07-30 5:52	DUMP 文件
._load_titles.dump	2008-07-30 5:52	DUMP 文件
._README	2008-07-30 6:13	_README 文件
Changelog	2009-03-30 5:39	文件
employees.sql	2008-11-28 18:13	SQL Text File
employees_partitioned.sql	2009-02-06 15:51	SQL Text File
employees_partitioned2.sql	2008-10-09 17:49	SQL Text File
employees_partitioned3.sql	2009-02-06 16:44	SQL Text File
load_departments.dump	2008-07-30 5:52	DUMP 文件
load_dept_emp.dump	2009-03-30 5:29	DUMP 文件
load_dept_manager.dump	2008-07-30 5:52	DUMP 文件
load_employees.dump	2008-07-30 5:52	DUMP 文件
load_salaries.dump	2008-07-30 5:52	DUMP 文件
load_titles.dump	2008-07-30 5:52	DUMP 文件
objects.sql	2009-03-30 5:37	SQL Text File
README	2008-07-30 6:13	文件
test_employees_md5.sql	2009-03-30 5:34	SQL Text File
test_employees_sha.sql	2009-03-30 5:34	SQL Text File

图 6-2　employees 数据库解压缩后的内容

2）确认 employees_db 文件夹中直接存放的就是数据库文件。

第 3 步：打开终端命令行，导入数据库。

1）在 employees_db 文件夹上单击鼠标右键选择“在终端中打开”命令，在打开的命令行模式中（确认提示符为 employees_db]#）输入以下命令，如图 6-3 所示。

```
mysql –uroot –p <employees.sql
```

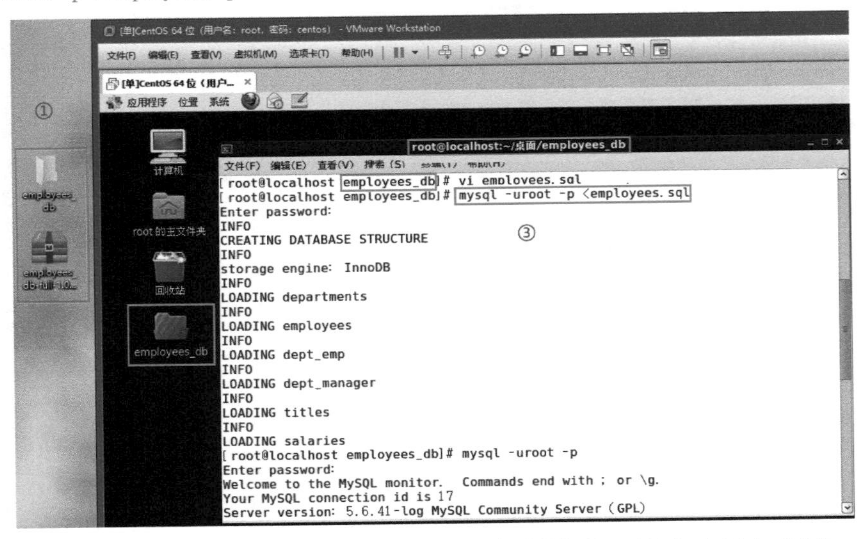

图 6-3　将 employees 文件解压缩后复制到 CentOS 中导入 SQL

2）输入数据库密码后即可导入案例数据库 employees。

> 提示
>
> 之前任务设置的密码有 123456、jrb123456 或者 jrb_123456，如果都不正确，则可以参考项目 5 任务 2 必备知识中的“忘记 MySQL 数据库密码时的操作”。

第 4 步：确认导入成功。

1）在虚拟机外打开 Navicat，使用 root@% 账户和密码连接 MySQL 数据库（连接过程参见项目 5 任务 2），确认导入成功，如图 6–4 所示。

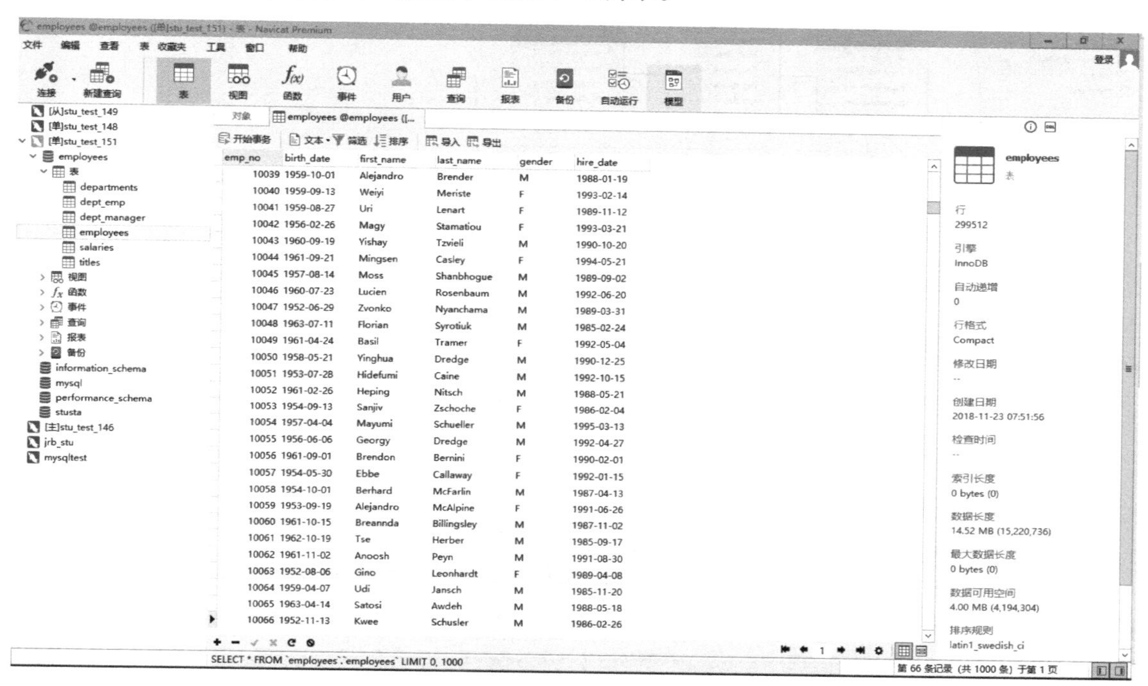

图 6–4　确认成功导入 employees 数据库

> 提示
>
> 5.7.5 以上版本 MySQL 如果导入不成功，则可以修改 employees_db 文件夹下的 employees.sql 文件，在第 38 行和第 44 行，将行的前面加上“--”符号（见图 6–5）后再导入即可。

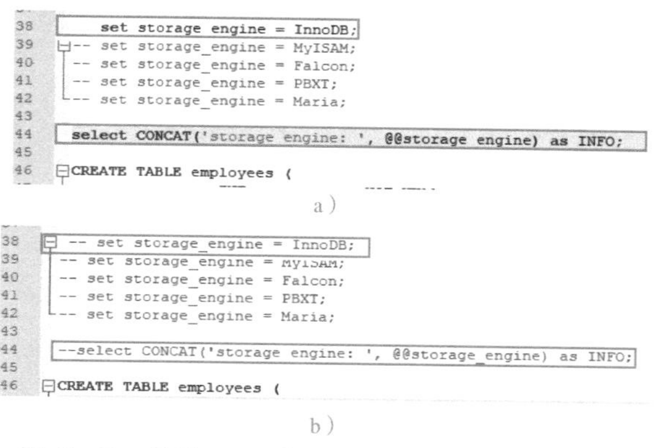

图 6–5　修改 employees.sql 文件前后对比

2）在 Navicat 中选择 employees 数据库下的表，然后在“查看”菜单下选择“ER 图表”，就可以查看所有表字段和表之间的关系，如图 6–6 所示。

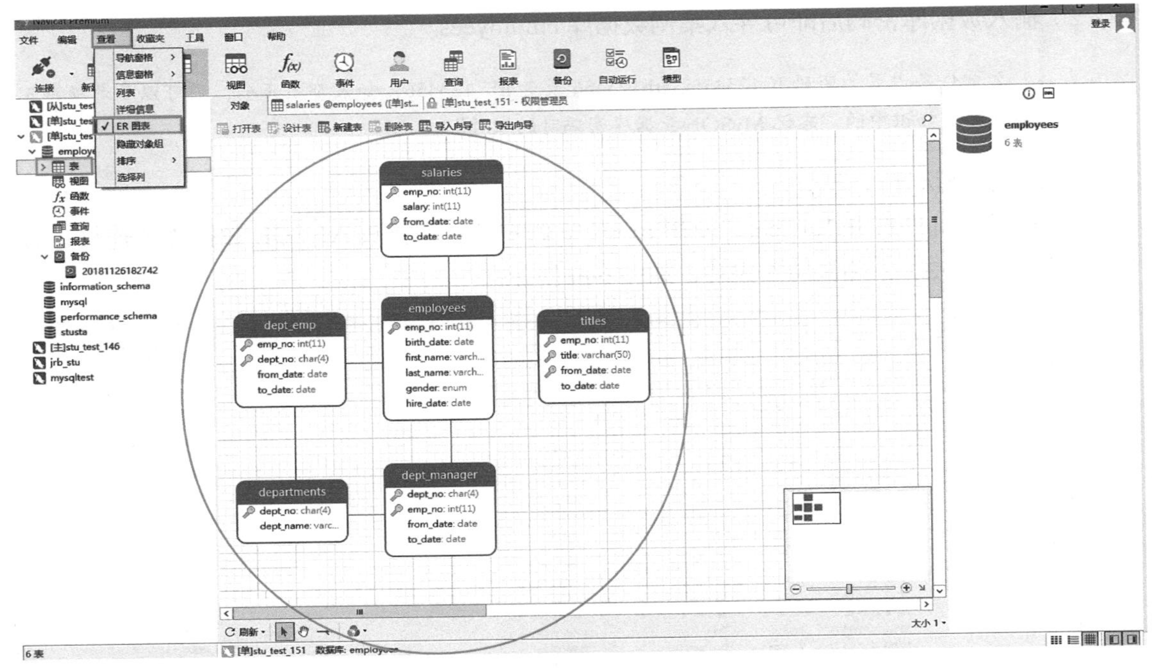

图 6-6　查看数据库表结构和关系

2. 使用 Navicat 进行用户权限的管理——新建账户 lxq

第 1 步：打开用户管理界面。

1）打开 Navicat 用 root 账户连接 MySQL 数据库。

2）单击“用户”按钮，查看当前数据库中所有的用户名。其中 root 用户共有 5 个类型的账户，均为超级用户，jrb 共有两个类型的账户，仅为普通用户，如图 6-7 所示。

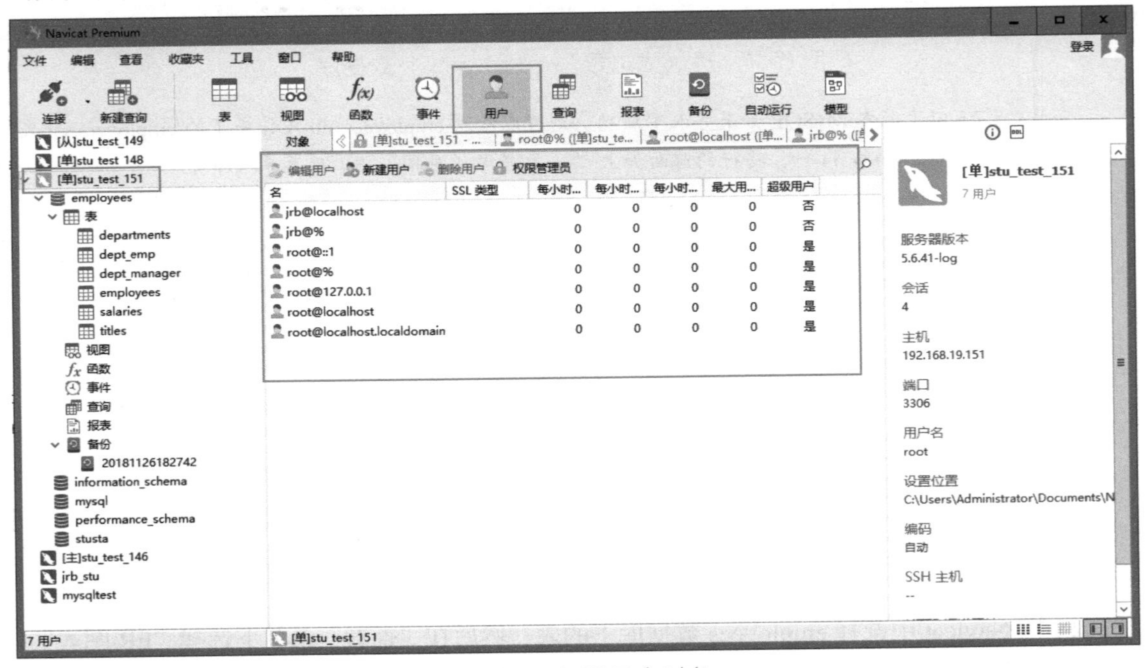

图 6-7　打开用户对象

第 2 步：新建用户，设置权限。

1）单击“新建用户”按钮，打开新建用户界面，里面共有 5 个选项卡，根据需要依次填写。

2）“常规”属性页：该属性页主要用来填写需要建立的用户名、主机地址、新建用户的密码和确认密码。主机地址可以填写“localhost”或“%”。

这里用户名填写 lxq，主机填写 %，密码为 lxq123456，如图 6-8 所示。

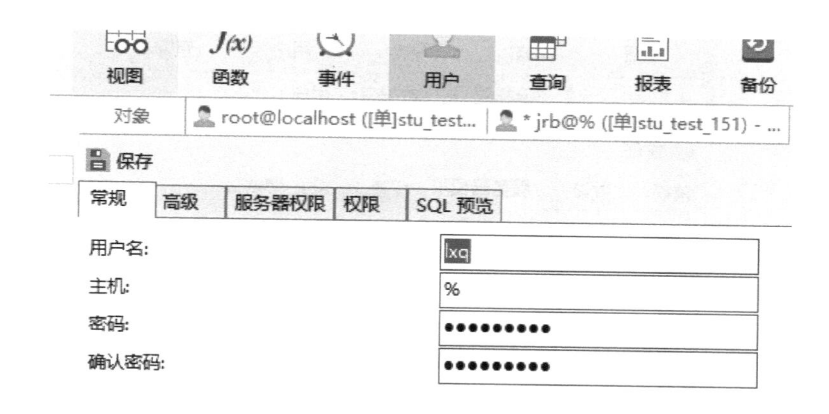

图 6-8 “常规”属性页

3）“高级”属性页：该属性页主要用来填写对数据库的访问限制。主要有“每小时最大查询数”“每小时最大更新数”“每小时最大连接数”等。这些内容可以根据实际需要进行设置，也可以不填。如果连接的数据库是 4.1 以前的版本，则可以勾选“使用 OLD_PASSWORD 加密”。SSL 是用来与数据库中加密链接的设置相配合的。这里都不需要填写，如图 6-9 所示。

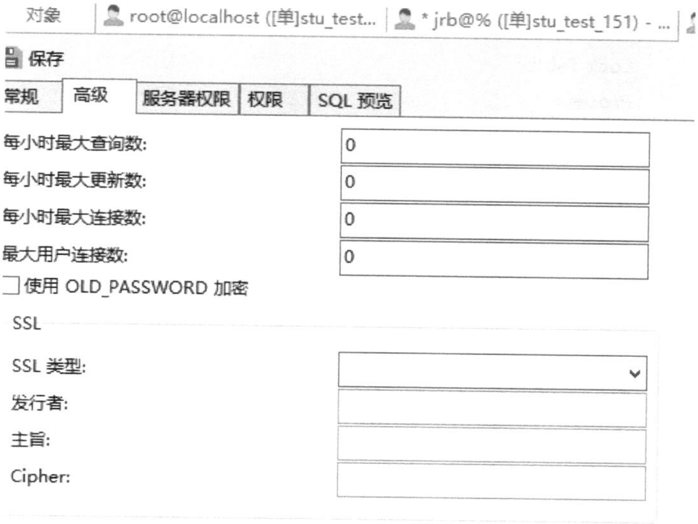

图 6-9 “高级”属性页

4）“服务器权限”页：该属性页主要用来设置新建用户对 MySQL 服务器的访问权限，例如在 MySQL 服务器中查询数据（Select）、插入数据（Insert）、更新数据（Update）、创建数据库（Create）、删除数据库（Drop）等权限。一般来说，如果建立的是普通用户，则只选择查询数据、插入数据、更新数据即可。因为这里仅对雇员数据库分配权限，所以勾选 Select 即可，如图 6-10 所示。

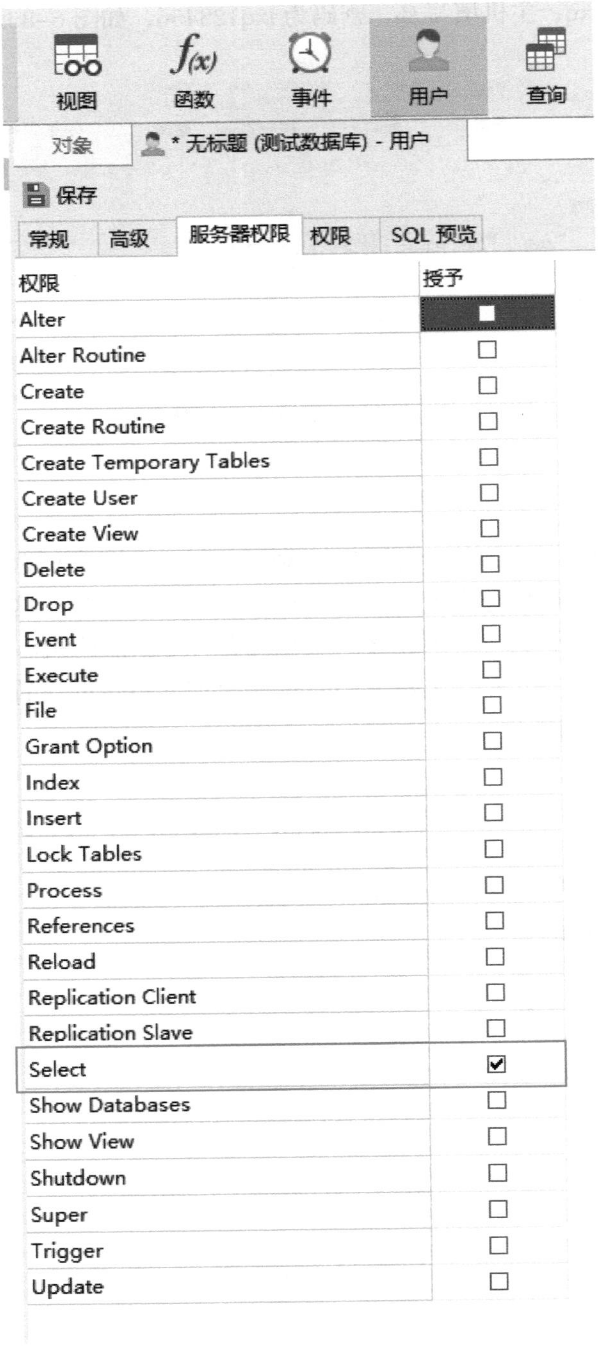

视图 函数 事件 用户 查询

对象 | * 无标题 (测试数据库) - 用户

保存

常规 高级 服务器权限 权限 SQL 预览

权限	授予
Alter	☐
Alter Routine	☐
Create	☐
Create Routine	☐
Create Temporary Tables	☐
Create User	☐
Create View	☐
Delete	☐
Drop	☐
Event	☐
Execute	☐
File	☐
Grant Option	☐
Index	☐
Insert	☐
Lock Tables	☐
Process	☐
References	☐
Reload	☐
Replication Client	☐
Replication Slave	☐
Select	☑
Show Databases	☐
Show View	☐
Shutdown	☐
Super	☐
Trigger	☐
Update	☐

图 6-10 “服务器权限”页

5）“权限”页：该属性页用来设置对某一数据库的访问权限，前面的“服务器权限”设置是针对该服务器下所有数据库的访问权限。如果不希望该用户访问所有的数据库，而只访问指定的数据库，则需要在该属性页中设置具体的数据库访问权限。单击工具栏中的“添加权限”按钮，在弹出的“添加权限”对话框中，可以对数据库或者数据库中的表或视图或函数添加一条权限记录，如图 6–11 所示。

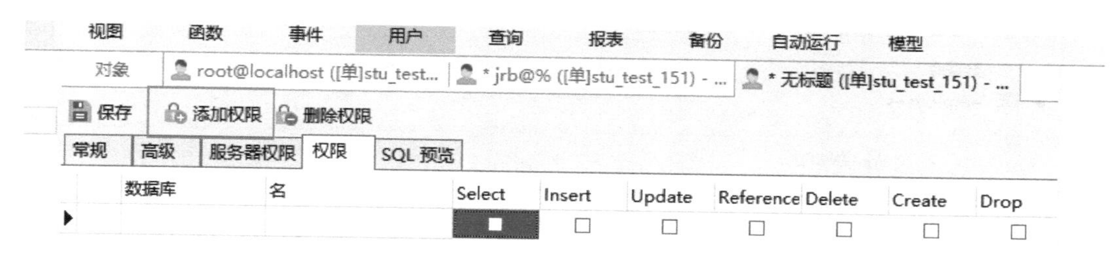

图 6–11　权限页添加权限

这里给 employees 数据库添加 Select、Insert、Update、Create、Alter 权限，给 titles 表添加 delete 权限如图 6–12 所示。

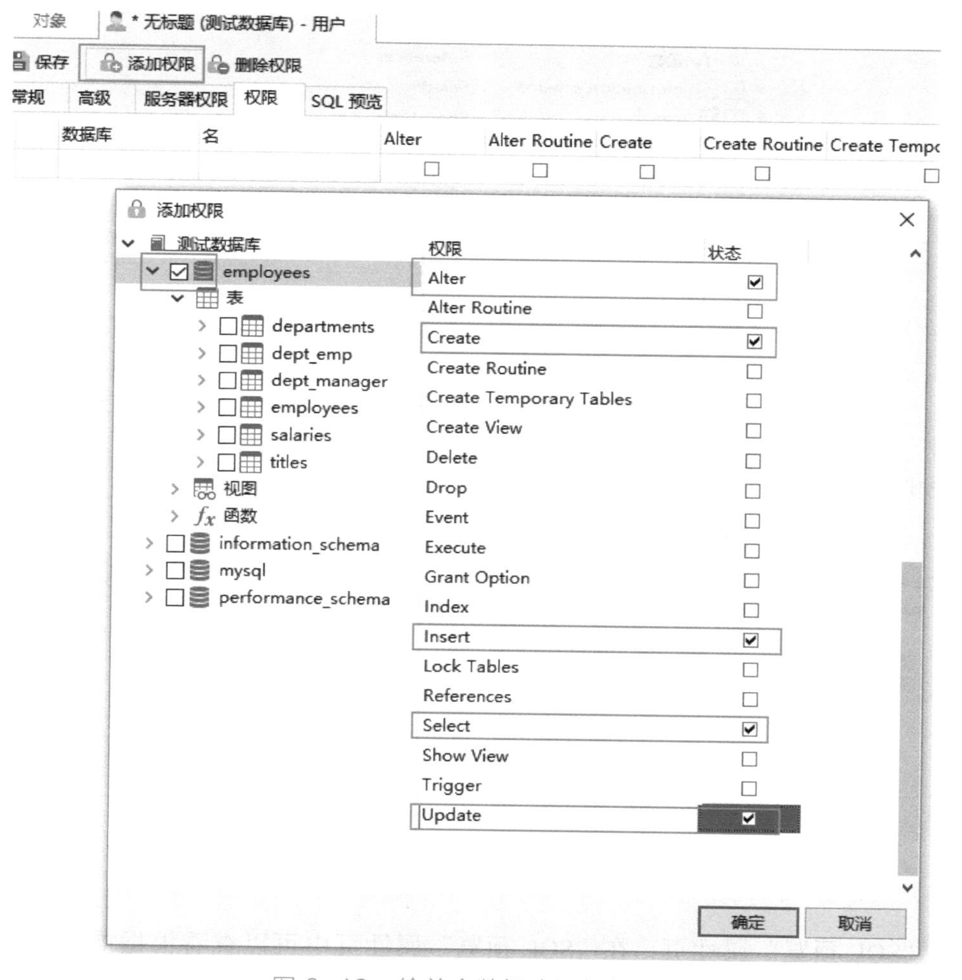

图 6–12　给单个数据库添加权限

这里还可以单击数据库前面的 > 符号，在显示的表、视图、函数中添加单独的权限，如图 6-13 所示。

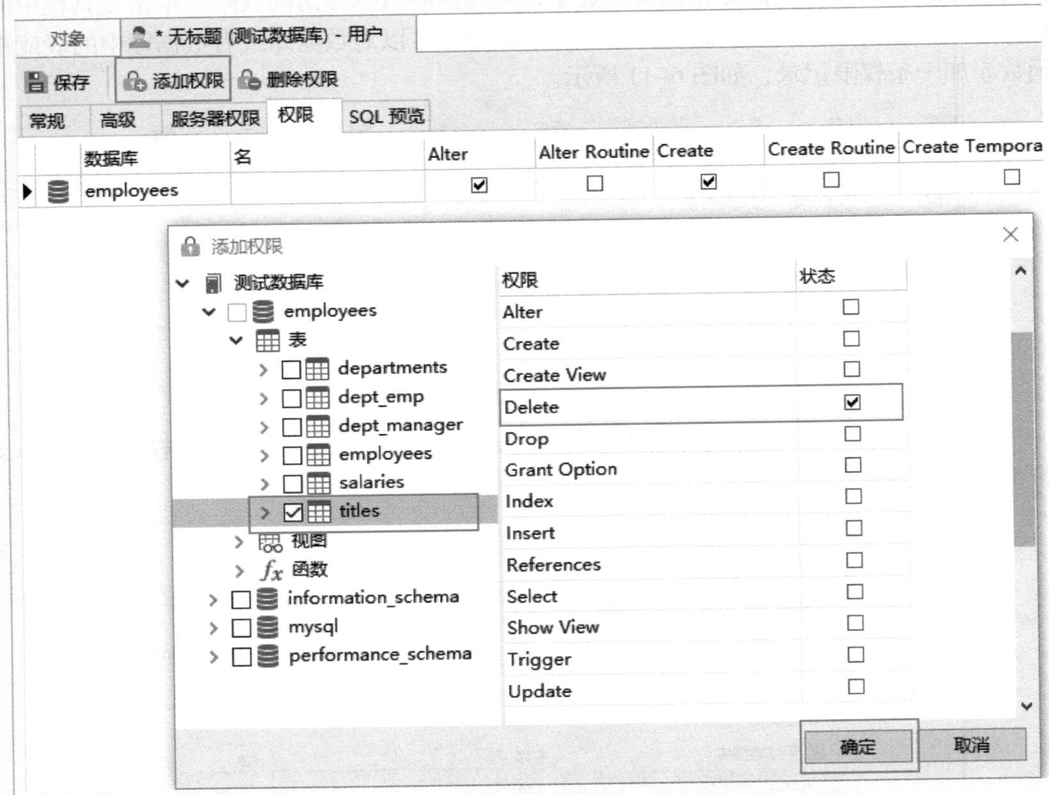

提示

图 6-13　给单个表添加权限

添加完毕后，就可以在权限页中看到设置的数据库或表等对象，相应的权限被选中，单击“保存”按钮即可。如果需要删除，则可以选中要删除的对象行，然后单击左上角的“删除权限”按钮即可，如图 6-14 所示。

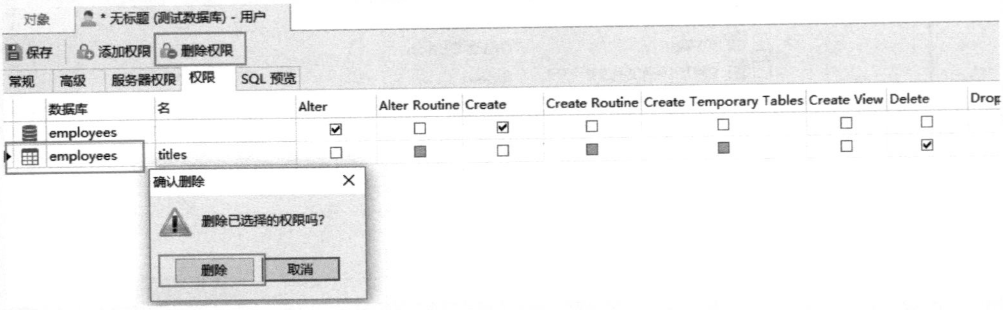

提示

图 6-14　删除权限

6）“SQL 预览”属性页：在“SQL 预览”属性页中可以查看根据前面设置生成的 MySQL 命令，如图 6-15 所示。

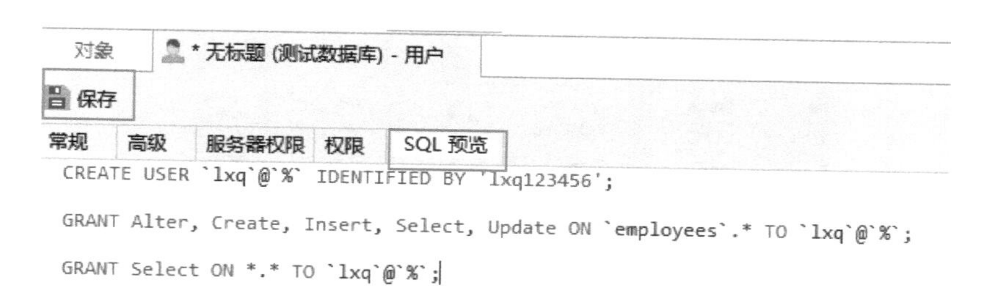

图 6-15 预览 SQL 语句

第 3 步：保存新建的权限。

在上述任何环节均可以单击左上角的“保存”按钮，使配置的权限生效，如图 6-16 所示。

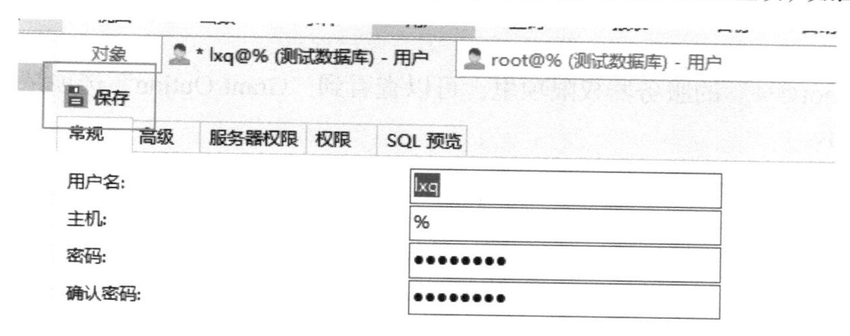

图 6-16 保存新建或修改的权限配置

3. 查看和修改 root@% 权限

在前面第 2 步中，如果新建或者修改权限后保存时提示出错（见图 6-17），则是 root@% 账户缺少 Grant Option 的服务器权限，需要在 MySQL 服务器上给 root@% 账户重新分配权限。操作步骤如下：

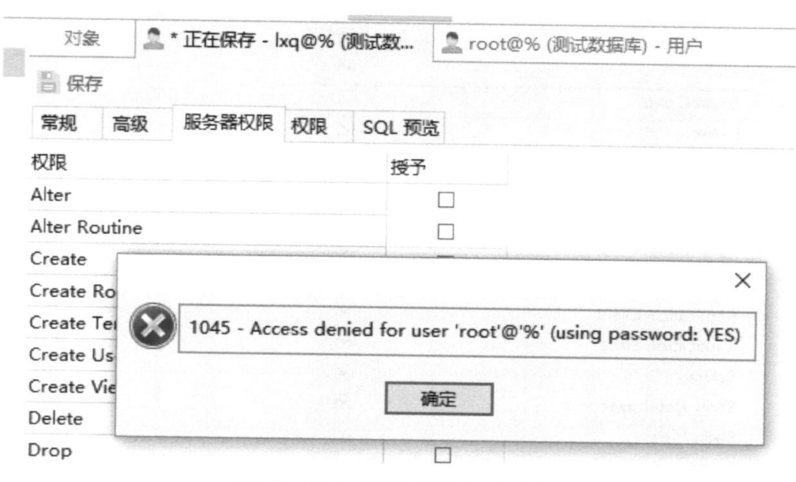

图 6-17 保存权限时报错

第 1 步：查看 root@% 账户的服务器权限。

1）在“用户”→“对象”选项卡下选中“root@%”用户，单击“编辑用户”按钮，如图 6-18 所示。

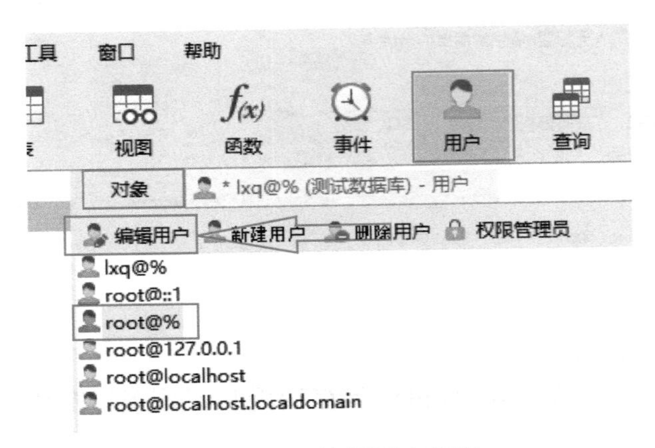

图 6-18　编辑用户权限

2）在“root@%”的服务器权限项里，可以查看到“Grant Option”选项是没有选中的，如图 6-19 所示。

对象　* lxq@% (测试数据库) - 用户　root@% (测试数据库) - 用户

保存

常规　高级　服务器权限　权限　SQL 预览

权限	授予
Alter	☑
Alter Routine	☑
Create	☑
Create Routine	☑
Create Temporary Tables	☑
Create User	☑
Create View	☑
Delete	☑
Drop	☑
Event	☑
Execute	☑
File	☑
Grant Option	☐
Index	☑
Insert	☑
Lock Tables	☑
Process	☑
References	☑
Reload	☑
Replication Client	☑
Replication Slave	☑
Select	☑
Show Databases	☑
Show View	☑
Shutdown	☑
Super	☑
Trigger	☑
Update	☑

图 6-19　Grant Option 未被勾选

第 2 步：在 MySQL 服务器上用 Grant 命令使 root@% 账户可以给别的账户授权。

1）“root@%”的账户权限是无法在远程连接的时候修改的，首先需要断开 Navicat 和 MySQL 数据库的连接。

2）用 root 账户登录 CentOS 环境下的 MySQL 服务器，用下面的语句修改权限（参见项目 5 任务 4）：

```
grant all on *.* to root@ '%' with grant option;
flush privileges;
```

权限修改情况如图 6-20 所示。

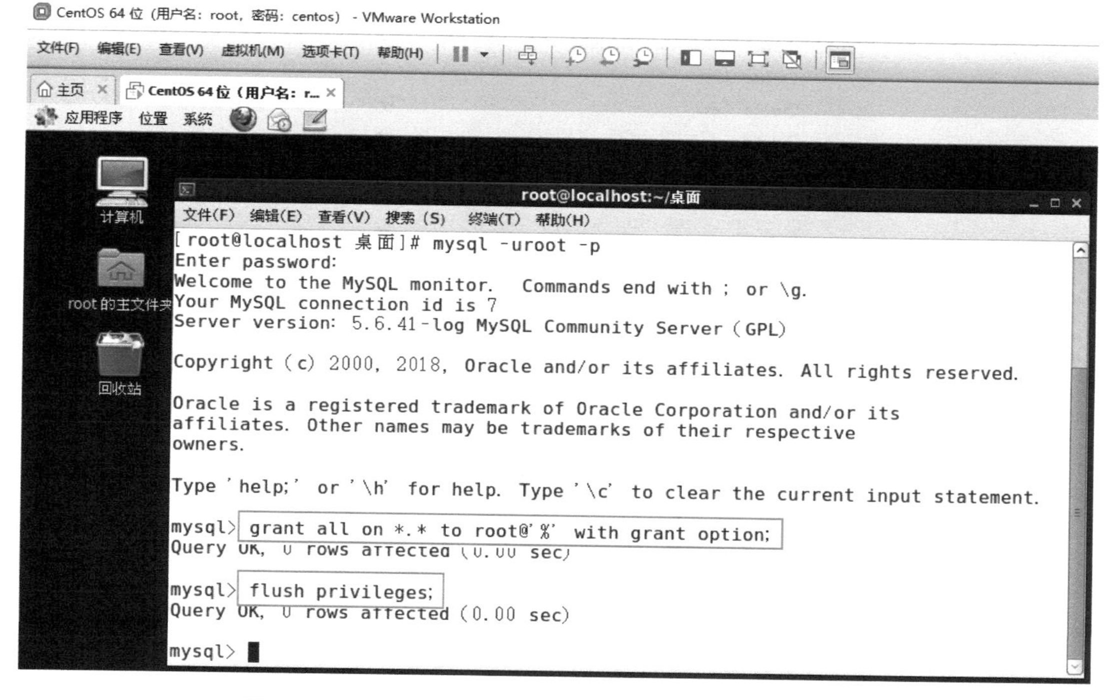

图 6-20　允许 root@% 账户将权限分配给其他账户

第 3 步：查看 root@% 账户权限，保存 lxq@% 权限配置。

1）用 Navicat 重新连接数据库后，打开 root@% 账户的“服务器权限”选项卡，发现“Grant Option”的权限已经被授予，如图 6-21 所示。

2）重新编辑“lxq@%”账户的权限，可成功保存配置。

4. 设置 Navicat 数据库备份路径

使用 Navicat 工具可以非常方便地将 MySQL 数据库中的数据进行备份，备份分为两种，一种是以 SQL 格式保存，另一种是 Navicat 备份格式来进行备份保存。备份前需要设置软件默认的备份路径，便于尽快查找到数据库的备份，设置的步骤如下：

第 1 步：关闭 MySQL 数据库连接。

1）在数据库连接名上单击鼠标右键。

2）在弹出的快捷菜单中选择“关闭连接”命令，如图 6-22 所示。

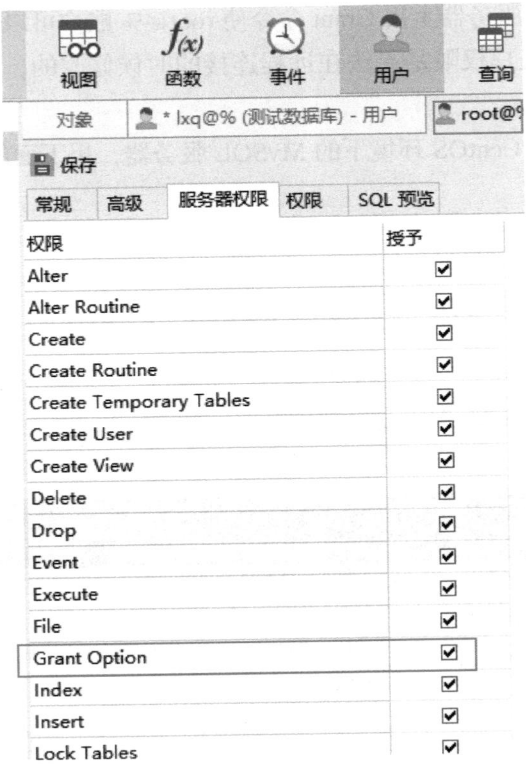

视图 函数 事件 用户 查询

对象 * lxq@% (测试数据库) - 用户 root@9

保存

常规 高级 服务器权限 权限 SQL 预览

权限	授予
Alter	☑
Alter Routine	☑
Create	☑
Create Routine	☑
Create Temporary Tables	☑
Create User	☑
Create View	☑
Delete	☑
Drop	☑
Event	☑
Execute	☑
File	☑
Grant Option	☑
Index	☑
Insert	☑
Lock Tables	☑

图 6-21　成功授权

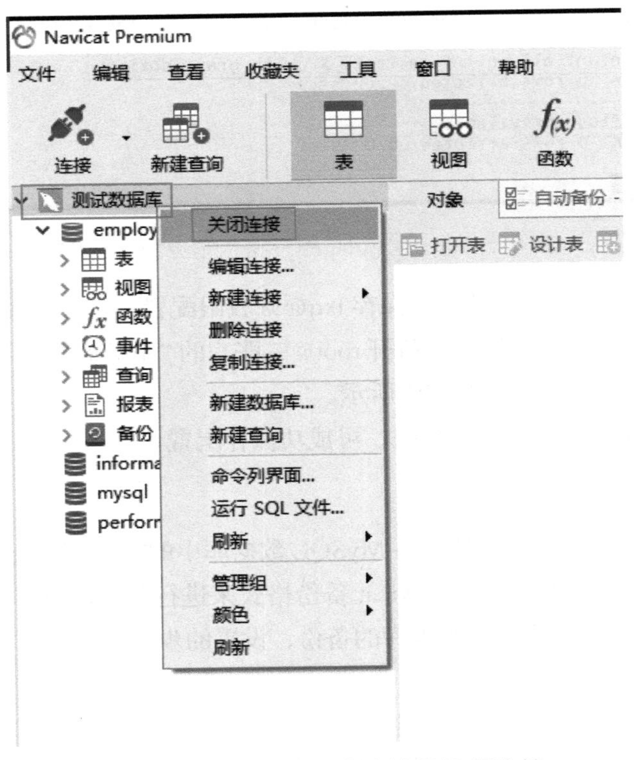

图 6-22　关闭数据库连接及编辑连接

第 2 步：编辑数据库连接属性。

1）再次在关闭的数据库连接名上单击鼠标右键，在弹出的快捷菜单中选择“编辑连接”命令。

2）在弹出的“编辑连接”对话框中找到“高级”选项卡，查看当前数据库备份的位置，如图 6-23 所示。

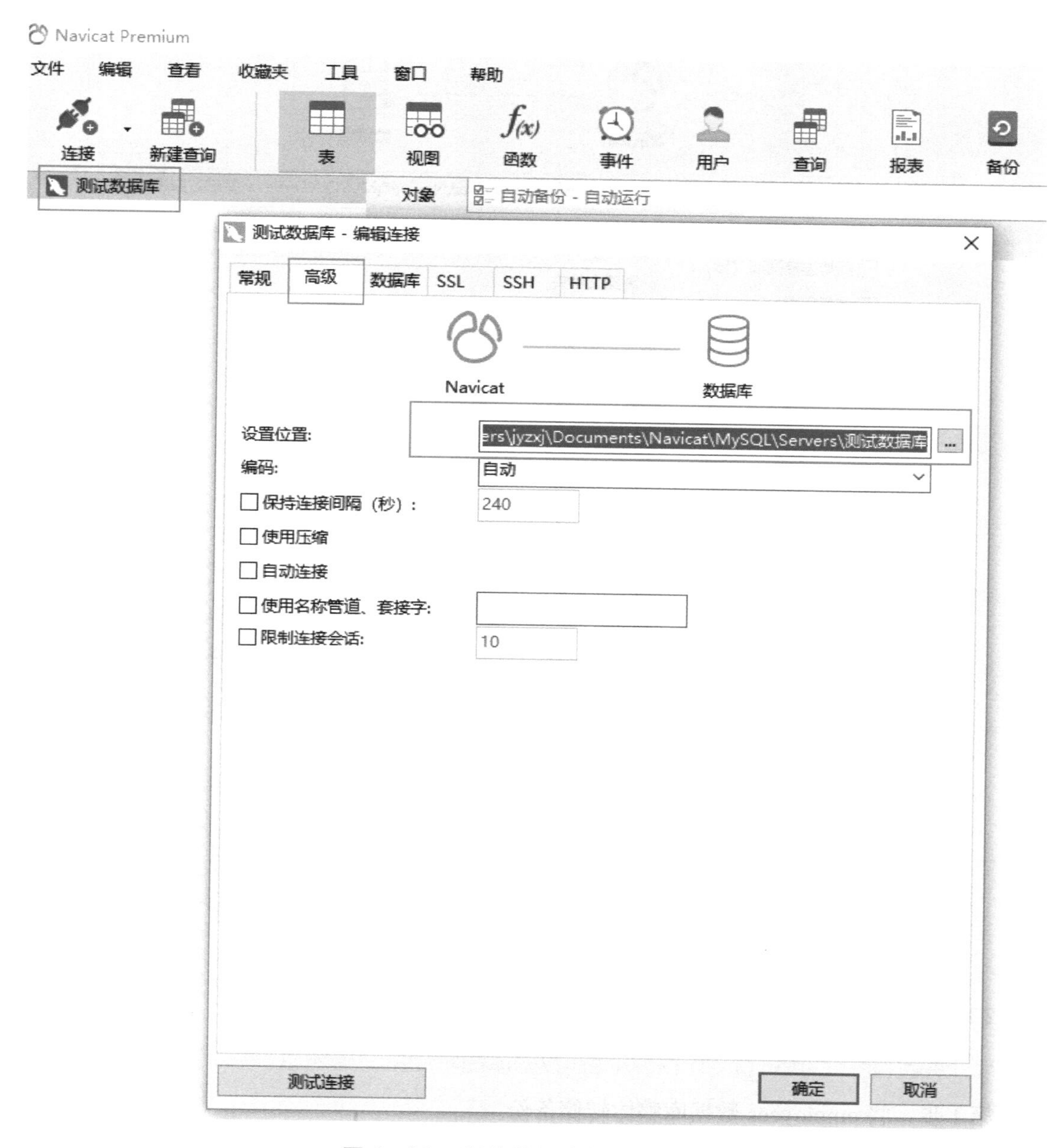

图 6-23　当前数据库的备份位置

第 3 步：修改“设置位置”属性。

1）单击“设置位置”后面的三个点按钮，在弹出的文件夹设置对话框里选择备份文件保存的位置，这里选择 F 盘下的 test 目录，如图 6-24 所示。

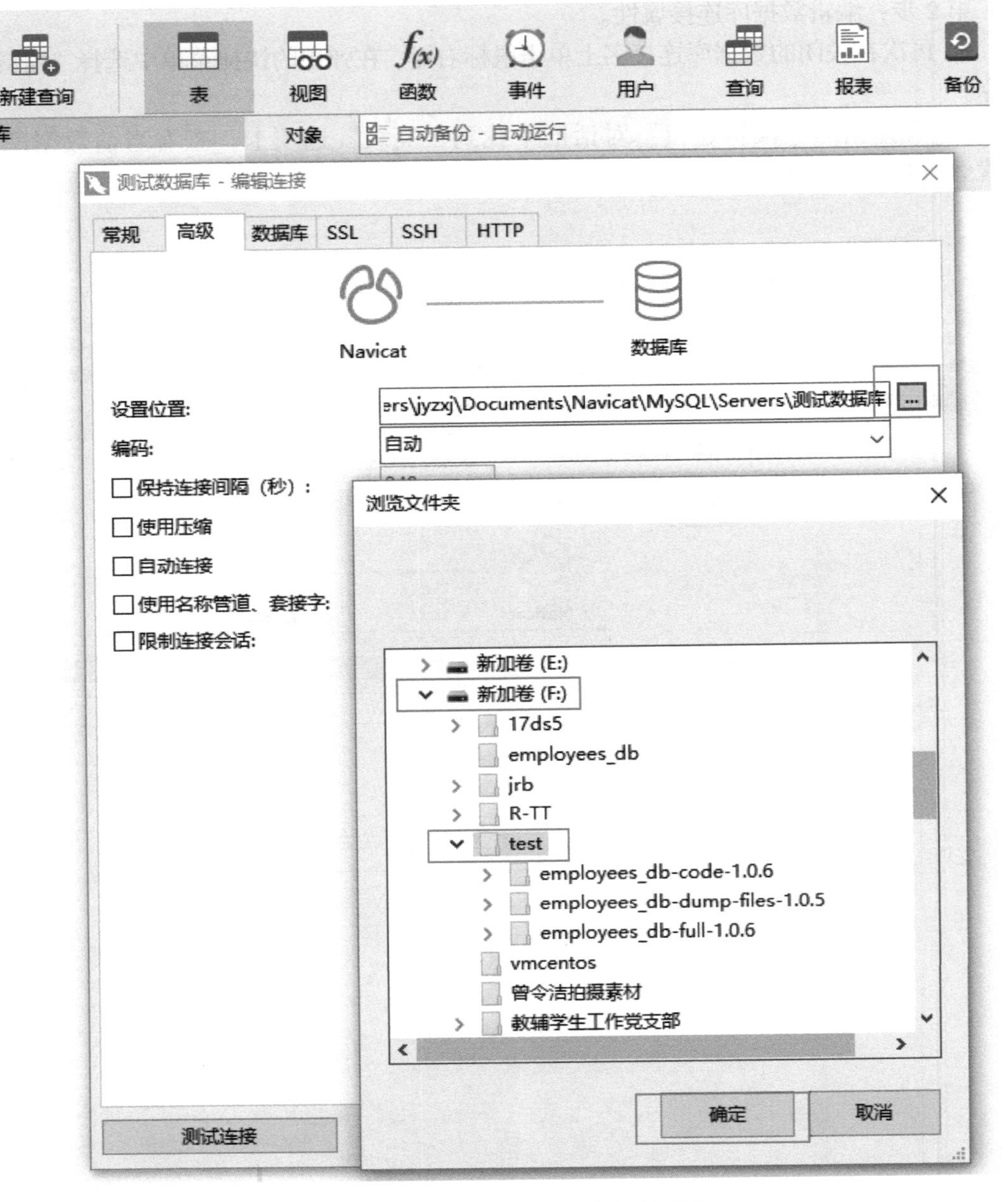

图 6-24　设置 F 盘下 test 为备份目录

2）单击“确定”按钮，保存配置。

5. 使用 Navicat 进行 employees 数据库的转储备份与还原

第 1 步：将 employees 数据库整体转储备份。

1）在 employees 数据库上单击鼠标右键，在弹出的快捷菜单中选择“转储 SQL 文件”命令，然后在子菜单中选择“结构和数据 ...”命令，如图 6-25 所示。

提示　这里选择 employees 数据库进行转储结构和数据是指 employees 数据库中所有表的结构以及里面所包含的数据，这里的转储速度还是比较快的。

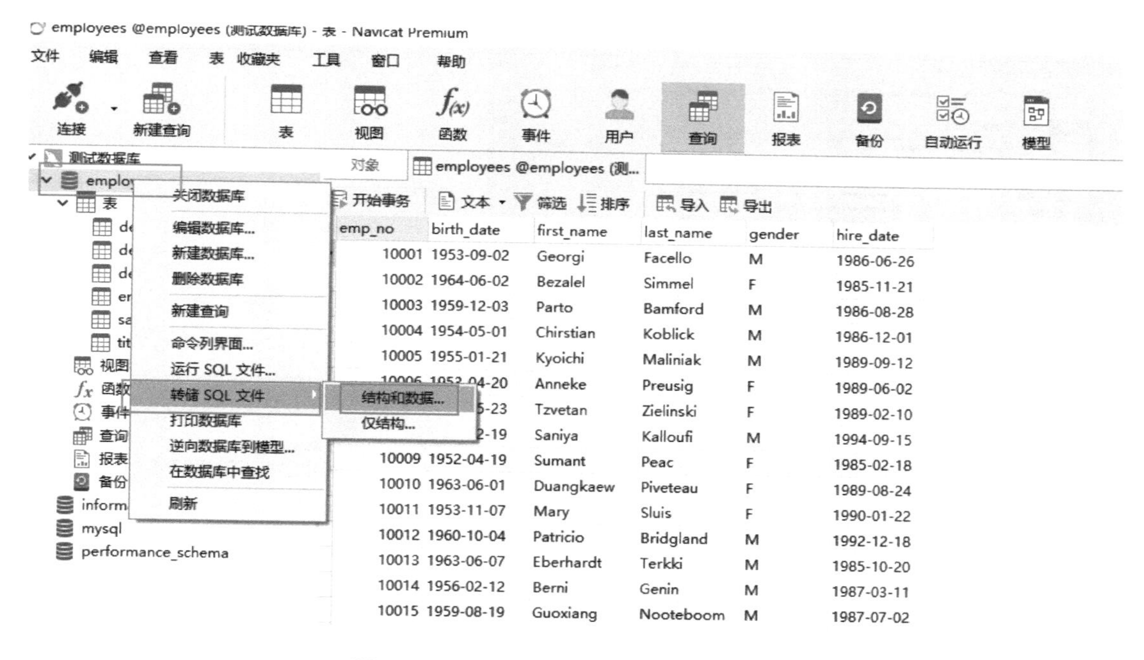

图 6-25　转储结构和数据 SQL 文件

2）在弹出的转储文件对话框中单击“开始”按钮，开始转储过程，如图 6-26 所示。

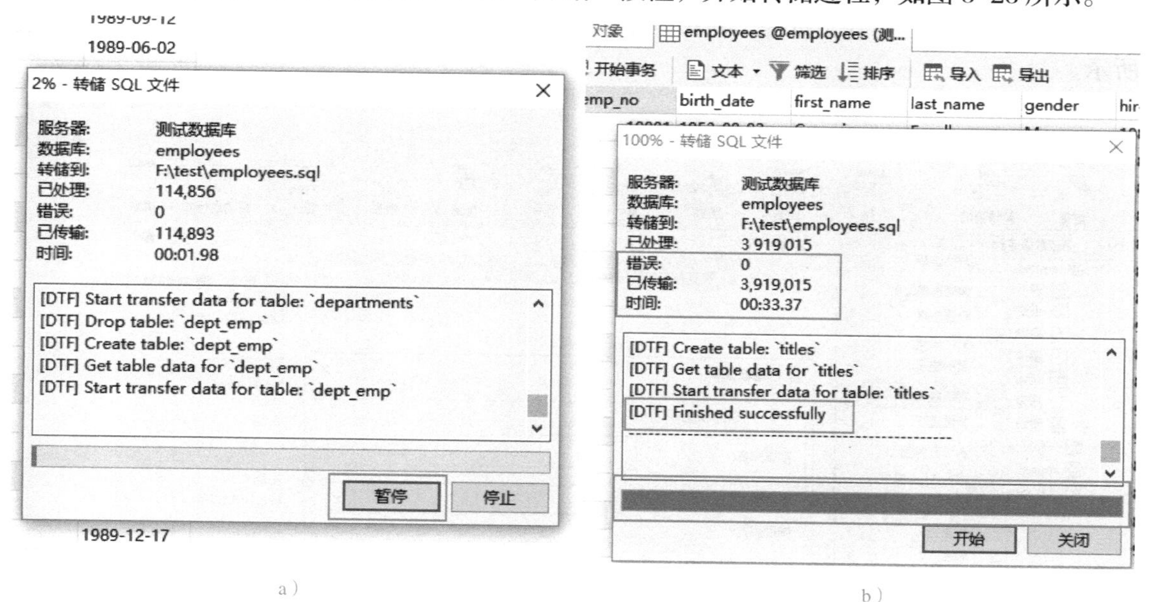

图 6-26　转储备份过程和结果

3）进度条达到 100% 表示转储完成，同时显示传输的错误数、数据量以及消耗的时间（约 392 万条数据使用了不到 34s 的时间，错误数为 0）。

第 2 步：在 F 盘 test 文件夹下验证 employees.sql 文件，可以看到备份的 SQL 语句，如图 6–27 所示。

第 3 步：新建 abc 数据库。

1）右键单击数据库连接图标，在弹出的快捷菜单中选择“新建数据库 ...”命令。

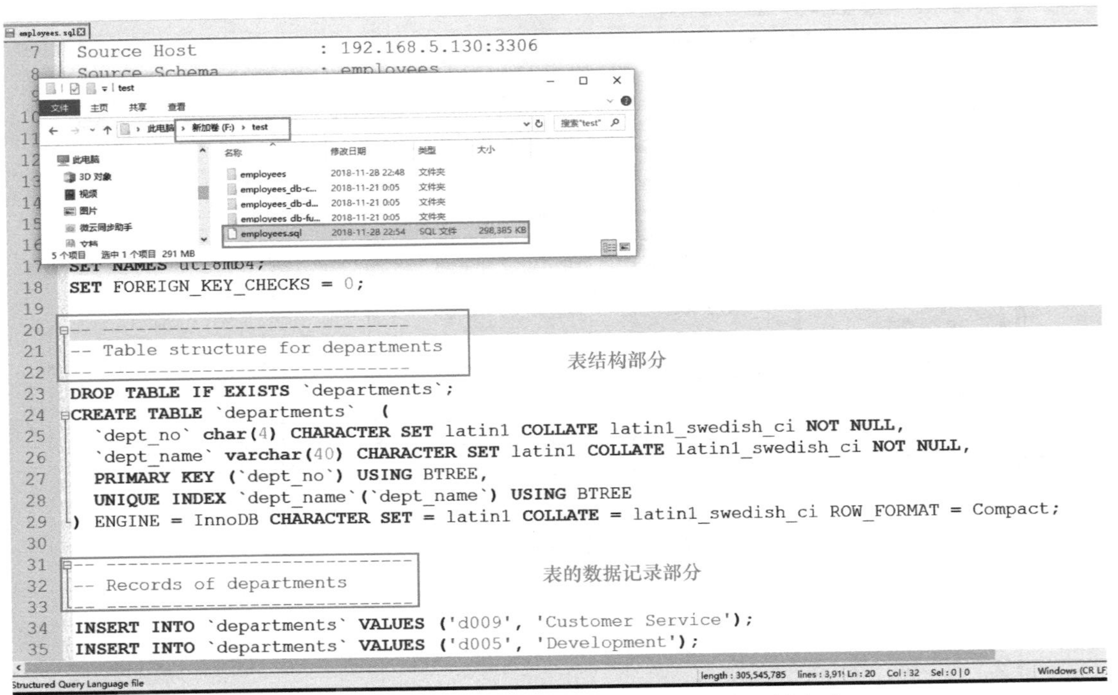

图 6-27　employees 数据库转储文件及其内容

2）在弹出的“新建数据库”对话框中的“数据库名”文本框中输入“abc”，如图 6-28 所示。

图 6-28　新建 abc 数据库

3）单击“确定”按钮，新建“abc”数据库。

第 4 步：从 employees.sql 文件中还原所有表和数据到 abc 数据库。

1）双击“abc”，打开“abc”数据库（abc 数据库图标由灰色变为彩色）。

2）在 abc 数据库上单击鼠标右键，在弹出的快捷菜单中选择“运行 SQL 文件 ...”命令。

3）在弹出的“运行 SQL 文件”对话框中设置恢复数据库的 SQL 文件为之前保存在 F 盘 test 文件夹下的 employees.sql 文件，如图 6–29 所示。

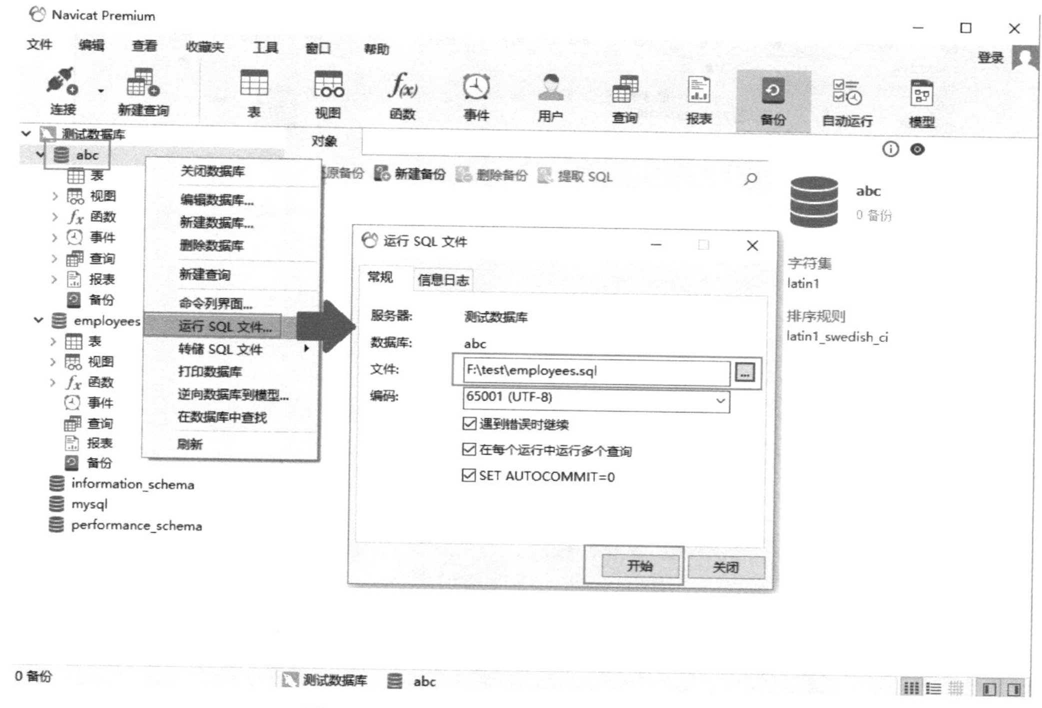

图 6–29　使用 SQL 文件恢复数据库

4）单击“开始”按钮，开始恢复数据库中的文件，恢复时间用了 15 分 36 秒，如图 6–30 所示。

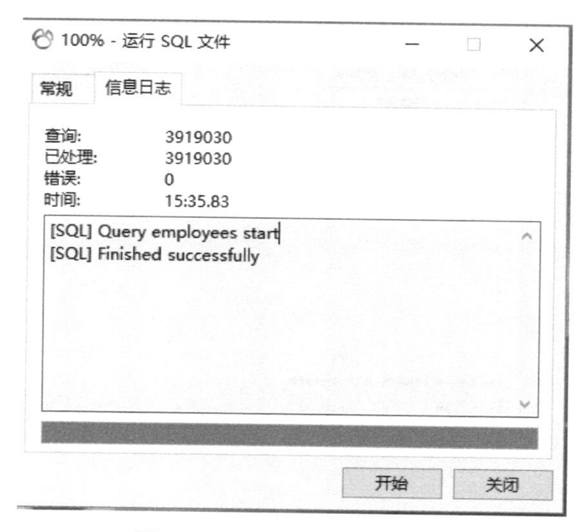

图 6–30　数据库恢复完成

6. 使用 Navicat 的备份模块进行数据库的备份并还原 employees 数据库

第 1 步：备份 employees 数据库。

1）单击 employees 数据库左侧的 > 箭头，在下拉列表中选择“备份”命令，或者选中 employees 数据库后单击菜单栏上的“备份”按钮，如图 6–31 所示。

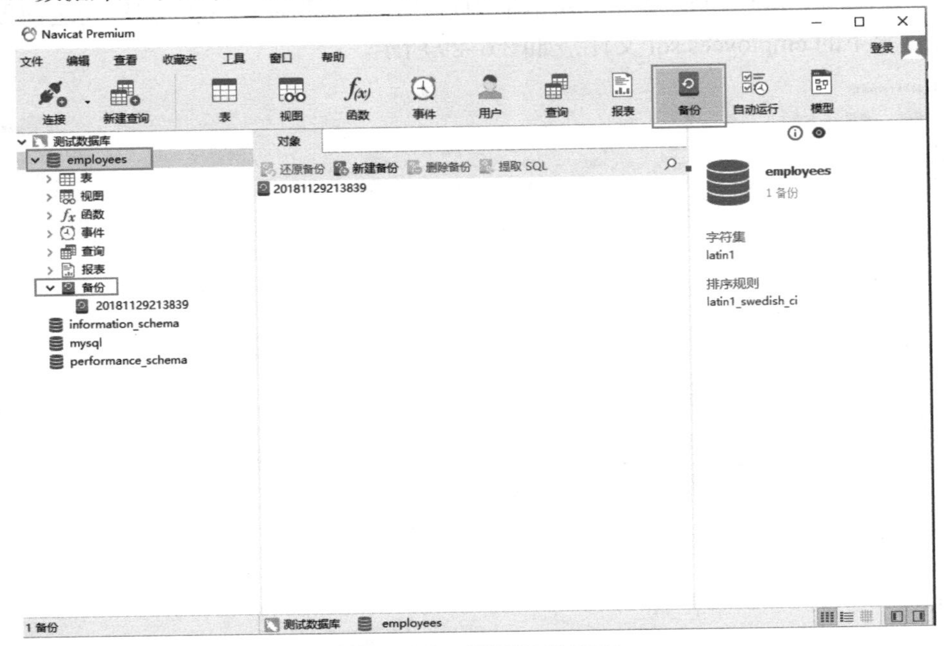

图 6–31 打开备份界面

2）单击“新建备份”按钮，打开“新建备份”对话框，如图 6–32 所示。

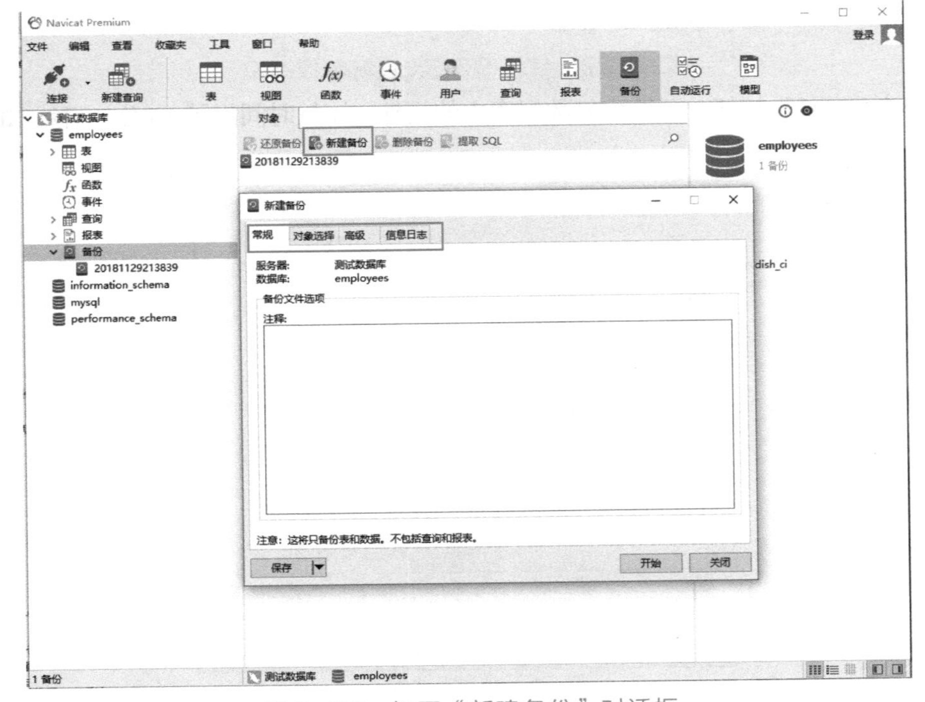

图 6–32 打开“新建备份”对话框

3）“新建备份”对话框中共有四个选项卡，其中“常规”选项卡中可以添加该备份的注释说明以及“保存”当前的备份配置，在“对象选择”选项卡中选择需要备份的对象，当前数据库中只有表，所以备份的只能是表，如图 6–33 所示。

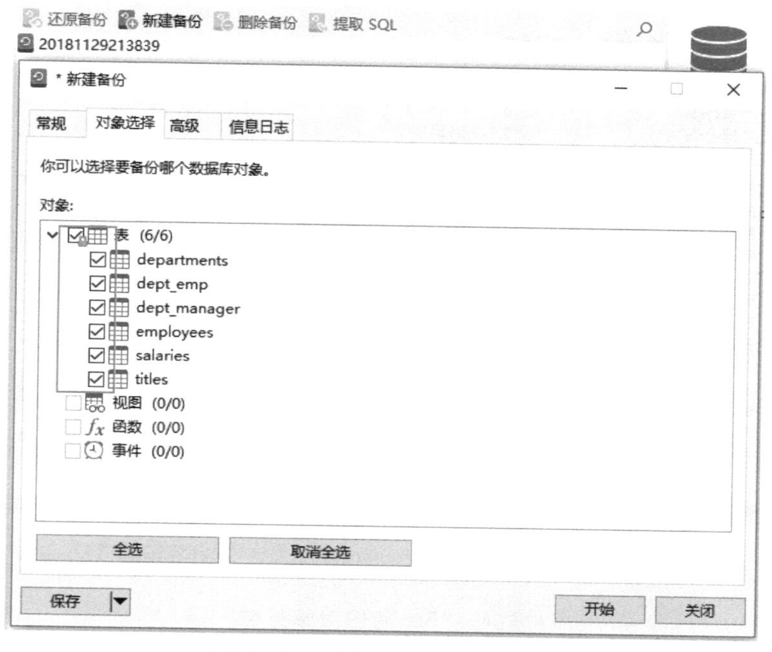

图 6–33 选择要备份的对象

4）在“高级”选项卡中可以选择“锁定全部表”或“使用单一事务”，也可以修改备份的文件名，如图 6–34 所示。

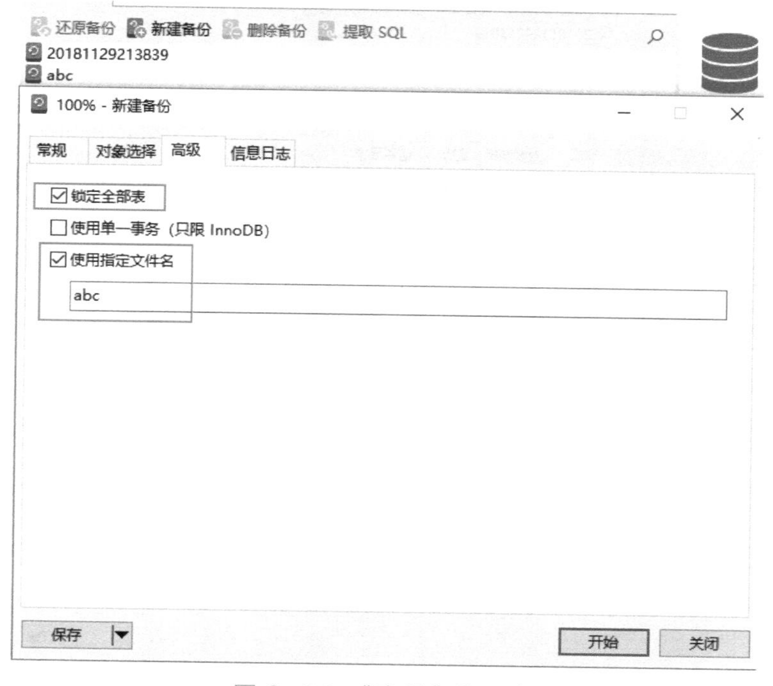

图 6–34 “高级”选项卡

5）随后单击“开始”按钮，开始备份。备份过程中可以在“信息日志”选项卡中查看备份的进度（如图 6–35 所示，备份时间为 01:01.10）。

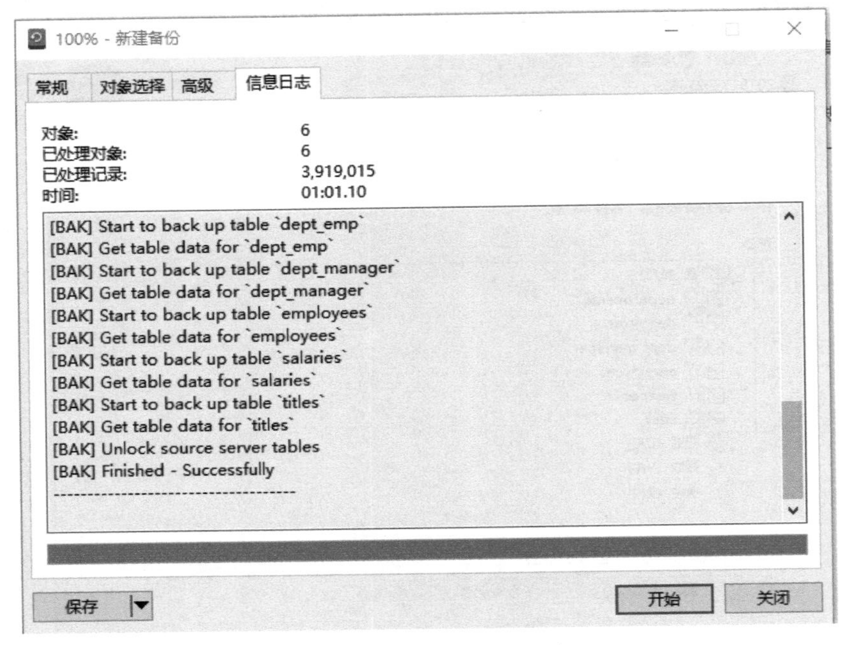

图 6–35　备份信息日志

第 2 步：将 abc 备份恢复到 employees 数据库中。

1）选中备份的 abc 文件，单击“还原备份”按钮，开始还原，如图 6–36 所示。

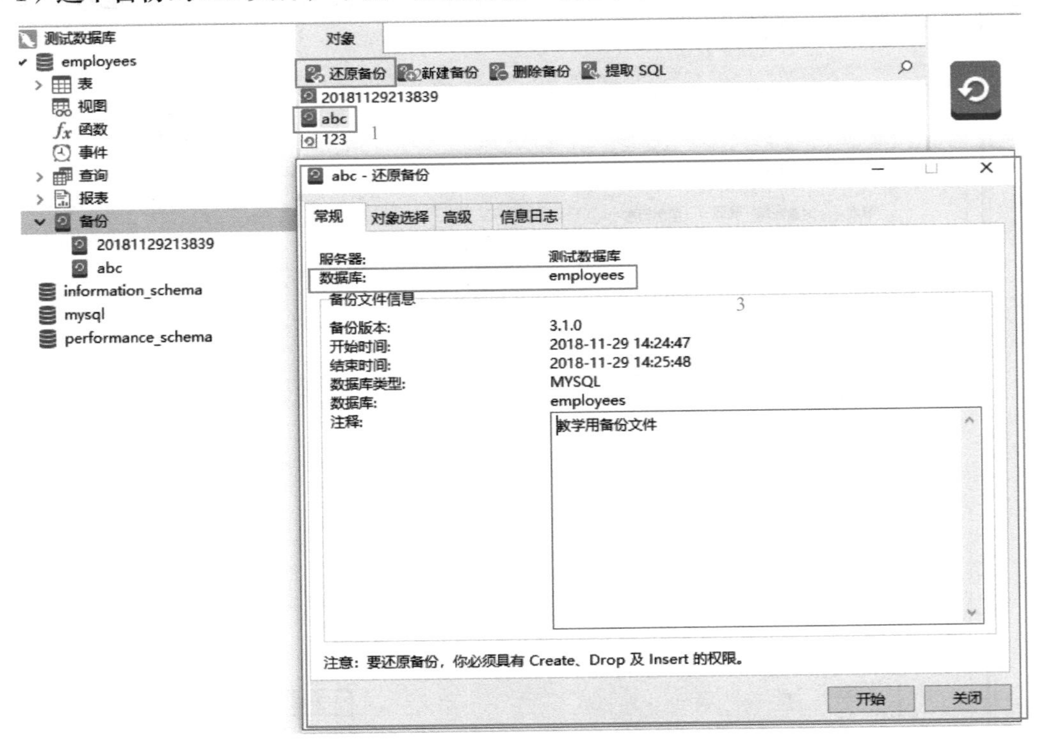

图 6–36　开始还原备份

2）在“还原备份”对话框中的“对象选择”选项卡中选择要还原的对象，在“高级”选项卡中可以设置还原备份时的自定义设置，根据需要进行选择即可（默认全选），如图 6–37 所示。

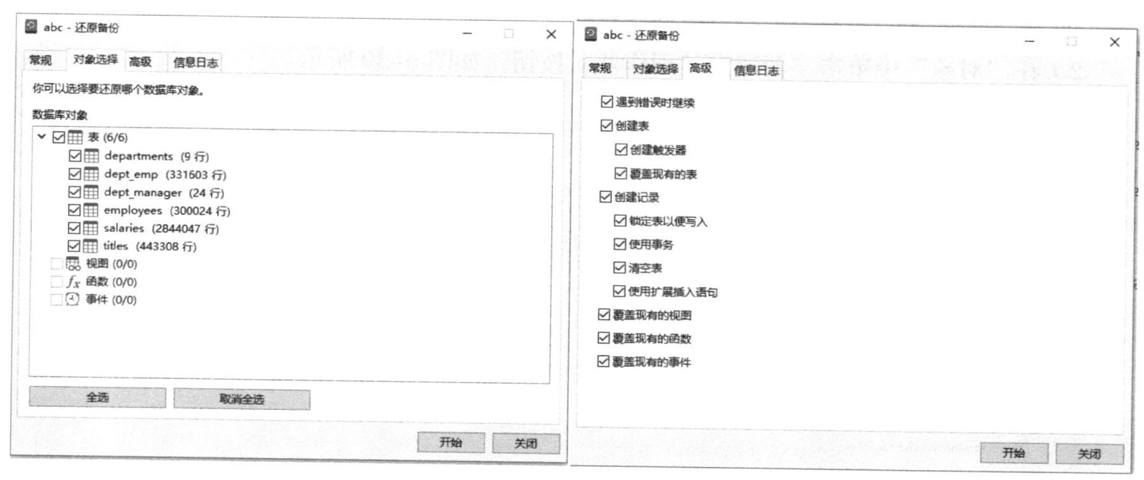

图 6–37 “对象选择”和“高级”选项卡

3）单击“开始”按钮开始还原备份，在“信息日志”选项卡中查看还原的日志（还原时间仅为 01:11.26，如图 6–38 所示）。

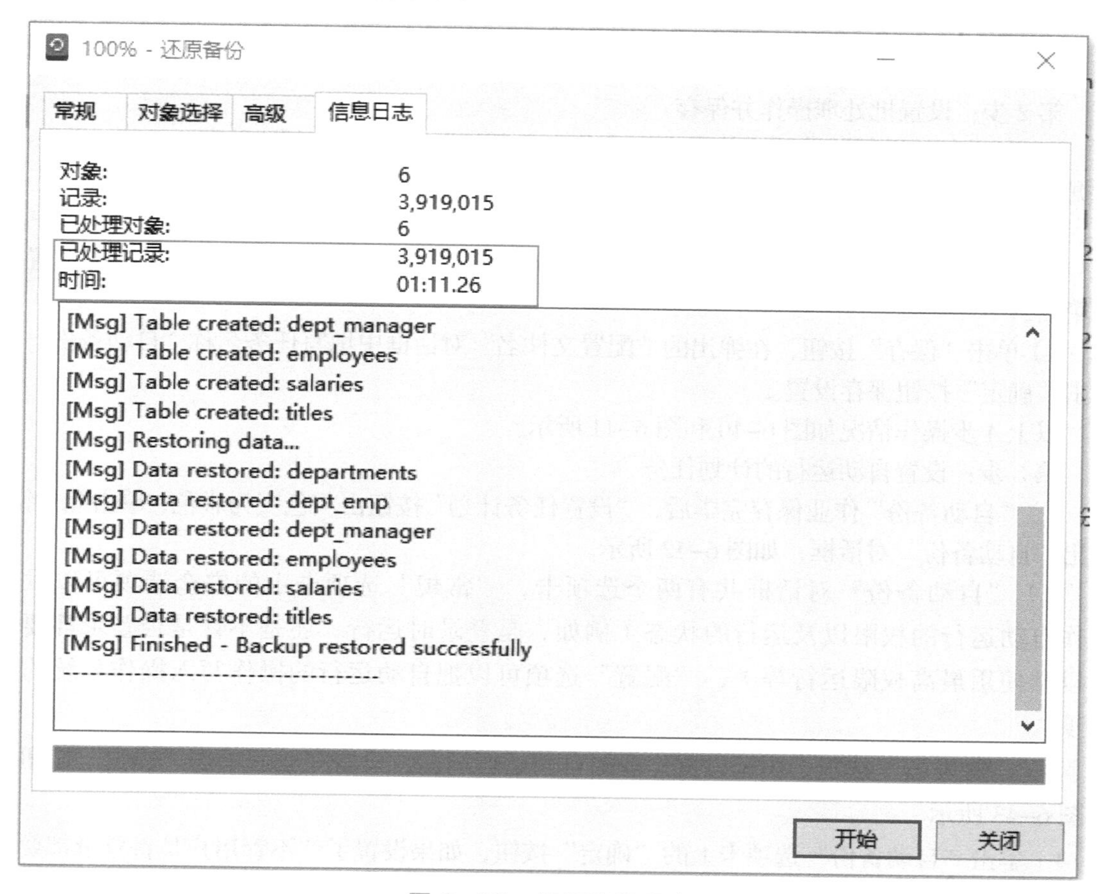

图 6–38 还原信息日志

7. 给备份操作添加自动运行的计划任务

第1步：打开自动运行对象，新建批处理作业。

1）选择要操作的数据库连接，单击“自动运行”按钮。

2）在“对象”中单击“新建批处理作业”按钮，如图6–39所示。

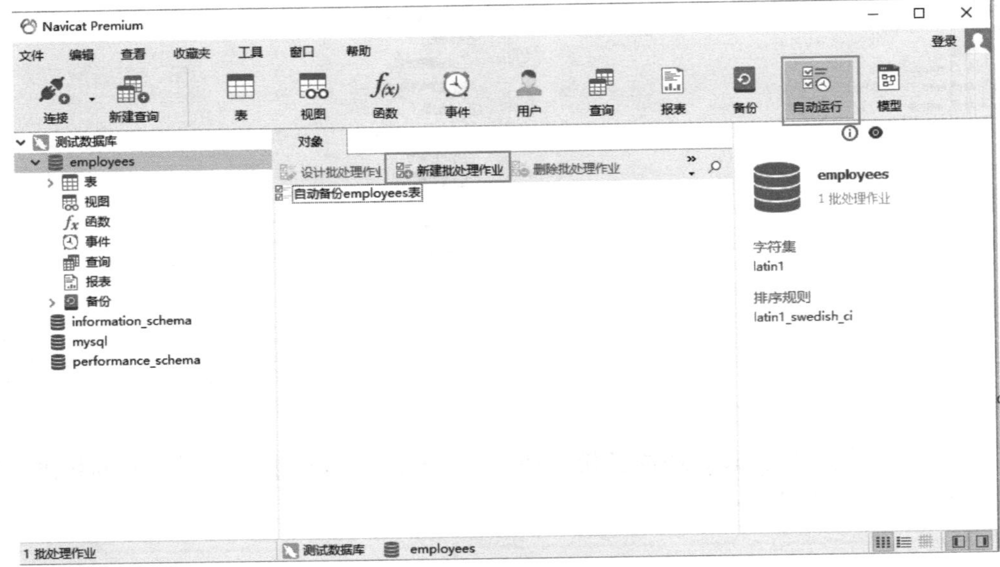

图6–39 新建批处理作业

第2步：设置批处理操作并保存。

1）在“自动运行”选项卡的左下框中单击“备份”，在中间的框中单击“employees”数据库，在右侧的“可用的工作”框中找到“Backup employees”。

2）双击“Backup employees”，其详细情况就会出现到中间上部的“常规”选项卡中。

3）在“高级”选项卡中，可以设置在任务运行结束后自动发一封电子邮件到设置的邮箱内。

4）单击“保存”按钮，在弹出的“配置文件名”对话框中填写任务名称“自动备份”，单击“确定”按钮保存设置。

以上4步操作情况如图6–40和图6–41所示。

第3步：设置自动运行的计划任务。

1）“自动备份”作业保存完毕后，“设置任务计划”按钮由灰色变为彩色，单击此按钮，弹出“自动备份”对话框，如图6–42所示。

2）“自动备份”对话框共有两个选项卡，“常规”选项卡中的安全选项可以设置工作自动运行的权限以及运行的状态（例如，是登录时运行，还是不管是否登录都要运行以及使用最高权限运行等），“配置”选项可以把自动运行的操作写入操作系统的服务项。

3）“触发器”选项卡用来设置作业的自动运行周期，设置完成后单击“确定”按钮，如图6–43所示。

4）单击“自动备份”选项卡上的“确定”按钮，如果设置了“不管用户是否登录都要运行”和“使用最高权限运行”，保存的时候就会弹出用户名密码对话框，输入当前客户端的登录用户名和密码并保存，如图 6-44 所示。

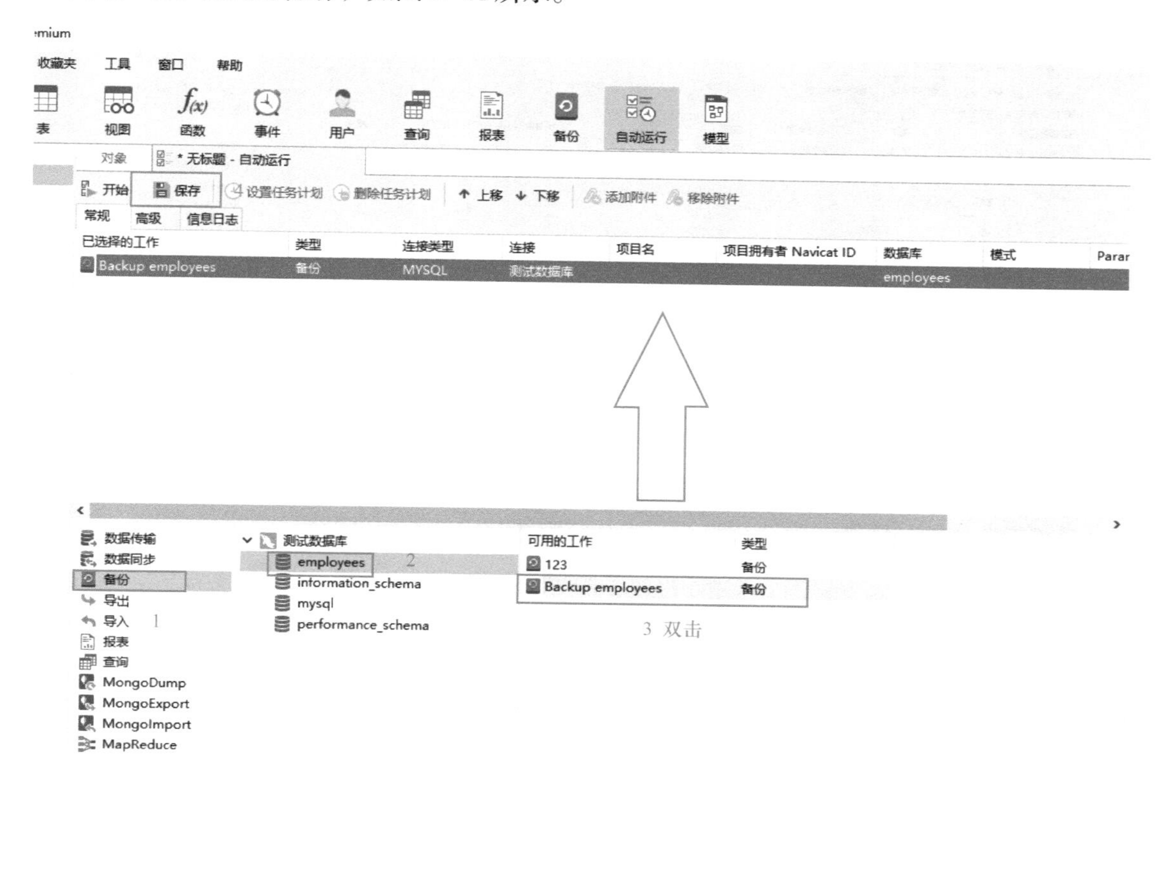

图 6-40　添加作业

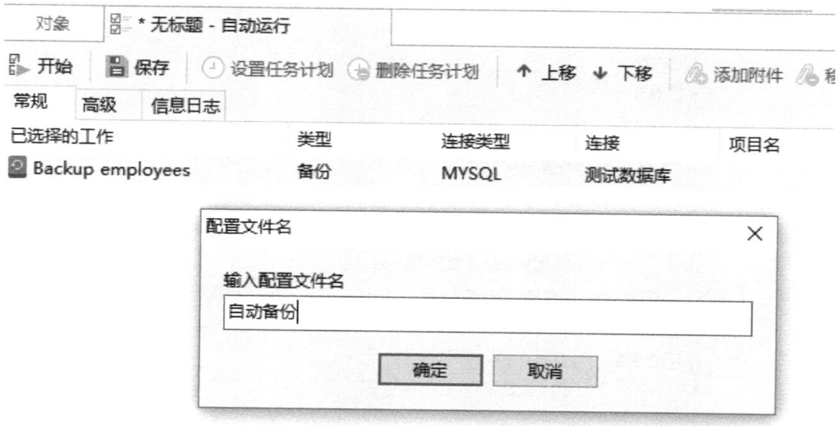

图 6-41　保存自动运行文件

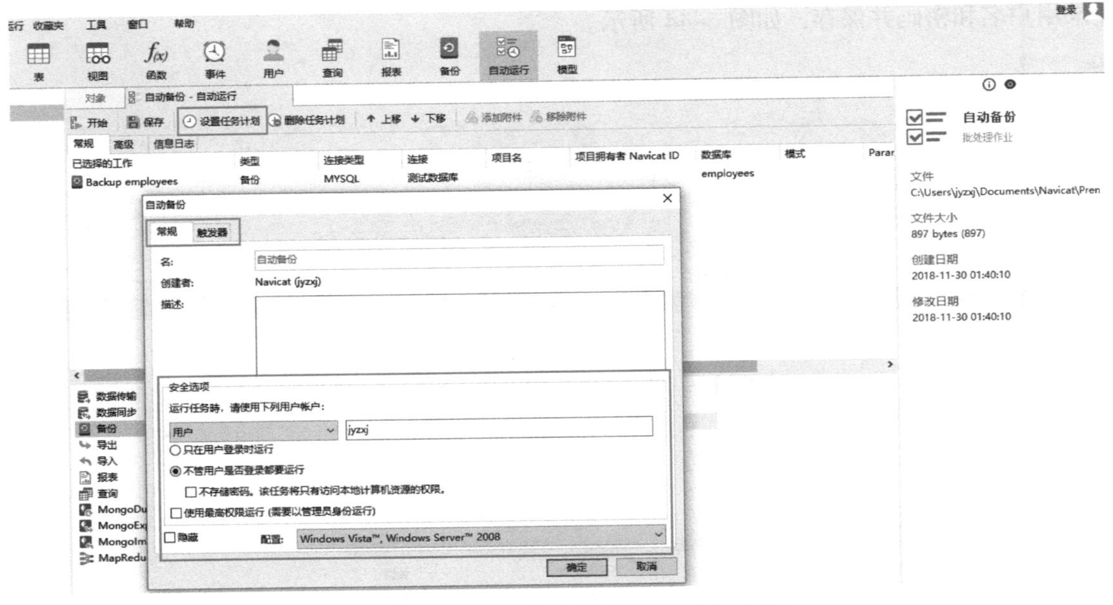

图 6-42　设置安全选项和系统服务项

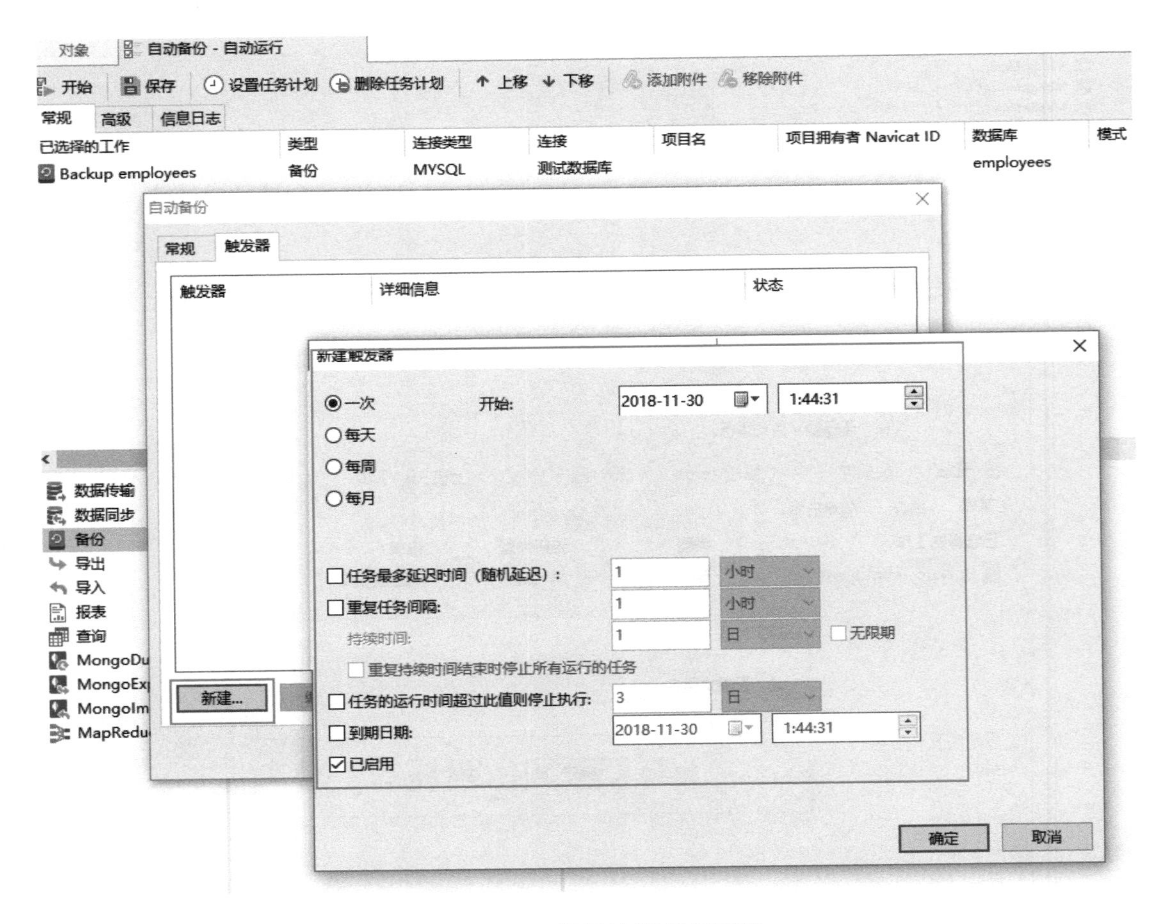

图 6-43　设置计划任务周期

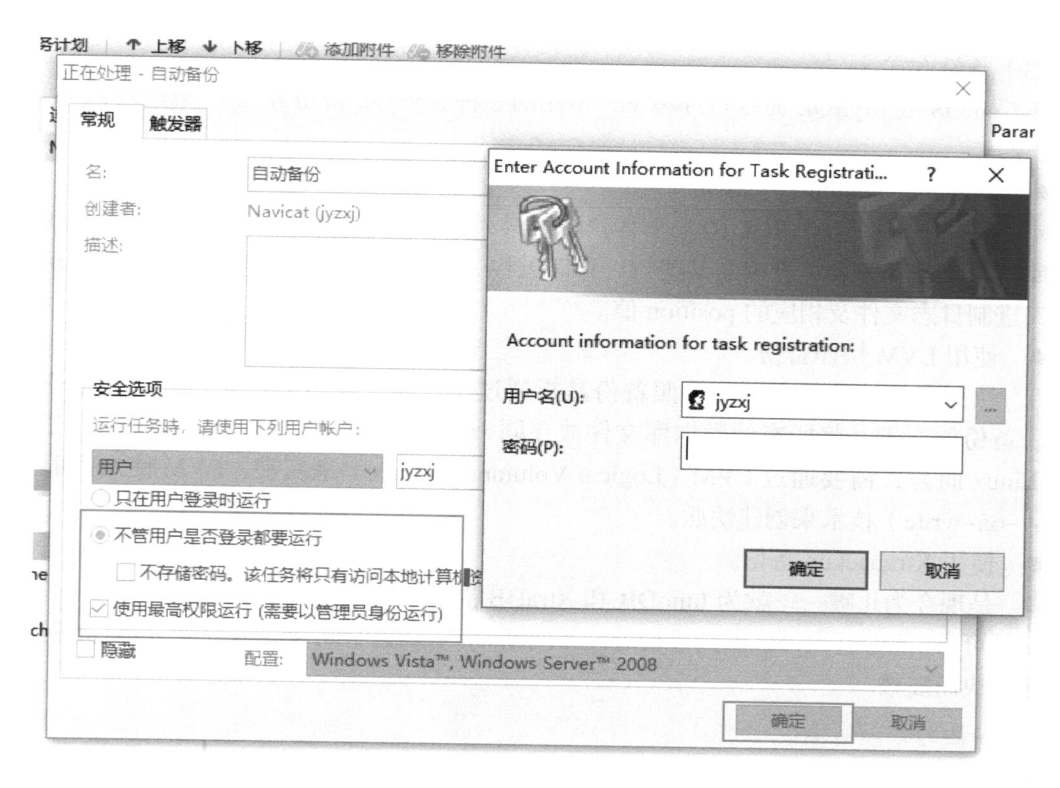

图 6-44　输入用户名和密码

【必备知识】

1. MySQL 数据库备份基础知识

（1）备份的目的

做灾难恢复：对损坏的数据进行恢复和还原。

需求改变：因需求改变而需要把数据还原到改变之前的状态。

（2）备份分类

- 根据是否需要数据库离线。

  冷备（cold backup）：需要关闭 MySQL 服务，读写请求均不允许在该状态下进行。

  温备（warm backup）：服务在线，但仅支持读请求，不允许写请求。

  热备（hot backup）：备份的同时，业务不受影响。

- 根据要备份的数据集合的范围。

  完全备份（full backup）：备份全部字符集。

  增量备份（incremental backup）：上次完全备份或增量备份以来改变了的数据，不能单独使用，要借助完全备份，备份的频率取决于数据的更新频率。

  差异备份（differential backup）：上次完全备份以来改变了的数据。

- 根据备份时的接口（是直接备份数据文件还是通过 MySQL 服务器导出数据）。

  物理备份（physical backup）：直接复制（归档）数据文件的备份方式。

  逻辑备份（logical backup）：把数据从库中提出来保存为文本文件。

（3）备份方式

在 CentOS 或 MySQL 命令行环境下，常用的三种 MySQL 备份方式（具体步骤参阅相关资料）：

- 使用 mysqldump 进行逻辑备份。

  mysqldump 是 MySQL 的一个客户端工具，可以实现备份整个服务器、单个或部分数据库、单个或部分表、表中的某些行、存储过程、存储函数、触发器等，能自动记录备份时的二进制日志文件及相应的 position 值。

- 使用 LVM 快照备份。

  快照备份属于热备份，快照备份是指通过文件系统支持的快照功能对数据库进行备份。备份的原理是将所有的数据库文件放在同一分区中，然后对该分区执行快照工作，对于 Linux 而言，需要通过 LVM（Logical Volumn Manager）来实现。LVM 使用写时复制（copy-on-write）技术来创建快照。

- 使用 Xtrabackup 备份。

  是现今为止唯一一款为 InnoDB 和 XtraDB 提供热备的开源工具，这个工具备份快速高效而且可靠，备份过程可以做到事物处理不间断，节省磁盘空间和网络带宽，自动备份验证，恢复速度快而高效。

2. 数据库备份策略

就信息安全而言，为了保障企业数据资产不受损失，在制定数据备份策略时，需考虑以下因素：

1）数据库要定期做备份，备份的周期应当根据应用数据系统可以承受的恢复时间，而且定期备份应当在系统负载最低的时候进行。对于重要的数据，要保证在极端情况下的损失可以正常恢复。

2）定期备份后，同样需要定期做恢复测试，了解备份的正确可靠性，确保备份是有意义的、可恢复的。

3）根据系统需要来确定是否采用增量备份，增量备份只需要备份每天的增量数据，备份花费的时间少，对系统负载的压力也小。缺点就是恢复的时候需要加载之前所有的备份数据，恢复时间较长。

4）确保 MySQL 打开了 log-bin（二进制日志）选项，MySQL 在做完整恢复或者基于时间点恢复的时候都需要二进制日志。

5）适当考虑异地备份。

3. Navicat 部分有关安全和维护的工具简介

（1）数据迁移工具

Navicat 提供一系列强大的工具来处理数据，包括导入向导、导出向导、数据传输、数据同步、结构同步、转储 SQL 文件和运行 SQL 文件。使用这些工具，可以轻松地在不同的服务器、数据库和格式之间迁移数据。

（2）自动运行

Navicat 通过使用“Windows 任务计划程序”在一个或多个固定间隔期自动运行工作，并可设置在特定日期和时间开始和结束。在自动运行中，可以从数据库添加查询、报表打印、备份、数据传输、数据同步、导入、导出、MongoDump、MongoImport、MongoExport、MapReduce。可以在一个批处理作业里定义要运行的工作列表，并可手动或在指定的时间里运行。

（3）备份和还原

一个安全和可靠的服务器与定期运行备份有密切的关系，因为由攻击、硬件故障、人为错误、电力中断等引发的错误随时有可能发生。Navicat 为用户提供一个内建备份和还原工具用于备份或还原 MySQL 数据库对象。

（4）服务器安全性

Navicat 提供强大的工具来管理服务器用户账号和数据库对象的权限。所有用户和权限的信息都保存于服务器。

除了任务 2 中所使用的用户设计器，Navicat 还支持“权限管理员”，从数据库的角度给现有用户分配权限。

（5）其他高级工具——服务器监控

Navicat 提供“服务器监控”提供来查看已选择的服务器的属性。从菜单栏选择“工具”→“服务器监控”选择想要的服务器类型。可以查看 MySQL 所在服务器的进程列表、变量以及状态。

（6）命令列界面

“命令列界面”通过使用命令列的界面来处理服务器。换言之，它提供一个通过文本互动的屏幕，输入查询并从数据库输出结果。若要打开命令列界面窗口，请打开连接并执行“工具”→“命令列界面”命令或按 <F6> 键。

【任务评价】

在完成本次任务的过程中，学会了导入 MySQL 案例数据库，使用 Navicat 管理 MySQL 账户权限、设置备份路径、备份和恢复数据库以及制定备份计划任务，请对照表 6–1 进行总结与评价。

表 6–1 任务评价表

评价指标	评价结果	备注
1. 熟练掌握 MySQL 案例数据库 employees 的导入方法	□A □B □C □D	
2. 熟练掌握使用 Navicat 软件修改账户权限的方法	□A □B □C □D	
3. 熟练掌握使用 Navicat 软件备份和恢复的方法	□A □B □C □D	
4. 熟练掌握使用 Navicat 软件自动运行功能的方法	□A □B □C □D	
综合评价：		

【触类旁通】

1）在一个项目中使用 MySQL 数据库，数据库的版本为 5.7，操作系统为 CentOS 7。采用 Navicat 远程管理 MySQL 服务器，请给出 Navicat 远程连接 MySQL 服务器的步骤。

2）使用 Navicat 创建 MySQL 数据库用户时，假设要创建的用户只能查询某一指定的数据库，该如何给新建用户授权？

3）在 Navicat 中用转储的方式备份和还原 employees 数据库中的 titles 表和 employees 表。

4）在 Navicat 中用备份模块备份和还原数据库中的 departments 表和 titles 表。

5）在 Navicat 中观察和使用必备知识 3 中介绍的维护工具对 employees 数据库进行操作。

任务 2 MySQL 权限管理

【任务情境】

学完 MySQL 数据库的备份与分析后，紧接着从 MySQL 权限系统的工作原理和账号管理两个方面继续学习。关于 MySQL 的权限简单理解就是 MySQL 允许用户做该用户权限以内的事情，不可以越界。比如只允许用户执行查找操作，那么就不能执行更新操作。只允许用户从某台机器上连接 MySQL 数据库，那么就不能从除那台机器以外的其他机器连接 MySQL 数据库。本任务将介绍账号资源的权限限制，为之后的学习打好基础。

【任务分析】

数据库的广泛应用导致其牵涉个人隐私、商业机密甚至是国家安全。MySQL 的权限系统主要用来对连接到数据库的用户进行权限的验证，以此来判断此用户是否属于合法的用户，如果是合法用户则赋予相应的数据库权限。数据库的权限和数据库的安全是息息相关的，不当的权限设置可能会产生各种各样的安全隐患，操作系统的某些设置也会对 MySQL 的安全造成影响。本节对 MySQL 的权限系统以及相应的安全问题进行了一些探讨，希望能够帮助读者对这些方面有深入的认识。

【任务实施】

提示　进入本任务前，请检查 MySQL 是否已经安装完毕，并建议给当前虚拟机创建一个快照。

1. 创建账号 zhangsan@localhost

第 1 步：用 root 账户登录 MySQL，输入以下命令并按 <Enter> 键，添加用户 zhangsan，密码为 123456，并仅允许本地使用，如图 6-45 所示。

```
create user 'zhangsan'@'localhost' identified by '123456';
```

```
mysql> create user 'zhangsan'@'localhost' identified by '123456';
Query OK, 0 rows affected (0.00 sec)
```

图 6-45 添加 MySQL 用户

提示　设置为仅允许本地使用更安全，可防止密码泄露以及被远程登录 mysql 数据库。

第 2 步：输入以下命令并按 <Enter> 键，查看用户 zhangsan 是否创建成功，如图 6-46 所示。

```
select user,host from mysql.user;
```

```
mysql> select user,host from mysql.user;
+----------+-----------------------+
| user     | host                  |
+----------+-----------------------+
| jrb      | %                     |
| root     | %                     |
| root     | 127.0.0.1             |
| root     | ::1                   |
| jrb      | localhost             |
| root     | localhost             |
| zhangsan | localhost             |
| root     | localhost.localdomain |
+----------+-----------------------+
8 rows in set (0.00 sec)

mysql> 
```

图 6-46 查看创建的用户

第 3 步：退出 root 账户，用新建的账户登录。

2. 更改 zhangsan@localhost 账号的 select 权限

第 1 步：使用 root 用户登录 MySQL 数据库。输入以下命令并按 <Enter> 键，授予普通用户 zhangsan 查找权限，如图 6–47 所示。

```
grant select on stusta.stu to 'zhangsan'@'localhost';
```

```
mysql> grant select on stusta.stu to 'zhangsan'@'localhost';
Query OK, 0 rows affected (0.00 sec)

mysql> 
```

图 6-47 授予 zhangsan 账户查找权限

第 2 步：输入以下命令并按 <Enter> 键，查看普通用户 zhangsan 已被授予的权限，如图 6–48 所示。

```
show grants for 'zhangsan'@'localhost';
```

```
mysql> show grants for 'zhangsan'@'localhost';
+------------------------------------------------------------------------------------------------------------+
| Grants for zhangsan@localhost                                                                              |
+------------------------------------------------------------------------------------------------------------+
| GRANT USAGE ON *.* TO 'zhangsan'@'localhost' IDENTIFIED BY PASSWORD '*6BB4837EB74329105EE4568DDA7DC67ED2CA2AD9' |
| GRANT SELECT ON `stusta`.`stu` TO 'zhangsan'@'localhost'                                                   |
+------------------------------------------------------------------------------------------------------------+
2 rows in set (0.00 sec)

mysql> 
```

图 6-48 查看 zhangsan 的权限

提示　可以看到授权信息多了一条，第二条就是刚给用户 zhangsan 授予的 stusta 库 stu 表中搜索的权限。有关 Grant 命令的说明请参见项目 5 任务 2 必备知识中的“2. MySQL 下的 Grant 命令相关知识”。

第 3 步：退出 root 账户，使用 zhangsan 用户登录，输入以下命令并按 <Enter> 键，验证普通用户 zhangsan 是否具有查找权限，如图 6–49 所示。

```
select * from stusta.stu;
```

```
mysql> select * from stusta.stu;
+----------+--------+--------+-------+----------+------------+
| stuno    | stuname | stusex | stulm | stuphone | stuaddress |
+----------+--------+--------+-------+----------+------------+
| 17091001 | 马宜锦 | 男 | TRUE  | | |
| 17091002 | 黄小悦 | 女 | FALSE | | |
| 17091003 | 陈利萍 | 女 | TRUE  | | |
| 17091004 | 潘陈新 | 男 | TRUE  | | |
| 17091005 | 周晨   | 男 | TRUE  | | |
| 17091006 | 宋思佳 | 女 | FALSE | | |
| 17091007 | 童加亮 | 男 | TRUE  | | |
| 17091008 | 朱蕊   | 女 | TRUE  | | |
| 17091009 | 张洁勇 | 男 | FALSE | | |
| 17091010 | 张靓   | 女 | TRUE  | | |
| 17091011 | 姜彤   | 女 | TRUE  | | |
| 17091012 | 陈涛   | 男 | FALSE | | |
| 17091013 | 陈方   | 男 | TRUE  | | |
| 17091014 | 来钦晟 | 男 | TRUE  | | |
| 17091015 | 陈欣怡 | 女 | FALSE | | |
| 17091016 | 杨亮亮 | 男 | TRUE  | | |
| 17091017 | 张杰   | 男 | FALSE | | |
| 17091018 | 刘小强 | 男 | TRUE  | | |
+----------+--------+--------+-------+----------+------------+
18 rows in set (0.00 sec)

mysql>
```

图 6-49　验证 zhangsan 的查找权限

第 4 步：使用 root 账户登录，输入以下命令并按 <Enter> 键，撤销 root 用户给予普通用户 zhangsan 的授权，如图 6-50 所示。

```
revoke select on stusta.stu from 'zhangsan'@'localhost';
```

```
mysql> revoke select on stusta.stu from 'zhangsan'@'localhost';
Query OK, 0 rows affected (0.00 sec)

mysql>
```

图 6-50　撤销 root 用户给予普通用户 zhangsan 的授权

提示

再次查看撤销后的权限结果如图 6-51 所示，可以看到只有一条授权信息，这是由于取消了原来的查找授权信息。

```
mysql> show grants for 'zhangsan'@'localhost';
+--------------------------------------------------------------------------------------------------------------+
| Grants for zhangsan@localhost                                                                                |
+--------------------------------------------------------------------------------------------------------------+
| GRANT USAGE ON *.* TO 'zhangsan'@'localhost' IDENTIFIED BY PASSWORD '*6BB4837EB74329105EE4568DDA7DC67ED2CA2AD9' |
+--------------------------------------------------------------------------------------------------------------+
1 row in set (0.00 sec)

mysql>
```

图 6-51　再次查看撤销后的 zhangsan 权限

3. 修改账号 zhangsan 的密码

第 1 步：使用 zhangsan 账户登录，使用 set 命令修改当前用户的密码。

输入以下命令并按 <Enter> 键，将普通用户 zhangsan 的密码改为 zhangsan123456。

```
set password for 'zhangsan'@'localhost' = password('zhangsan123456');
```

第 2 步：退出 zhangsan 的登录，分别用旧密码 123456 和新密码 zhangsan123456 验证能否登录，如图 6-52 所示。

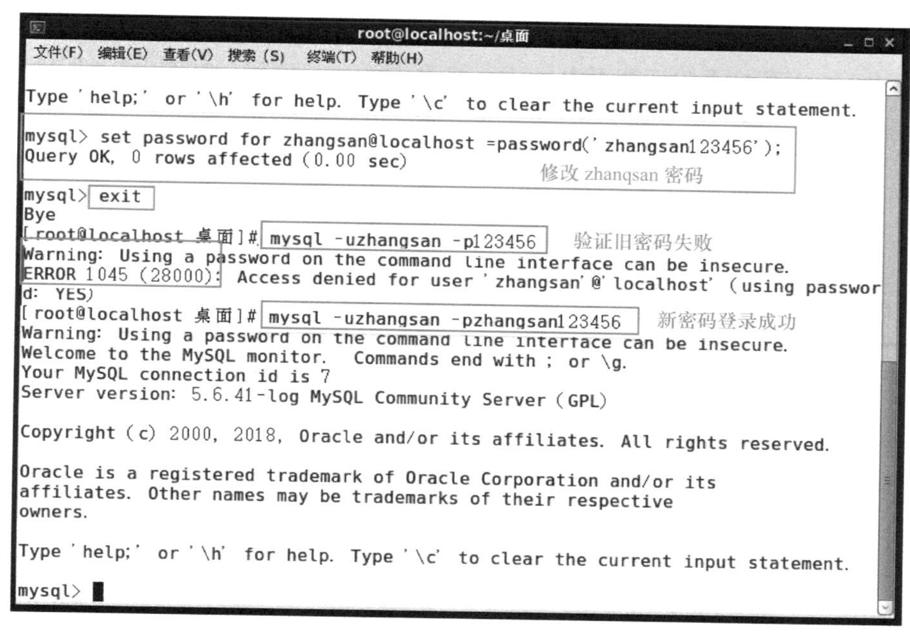

图 6-52 账户内修改密码并验证登录

第 3 步：验证用 CentOS 下的 mysqladmin 命令修改 zhangsan 密码。

1）输入“exit”命令并按 <Enter> 键，将普通用户 zhangsan 从 MySQL 数据库中退出登录，如图 6–53 所示。

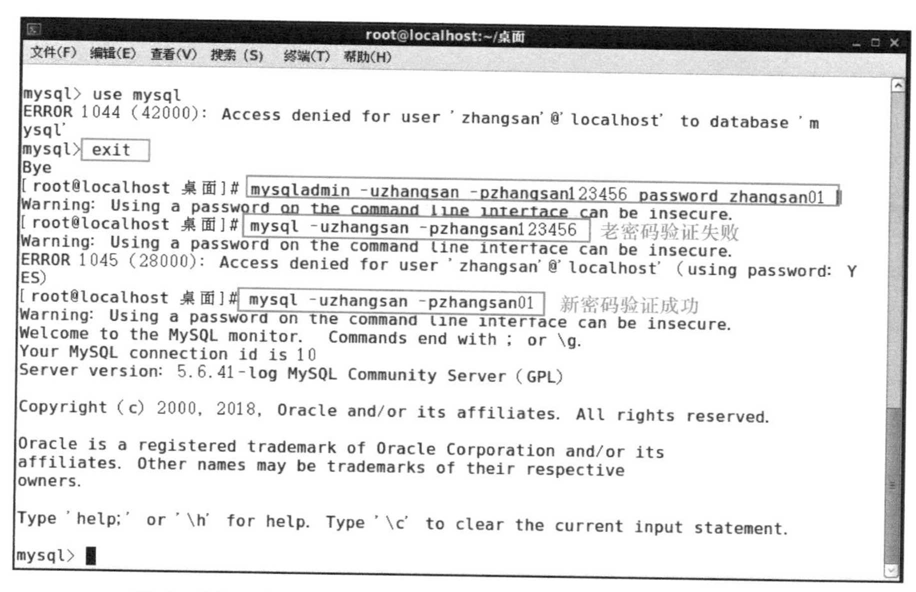

图 6-53 CentOS 下使用 mysqladmin 命令修改密码

2）输入以下命令，修改 zhangsan 的密码为 zhangsan01。

```
mysqladmin –uzhangsan – pzhangsan123456 password zhangsan01
```

3）分别验证密码 zhangsan123456 和 zhangsan01。

```
MySQL –uzhangsan – pzhangsan123456
MySQL –uzhangsan –pzhangsan01
```

第 4 步：退出 zhangsan 登录，在 root 账户下用 update 命令直接修改 zhangsan 密码。

1）在 zhangsan 账户下验证能否由 update 修改 zhangsan 密码，如图 6–54 所示。

update user set password=password('123456') where user='zhangsan' and host='localhost';

use mysql;

```
mysql> use mysql;
ERROR 1044 (42000): Access denied for user 'zhangsan'@'localhost' to database 'mysql'
mysql> update user set password=password('123456') where user='zhangsan' and host='localhost';
ERROR 1046 (3D000): No database selected    报错：没有数据库被选择
mysql> use mysql;
ERROR 1044 (42000): Access denied for user 'zhangsan'@'localhost' to database 'mysql'
mysql> ▋                    报错：不允许用户 zhangsan@localhost 访问 mysql 数据库
```

图 6–54　zhangsan 账户下无法用 update 更新 user 表

2）输入"exit"命令退出 zhangsan 账户。

3）用 root 账户登录，使用 mysql 数据库，如图 6–55 所示。

mysql –uroot – pjrb_123456

use mysql;

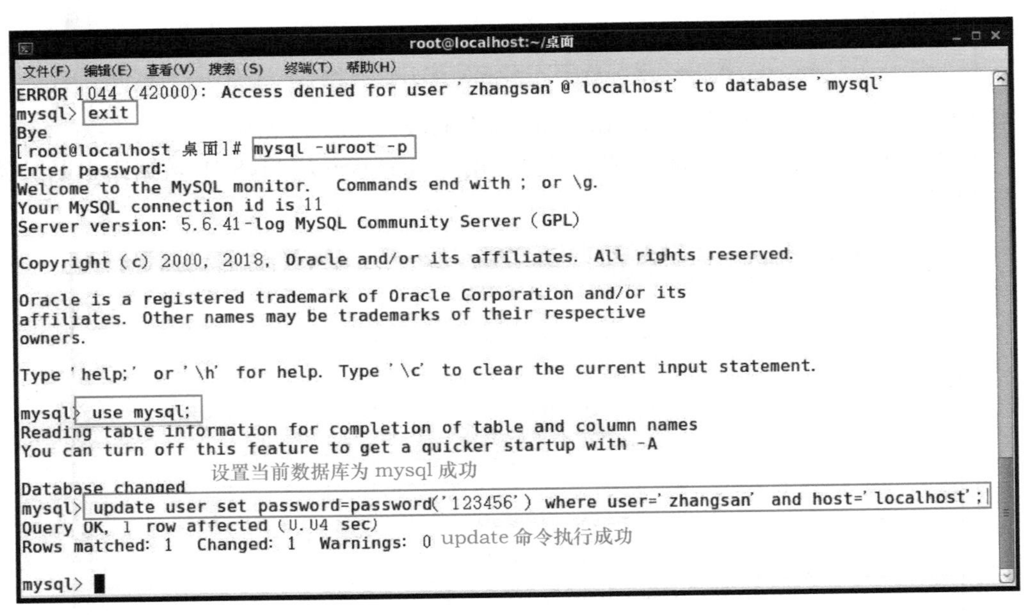

图 6–55　root 账户下用 update 更新 user 表修改密码成功

4）使用 update 命令修改 zhangsan 密码为 123456，随后刷新权限，如图 6–56 所示。

update user set password=password('123456') where user='zhangsan' and host='localhost';

flush privileges;

```
Database changed
mysql> update user set password=password('123456') where user='zhangsan' and host='localhost';
Query OK, 0 rows affected (0.01 sec)
Rows matched: 1  Changed: 0  Warnings: 0

mysql> flush privileges;
Query OK, 0 rows affected (0.00 sec)

mysql> ▋
```

图 6–56　刷新权限

5）验证用新密码登录 zhangsan 账户，如图 6–57 所示。

```
mysql –uzhangsan –pzhangsan01
mysql –uzhangsan –pzhangsan123456
mysql –uzhangsan –p123456
```

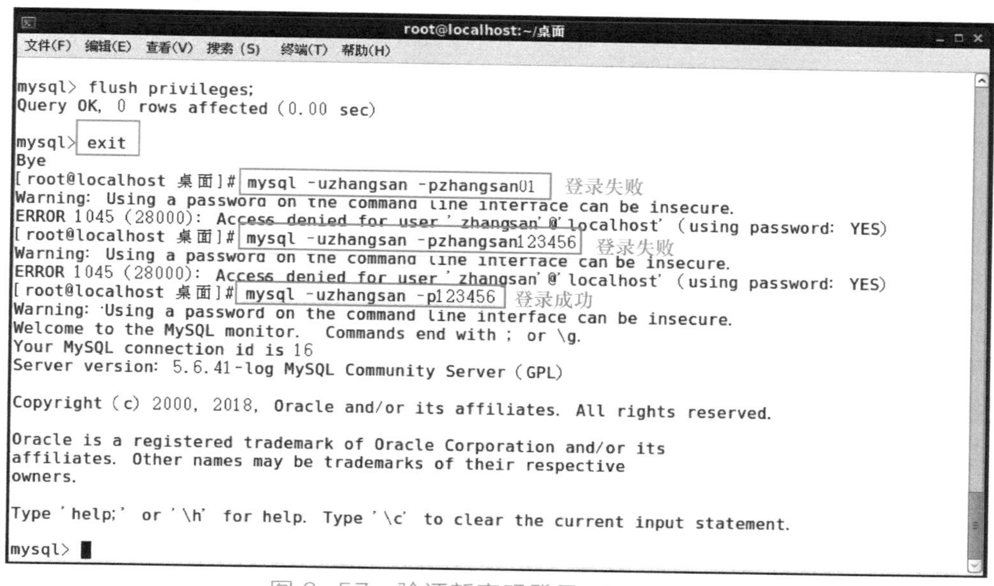

图 6–57　验证新密码登录 zhangsan

4. 删除账号 zhangsan@localhost

第 1 步：使用 root 账户登录 MySQL，如图 6–58 所示。

```
[root@localhost 桌面]# mysql -uroot -pjrb_123456
Warning: Using a password on the command line interface can be insecure.
Welcome to the MySQL monitor.  Commands end with ; or \g.
Your MySQL connection id is 53
Server version: 5.6.41-log MySQL Community Server (GPL)

Copyright (c) 2000, 2018, Oracle and/or its affiliates. All rights reserved.

Oracle is a registered trademark of Oracle Corporation and/or its
affiliates. Other names may be trademarks of their respective
owners.

Type 'help;' or '\h' for help. Type '\c' to clear the current input statement.

mysql>
```

图 6–58　使用 root 账户登录 MySQL

第 2 步：删除用户 zhangsan@localhost。

1）输入以下命令并按 <Enter> 键，删除普通用户 zhangsan 的账号及其权限，如图 6–59 所示。

```
drop user 'zhangsan'@'localhost';
```

```
mysql> drop user 'zhangsan'@'localhost';
Query OK, 0 rows affected (0.00 sec)

mysql>
```

图 6–59　删除账户 zhangsan@localhost

2）输入以下命令并按 <Enter> 键，验证 MySQL 数据系统中是否存在普通用户 zhangsan，如图 6–60 所示。

```
select host,user from mysql.user;
```

```
mysql> select host,user from mysql.user;
+-----------------------+------+
| host                  | user |
+-----------------------+------+
| %                     | jrb  |
| %                     | root |
| 127.0.0.1             | root |
| ::1                   | root |
| localhost             | jrb  |
| localhost             | root |
| localhost.localdomain | root |
+-----------------------+------+
7 rows in set (0.00 sec)

mysql> 
```

图 6-60　验证 zhangsan@localhost 账户是否被删除

5. 限制账号资源

创建 MySQL 账号时，还有一类选项称为账号资源限制，这类选项的作用是限制每个账号实际具有的资源限制，主要包含以下内容：

1）单个账号每小时执行的查询次数（MAX_QUERIES_PER_HOUR）；

2）单个账号每小时执行的更新次数（MAX_UPDATES_PER_HOUR）；

3）单个账号每小时连接服务器的次数（MAX_CONNECTIONS_PER_HOUR）；

4）单个账号并发连接服务器的次数（MAX_USER_CONNECTIONS）。

在实际应用中，可能会由于程序 bug 或者系统遭到攻击，使某些应用短时间内产生大量的点击，对数据库造成了严重的并发访问，导致数据库短期无法响应甚至停止工作，给生产带来负面影响。为了防止出现这种问题，可以对连接账号进行资源限制。

第 1 步：使用 root 账户登录 MySQL，创建测试账号 lisi，给账户授权。

1）输入以下命令并按 <Enter> 键，创建测试账号 lisi，密码为 123456，如图 6–61 所示。

```
create user 'lisi'@'localhost' identified by '123456';
```

```
mysql> create user 'lisi'@'localhost' identified by '123456';
Query OK, 0 rows affected (0.00 sec)

mysql> 
```

图 6-61　创建账号 lisi

2）输入以下命令并按 <Enter> 键，授权 lisi 在 stusta 库上的搜索权限，并且每小时查询次数不大于 3，最多同时只能有 5 个用户进行并发连接，如图 6–62 所示。

```
grant select on stusta.* to 'lisi'@'localhost' with max_queries_per_hour 3 max_user_connections 5;
```

```
mysql> grant select on stusta.* to 'lisi'@'localhost' with max_queries_per_hour 3 max_user_connections 5;
Query OK, 0 rows affected (0.00 sec)

mysql> 
```

图 6-62　给 lisi 账户授权

3）输入以下命令并按 <Enter> 键，从 MySQL 数据库的 user 表中可以看到相关资源的值，如图 6–63 所示。

```
select user,max_questions,max_updates,max_user_connections from mysql.user where user='lisi';
```

```
mysql> select user,max_questions,max_updates,max_user_connections from mysql.user where user='lisi';
+------+---------------+-------------+----------------------+
| user | max_questions | max_updates | max_user_connections |
+------+---------------+-------------+----------------------+
| lisi |             3 |           0 |                    5 |
+------+---------------+-------------+----------------------+
1 row in set (0.00 sec)

mysql> 
```

图 6-63 查看 lisi 授权情况

第 2 步：测试 lisi 账户运行查询语句的次数小于 3 次的授权。

1）输入以下命令并按 <Enter> 键，将 root 用户从 MySQL 数据库中退出登录，使用 lisi 账户登录，如图 6-64 所示。

```
exit
mysql –ulisi –p123456
```

```
mysql> exit
Bye
[root@localhost 桌面]# 
[root@localhost 桌面]# mysql -ulisi -p123456
Warning: Using a password on the command line interface can be insecure.
Welcome to the MySQL monitor.  Commands end with ; or \g.
Your MySQL connection id is 56
Server version: 5.6.41-log MySQL Community Server (GPL)

Copyright (c) 2000, 2018, Oracle and/or its affiliates. All rights reserved.

Oracle is a registered trademark of Oracle Corporation and/or its
affiliates. Other names may be trademarks of their respective
owners.

Type 'help;' or '\h' for help. Type '\c' to clear the current input statement.

mysql> 
```

图 6-64 退出 root 登录，用 lisi 账户登录

2）输入 3 次以下命令并按 <Enter> 键，运行查询 3 次可以查看到结果，如图 6-65 所示。

```
select * from stusta.stu;
```

```
18 rows in set (0.00 sec)

mysql> select * from stusta.stu;
+----------+---------+--------+-------+-------------+-------------+
| stuno    | stuname | stusex | stulm | stuphone    | stuaddress  |
+----------+---------+--------+-------+-------------+-------------+
| 17091001 | 马宜锦  | 男     | TRUE  | 13216106553 |
| 17091002 | 黄小悦  | 女     | FALSE | 13656633018 |
| 17091003 | 陈利萍  | 女     | TRUE  | 15957196055 |
| 17091004 | 潘陈新  | 男     | TRUE  | 15988123832 |
| 17091005 | 周晨    | 男     | TRUE  | 15168237753 |
| 17091006 | 宋思佳  | 女     | FALSE | 13376830202 |
| 17091007 | 童加亮  | 男     | TRUE  | 13506812558 |
| 17091008 | 朱蕊    | 女     | TRUE  | 13588869730 |
| 17091009 | 张洁勇  | 男     | FALSE | 18258166468 |
| 17091010 | 张靓    | 女     | TRUE  | 15024419335 |
| 17091011 | 姜彤    | 女     | TRUE  | 13706810502 |
| 17091012 | 陈涛    | 男     | FALSE | 18658117955 |
| 17091013 | 陈方    | 男     | TRUE  | 15058171344 |
| 17091014 | 来钦晨  | 男     | TRUE  | 15990019107 |
| 17091015 | 陈欣怡  | 女     | FALSE | 13868145801 |
| 17091016 | 杨亮亮  | 男     | TRUE  | 13995594108 |
| 17091017 | 张杰    | 男     | FALSE | 15972195756 |
| 17091018 | 刘小强  | 男     | TRUE  | 13          |
+----------+---------+--------+-------+-------------+-------------+
18 rows in set (0.00 sec)

mysql> select * from stusta.stu;
ERROR 1226 (42000): User 'lisi' has exceeded the 'max_questions' resource (current value: 3)
mysql> 
```

图 6-65 输入第 3 次查询语句时报错

提示

可以发现，登录后执行到第3个查询时用户lisi已经超过了最大的查询资源限制，会提示出错。这里可能会有疑问，查询限制设置为3应该执行到第4个查询的时候提示出错才对，为什么第3个就报错了呢？其实mysql里面很多非“select”语句也归类到“查询”，比如“show”语句、“desc”语句等，还有一些隐式的查询也包含在内，上面的查询从日志中可以查到在登录后执行了隐式语句“select@@version_comment limit 1”来显示版本信息，才导致了上面的结果。

需要注意的是，资源限制是对某一个账号进行累计的，而不是对账号的一次连接进行累计。当资源限制达到后，账号的任何一次相关操作都会被拒绝，如果还要继续操作，只能清除相关的累加值。可以使用root执行“flush_user_resources”“flush privileges”“mysqladmin reload”这3个命令中的任何一个执行清除工作。如果数据库发生重启，则原先累计的计数值将清零。如果要对账号的资源限制进行修改或者删除，则将相应参数设置为0即可。

第3步：测试lisi账户同时不超过5个用户登录的授权。

1）输入“exit”命令并按<Enter>键，将普通用户lisi从MySQL数据库中退出登录，如图6–66所示。

```
mysql> exit
Bye
[root@localhost 桌面]#
```

图6-66　退出lisi账户的登录

2）在CentOS的桌面上单击6次鼠标右键打开“在终端中运行”，然后输入以下命令并按<Enter>键，如图6–67所示。

mysql –ulisi –p123456

```
[root@l 桌面]# mysql -ulisi -p123456
Warning: Using a password on the command line interface can be insecure.
Welcome to the MySQL monitor.  Commands end with ; or \g.
[root@l 桌面]# mysql -ulisi -p123456
Warning: Using a password on the command line interface can be insecure.
Welcome to the MySQL monitor.  Commands end with ; or \g.
[root@l 桌面]# mysql -ulisi -p123456
Warning: Using a password on the command line interface can be insecure.
Welcome to the MySQL monitor.  Commands end with ; or \g.
[root@l 桌面]# mysql -ulisi -p123456
Warning: Using a password on the command line interface can be insecure.
Welcome to the MySQL monitor.  Commands end with ; or \g.
[root@l 桌面]# mysql -ulisi -p123456
Warning: Using a password on the command line interface can be insecure.
Welcome to the MySQL monitor.  Commands end with ; or \g.
[root@l 桌面]# mysql -ulisi -p123456
Warning: Using a password on the command line interface can be insecure.
ERROR 1226 (42000): User 'lisi' has exceeded the 'max_user_connections' resource (current value: 5)
[root@l 桌面]#
```

图6-67　6次登录lisi账户后的报错

提示

同时打开6个终端，分别都是用lisi登录mysql数据库，可以发现第6次拒绝用户lisi登录，因为前面设置了限制最大用户连接数为5，故此也证明现象成立。

【必备知识】

1. 账户管理

MySQL提供了许多语句来管理用户账号，这些语句可以用来登录和退出MySQL服务器、创建用户、删除用户、密码管理、权限管理。MySQL 数据库的安全性需要通过账户管理来保证。

mysql 命令的常用参数：

-h：主机名或 IP，默认是 localhost，最好指定 -h 参数；

-u：用户名；

-p[密码]：密码，注意该参数后面的字符串和 -p 之间不能有空格；

-p=：端口号，默认为 3306（-p 后面跟着等号）；

数据库名：可以在命令最后指定数据库名。

2. 用户权限的分类

1）MySQL 的权限见表 6-2。

表 6-2 MySQL 权限管理

权 限	权 限 级 别	权 限 说 明
CREATE	数据库、表或索引	创建数据库、表或索引权限
DROP	数据库或表	删除数据库或表权限
GRANT OPTION	数据库、表或保存的程序	赋予权限选项
REFERENCES	数据库或表	
ALTER	表	更改表，比如添加字段、索引等
DELETE	表	删除数据权限
INDEX	表	索引权限
INSERT	表	插入权限
SELECT	表	查询权限
UPDATE	表	更新权限
CREATE VIEW	视图	创建视图权限
SHOW VIEW	视图	查看视图权限
ALTER ROUTINE	存储过程	更改存储过程权限
CREATE ROUTINE	存储过程	创建存储过程权限
EXECUTE	存储过程	执行存储过程权限
FILE	服务器主机上的文件访问	文件访问权限
CREATE TEMPORARY TABLES	服务器管理	创建临时表权限
LOCK TABLES	服务器管理	锁表权限
CREATE USER	服务器管理	创建用户权限
PROCESS	服务器管理	查看进程权限
RELOAD	服务器管理	执行 flush-hosts、flush-logs、flush-privileges、flush-status、flush-tables、flush-threads、refresh、reload 等命令的权限
REPLICATION CLIENT	服务器管理	复制权限
REPLICATION SLAVE	服务器管理	复制权限
SHOW DATABASES	服务器管理	查看数据库权限
SHUTDOWN	服务器管理	关闭数据库权限
SUPER	服务器管理	执行 kill 线程权限

2）MySQL 的权限如何分布，就是针对表可以设置什么权限，针对列可以设置什么权限等，可见表 6-3。

表 6-3　MySQL 权限分布

权限分布	可能设置的权限
表权限	'Select'、'Insert'、'Update'、'Delete'、'Create'、'Drop'、'Grant'、'References'、'Index'、'Alter'
列权限	'Select'、'Insert'、'Update'、'References'
过程权限	'Execute'、'Alter Routine'、'Grant'

3）MySQL 权限经验原则。

权限控制主要是出于安全因素，因此需要遵循以下几个经验原则：

① 只给予能满足需要的最小权限，防止用户破坏数据库。比如用户只是需要查询，那就只给予 select 权限就可以了，不要给予 UPDATE、INSERT 或者 DELETE 权限。

② 创建用户的时候限制用户的登录主机，一般是限制成指定 IP 或者内网 IP 段。

③ 初始化数据库的时候删除没有密码的用户。安装完数据库的时候会自动创建一些用户，这些用户默认没有密码。

④ 为每个用户设置满足密码复杂度的密码。

⑤ 定期清理不需要的用户、回收权限或者删除用户。

3. Grant 命令补遗

在前一项目任务 2 的必备知识 2 中，简要学习了 GRANT 命令的一些语句，现将完整的语法格式和使用说明提供如下（源自 MySQL6.5 参考手册（英文））：

```
GRANT
        priv_type [(column_list)]
          [, priv_type [(column_list)]] ...
        ON [object_type] priv_level
        TO user [auth_option] [, user [auth_option]] ...
        [REQUIRE {NONE | tls_option [[AND] tls_option] ...}]
        [WITH {GRANT OPTION | resource_option} ...]

GRANT PROXY ON user
        TO user [, user] ...
        [WITH GRANT OPTION]

object_type: {
      TABLE
    | FUNCTION
    | PROCEDURE
}

priv_level: {
      *
    | *.*
    | db_name.*
    | db_name.tbl_name
    | tbl_name
    | db_name.routine_name
}
```

```
user:
    (see Section 6.2.4, "Specifying Account Names")

auth_option: {
    IDENTIFIED BY [PASSWORD] 'auth_string'
  | IDENTIFIED WITH auth_plugin
  | IDENTIFIED WITH auth_plugin AS 'auth_string'
}

tls_option: {
   SSL
  | X509
  | CIPHER 'cipher'
  | ISSUER 'issuer'
  | SUBJECT 'subject'
}

resource_option: {
  | MAX_QUERIES_PER_HOUR count
  | MAX_UPDATES_PER_HOUR count
  | MAX_CONNECTIONS_PER_HOUR count
  | MAX_USER_CONNECTIONS count
}
```

GRANT 语句说明:

【概述】

1）GRANT 语句将权限授予 MySQL 用户账户。GRANT 还用于指定其他账户特性，例如，使用安全连接和限制对服务器资源的访问。要使用 GRANT，必须具有 GRANT OPTION 特权，并且必须具有所授予的特权。REVOKE 语句与 GRANT 相关，使管理员可以删除账户特权。

2）每个账户名都使用“user_name@host_name”中所述的格式。例如：

```
GRANT ALL ON db1.* TO 'jeffrey'@'localhost';
```

账户的主机名部分（如果省略）默认为“%”。

3）通常，数据库管理员首先使用 CREATE USER 创建一个账户（假定在账户创建时使用 CREATE USER 建立密码，以避免创建不安全的账户。），然后使用 GRANT 定义其特权和特征。例如：

```
CREATE USER 'jeffrey'@'localhost' IDENTIFIED BY 'password';
GRANT ALL ON db1.* TO 'jeffrey'@'localhost';
GRANT SELECT ON db2.invoice TO 'jeffrey'@'localhost';
GRANT USAGE ON *.* TO 'jeffrey'@'localhost' WITH MAX_QUERIES_PER_HOUR 90;
```

从 MySQL 程序中，GRANT 命令的执行以 Query OK, 0 rows affected 响应，要查看账户所具备的特权，可使用 SHOW GRANTS 命令。

4）在某些情况下，GRANT 可能会记录在服务器日志中或客户端的历史记录文件中，这意味着具有对该信息读取权限的任何人都可以读取明文密码。

5）GRANT 支持最多 60 个字符的主机名。用户名最多可以包含 16 个字符。数据库，表，列和程序的名称最多可以包含 64 个字符。

6）不要试图通过更改 mysql.user 系统表来更改用户名的允许长度。这样做会导致无法预料的行为，甚至可能使用户无法登录到 MySQL 服务器。

【对象引用规则】

1）尽管在许多情况下引用是可选的，但 GRANT 语句中的多个对象还是需要引用的：账户，数据库，表，列和程序的名称。例如，如果账户名中的 user_name 或 host_name 值作为未加引号的标识符是合法的，则无需使用引号。但是，必须使用引号将其指定为包含特殊字符（例如“_”）的 user_name 字符串，或指定包含特殊字符或通配符（例如“%”）的 host_name 字符串（例如 "test–user'@'%.com"）。分别引用用户名和主机名。

2）要指定引用的值：

- 引用数据库，表，列和例程名称作为标识符。
- 用用户名和主机名作为标识符或字符串。
- 用字符串引用密码。

3）GRANT 语句中指定数据库名称以在数据库级别授予特权时，允许使用“_”和“%”通配符（GRANT ... ON *db_name*.*）。例如，这意味着要将“_”字符用作数据库名称的一部分，请在 GRANT 语句中将其指定为_，以防止用户能够访问与通配符模式匹配的其他数据库（例如：GRANT... ON`foo\_bar`.* TO ...）。

4）如果不使用数据库名称在数据库级别授予特权，而是将其用作授予某些其他对象（表或程序）特权的限定符（例如，GRANT ... ON db_name.tbl_name），则将使用通配符作为正常字符。

【账号名称和密码】

1）GRANT 语句中的用户值指示该语句适用的 MySQL 账户。为了适应从任意主机向用户授予权限，MySQL 支持以 "user_name'@'host_name" 形式指定用户值。

2）您可以在主机名中指定通配符。例如，"user_name'@'%.example.com" 适用于 example.com 域中任何主机的 user_name，"user_name'@'198.51.100.%" 适用于 198.51.100 C 类子网中任何主机的 user_name。

3）简单形式 "user_name" 是 "user_name'@'%" 的同义词。

4）MySQL 不支持用户名中的通配符。要引用匿名用户，请使用 GRANT 语句指定一个用户名为空的账户：

```
GRANT ALL ON test.* TO ''@'localhost' ...;
```

在这种情况下，将从本地主机使用匿名用户正确密码连接的任何用户，都将被授予访问权限，并具有与匿名用户账户相关联的特权。（警告：如果允许本地匿名用户连接到 MySQL 服务器，则还应将所有本地用户的权限授予 "user_name'@'localhost"。否则，当命名用户尝试从本地计算机登录 MySQL 服务器时，将使用 mysql.user 系统表（在 MySQL 安装期间创建）中 localhost 的匿名用户账户。会对数据库安全造成较大影响）。

5）可以执行以下查询，列出了所有匿名用户，然后可以删除本地匿名用户。

```
SELECT Host, User FROM mysql.user WHERE User='';
    DROP USER ''@'localhost';
```

6）当存在 *IDENTIFIED* 选项并且具有全局授予特权（GRANT OPTION）时，指定的任何密码都将成为该账户的新密码，即使该账户存在并且已经具有密码。如果没有 *IDENTIFIED*，则账户密码保持不变。

【MySQL 支持的特权】

下表总结了可以为 GRANT 和 REVOKE 语句指定的允许的 priv_type 特权类型，以及可以授予每个特权的级别。

Privilege（权限）	意义和可授予级别
ALL [PRIVILEGES]	在指定的访问级别授予除 GRANT OPTION 和 PROXY.
ALTER	允许使用 ALTER TABLE。级别：全局、数据库、表。
ALTER ROUTINE	允许修改或删除存储的程序。级别：全局的，数据库的，程序的。
CREATE	启用数据库和表创建。级别：全局、数据库、表。
CREATE ROUTINE	启用存储程序创建。级别：全局数据库。
CREATE TABLESPACE	允许创建、更改或删除表空间和日志文件组。级别：全局。
CREATE TEMPORARY TABLES	允许使用 CREATE TEMPORARY TABLE。级别：全局数据库。
CREATE USER	允许使用 CREATE USER, DROP USER, RENAME USER，和 REVOKE ALL PRIVILEGES。级别：全局。
CREATE VIEW	允许创建或更改视图。级别：全局、数据库、表。
DELETE	允许使用 DELETE。级别：全局、数据库、表。
DROP	允许删除数据库、表和视图。级别：全局、数据库、表。
EVENT	启用事件计划程序的事件使用。级别：全局数据库。
EXECUTE	使用户能够执行存储的程序。级别：全局的，数据库的，程序的。
FILE	使用户能够使服务器读取或写入文件。级别：全局。
GRANT OPTION	允许授予其他账户或从其他账户中删除特权。级别：全局、数据库、表、程序、代理。
INDEX	启用创建或删除索引。级别：全局、数据库、表。
INSERT	允许使用 INSERT。级别：全局、数据库、表、列。
LOCK TABLES	允许使用 LOCK TABLES 在您拥有 SELECT 特权。级别：全局数据库。
PROCESS	使用户能够看到所有进程 SHOW PROCESSLIST。级别：全局。
PROXY	启用用户代理。级别：从用户到用户。
REFERENCES	启用外键创建。级别：全局、数据库、表、列。
RELOAD	允许使用 FLUSH 行动。级别：全局。
REPLICATION CLIENT	使用户能够询问主服务器或从服务器在哪里。级别：全局。
REPLICATION SLAVE	启用复制从母版读取二进制日志事件。级别：全局。
SELECT	允许使用 SELECT。级别：全局、数据库、表、列。

（续）

Privilege（权限）	意义和可授予级别
SHOW DATABASES	使能 SHOW DATABASES 显示所有数据库。级别：全局。
SHOW VIEW	允许使用 SHOW CREATE VIEW。级别：全局、数据库、表。
SHUTDOWN	允许使用 mysqladmin shutdown. 级别：全局。
SUPER	启用其他管理操作，如 CHANGE MASTER TO, KILL,PURGE BINARY LOGS,SET GLOBAL 和 mysqladmin debug 命令。级别：全局。
TRIGGER	启用触发操作。级别：全局、数据库、表。
UPDATE	允许使用 UPDATE。级别：全局、数据库、表、列。
USAGE	同义词“无特权”

1）在 GRANT 语句中，ALL [PRIVILEGES] 或 PROXY 特权必须自己命名，并且不能与其他特权一起指定。ALL [PRIVILEGES] 代表授予特权级别的所有可用特权，但 GRANT OPTION 和 PROXY 特权除外。

2）可以指定 USAGE 来创建没有特权的用户，或者为账户指定 REQUIRE 或 WITH 子句而不更改其现有特权。

3）MySQL 账户信息存储在 mysql 系统数据库的表中。

4）可以在几个级别上授予特权，具体取决于 ON 子句使用的语法。对于 REVOKE，相同的 ON 语法指定要删除的特权。

5）对于全局，数据库，表和程序级别，GRANT ALL 仅分配要授予的级别上存在的特权。例如，GRANT ALL ON *。* 是数据库级别的语句，因此它不授予任何仅全局权限，例如 FILE，授予 ALL 不会分配 GRANT OPTION 或 PROXY 特权。

6）*object_type* 选项说明：如果以下对象是表，存储函数或存储过程，则应将 object_type 子句（如果存在）指定为 TABLE，FUNCTION 或 PROCEDURE。

7）用户为数据库，表，列或程序持有的特权是作为每个特权级别（包括全局级别）的账户特权的逻辑或而形成的。无法通过在较低级别上缺少该特权来拒绝在较高级别上授予的特权。例如，以下语句全局授予 SELECT 和 INSERT 特权：

```
GRANT SELECT, INSERT ON *.* TO u1;
```

全局授予的特权适用于所有数据库，表和列，即使未在任何较低级别上授予。

8）MySQL 可以授予不存在的数据库或表授权。对于表，要授予的特权必须包括 CREATE 特权。此设计的初衷旨在使数据库管理员能够为以后要创建的数据库或表准备用户账户和特权。（重要：删除数据库或表时，MySQL 不会自动撤消任何特权。但是，如果删除程序，则为该程序授予的所有程序级特权都将被吊销。）

【GRANT 权限的层级】

1）全局层级：全局权限适用于一个给定服务器中的所有数据库。这些权限存储在 mysql.user 表中。GRANT ALL ON *.* 和 REVOKE ALL ON *.* 只授予和撤销全局权限。REPLICATION SLAVE，SHOW DATABASES，SHUTDOWN 和 SUPER 特权是管理性的，只能在全局授予。其他特权可以全局授予，也可以在更特定的级别授予。例如：

```
GRANT ALL ON *.* TO 'someuser'@'somehost';
GRANT SELECT, INSERT ON *.* TO 'someuser'@'somehost';
```

而在全局级别授予任何全局特权的 GRANT OPTION 适用于所有全局特权。

2）数据库层级：数据库权限适用于一个给定数据库中的所有目标。这些权限存储在 mysql.db 和 mysql.host 表中。GRANT ALL ON db_name.* 和 REVOKE ALL ON db_name.* 只授予和撤销数据库权限。如果使用 ON * 语法（而不是 ON *.*），则会在数据库级别为默认数据库分配特权。如果没有默认数据库，则会发生错误。可以在数据库级别指定 CREATE，DROP，EVENT，GRANT OPTION，LOCK TABLES 和 REFERENCES 特权。表或程序特权也可以在数据库级别指定，在这种情况下，它们适用于数据库中的所有表或程序。例如：

```
GRANT ALL ON mydb.* TO 'someuser'@'somehost';
GRANT SELECT, INSERT ON mydb.* TO 'someuser'@'somehost';
```

3）表层级：表权限适用于一个给定表中的所有列。这些权限存储在 mysql.talbes_priv 表中。GRANT ALL ON db_name.tbl_name 和 REVOKE ALL ON db_name.tbl_name 只授予和撤销表权限。如果指定 tbl_name 而不是 db_name.tbl_name，则该语句适用于默认数据库中的 tbl_name。如果没有默认数据库，则会发生错误。表级别允许的 priv_type 值为 ALTER，CREATE VIEW，CREATE，DELETE，DROP，GRANT OPTION，INDEX，INSERT，REFERENCES，SELECT，SHOW VIEW，TRIGGER 和 UPDATE。例如：

```
GRANT ALL ON mydb.mytbl TO 'someuser'@'somehost';
GRANT SELECT, INSERT ON mydb.mytbl TO 'someuser'@'somehost';
```

表级特权适用于基表和视图。即使表名称匹配，它们也不适用于使用 CREATE TEMPORARY TABLE 创建的表。

4）列层级：列权限适用于一个给定表中的单一列。这些权限存储在 mysql.columns_priv 表中。当使用 REVOKE 时，必须指定与被授权列相同的列。在列级别要授予的每个特权都必须在括号后加上一个或多个列。例如：

```
GRANT SELECT (col1), INSERT (col1, col2) ON mydb.mytbl TO 'someuser'@'somehost';
```

列（即，当您使用 column_list 子句时）允许的 priv_type 值为 INSERT，REFERENCES，SELECT 和 UPDATE。

5）子程序层级：CREATE ROUTINE, ALTER ROUTINE, EXECUTE 和 GRANT 权限适用于已存储的子程序。这些权限可以被授予为全局层级和数据库层级。而且，除了 CREATE ROUTINE 外，这些权限可以被授予为子程序层级，并存储在 mysql.procs_priv 表中。在程序级别允许的 priv_type 值为 ALTER ROUTINE，EXECUTE 和 GRANT OPTION。 CREATE ROUTINE 不是程序级别的特权，因为必须具有全局或数据库级别的特权才能首先创建程序。例：

```
GRANT CREATE ROUTINE ON mydb.* TO 'someuser'@'somehost';
GRANT EXECUTE ON PROCEDURE mydb.myproc TO 'someuser'@'somehost';
```

6）代理用户权限（略）。

【隐式账户创建】

1）如果 GRANT 语句中命名的账户不存在，则采取的操作取决于 NO_AUTO_CREATE_USER（不自动创建用户选项）SQL 模式：

- 如果未启用 NO_AUTO_CREATE_USER，则 GRANT 将创建账户。除非使用 IDENTIFIED BY 指定非空密码，否则这是非常不安全的。

● 如果启用了 NO_AUTO_CREATE_USER，则除非使用 IDENTIFIED BY 指定非空密码或使用 IDENTIFIED WITH 命名身份验证插件，否则 GRANT 将失败并且不会创建账户。

2）重要提示：从 MySQL 5.6.12 开始，如果该账户已经存在，则 IDENTIFIED WITH 被禁止，因为它仅在创建新账户时使用。

【其他命令参数】

1）tls_option 选项表示服务器要求采用的加密连接方式，主要参数有：

● NONE（没有）：如果用户名和密码有效，则允许未加密的连接（默认不设置）。

● SSL：告诉服务器仅允许该账户的加密连接。

```
GRANT ALL PRIVILEGES ON test.* TO 'root'@'localhost'
  REQUIRE SSL;
```

● X509：要求客户端出示有效证书，但确切的证书、颁发者和主题无关紧要。

```
GRANT ALL PRIVILEGES ON test.* TO 'root'@'localhost'
  REQUIRE X509;
```

后面三个参数对加密连接做出了具体要求：

● ISSUER *'issuer'*

● SUBJECT *'subject'*

● CIPHER *'cipher'*

SUBJECT，ISSUER 和 CIPHER 选项可以在 REQUIRE 子句中组合，如下所示：

```
GRANT ALL PRIVILEGES ON test.* TO 'root'@'localhost'
    REQUIRE SUBJECT '/C=SE/ST=Stockholm/L=Stockholm/
    O=MySQL demo client certificate/
    CN=client/emailAddress=client@example.com'
  AND ISSUER '/C=SE/ST=Stockholm/L=Stockholm/
    O=MySQL/CN=CA/emailAddress=ca@example.com'
  AND CIPHER 'EDH-RSA-DES-CBC3-SHA';
```

2）WITH GRANT OPTION 可选项的作用是使用户能够向其他用户授予特权，您不能授予其他用户您自己没有的特权；GRANT OPTION 特权只能分配自己拥有的那些特权。

要将 GRANT OPTION 特权授予账户，而又不更改其特权，可执行以下操作：

```
GRANT USAGE ON *.* TO 'someuser'@'somehost' WITH GRANT OPTION;
```

请注意，当向用户授予特定特权级别的 GRANT OPTION 特权时，该用户在该级别拥有（或将来可能会授予）的任何特权也可以由该用户授予其他用户。假设授予用户对数据库的 INSERT 特权。如果然后在数据库上授予 SELECT 特权并指定 WITH GRANT OPTION，则该用户不仅可以将 SELECT 特权授予其他用户，还可以将 INSERT 授予其他用户。如果然后向数据库上的用户授予 UPDATE 特权，则用户可以授予 INSERT，SELECT 和 UPDATE。对于非管理用户，不应在全局或 mysql 系统数据库中授予 ALTER 特权。如果这样做，用户可以尝试通过重命名表来破坏特权系统！

3）WITH 子句中的 esource_option 值用来为用户指定资源限制，可使用 WITH 子句指定一个或多个 resource_option 值。未指定的限制将保留其当前值。WITH 选项的顺序无关紧要，除非多次指定给定的资源限制，最后一个实例优先。

GRANT 允许以下 resource_option 值：

● MAX_QUERIES_PER_HOUR *count*, MAX_UPDATES_PER_HOUR *count*,MAX_CONNECTIONS_PER_HOUR *count*

这些选项限制了在任何给定的一小时内允许对该账户进行多少次查询，更新和与服务器的连接。（从查询缓存提供结果的查询不计入 MAX_QUERIES_PER_HOUR 限制。）如果 count 为 0（默认值），则表示该账户没有限制。

- MAX_USER_CONNECTIONS *count*

限制账户同时连接到服务器的最大数量。非零计数会明确指定账户的限制。如果 count 为 0（缺省值），则服务器根据 max_user_connections 系统变量的全局值确定该账户的并发连接数。如果 max_user_connections 也为零，则该账户没有限制。

要在不影响现有权限的情况下为现有用户指定资源限制，请在全局级别（ON *.*）使用 GRANT USAGE 并命名要更改的限制。例如：

```
GRANT USAGE ON *.* TO ...
  WITH MAX_QUERIES_PER_HOUR 500 MAX_UPDATES_PER_HOUR 100;
```

【注意】

如果授予一个用户使用表，列或程序特权，服务器将检查所有用户的表，列和程序特权，这会使 MySQL 变慢。同样，如果限制任何用户的查询，更新或连接数，则服务器必须监视这些值，也会严重影响 MySQL 的效率。

4. MySQL 数据库攻防与加固

学习了触类旁通第一题的内容，基本上掌握了 MySQL 日常的安全配置与维护，现在来综合练习前面所学到的内容。

1）进入 MySQL 虚拟机，加固 MySQL 服务器，使所有的访问能被审计，对 mysqld 的启动项进行加固。

设定审计文件为“/var/log/mysql/access.log”，在 CentOS 控制台命令行下输入以下命令进入 my.cnf 配置文件进行设置，如图 6–68 所示。

```
#cd /etc/
# vi my.cnf
```

```
[mysqld]
datadir=/var/lib/mysql
socket=/var/lib/mysql/mysql.sock
# Default to using old password format for com
# clients (those using the mysqlclient10 compa
old_passwords=1
log=/var/log/mysql/access.log
[mysql.server]
user=mysql
basedir=/var/lib

[mysqld_safe]
log-error=/var/log/mysqld.log
pid-file=/var/run/mysqld/mysqld.pid
```

图 6–68　配置访问审计

2）配置 CentOS 防火墙，允许 MySQL 服务能够被访问，规则中只包含端口项，在 CentOS 桌面控制台命令行中输入以下命令进行设置，如图 6–69 所示。

```
# iptables –A INPUT –p tcp ––dport 3306 –j ACCEPT
#iptables –nL ––line                  # 以标号的形式显示出来（这里区分大小写）
#service iptables save                # 保存防火墙配置
```

```
[root@localhost 桌面]# iptables -nL --line
Chain INPUT (policy ACCEPT)
num  target     prot opt source               destination
1    ACCEPT     all  --  0.0.0.0/0            0.0.0.0/0           state RELATED,
ESTABLISHED
2    ACCEPT     icmp --  0.0.0.0/0            0.0.0.0/0
3    ACCEPT     all  --  0.0.0.0/0            0.0.0.0/0
4    ACCEPT     tcp  --  0.0.0.0/0            0.0.0.0/0           state NEW tcp
dpt:22
5    ACCEPT     tcp  --  0.0.0.0/0            0.0.0.0/0           state NEW tcp
dpt:3306
6    ACCEPT     udp  --  0.0.0.0/0            0.0.0.0/0           state NEW udp
dpt:3306
7    REJECT     all  --  0.0.0.0/0            0.0.0.0/0           reject-with ic
mp-host-prohibited

Chain FORWARD (policy ACCEPT)
num  target     prot opt source               destination
1    REJECT     all  --  0.0.0.0/0            0.0.0.0/0           reject-with ic
mp-host-prohibited

Chain OUTPUT (policy ACCEPT)
num  target     prot opt source               destination
[root@localhost 桌面]#
```

图 6-69　配置 CentOS 防火墙

3）进入虚拟机 MySQL 数据库，查看所有用户及权限，找到可以从任何 IP 地址访问的用户。

用 root 账户和密码登录 MySQL 数据库，输入以下命令查找可以用任何 IP 地址（%）访问的用户，如图 6-70 所示。

```
use mysql;
select host,user from user;
```

```
mysql> select host,user from user;
+-----------------------+------+
| host                  | user |
+-----------------------+------+
| %                     | test |
| localhost             |      |
| localhost             | root |
| localhost.localdomain |      |
| localhost.localdomain | root |
+-----------------------+------+
5 rows in set (0.00 sec)

mysql>
```

图 6-70　查找 MySQL 的网络访问用户

4）对 3）中的漏洞进行加固，设定该用户只能从公司 PC-1 访问，用 Grant 命令进行管理。

在 MySQL 环境下输入以下命令进行加固，其中 192.168.x.x 是 PC-1 的 IP 地址。

```
GRANT ALL ON *.* TO test@192.168.x.x  IDENTIFIED BY  ""  WITH GRANT OPTION;
```

5）检查虚拟机中的 MySQL 是否存在数据库匿名用户，如果存在数据库匿名用户，则删除该用户，将发现的匿名用户信息以及删除过程进行截屏。

第 1 步：查看匿名用户。

在 MySQL 环境下输入以下命令查找匿名用户，如图 6-71 所示。

```
use mysql;
select host,user from user where user=" ";
```

```
mysql> select host,user from user where user="";
+-----------------------+------+
| host                  | user |
+-----------------------+------+
| localhost             |      |
| localhost.localdomain |      |
+-----------------------+------+
2 rows in set (0.00 sec)

mysql> 
```

图 6-71　查找 MySQL 的匿名用户

第 2 步：删除用户名为空的匿名用户，删除后请刷新权限缓存，如图 6-72 所示。

```
delete user from user where user = " ";
flush privileges;
```

```
mysql> delete user from user where user = "";
Query OK, 2 rows affected (0.04 sec)
```

图 6-72　删除匿名用户

6）改变默认 MySQL 管理员的名称，将系统的默认管理员 root 改为 admin，防止被列举。使用 root 账户和密码进入 MySQL，使用以下命令修改管理员名称

```
use mysql;
update  user set  user="admin" where user="root";
flush privileges;
```

7）禁止 MySQL 对本地文件进行存取，对 mysqld 的启动项进行加固。

修改 my.cnf 配置文件，增加语句 set-variable=local-infile=0，然后重启 MySQL 服务，如图 6-73 所示，步骤如下：

第 1 步：在 CentOS 控制台命令行中进入 my.cnf 配置文件。

```
#cd /etc/
# vi my.cnf
```

第 2 步：在 my.cnf 文件中增加存储限制语句 set-variable=local-infile=0。

```
[mysqld]
datadir=/var/lib/mysql
socket=/var/lib/mysql/mysql.sock
# Default to using old password format for compatibility with mysql 3.x
# clients (those using the mysqlclient10 compatibility package).
old_passwords=1
log=/var/log/mysql/access.log
set-variable=local-infile=0

[mysql.server]
user=mysql
basedir=/var/lib

[mysqld_safe]
log-error=/var/log/mysqld.log
pid-file=/var/run/mysqld/mysqld.pid
```

图 6-73　在 my.cnf 中增加存储限制配置

第 3 步：重启 MySQL 服务。

```
#/etc/init.d/mysqld stop
#/etc/init.d/mysqld start
```

8）限制一般用户浏览其他用户数据库，对 mysqld 的启动项进行加固。

打开 my.cnf 配置文件，增加 skip-show-database 配置项，然后重启 MySQL 服务。

【任务评价】

在完成本次任务的过程中，学会了 MySQL 权限管理的相关知识，请对照表 6-4 进行总结与评价。

表 6-4　任务评价表

评价指标	评价结果	备　注
1. 熟练掌握 MySQL 数据库账号的创建方法	□A　□B　□C　□D	
2. 熟练掌握 MySQL 数据库查看、更改账号权限	□A　□B　□C　□D	
3. 熟练掌握 MySQL 数据库更改账号密码的方法	□A　□B　□C　□D	
4. 熟练掌握 MySQL 数据库删除账号和限制账号资源的权限	□A　□B　□C　□D	
综合评价：		

【触类旁通】

1）MySQL 数据库攻防与加固。

2）用 root 账户登录 MySQL，依照任务 1 创建一个普通账户 wangwu，允许该账号在任意地点登录 stusta 数据库。

3）设置普通账户 wangwu 在 stusta 数据库中的 stu 表中只有搜索权限。

4）设置普通账户 wangwu 仅允许有 10 次搜索的权限。

MySQL 数据库的复制

【任务情境】

MySQL 数据库从 3.2.3 版本开始提供数据库复制的功能。但在实际的生产环境中，无论是安全性、高并发性还是高可用性等方面，由单台 MySQL 数据库作为独立的数据库是完全不能满足实际需求的。因此，一般来说，都是需要通过主从复制（Master-Slave）的方式来提升数据库的并发负载能力或者是作为主备机的设置，当主机停止响应之后在很短的时间内就可以将应用切换到备机上继续运行。

【任务分析】

MySQL 数据库的复制优点可以围绕拓扑图来分析（见图 6-74），会让大家更好地体会到数据库复制的好处。

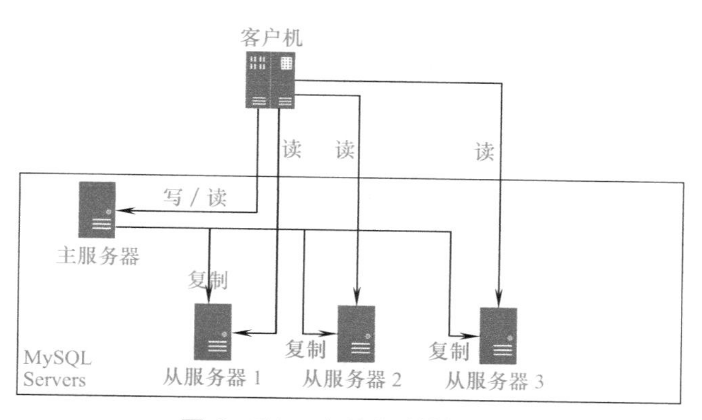

图 6-74　主从复制结构图

（1）提供了读写分离的能力

小张让所有的从服务器都和主服务器保持数据的一致性，外界客户端可以从各个从服务器中读取数据，而写数据则在主服务器上操作，进而实现读写分离。需要注意的是，为了保证数据的一致性，写操作必须在主服务器上进行。通常说到读写分离这个词立刻就要意识到它可以分散压力、提高性能。

（2）为 MySQL 服务器提供了良好的伸缩（Scale-out）能力

由于各个从服务器上只提供数据检索而没有写操作，因此"随意地"增加从服务器数量来提升整个 MySQL 服务器群的性能，不会对当前业务产生任何影响。之所以"随意地"要加上双引号，是因为每个从服务器都要和主服务器建立连接，传输数据，如果从服务器数据过多，那么主服务器的压力就会增大，网络带宽的压力也会增大。

（3）数据库备份时，对业务影响降到最低

由于 MySQL 服务器群中所有数据都是一致的，所以在备份数据库的时候可以任意停止某一台从服务器的复制功能（甚至停止整个 MySQL 服务），然后从这台主机上进行备份，这样几乎不会影响整个业务（除非只有一台从服务器）。

（4）能提升数据的安全性

任意一台 MySQL 服务器断开都不会丢失数据。即使是主服务器死机，也只是丢失了那部分还没有传送的数据（异步复制时才会丢失这部分数据）。

（5）数据分析不再影响业务

需要进行数据分析的时候，直接划分一台或多台从服务器专门用于数据分析。这样 OLTP（联机事务处理）和 OLAP（联机分析处理）可以共存，且几乎不会影响业务处理性能。

【任务实施】

提示

两台 MySQL 数据库服务器，建议使用 VMware 中的克隆功能，将一台主服务器克隆一份，当作从服务器，保证两边数据库的统一性，避免出现一些未知错误。

在克隆主服务器之前请确认已经安装了数据库 stusta 或者 employees，且 CentOS 和 MySQL 的账号和密码都可以正常使用。

1. 克隆 stusta 数据库所在的服务器，配置主从服务器的网络环境

第 1 步：准备 MySQL 服务器虚拟机。

1)打开 VMware Workstation 查看之前配置的 MySQL 数据库虚拟机环境，如图 6–75 所示。

2) 双击“编辑虚拟机设置”按钮，弹出“虚拟机设置”对话框，如图 6–76 所示。

图 6–75　打开 VMware 虚拟机

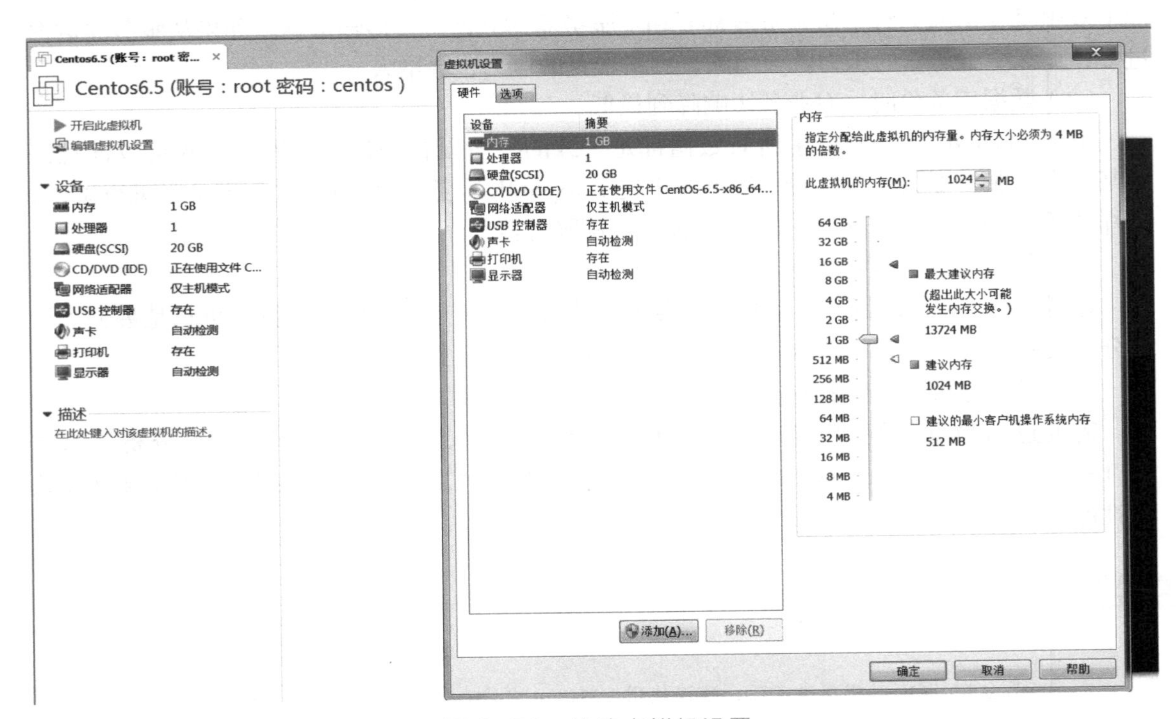

图 6–76　修改虚拟机设置

3) 双击“虚拟机设置”对话框中的“网络适配器”，将网络连接修改为“仅主机模式”，如图 6–77 所示。

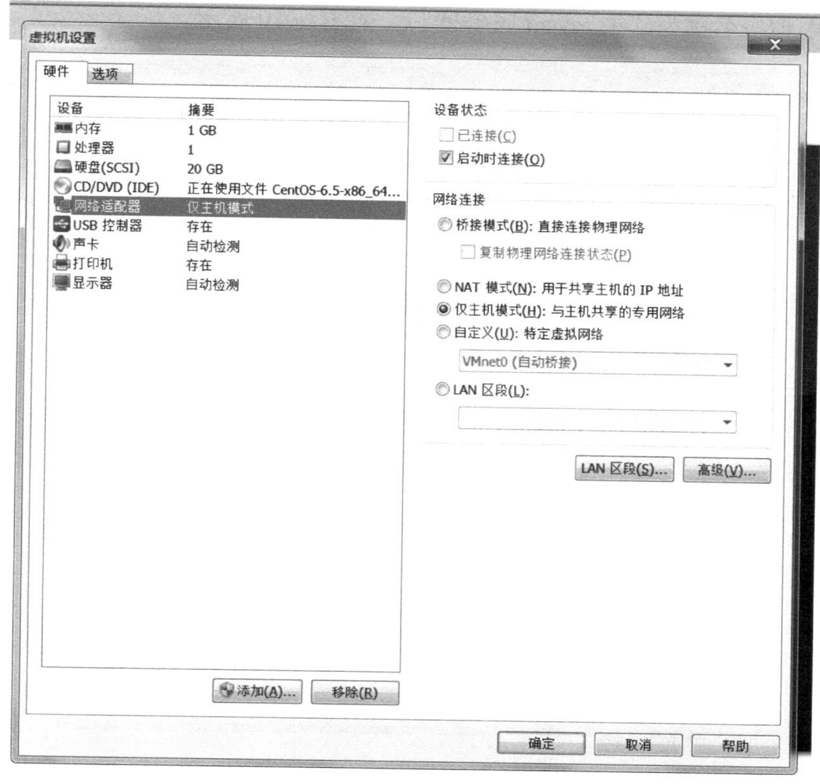

图 6-77　修改网络连接模式

4）选择虚拟机设置的“选项”选项卡，如图 6-78 所示。

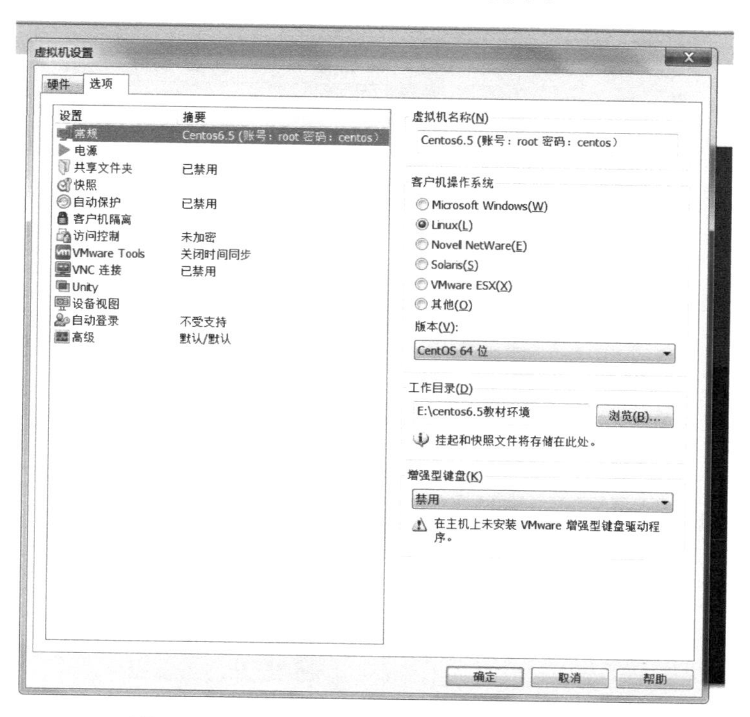

图 6-78　选择虚拟机的“选项”选项卡

5）修改虚拟机名称为“主 mysql 服务器”，如图 6–79 所示。

图 6–79　修改虚拟机名称

第 2 步：克隆虚拟机。

1）选择“主 mysql 服务器”并单击鼠标右键，再执行“管理”→“克隆”命令，如图 6–80 所示。

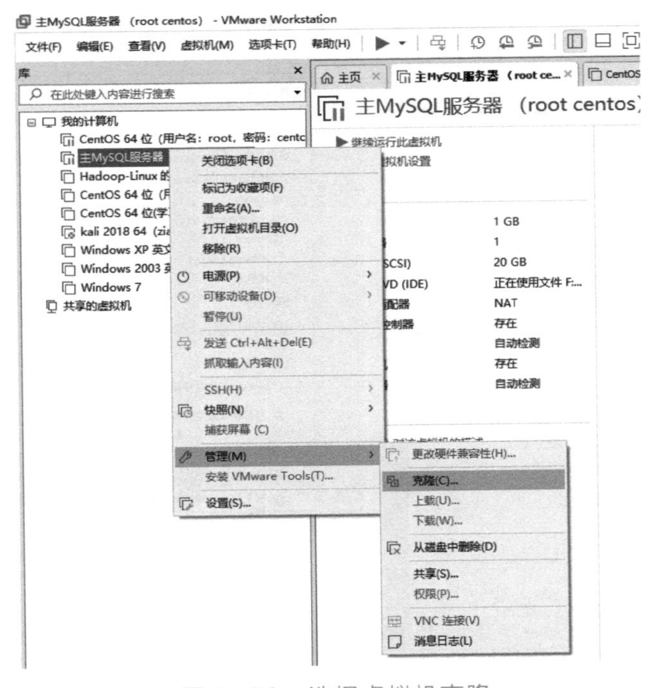

图 6–80　选择虚拟机克隆

2）可以看到克隆虚拟机向导，单击“下一步”按钮，如图 6–81 所示。

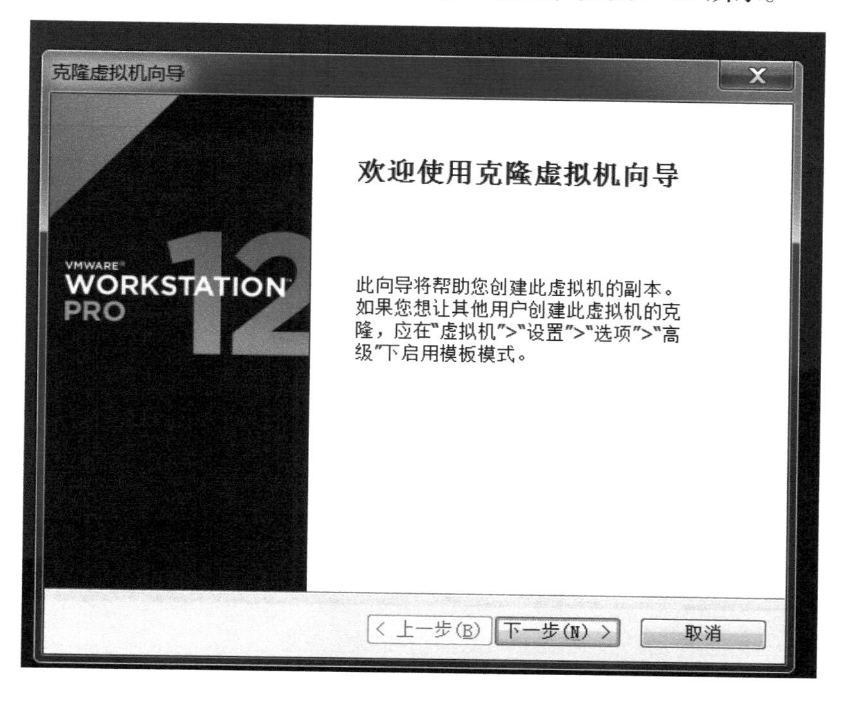

图 6–81　克隆虚拟机向导

3）选择“虚拟机中的当前状态”单选按钮，并单击“下一步”按钮，如图 6–82 所示。

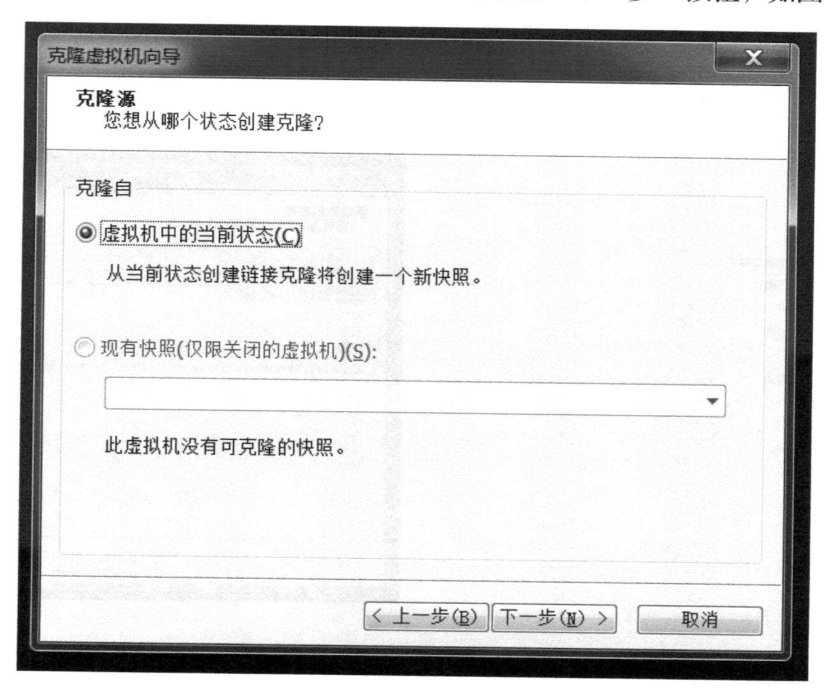

图 6–82　选择克隆源

4）选择“创建完整克隆”单选按钮，单击“下一步”按钮，如图 6–83 所示。

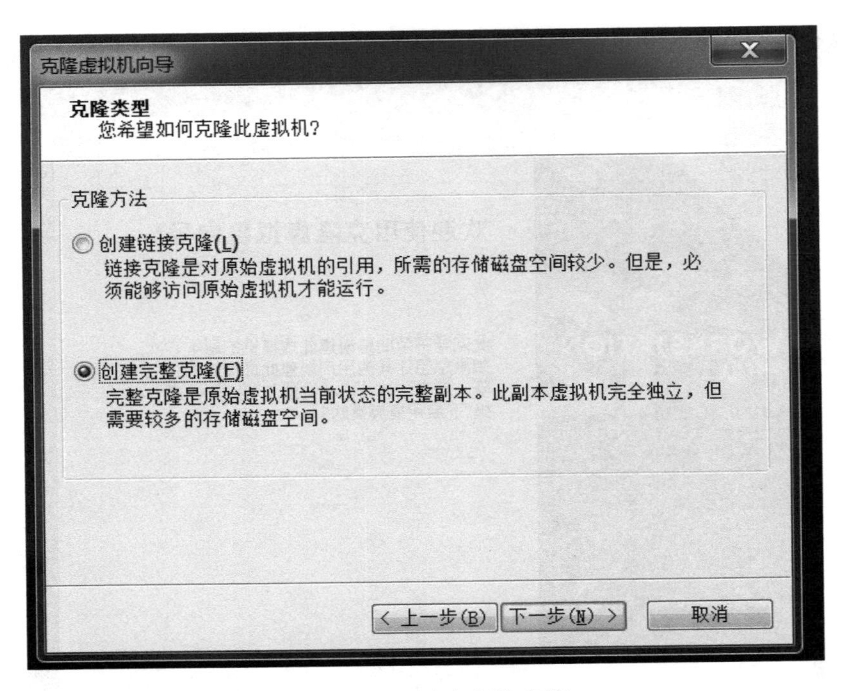

图 6-83　创建完整克隆

5）在“克隆虚拟机向导”中可以看到新虚拟机的名称和存放位置，可以自定义修改名称，如图 6-84 所示。

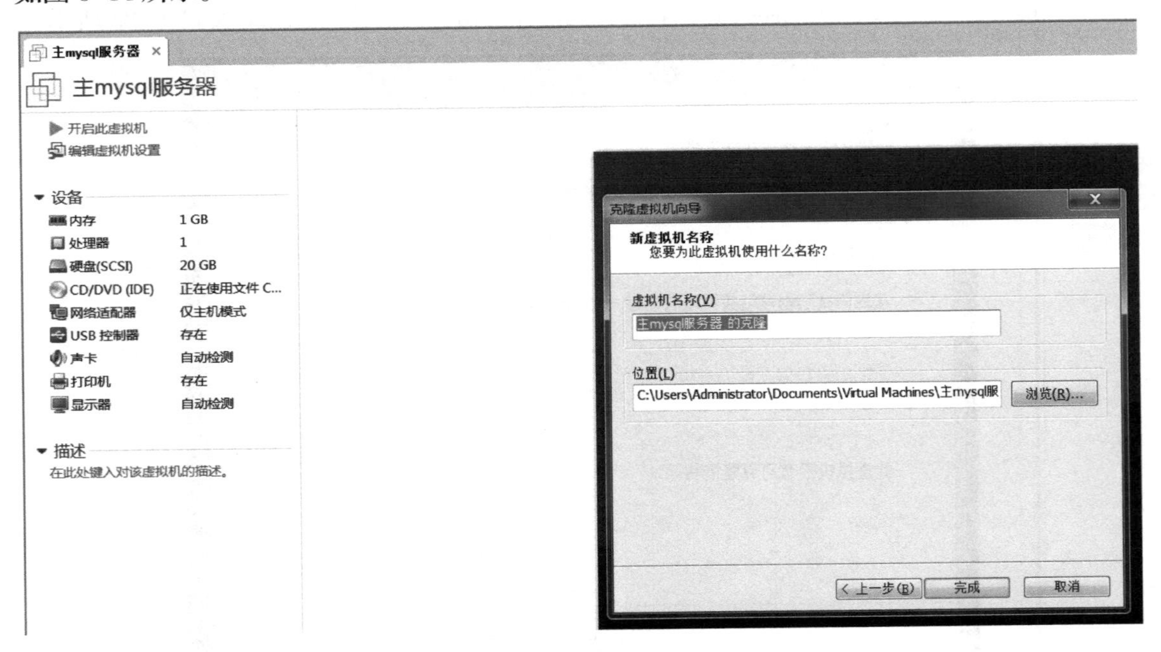

图 6-84　设置新的虚拟机名称

6）将虚拟机名称修改为“从 mysql 服务器”，存放为 E 盘下“从 mysql 服务器”文件夹中，如图 6-85 所示，单击“下一步”按钮。

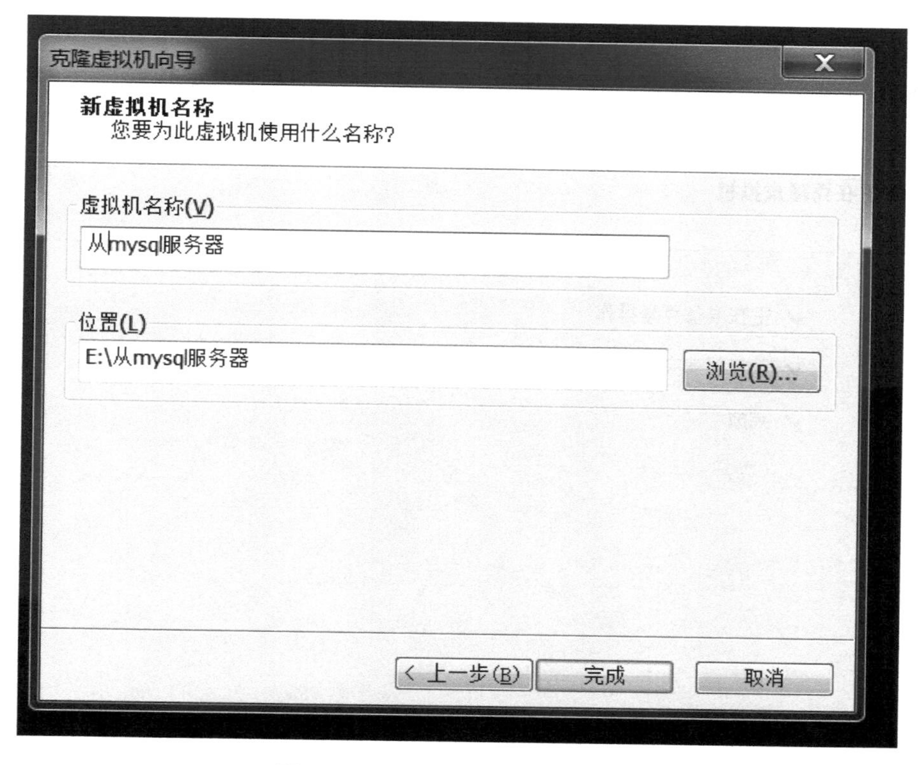

图 6-85　克隆从服务器的名称

7）正在克隆虚拟机，如图 6-86 所示。

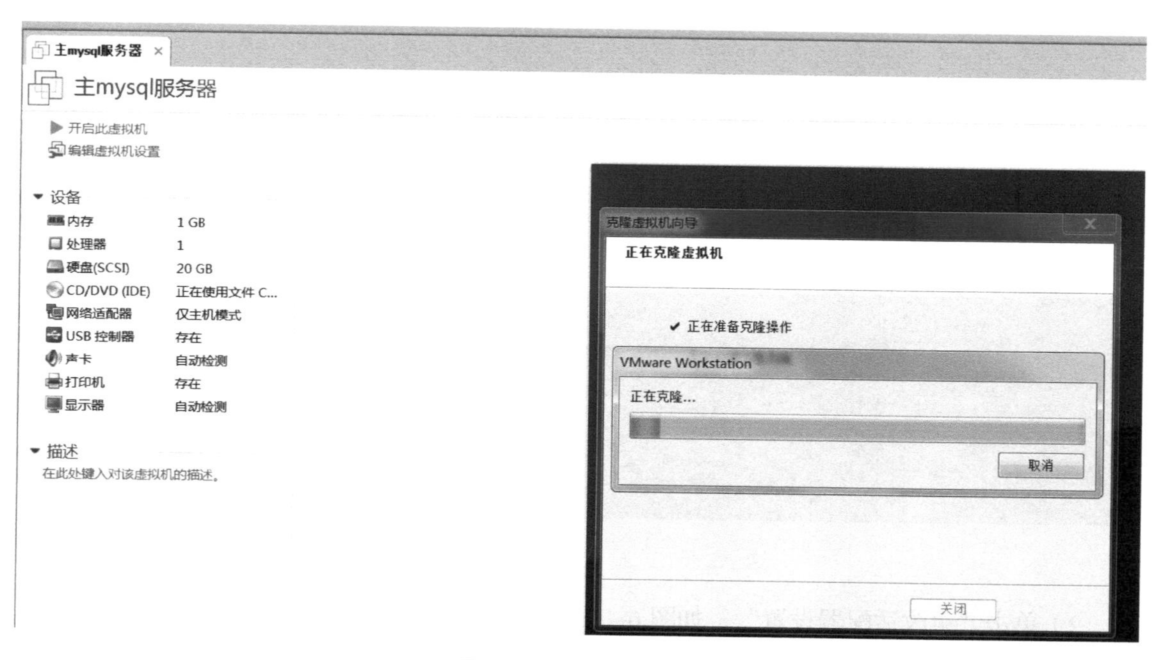

图 6-86　开始克隆

8）克隆完成，如图 6-87 所示。

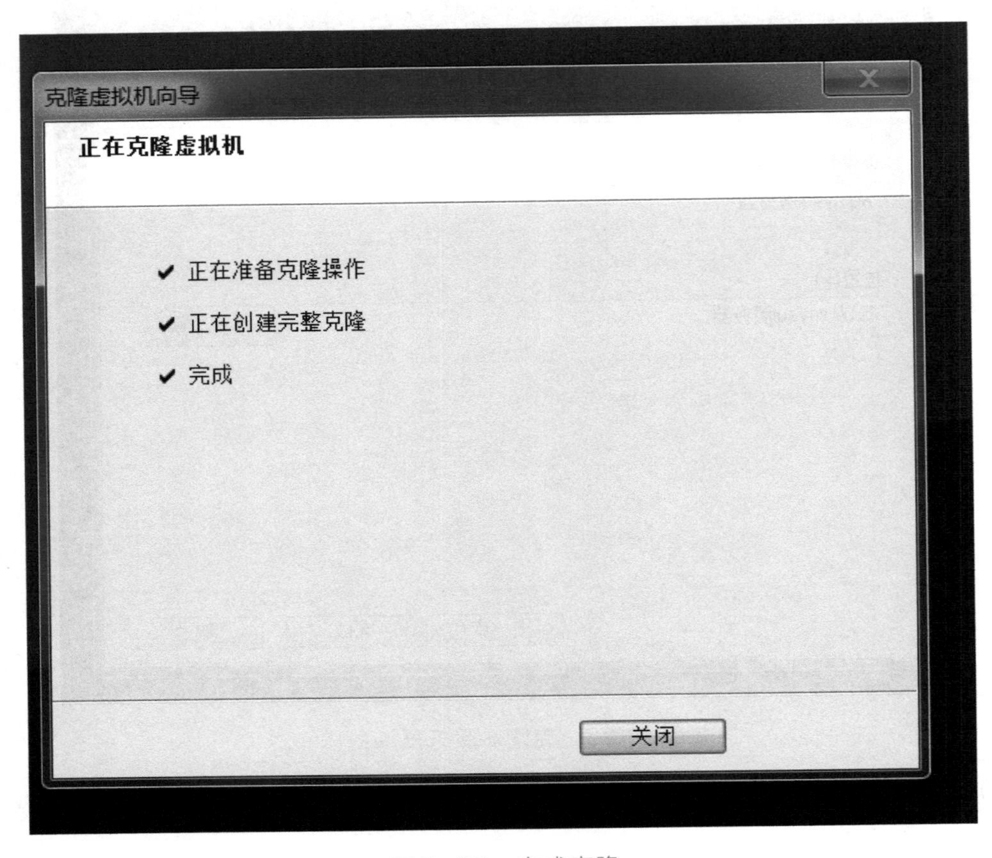

图 6-87　完成克隆

提示　配置为仅主机模式后，实际上两台主从mysql虚拟机环境是桥接到了物理机上的vmnet1网卡上，下面为vmnet1网卡配置一个IP地址当作两台虚拟机的网关使用。

第3步：设置虚拟机之间的网络连接——配置物理机

1）打开物理机桌面右下方的网络和共享中心，如图6–88所示。

图 6-88　打开网络和共享中心

2）单击“更改适配器设置”，如图6–89所示。

3）选择虚拟机网卡1进行编辑，在“属性”对话框中修改Internet协议版本4（TCP/IPv4）的设置，如图6–90所示。

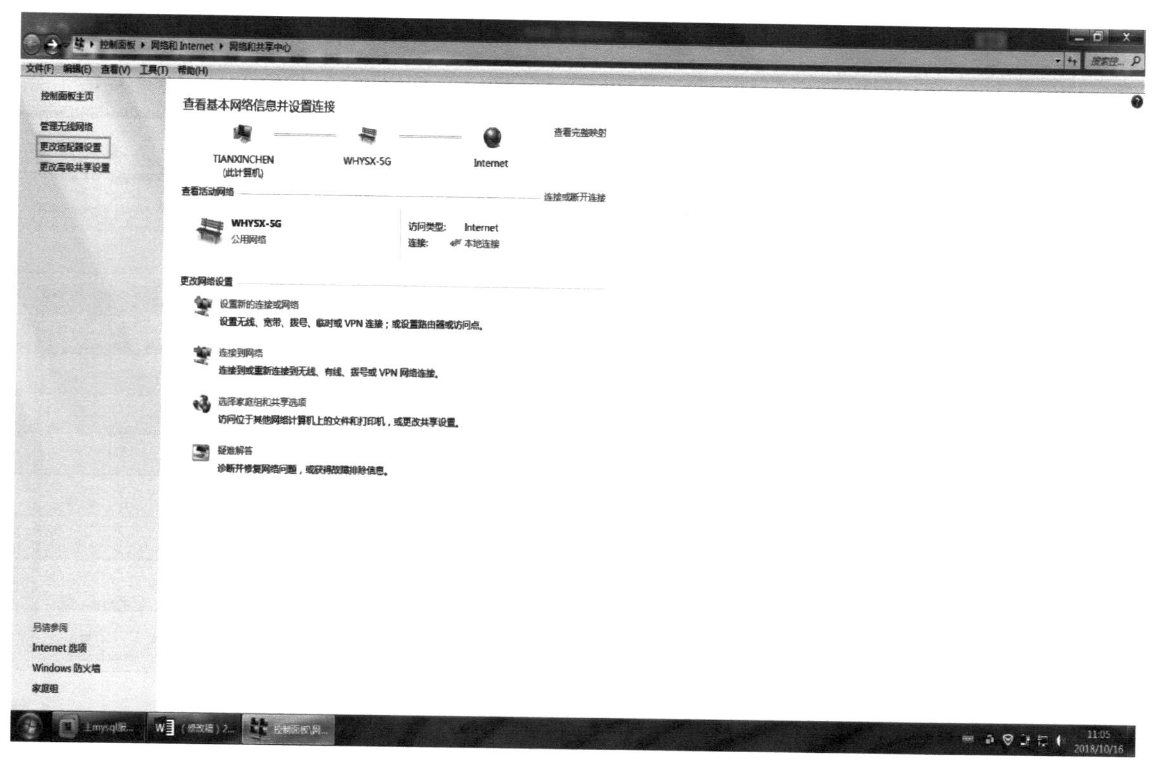

图 6-89 更改物理机适配器设置

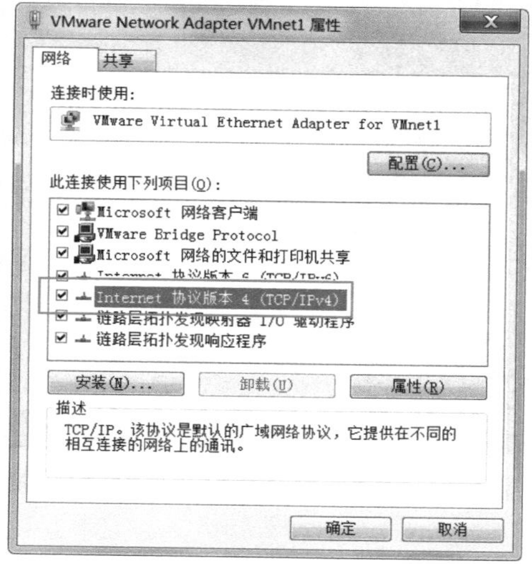

图 6-90 修改虚拟网卡的 IP 地址

4）选择使用下面的 IP 地址，此次设置为 172.25.0.100/24，如图 6–91 所示。

图 6–91　设置 IP 地址

5）完成修改。

第 4 步：修改“主 mysql 服务器”的 IP 地址。

1）打开 VMware Workstation 选择打开“主 mysql 服务器”并登录（根据项目 5 任务 1 的设置，账号为 root，密码为 centos），如图 6–92 所示。

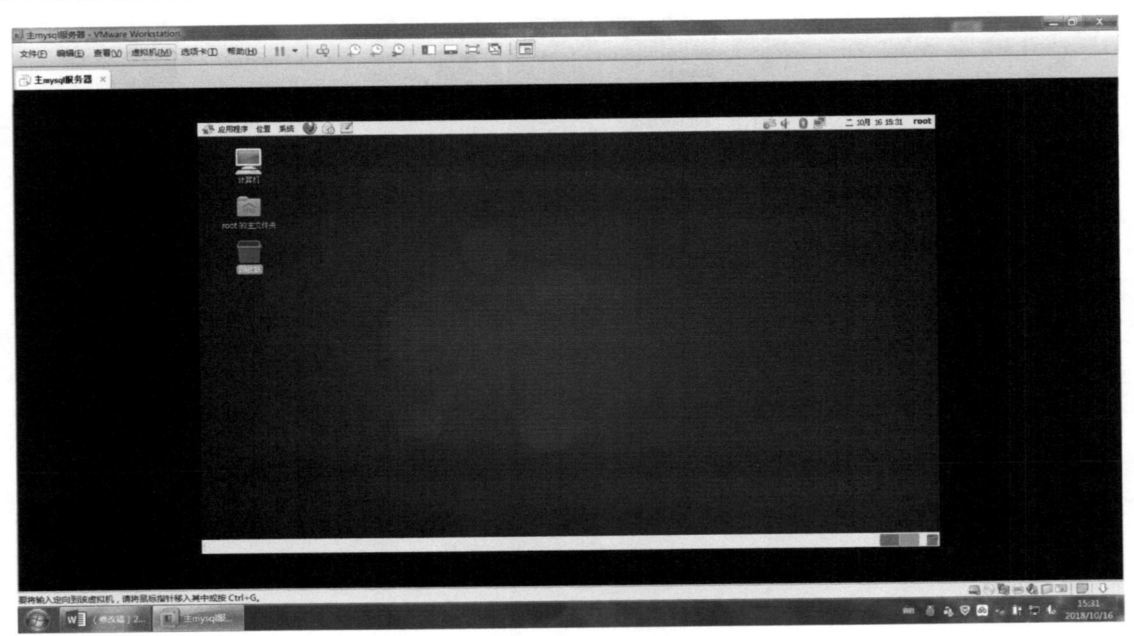

图 6–92　登录主服务器

2）进入 root 桌面单击鼠标右键，在弹出的快捷菜单中选择“在终端中打开”命令，如图 6–93

所示。

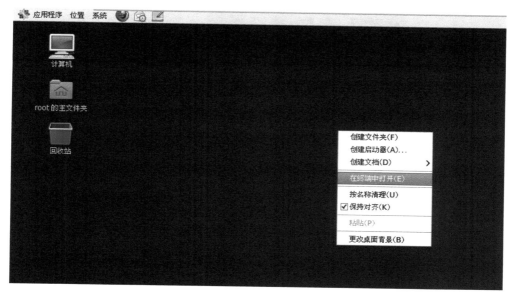

图 6-93 在终端中打开

3）先使用 ifconfig 命令查看网卡，再使用 mv 命令将默认网卡配置文件名修改为实际网卡名，如图 6-94 所示。

```
ifconfig
mv /etc/sysconfig/network-scripts/ifcfg-eth0 /etc/sysconfig/network-scripts/ifcfg-eth1
```

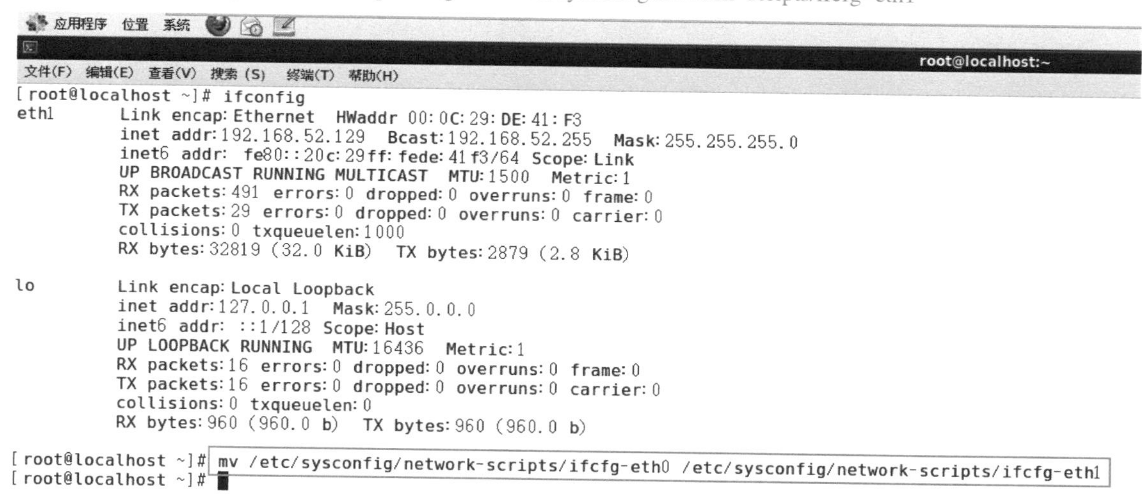

图 6-94 修改配置文件名

4）输入以下命令编辑网卡配置文件，如图 6-95 所示。

```
vim /etc/sysconfig/network-scripts/ifcfg-eth1
```

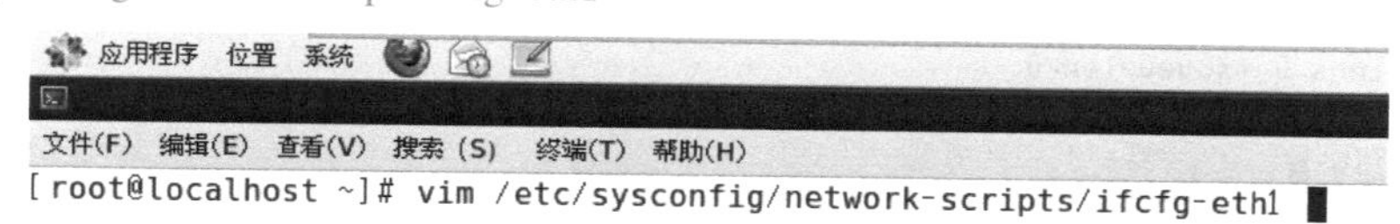

图 6-95 打开编辑器修改网卡配置文件

5）修改网卡配置文件，设置“主 mysql 服务器”的 IP 地址为 172.25.0.1/24，如图 6–96 所示。

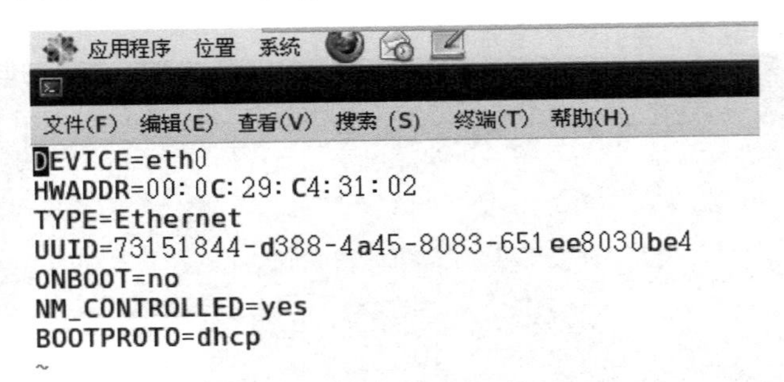

应用程序 位置 系统

文件(F) 编辑(E) 查看(V) 搜索(S) 终端(T) 帮助(H)

```
DEVICE=eth0
HWADDR=00:0C:29:C4:31:02
TYPE=Ethernet
UUID=73151844-d388-4a45-8083-651ee8030be4
ONBOOT=no
NM_CONTROLLED=yes
BOOTPROTO=dhcp
~
```

图 6–96 开始修改网卡配置

修改内容如下：

```
DEVICE=eth1
TYPE=Ethernet
ONBOOT=yes
NM_CONTROLLED=yes
BOOTPROTO=none
IPADDR=172.25.0.1
NETMASK=255.255.255.0
```

File Edit View Search Terminal Help

```
DEVICE=eth1
TYPE=Ethernet
ONBOOT=yes
NM_CONTROLLED=yes
BOOTPROTO=none
IPADDR=172.25.0.1
NETMASK=255.255.255.0
```

图 6–97 修改后保存并退出

6）修改之后按 <ESC> 键（左下角的“插入”消失），然后输入“:wq”后按 <Enter> 键，退出编辑，如图 6–97 所示。

7）重启网络服务，查看修改的网卡 IP 地址，如图 6–98 所示。

```
service network restart
ifconfig
```

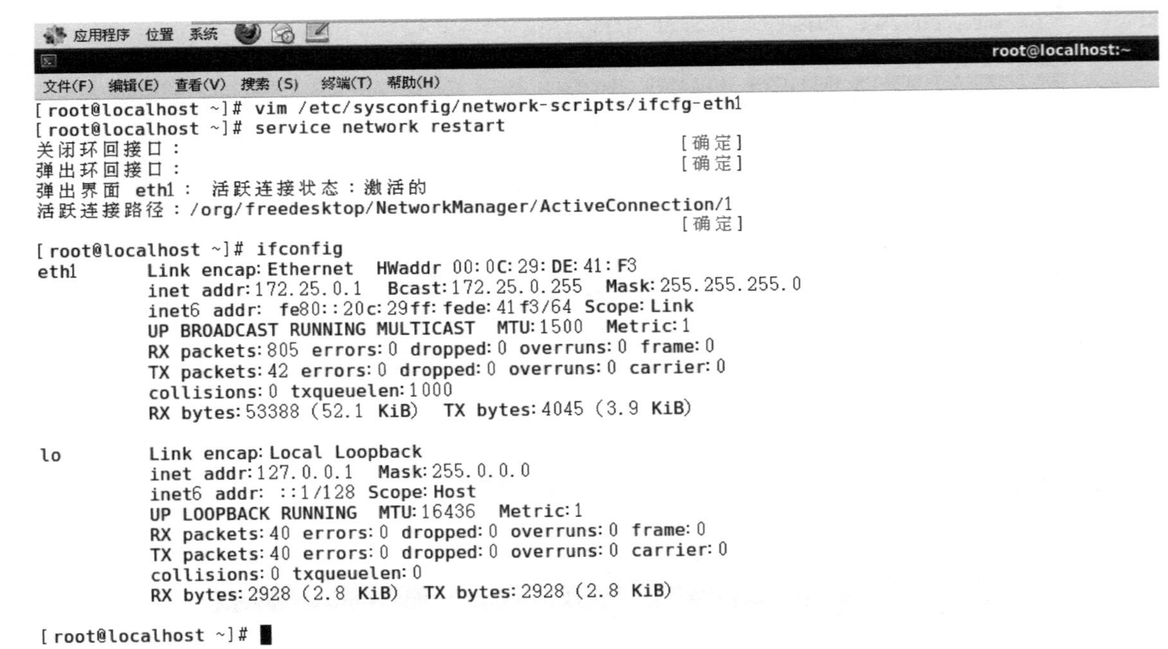

应用程序 位置 系统 root@localhost:~

文件(F) 编辑(E) 查看(V) 搜索(S) 终端(T) 帮助(H)

```
[root@localhost ~]# vim /etc/sysconfig/network-scripts/ifcfg-eth1
[root@localhost ~]# service network restart
关闭环回接口：                                        [确定]
弹出环回接口：                                        [确定]
弹出界面 eth1： 活跃连接状态：激活的
活跃连接路径：/org/freedesktop/NetworkManager/ActiveConnection/1
                                                      [确定]
[root@localhost ~]# ifconfig
eth1      Link encap:Ethernet  HWaddr 00:0C:29:DE:41:F3
          inet addr:172.25.0.1  Bcast:172.25.0.255  Mask:255.255.255.0
          inet6 addr: fe80::20c:29ff:fede:41f3/64 Scope:Link
          UP BROADCAST RUNNING MULTICAST  MTU:1500  Metric:1
          RX packets:805 errors:0 dropped:0 overruns:0 frame:0
          TX packets:42 errors:0 dropped:0 overruns:0 carrier:0
          collisions:0 txqueuelen:1000
          RX bytes:53388 (52.1 KiB)  TX bytes:4045 (3.9 KiB)

lo        Link encap:Local Loopback
          inet addr:127.0.0.1  Mask:255.0.0.0
          inet6 addr: ::1/128 Scope:Host
          UP LOOPBACK RUNNING  MTU:16436  Metric:1
          RX packets:40 errors:0 dropped:0 overruns:0 frame:0
          TX packets:40 errors:0 dropped:0 overruns:0 carrier:0
          collisions:0 txqueuelen:0
          RX bytes:2928 (2.8 KiB)  TX bytes:2928 (2.8 KiB)

[root@localhost ~]#
```

图 6–98 重启网络服务，查看配置

8）参照项目 5 任务 2 配置系统的防火墙，将“主 mysql 服务器”的 3306 端口放行。

```
/sbin/iptables –I INPUT –p tcp ––dport 3306 –j ACCEPT
```

9）输入以下命令，重启防火墙使配置生效。

```
service iptables restart
```

第 5 步：配置从服务器的网络环境。

1）打开“从 mysql 服务器”的虚拟机并登录（账号密码与主服务器的账号密码相同），如图 6–99 所示。

2）参照第 4 步 1）～ 7）配置从服务器的 IP 地址为 172.25.0.2/24，然后重启网络服务，查看网络配置，如图 6–99 所示。

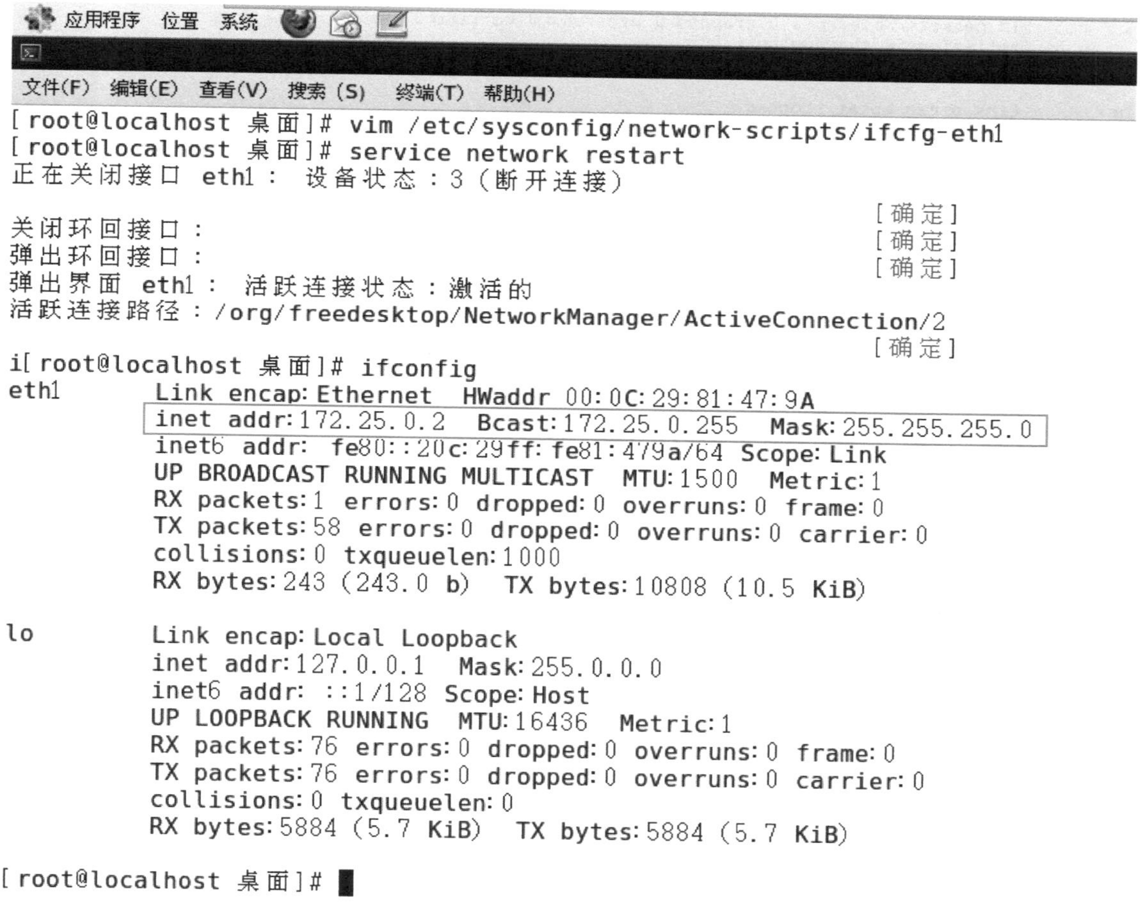

```
应用程序 位置 系统
文件(F) 编辑(E) 查看(V) 搜索(S) 终端(T) 帮助(H)
[root@localhost 桌面]# vim /etc/sysconfig/network-scripts/ifcfg-eth1
[root@localhost 桌面]# service network restart
正在关闭接口 eth1： 设备状态：3（断开连接）
                                                        [确定]
关闭环回接口：                                          [确定]
弹出环回接口：                                          [确定]
弹出界面 eth1： 活跃连接状态：激活的
活跃连接路径：/org/freedesktop/NetworkManager/ActiveConnection/2
                                                        [确定]
i[root@localhost 桌面]# ifconfig
eth1      Link encap:Ethernet  HWaddr 00:0C:29:81:47:9A
          inet addr:172.25.0.2  Bcast:172.25.0.255  Mask:255.255.255.0
          inet6 addr: fe80::20c:29ff:fe81:479a/64 Scope:Link
          UP BROADCAST RUNNING MULTICAST  MTU:1500  Metric:1
          RX packets:1 errors:0 dropped:0 overruns:0 frame:0
          TX packets:58 errors:0 dropped:0 overruns:0 carrier:0
          collisions:0 txqueuelen:1000
          RX bytes:243 (243.0 b)  TX bytes:10808 (10.5 KiB)

lo        Link encap:Local Loopback
          inet addr:127.0.0.1  Mask:255.0.0.0
          inet6 addr: ::1/128 Scope:Host
          UP LOOPBACK RUNNING  MTU:16436  Metric:1
          RX packets:76 errors:0 dropped:0 overruns:0 frame:0
          TX packets:76 errors:0 dropped:0 overruns:0 carrier:0
          collisions:0 txqueuelen:0
          RX bytes:5884 (5.7 KiB)  TX bytes:5884 (5.7 KiB)

[root@localhost 桌面]# 
```

图 6–99 配置完成从服务器网络

3）参照项目 5 的任务 2，配置系统防火墙，将“主 mysql 服务器”的 3306 端口放行。

第 6 步：测试主从 mysql 服务器网络的通透性。

1）打开主 mysql 服务器的桌面命令行，分别输入下面的命令测试主服务器同物理机和从服务器之间的通透性，如果显示图 6–100 中的结果，表示修改成功。否则请返回检查之前的配置步骤。

```
ifconfig
```

ping 172.25.0.100

ping 172.25.0.2

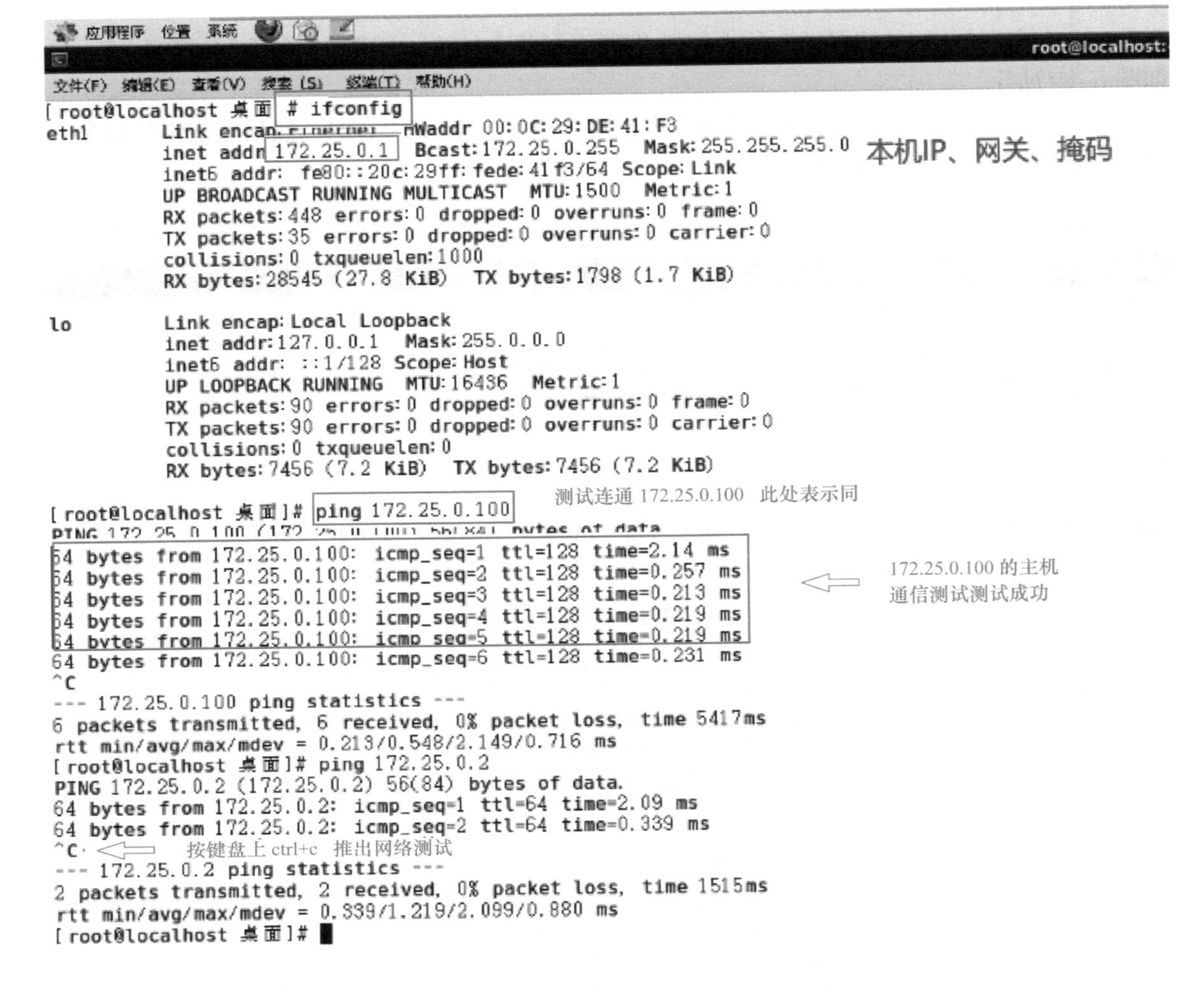

图 6-100 测试“主 mysql 服务器”的网络连通性

提示　测试过程中可以随时按 <Ctrl+C> 组合键终止 Ping 命令的执行。

2）打开“主 mysql 服务器”的桌面命令行，分别输入下面的命令测试主服务器与物理机和从服务器之间的通透性，如果显示图 6-101 中的结果，则表示修改成功。否则请返回检查之前的配置步骤。

ifconfig

ping 172.25.0.100

ping 172.25.0.1

```
应用程序 位置 系统
root@l
文件(F) 编辑(E) 查看(V) 搜索(S) 终端(T) 帮助(H)
[root@localhost 桌面]# ifconfig
eth1      Link encap:Ethernet  HWaddr 00:0C:29:81:47:9A
          inet addr:172.25.0.2  Bcast:172.25.0.255  Mask:255.255.255.0     本机的 IP 地址、
          inet6 addr: fe80::20c:29ff:fe81:479a/64 Scope:Link               网关、掩码
          UP BROADCAST RUNNING MULTICAST  MTU:1500  Metric:1
          RX packets:52 errors:0 dropped:0 overruns:0 frame:0
          TX packets:79 errors:0 dropped:0 overruns:0 carrier:0
          collisions:0 txqueuelen:1000
          RX bytes:4892 (4.7 KiB)  TX bytes:8631 (8.4 KiB)

lo        Link encap:Local Loopback
          inet addr:127.0.0.1  Mask:255.0.0.0
          inet6 addr: ::1/128 Scope:Host
          UP LOOPBACK RUNNING  MTU:16436  Metric:1
          RX packets:52 errors:0 dropped:0 overruns:0 frame:0
          TX packets:52 errors:0 dropped:0 overruns:0 carrier:0
          collisions:0 txqueuelen:0
          RX bytes:3916 (3.8 KiB)  TX bytes:3916 (3.8 KiB)

[root@localhost 桌面]# ping 172.25.0.100     测试同服务主机的网络连通性
PING 172.25.0.100 (172.25.0.100) 56(84) bytes of data.
64 bytes from 172.25.0.100: icmp_seq=1 ttl=128 time=0.256 ms
64 bytes from 172.25.0.100: icmp_seq=2 ttl=128 time=0.217 ms
64 bytes from 172.25.0.100: icmp_seq=3 ttl=128 time=0.221 ms
^C
--- 172.25.0.100 ping statistics ---
3 packets transmitted, 3 received, 0% packet loss, time 2429ms
rtt min/avg/max/mdev = 0.217/0.231/0.256/0.021 ms
[root@localhost 桌面]# ping 172.25.0.1     测试同主数据库服务器的网络连通性
PING 172.25.0.1 (172.25.0.1) 56(84) bytes of data.
64 bytes from 172.25.0.1: icmp_seq=1 ttl=64 time=0.352 ms
64 bytes from 172.25.0.1: icmp_seq=2 ttl=64 time=0.394 ms
64 bytes from 172.25.0.1: icmp_seq=3 ttl=64 time=0.390 ms
^C
--- 172.25.0.1 ping statistics ---
3 packets transmitted, 3 received, 0% packet loss, time 2620ms
rtt min/avg/max/mdev = 0.352/0.378/0.394/0.029 ms
[root@localhost 桌面]#
```

图 6-101 测试同主机、主服务器之间的网络连通性

提示 | 基础环境配置完成，可以在这里给主从两个虚拟机拍个快照。

2. 配置主服务器

第 1 步：修改主服务器配置文件并重启 MySQL 服务。

1）在“主 mysql 服务器”虚拟机中的 root 桌面上单击鼠标右键，在弹出的快捷菜单中选择“在终端中打开”命令，如图 6-102 所示。

2）进入“主 mysql 服务器”的配置文件 /usr/my.cnf，如图 6-103 所示。

vim /usr/my.cnf

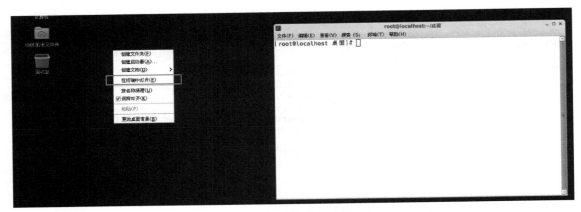

图 6-102　在终端中打开

```
文件(F)  编辑(E)  查看(V)  搜索 (S)  终端(T)  帮助(H)
[root@localhost ~]# vim /usr/my.cnf
```

图 6-103　进入主服务器的 my.cnf 并添加配置

3）编辑“主 mysql 服务器”的配置文件 /usr/my.cnf，先按 <I> 键，进入插入模式（左下角有“插入”），在 [mysqld] 下面添加参数服务器 ID 号，如图 6-104 所示。

```
[mysqld]
log-bin=mysql-bin
server-id=1
```

```
文件(F)  编辑(E)  查看(V)  搜索 (S)  终端(T)  帮助(H)
# For advice on how to change settings please see
# http://dev.mysql.com/doc/refman/5.6/en/server-configuration-defaults.html

[mysqld]
log-bin=mysql-bin
server-id=1
# Remove leading # and set to the amount of RAM for the most important data
# cache in MySQL. Start at 70% of total RAM for dedicated server, else 10%.
# innodb_buffer_pool_size = 128M

# Remove leading # to turn on a very important data integrity option: logging
# changes to the binary log between backups.
# log_bin

# These are commonly set, remove the # and set as required.
# basedir = .....
# datadir = .....
# port = .....
# server_id = .....
# socket = .....

# Remove leading # to set options mainly useful for reporting servers.
# The server defaults are faster for transactions and fast SELECTs.
# Adjust sizes as needed, experiment to find the optimal values.
# join_buffer_size = 128M
# sort_buffer_size = 2M
# read_rnd_buffer_size = 2M

sql_mode=NO_ENGINE_SUBSTITUTION,STRICT_TRANS_TABLES
~
```

图 6-104　设置主服务器 ID 号

4）按 <ESC> 键（左下角的“插入”消失），然后输入“:wq”后按 <Enter> 键，退出对

my.cnf 的编辑。

5）输入以下命令重启主 MySQL 服务器的 MySQL 服务，如图 6–105 所示。

service mysql restart

```
[root@localhost ~]# service mysql restart
Shutting down MySQL.. SUCCESS!
Starting MySQL. SUCCESS!
[root@localhost ~]#
```

图 6–105 重启主 MySQL 服务

第 2 步：在主服务器上配置从服务器的登录账户和密码。

1）输入以下命令并按 <Enter> 键，登录“主 mysql 服务器”，如图 6–106 所示。

mysql –uroot –pjrb_123456

```
文件(F) 编辑(E) 查看(V) 搜索(S) 终端(T) 帮助(H)
[root@localhost ~]# mysql -uroot -pjrb_123456
Warning: Using a password on the command line interface can be insecure.
Welcome to the MySQL monitor.  Commands end with ; or \g.
Your MySQL connection id is 1
Server version: 5.6.41-log MySQL Community Server (GPL)

Copyright (c) 2000, 2018, Oracle and/or its affiliates. All rights reserved.

Oracle is a registered trademark of Oracle Corporation and/or its
affiliates. Other names may be trademarks of their respective
owners.

Type 'help;' or '\h' for help. Type '\c' to clear the current input statement.

mysql>
```

图 6–106 登录主服务器

2）在“主 mysql 服务器”上执行以下命令，创建允许 172.25.0.2 上登录的用户，如图 6–107 所示。

grant replication slave on *.* to ‘mysql2’@’172.25.0.2’ identified by ‘mysql2’;

```
文件(F) 编辑(E) 查看(V) 搜索(S) 终端(T) 帮助(H)
mysql> grant replication slave on *.* to 'mysql2'@'172.25.0.2' identified by 'mysql2';
Query OK, 0 rows affected (0.24 sec)
```

图 6–107 配置从服务器登录用户

3）在“主 mysql 服务器”上执行以下命令，刷新数据库，如图 6–108 所示。

flush privileges;

```
文件(F) 编辑(E) 查看(V) 搜索(S) 终端(T) 帮助(H)
mysql> flush privileges;
Query OK, 0 rows affected (0.16 sec)
```

图 6–108 刷新权限

第 3 步：在“主 mysql 服务器”上执行以下命令，查看二进制日志文件名和 position 值，如图 6–109 所示。

show master status;

```
文件(F) 编辑(E) 查看(V) 搜索(S) 终端(T) 帮助(H)
mysql> show master status;
+------------------+----------+--------------+------------------+-------------------+
| File             | Position | Binlog_Do_DB | Binlog_Ignore_DB | Executed_Gtid_Set |
+------------------+----------+--------------+------------------+-------------------+
| mysql-bin.000004 |      408 |              |                  |                   |
+------------------+----------+--------------+------------------+-------------------+
1 row in set (0.00 sec)

mysql> 
```

图 6-109　查看二进制文件参数

注意　查看完二进制日志的文件名和 position 值后就不要在主服务器上有任何增、删、改的操作了，因为一旦有增、删、改操作，二进制日志的文件名和 position 值都有可能会改变，这时在从服务器上配置的连接就会出错。

3. 配置从服务器

第 1 步：修改从服务器配置文件并重启 MySQL 服务。

1）在“从 mysql 服务器”虚拟机中，进入 root 桌面的“在终端中打开”。

2）进入“从 mysql 服务器”的配置文件 /etc/my.cnf。

```
vim /usr/my.cnf
```

3）编辑“主 mysql 服务器”的配置文件 /usr/my.cnf，先按 <I> 键，进入插入模式（左下角有“插入”），在 [mysqld] 下面添加参数服务器 ID 号，如图 6-110 所示。

```
[mysqld]
log-bin=mysql-bin
server-id=2
```

```
文件(F) 编辑(E) 查看(V) 搜索(S) 终端(T) 帮助(H)
# For advice on how to change settings please see
# http://dev.mysql.com/doc/refman/5.6/en/server-configuration-defaults.html

[mysqld]
log-bin=mysql-bin
server-id=2
# Remove leading # and set to the amount of RAM for the most important data
# cache in MySQL. Start at 70% of total RAM for dedicated server, else 10%.
# innodb_buffer_pool_size = 128M

# Remove leading # to turn on a very important data integrity option: logging
# changes to the binary log between backups.
# log_bin

# These are commonly set, remove the # and set as required.
# basedir = .....
# datadir = .....
# port = .....
# server_id = .....
# socket = .....

# Remove leading # to set options mainly useful for reporting servers.
# The server defaults are faster for transactions and fast SELECTs.
# Adjust sizes as needed, experiment to find the optimal values.
# join_buffer_size = 128M
# sort_buffer_size = 2M
# read_rnd_buffer_size = 2M

sql_mode=NO_ENGINE_SUBSTITUTION,STRICT_TRANS_TABLES
~
```

图 6-110　修改从服务器配置文件并保存

4）按 <ESC> 键（左下角的“插入”消失），然后输入“:wq”后按 <Enter> 键，退出对

my.cnf 的编辑。

5）输入以下命令重启“主 mysql 服务器”的 MySQL 服务。

```
service mysql restart
```

第 2 步：登录从服务器虚拟机，配置连接参数。

1）输入以下命令并按 <Enter> 键重新登录“从 mysql 服务器”虚拟机，如图 6–111 所示。

```
mysql –uroot –pjrb_123456
```

```
文件(F) 编辑(E) 查看(V) 搜索 (S) 终端(T) 帮助(H)
[root@localhost ~]# mysql -uroot -pjrb_123456
Warning: Using a password on the command line interface can be insecure.
Welcome to the MySQL monitor.  Commands end with ; or \g.
Your MySQL connection id is 1
Server version: 5.6.41-log MySQL Community Server (GPL)

Copyright (c) 2000, 2018, Oracle and/or its affiliates. All rights reserved.

Oracle is a registered trademark of Oracle Corporation and/or its
affiliates. Other names may be trademarks of their respective
owners.

Type 'help;' or '\h' for help. Type '\c' to clear the current input statement.

mysql> 
```

图 6–111　重新登录从服务器

2）输入以下命令配置连接参数，如图 6–112 所示。连接参数及含义见表 6–5。

```
change master to
master_host='172.25.0.1',
master_user='mysql2',
master_password='mysql2',
master_log_file='mysql–bin.000004',
master_log_pos=408;
```

```
mysql> change master to
    -> master_host='172.25.0.1',
    -> master_user='mysql2',
    -> master_password='mysql2',
    -> master_log_file='mysql-bin.000004',
    -> master_log_pos=408;
Query OK, 0 rows affected, 2 warnings (0.06 sec)
```

图 6–112　配置从服务器连接参数

表 6–5

	连接参数	含　义
1	master_host='172.25.0.1',	主服务器主机地址
2	master_user='mysql2',	登录主服务器的用户名
3	master_password='mysql2',	登录主服务器的密码
4	master_log_file='mysql–bin.000004'	主服务器当前的二进制文件名，同步从此日志开始
5	master_log_pos=408;	主服务器二进制日志的最后一个 position 值

3）输入以下命令，启动 slave 服务，如图 6–113 所示。

start slave;

```
mysql> start slave;
Query OK, 0 rows affected (0.06 sec)
```

图 6–113　启动从服务器

第 3 步：查看同步状态信息。

1）输入以下命令，查看同步服务的状态及详细信息，如图 6–114、图 6–115 所示。

show slave status \G

```
mysql> show slave status \G
*************************** 1. row ***************************
               Slave_IO_State:
                  Master_Host: 172.25.0.1
                  Master_User: mysql2
                  Master_Port: 3306
                Connect_Retry: 60
              Master_Log_File: mysql-bin.000004
          Read_Master_Log_Pos: 408
               Relay_Log_File: localhost-relay-bin.000001
                Relay_Log_Pos: 4
        Relay_Master_Log_File: mysql-bin.000004
             Slave_IO_Running: No
            Slave_SQL_Running: Yes
              Replicate_Do_DB:
          Replicate_Ignore_DB:
           Replicate_Do_Table:
       Replicate_Ignore_Table:
      Replicate_Wild_Do_Table:
  Replicate_Wild_Ignore_Table:
                   Last_Errno: 0
                   Last_Error:
                 Skip_Counter: 0
          Exec_Master_Log_Pos: 408
              Relay_Log_Space: 120
              Until_Condition: None
               Until_Log_File:
                Until_Log_Pos: 0
           Master_SSL_Allowed: No
           Master_SSL_CA_File:
           Master_SSL_CA_Path:
              Master_SSL_Cert:
            Master_SSL_Cipher:
               Master_SSL_Key:
        Seconds_Behind_Master: NULL
Master_SSL_Verify_Server_Cert: No
                Last_IO_Errno: 1593
                Last_IO_Error: Fatal error: The slave I/O thread stops because master and slave have equal MySQL server UUIDs;
 these UUIDs must be different for replication to work.
```

图 6–114 “从 mysql 服务器”状态信息 1

```
Master_SSL_Verify_Server_Cert: No
                Last_IO_Errno: 1593
                Last_IO_Error: Fatal error: The slave I/O thread stops because master and slave have equal MySQL server UUIDs;
 these UUIDs must be different for replication to work.
               Last_SQL_Errno: 0
               Last_SQL_Error:
  Replicate_Ignore_Server_Ids:
             Master_Server_Id: 1
                  Master_UUID:
             Master_Info_File: /var/lib/mysql/master.info
                    SQL_Delay: 0
          SQL_Remaining_Delay: NULL
      Slave_SQL_Running_State: Slave has read all relay log; waiting for the slave I/O thread to update it
           Master_Retry_Count: 86400
                  Master_Bind:
      Last_IO_Error_Timestamp: 181019 23:29:54
     Last_SQL_Error_Timestamp:
               Master_SSL_Crl:
           Master_SSL_Crlpath:
           Retrieved_Gtid_Set:
            Executed_Gtid_Set:
                Auto_Position: 0
1 row in set (0.00 sec)
```

图 6–115 “从 mysql 服务器”状态信息 2

2）在“从 mysql 服务器”上可以发现 Slave_IO_Running:no 和 Slave_SQL_Running: YES，然而只有 Slave_IO_Running: YES 和 Slave_SQL_Running: YES 才表示状态正常。如

图 6–116 所示。

```
mysql> show slave status \G
*************************** 1. row ***************************
               Slave_IO_State:
                  Master_Host: 172.25.0.1
                  Master_User: mysql2
                  Master_Port: 3306
                Connect_Retry: 60
              Master_Log_File: mysql-bin.000004
          Read_Master_Log_Pos: 408
               Relay_Log_File: localhost-relay-bin.000001
                Relay_Log_Pos: 4
        Relay_Master_Log_File: mysql-bin.000004
             Slave_IO_Running: No
            Slave_SQL_Running: Yes
              Replicate_Do_DB:
          Replicate_Ignore_DB:
           Replicate_Do_Table:
       Replicate_Ignore_Table:
      Replicate_Wild_Do_Table:
  Replicate_Wild_Ignore_Table:
                   Last_Errno: 0
                   Last_Error:
                 Skip_Counter: 0
          Exec_Master_Log_Pos: 408
              Relay_Log_Space: 120
              Until_Condition: None
               Until_Log_File:
                Until_Log_Pos: 0
           Master_SSL_Allowed: No
           Master_SSL_CA_File:
           Master_SSL_CA_Path:
              Master_SSL_Cert:
            Master_SSL_Cipher:
               Master_SSL_Key:
        Seconds_Behind_Master: NULL
Master_SSL_Verify_Server_Cert: No
                Last_IO_Errno: 1593
                Last_IO_Error: Fatal error: The slave I/O thread stops because master and slave have equal MySQL server UUIDs;
```

图 6–116　同步正常状态

提示　配置主从前，务必要保证两台服务器中的MySQL状态完全一致，如果主从服务器全部正常启动，则主从配置完成。如果出错，则可以参看必备知识 1 或重新复制虚拟机后再进行配置操作。

4. 主从服务的日常使用

第 1 步：在主服务器上创建 ceshi 数据库。

1）在“主 mysql 服务器”中，进入 root 桌面的“在终端中打开”。

2）输入以下命令，登录“主 mysql 服务器”，如图 6–117 所示。

```
文件(F)  编辑(E)  查看(V)  搜索(S)  终端(T)  帮助(H)
[root@localhost ~]# mysql -uroot -pjrb_123456
Warning: Using a password on the command line interface can be insecure.
Welcome to the MySQL monitor.  Commands end with ; or \g.
Your MySQL connection id is 2
Server version: 5.6.41-log MySQL Community Server (GPL)

Copyright (c) 2000, 2018, Oracle and/or its affiliates. All rights reserved.

Oracle is a registered trademark of Oracle Corporation and/or its
affiliates. Other names may be trademarks of their respective
owners.

Type 'help;' or '\h' for help. Type '\c' to clear the current input statement.

mysql> 
```

图 6–117　登录主服务器

3）输入以下命令，在“主 mysql 服务器”创建 ceshi（数据库），如图 6–118 所示。

4）输入以下命令，查看“主 mysql 服务器”创建的 ceshi 数据库，如图 6–119 所示。

```
mysql> create database ceshi;
Query OK, 1 row affected (0.16 sec)

mysql> █
```

图 6-118　新建 ceshi 数据库

```
mysql> show databases;
+--------------------+
| Database           |
+--------------------+
| information_schema |
| ceshi              |
| mysql              |
| performance_schema |
| stusta             |
+--------------------+
5 rows in set (0.15 sec)

mysql> █
```

图 6-119　查看数据库

提示　可以看到有一个名为 ceshi 的数据库。上面的操作以及后面的操作可以通过 Windows 主机环境下的 Navicat 软件连接主服务器进行可视化的操作。

第 2 步：在测试数据库中新建 mytable 表并插入数据。

1）输入以下命令，切换“主 mysql 服务器”到 ceshi 数据库，如图 6–120 所示。

2）输入以下命令，在“主 mysql 服务器”的 ceshi 数据库中创建 mytable 表，如图 6–121 所示。

```
mysql> use ceshi
Database changed
mysql> █
```

图 6-120　切换到 ceshi 数据库

```
mysql> create table mytable (
    -> name varchar(20),
    -> sex char(1),
    -> birth date,
    -> birthaddr varchar(20));
Query OK, 0 rows affected (0.24 sec)

mysql> █
```

图 6-121　新建 mytable 表结构

3）输入以下命令，在“主 mysql 服务器”的 ceshi 数据库中的 mytable 表中插入数据，如图 6–122 所示。

4）输入以下命令，在“主 mysql 服务器”的 ceshi 数据库中查看表，如图 6–123 所示。

```
mysql> insert into mytable
    -> values(
    -> 'abc','f','2000-01-01','wuhan');
Query OK, 1 row affected (0.05 sec)

mysql> █
```

图 6-122　向 mytable 表中插入数据

```
mysql> show tables;
+-----------------+
| Tables_in_ceshi |
+-----------------+
| mytable         |
+-----------------+
1 row in set (0.00 sec)

mysql> █
```

图 6-123　查看新建的表

5）输入以下命令，在“主 mysql 服务器”的 ceshi 数据库中查看 mytable 表中的数据，如图 6–124 所示。

6）输入以下命令，在“主 mysql 服务器”中退出 MySQL 数据库，如图 6–125 所示。

```
mysql> select * from mytable;
+------+------+------------+-----------+
| name | sex  | birth      | birthaddr |
+------+------+------------+-----------+
| abc  | f    | 2000-01-01 | wuhan     |
+------+------+------------+-----------+
1 row in set (0.00 sec)

mysql> 
```

图 6-124　查看新建表数据

```
mysql> exit
Bye
[root@localhost ~]# 
```

图 6-125　退出主数据库环境

第 3 步：在从服务器中验证主从服务的数据同步。

1）在“从 mysql 服务器”中，进入 root 桌面的“在终端中打开”。

2）输入以下命令，登录“从 mysql 服务器”的 MySQL 服务，如图 6-126 所示。

```
文件(F)  编辑(E)  查看(V)  搜索 (S)  终端(T)  帮助(H)
[root@localhost ~]# mysql -uroot -pjrb_123456
Warning: Using a password on the command line interface can be insecure.
Welcome to the MySQL monitor.  Commands end with ; or \g.
Your MySQL connection id is 2
Server version: 5.6.41-log MySQL Community Server (GPL)

Copyright (c) 2000, 2018, Oracle and/or its affiliates. All rights reserved.

Oracle is a registered trademark of Oracle Corporation and/or its
affiliates. Other names may be trademarks of their respective
owners.

Type 'help;' or '\h' for help. Type '\c' to clear the current input statement.

mysql> 
```

图 6-126　登录从服务器

3）输入以下命令，查看“从 mysql 服务器”的数据库，如图 6-127 所示。

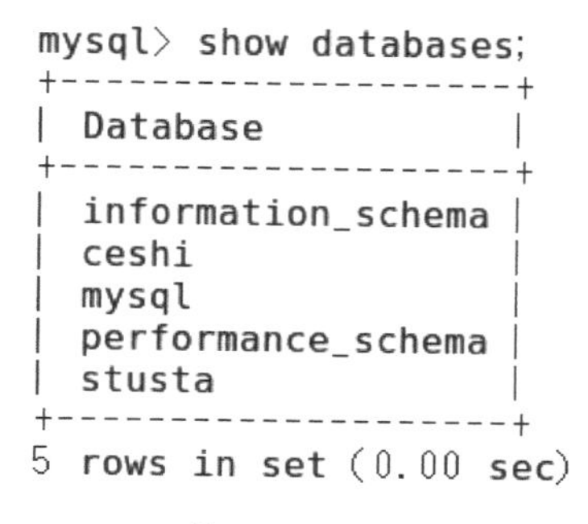

```
mysql> show databases;
+--------------------+
| Database           |
+--------------------+
| information_schema |
| ceshi              |
| mysql              |
| performance_schema |
| stusta             |
+--------------------+
5 rows in set (0.00 sec)

mysql> 
```

图 6-127　查看同步后的 ceshi 数据库

可以看到 ceshi 数据库已经同步过来。

4）输入以下命令，切换到“从 mysql 服务器”的 ceshi 数据库，如图 6–128 所示。

5）输入以下命令，查看“从 mysql 服务器”的 ceshi 数据库的表，如图 6–129 所示。

6）输入以下命令，查看“从 mysql 服务器”的 ceshi 数据库的 mytable 表的内容，如图 6–130 所示。

```
mysql> use ceshi
Reading table information for completion of table and column names
You can turn off this feature to get a quicker startup with -A

Database changed
mysql> █
```

图 6–128　进入从服务器的 ceshi 数据库

```
mysql> show tables;
+-----------------+
| Tables_in_ceshi |
+-----------------+
| mytable         |
+-----------------+
1 row in set (0.00 sec)
```

图 6–129　查看从服务器同步的表结构

```
mysql> select * from mytable;
+------+------+------------+-----------+
| name | sex  | birth      | birthaddr |
+------+------+------------+-----------+
| abc  | f    | 2000-01-01 | wuhan     |
+------+------+------------+-----------+
1 row in set (0.00 sec)

mysql> █
```

图 6–130　查看从服务器同步的数据表内容

可以看到同步已完成。

【必备知识】

1. 主从配置中 server UUID 的错误处理

1）在“从 mysql 服务器”上可以看到有一条错误信息，如图 6–131 所示。

致命错误分析：由于主服务器和从服务器拥有相同的 MySQL 服务器通用唯一识别码（Unversally Unique Identifier，UUID），所以从服务的输入 / 输出线程停止了。

这里发现在由克隆生成的虚拟机上，MySQL 的 UUID 是一样的，可以通过 auto.cnf 配置文件去修改，本项目的环境中 auto.cnf 配置文件在 /var/lib/mysql/auto.cnf 路径下，如不清楚 auto.cnf 文件的位置可以使用 find/–iname auto.cnf 命令来查找 auto.cnf 的位置。

```
Replicate_Wild_Ignore_Table:
                 Last_Errno: 0
                 Last_Error:
               Skip_Counter: 0
        Exec_Master_Log_Pos: 408
            Relay_Log_Space: 120
            Until_Condition: None
             Until_Log_File:
              Until_Log_Pos: 0
         Master_SSL_Allowed: No
         Master_SSL_CA_File:
         Master_SSL_CA_Path:
            Master_SSL_Cert:
          Master_SSL_Cipher:
             Master_SSL_Key:
      Seconds_Behind_Master: NULL
Master_SSL_Verify_Server_Cert: No
              Last_IO_Errno: 1593
              Last_IO_Error: Fatal error: The slave I/O thread stops because master and slave have equal MySQL server UUIDs;
these UUIDs must be different for replication to work.
             Last_SQL_Errno: 0
             Last_SQL_Error:
Replicate_Ignore_Server_Ids:
           Master_Server_Id: 1
                Master_UUID:
           Master_Info_File: /var/lib/mysql/master.info
                  SQL_Delay: 0
        SQL_Remaining_Delay: NULL
    Slave_SQL_Running_State: Slave has read all relay log; waiting for the slave I/O thread to update it
         Master_Retry_Count: 86400
                Master_Bind:
    Last_IO_Error_Timestamp: 181019 23:29:54
   Last_SQL_Error_Timestamp:
             Master_SSL_Crl:
         Master_SSL_Crlpath:
         Retrieved_Gtid_Set:
          Executed_Gtid_Set:
              Auto_Position: 0
1 row in set (0.00 sec)
```

图 6-131 错误信息

2）在主服务器的 CentOS 终端命令行输入以下命令，进入主 MySQL 服务器的 auto.cnf 配置文件，如图 6-132 所示。

```
vim /var/lib/mysql/auto.cnf
```

```
[root@localhost ~]# vim /var/lib/mysql/auto.cnf
```

图 6-132 打开 auto.cnf 配置文件

3）输入以下命令，在"主 mysql 服务器"上查看 auto.cnf 配置文件的内容，如图 6-133 所示。

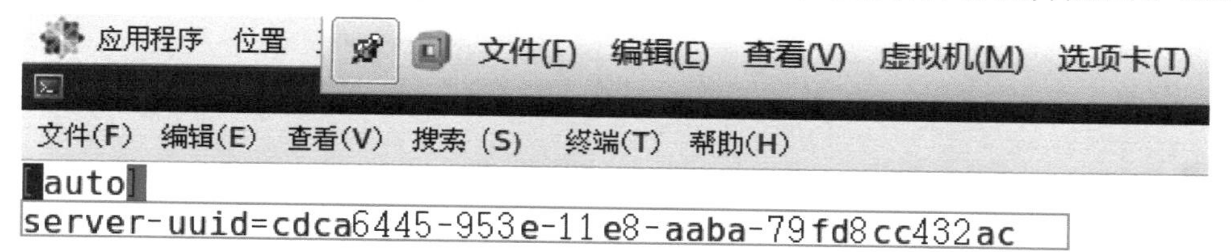

图 6-133 查看主服务器 auto.cnf 中的 UUID

4）在从服务器上 CentOS 的控制台命令行输入以下命令，进入"从 mysql 服务器"的 auto.cnf 配置文件，如图 6-134 所示。

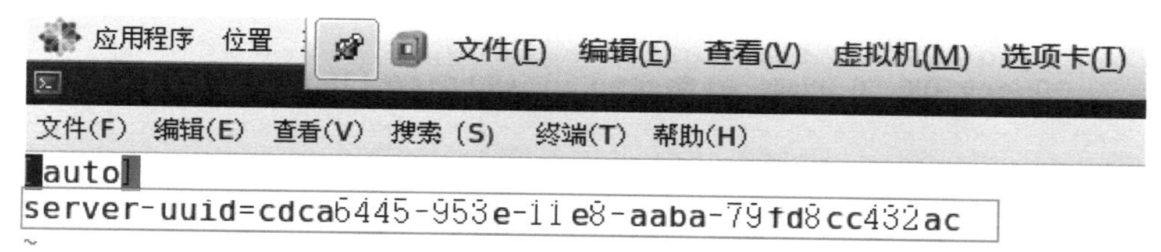

图 6-134 从服务器的 UUID 同主服务器相同

提示

由此可见，“主 mysql 服务器”和“从 mysql 服务器”的 UUID 值一样，故此需要将 UUID 值修改，本次将从 mysql 服务器的 UUID 值修改，如图 6-135 所示。

```
应用程序 位置    文件(F) 编辑(E) 查看(V) 虚拟机(M) 选项卡(T)
文件(F) 编辑(E) 查看(V) 搜索(S) 终端(T) 帮助(H)
[auto]
server-uuid=cdca6445-953e-11e8-aaba-79fd8cc432ab
~
```

图 6-135 修改后的从服务器 UUID

5）输入以下命令重启“从 mysql 服务器”上的服务，如图 6-136 所示。

```
[root@localhost ~]# service mysql restart
Shutting down MySQL.. SUCCESS!
Starting MySQL. SUCCESS!
[root@localhost ~]#
```

图 6-136 重启从服务器的 MySQL 服务

6）输入以下命令并按 <Enter> 键登录“从 mysql 服务器”，如图 6-137 所示。

mysql –uroot –pjrb_123456

```
文件(F) 编辑(E) 查看(V) 搜索(S) 终端(T) 帮助(H)
[root@localhost ~]# mysql -uroot -pjrb_123456
Warning: Using a password on the command line interface can be insecure.
Welcome to the MySQL monitor.  Commands end with ; or \g.
Your MySQL connection id is 1
Server version: 5.6.41-log MySQL Community Server (GPL)

Copyright (c) 2000, 2018, Oracle and/or its affiliates. All rights reserved.

Oracle is a registered trademark of Oracle Corporation and/or its
affiliates. Other names may be trademarks of their respective
owners.

Type 'help;' or '\h' for help. Type '\c' to clear the current input statement.

mysql>
```

图 6-137 重新登录从服务器

7）输入以下命令启动 slave 服务，如图 6-138 所示。

```
mysql> start slave;
Query OK, 0 rows affected, 1 warning (0.00 sec)
```

图 6-138 重新配置主从服务

8）输入以下命令，查看同步服务的状态及详细信息，如图 6-139 所示。

show slave status \G

```
mysql> show slave status \G
*************************** 1. row ***************************
               Slave_IO_State: Waiting for master to send event
                  Master_Host: 172.25.0.1
                  Master_User: mysql2
                  Master_Port: 3306
                Connect_Retry: 60
              Master_Log_File: mysql-bin.000005
          Read_Master_Log_Pos: 120
               Relay_Log_File: localhost-relay-bin.000006
                Relay_Log_Pos: 283
        Relay_Master_Log_File: mysql-bin.000005
             Slave_IO_Running: Yes
            Slave_SQL_Running: Yes
              Replicate_Do_DB:
          Replicate_Ignore_DB:
           Replicate_Do_Table:
       Replicate_Ignore_Table:
      Replicate_Wild_Do_Table:
  Replicate_Wild_Ignore_Table:
                   Last_Errno: 0
                   Last_Error:
                 Skip_Counter: 0
          Exec_Master_Log_Pos: 120
              Relay_Log_Space: 460
              Until_Condition: None
               Until_Log_File:
                Until_Log_Pos: 0
           Master_SSL_Allowed: No
           Master_SSL_CA_File:
           Master_SSL_CA_Path:
              Master_SSL_Cert:
            Master_SSL_Cipher:
               Master_SSL_Key:
        Seconds_Behind_Master: 0
Master_SSL_Verify_Server_Cert: No
                Last_IO_Errno: 0
                Last_IO_Error:
               Last_SQL_Errno: 0
               Last_SQL_Error:
  Replicate_Ignore_Server_Ids:
             Master_Server_Id: 1
                  Master_UUID: cdca6445-953e-11e8-aaba-79fd8cc432ac
             Master_Info_File: /var/lib/mysql/master.info
                    SQL_Delay: 0
          SQL_Remaining_Delay: NULL
                Until_Log_Pos: 0
           Master_SSL_Allowed: No
           Master_SSL_CA_File:
           Master_SSL_CA_Path:
              Master_SSL_Cert:
            Master_SSL_Cipher:
               Master_SSL_Key:
        Seconds_Behind_Master: 0
Master_SSL_Verify_Server_Cert: No
                Last_IO_Errno: 0
                Last_IO_Error:
               Last_SQL_Errno: 0
               Last_SQL_Error:
  Replicate_Ignore_Server_Ids:
             Master_Server_Id: 1
                  Master_UUID: cdca6445-953e-11e8-aaba-79fd8cc432ac
             Master_Info_File: /var/lib/mysql/master.info
                    SQL_Delay: 0
          SQL_Remaining_Delay: NULL
      Slave_SQL_Running_State: Slave has read all relay log; waiting for the slave I/O thread to update it
           Master_Retry_Count: 86400
                  Master_Bind:
      Last_IO_Error_Timestamp:
     Last_SQL_Error_Timestamp:
               Master_SSL_Crl:
           Master_SSL_Crlpath:
           Retrieved_Gtid_Set:
            Executed_Gtid_Set:
                Auto_Position: 0
1 row in set (0.00 sec)
```

图 6-139 主从配置完成

提示　全部正常启动，主从配置完成。

2. 主从配置中同步不成功的错误

假设主服务器上有 admin 库，而从服务器在配置之前没有 admin 库，那么两个服务器之前的二进制日志是不同的，这个时候两台服务器之间设置主从服务会出现同步错误的情况，下面模拟此情景的发生，如图 6–140 所示。

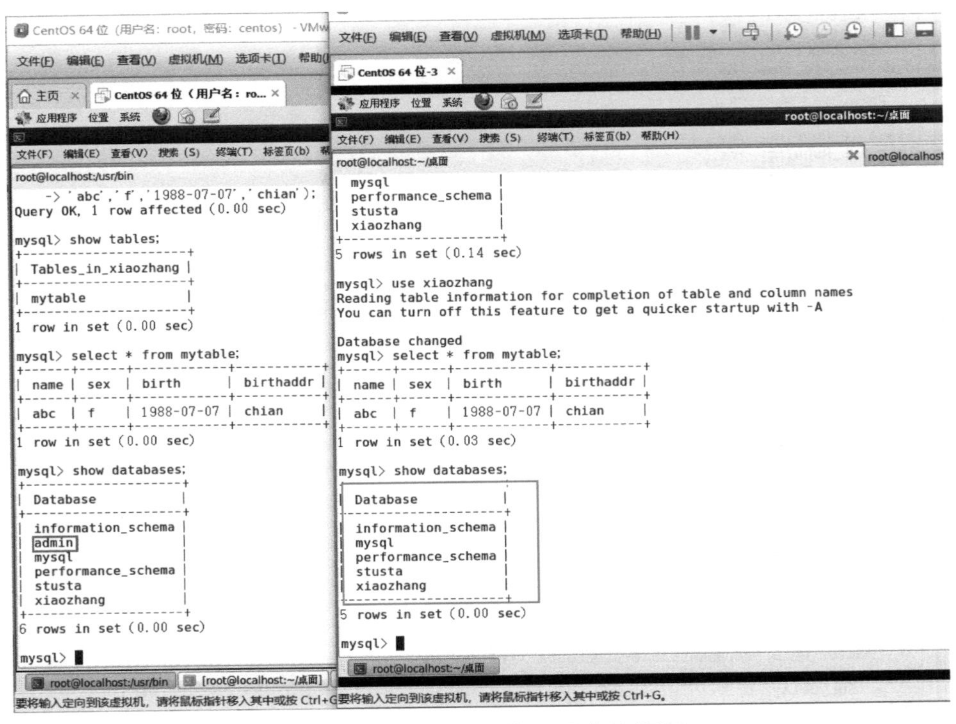

图 6–140　模拟主从不同步的情况

在主服务器上删除 admin 库，从服务器上没有 admin 库，所以会删除失败，同步服务 slave 也会因为这一个失败而停止同步，如图 6–141 所示。

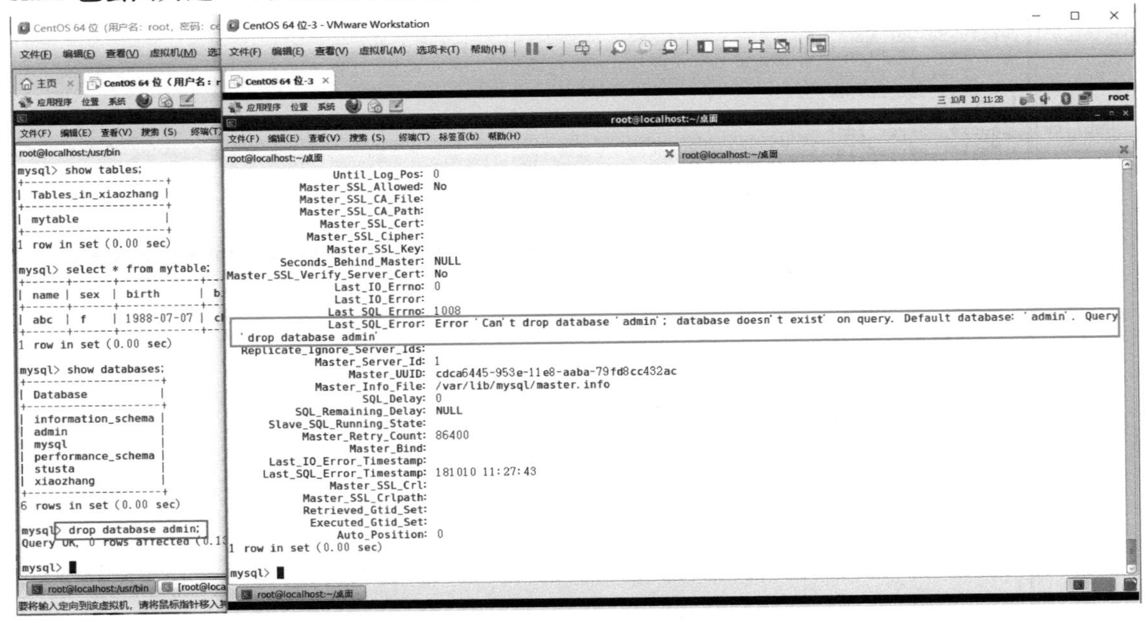

图 6–141　主服务器删除 admin 库报错

这时，在主服务器上新建 admin 库，从服务器也不会同步了，如图 6–142 所示。

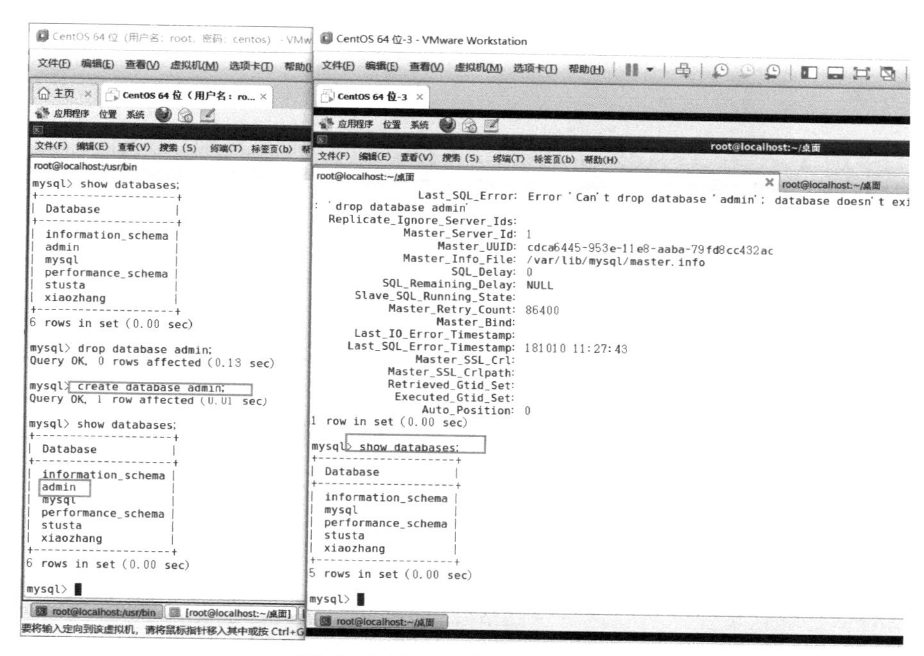

图 6-142　主从服务器断开

解决方案 1：此时需要跳过错误，在“从 mysql 服务器”中配置，代码如下。

```
set global sql_slave_skip_counter = 1                    # 跳过一个事务
```

然后重启主从服务，同步恢复正常，如图 6-143 所示。

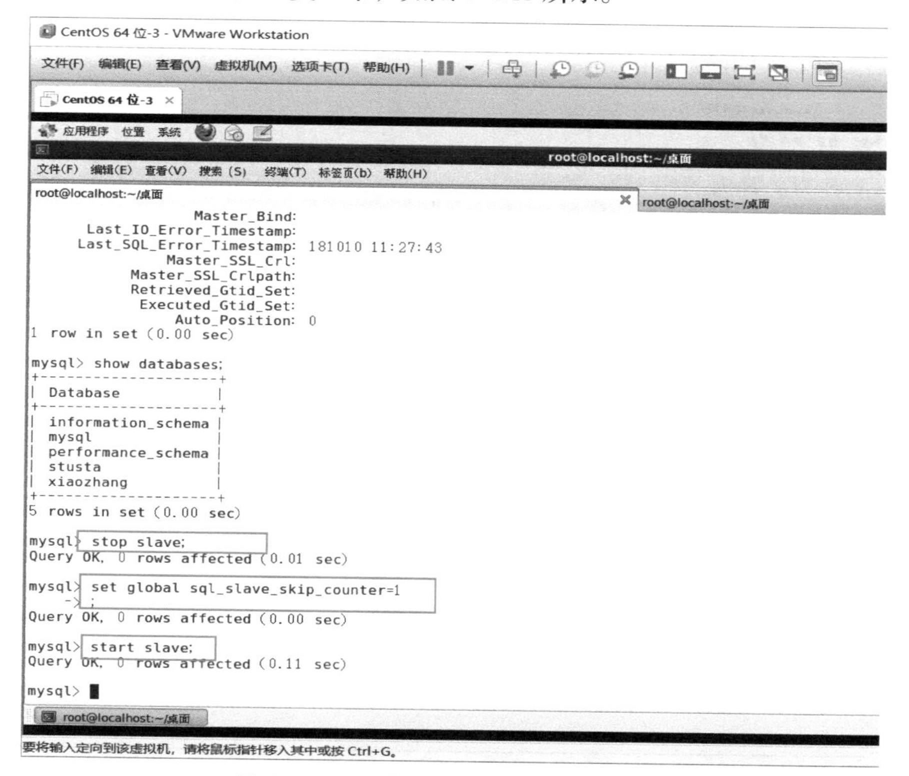

图 6-143　跳过一个事务，重启服务

解决方案 2：修改 MySQL 的配置文件，通过 slave_skip_errors 参数来跳过所有错误或指定类型的错误（请谨慎使用）。

```
vi /etc/my.cnf
[mysqld]
#slave-skip-errors=1062,1053,1146                # 跳过指定 error no 类型的错误
#slave-skip-errors=all                           # 跳过所有错误。（不推荐）
```

3. 配置主主服务器

主主复制即在两台 MySQL 主机内都可以变更数据，而且另外一台主机也会作出相应的变更。也就是将两个主从复制有机合并起来就可以了。只不过在配置的时候需要注意一些问题，例如，主键重复、server-id 不能重复等。下面以两台 IP 地址为 192.168.100.1 和 192.168.100.2 的主主服务器配置为例。

第 1 步：克隆 MySQL 虚拟机，分别修改两台虚拟机的网络配置、IP 地址和防火墙配置。

第 2 步：修改主服务器 1（IP 地址为 192.168.100.1）上的 /usr/my.cnf 配置，代码如下。

```
server-id=1                          # 任意自然数 n，只要保证两台 MySQL 主机不重复就可以了
log-bin=mysql-bin                    # 开启二进制日志
auto_increment_increment=2           # 步进值 auto_imcrement。一般有 n 台主 MySQL 就填 n
auto_increment_offset=1              # 起始值。一般填第 n 台主 MySQL。此时为第一台主 MySQL
binlog-ignore=mysql                  # 忽略 mysql 库【可以不写】
binlog-ignore=information_schema     # 忽略 information_schema 库【可以不写】
replicate-do-db=aa                   # 要同步的数据库，默认所有库【可以不写】
```

配置情况如图 6-144 所示。修改完毕后重启主服务器 1 的 MySQL 服务 service mysql restart。

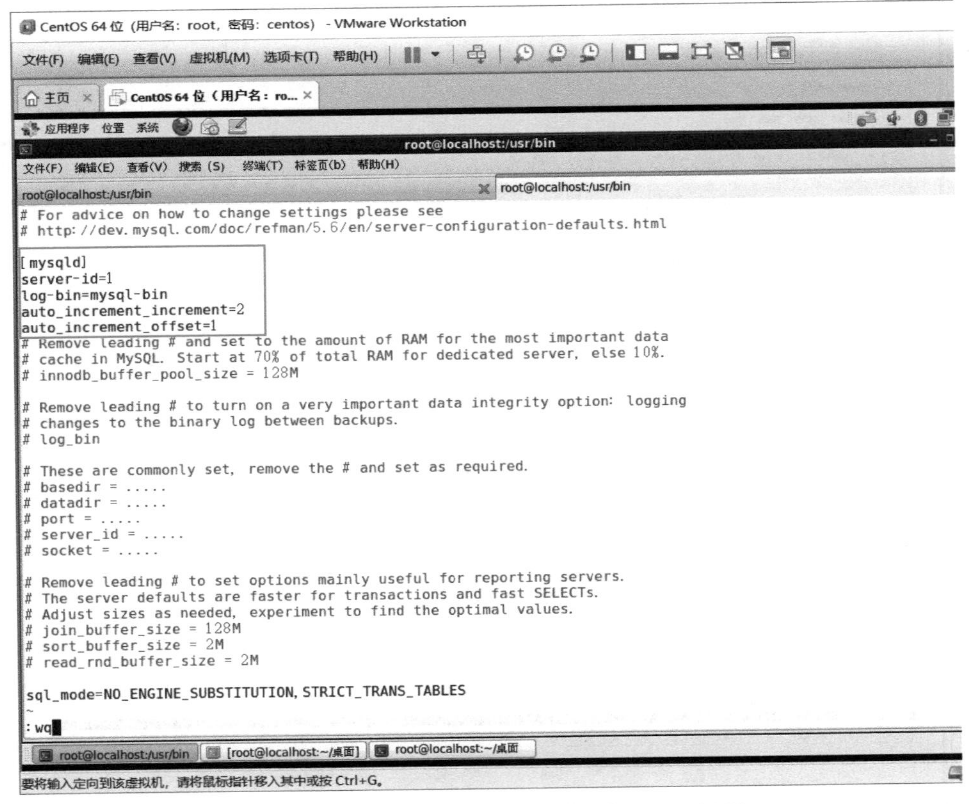

图 6-144　修改主服务器 1 的 my.cnf 配置

第 3 步：修改主服务器 2（IP 地址为 192.168.100.2）上的 /usr/my.cnf 配置与主服务器 1 相对应，如图 6–145 所示。

第 4 步：修改主服务器 2 的 auto.cnf 配置文件（参见必备知识 1），将主服务器 2 的 server–UUID 值改为和主服务器 1 不同即可。随后重启主服务器 2 的 MySQL 服务 service mysql restart。

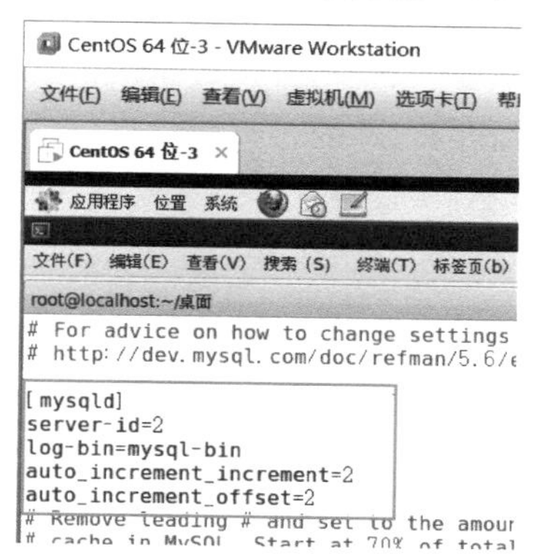

图 6–145　修改主服务器 2 的 my.cnf 配置

第 5 步：在主服务器 1 上配置主服务器 2 用来访问的用户 mysql2，代码如下。

```
grant replication slave on *.* to 'mysql2'@'192.168.100.2' identified by 'mysql2';
flush privileges;
```

第 6 步：在主服务器 2 上配置主服务器 1 用来访问的用户 mysql1，代码如下。

```
grant replication slave on *.* to 'mysql1'@'192.168.100.1' identified by 'mysql1';
flush privileges;
```

第 7 步：分别查看主服务器 1 和主服务器 2 上面的二进制日志的文件名和 position 值，如图 6–146 所示

```
show master status;
```

第 8 步：分别配置主服务器 1 和主服务器 2。

主服务器 1 配置：

```
change master to
master_host='192.168.100.2',
master_user='mysql1',
master_password='mysql1',
master_log_file='mysql-bin.000006',
master_log_pos=429;
```

主服务器 2 配置：

```
change master to
master_host='192.168.100.1',
master_user='mysql2',
master_password='mysql2',
master_log_file='mysql-bin.000006',
master_log_pos=429;
```

第 9 步：分别在两台服务器上运行以下命令，查看主主复制是否搭建成功，如图 6–147 所示。

```
Stop slave;
Start slave;
Show slave status\G
```

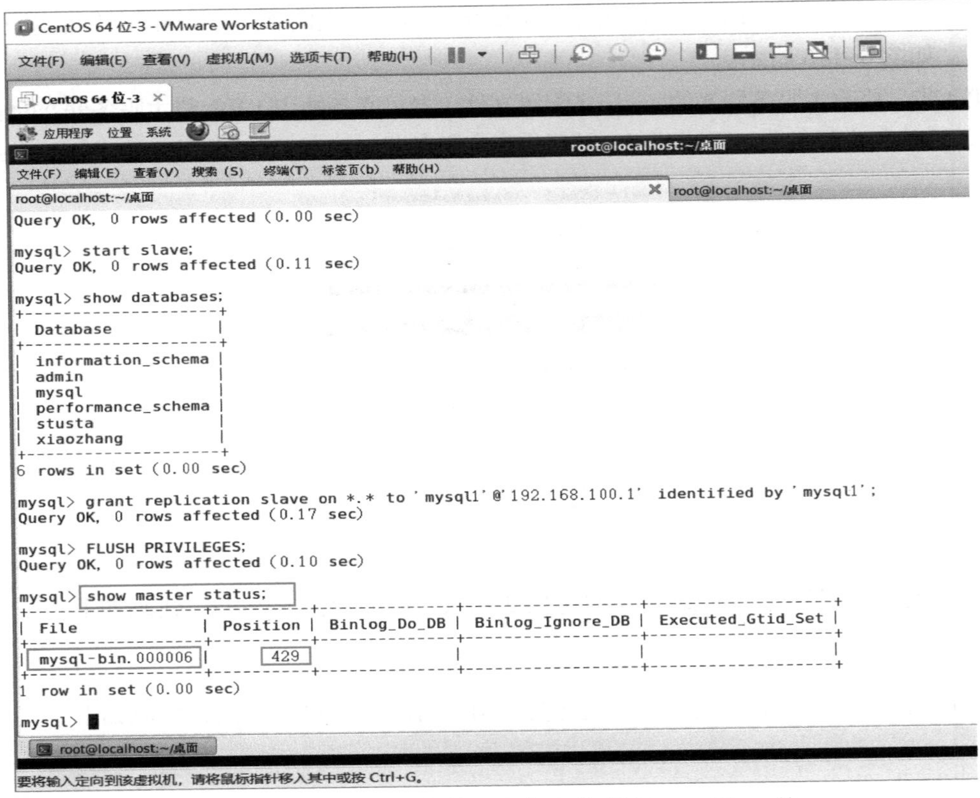

图 6-146 查看二进制日志的文件名和 position 值

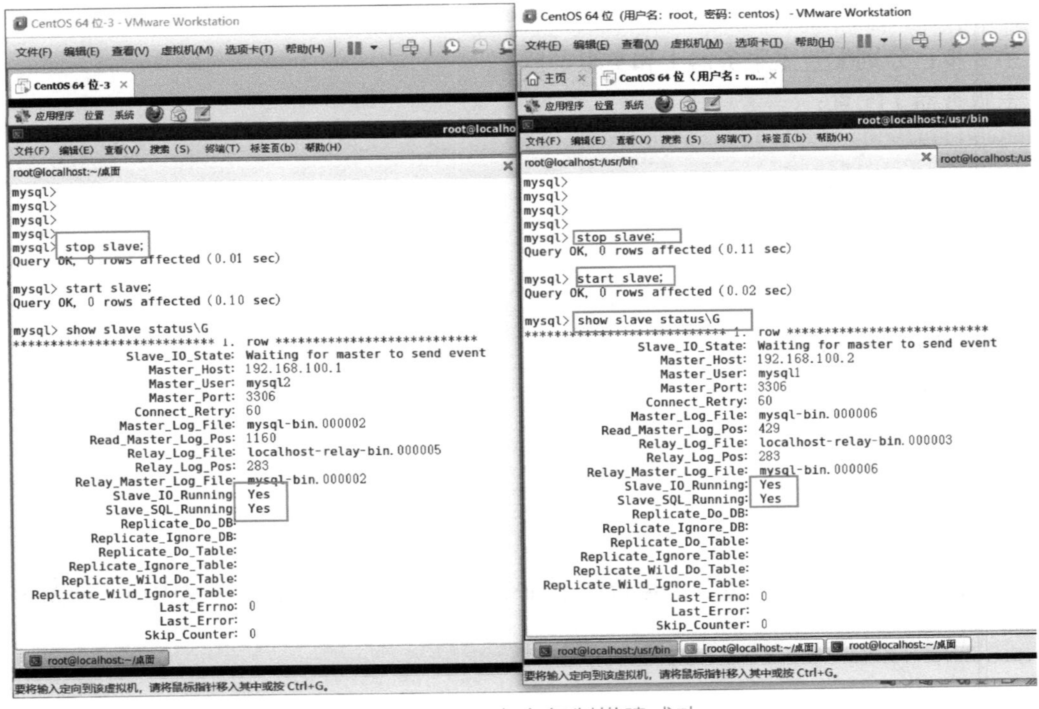

图 6-147 主主复制搭建成功

第 10 步：配置完成，分别到主服务器 1 和主服务器 2 上新建数据库和数据表，参照任务 4 的内容验证主主复制是否搭建成功。

【任务评价】

在完成本次任务的过程中，学会了 MySQL 数据库复制的相关知识，请对照表 6–6 进行总结与评价。

表 6–6　任务评价表

评价指标	评价结果	备　注
1. 熟练掌握克隆 MySQL 数据库虚拟机的方法	□A　□B　□C　□D	
2. 熟练掌握配置主服务器的方法	□A　□B　□C　□D	
3. 熟练掌握配置从服务器的方法	□A　□B　□C　□D	
4. 熟练掌握主从服务器日常使用维护的方法	□A　□B　□C　□D	
综合评价：		

【触类旁通】

1）参照项目 6 任务 3 中的 3，重新配置 1 个主从服务器，然后将 employees 数据库导入主服务器，然后验证从服务器的同步结果以及同步所需的时间。

2）在完成题目 1 的基础上参照必备知识 3 的思路完成主主服务器的配置。

3）参考项目 6 任务 3 的任务、必备知识以及触类旁通 2，参照图 6–148，配置 1 主 3 从服务器（不含客户机）。

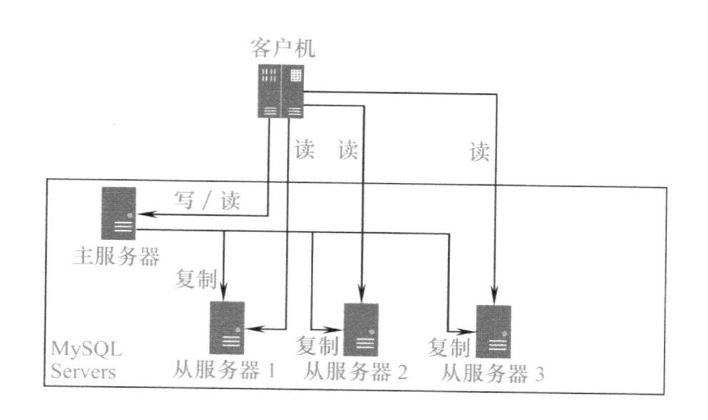

图 6–148　1 主 3 从服务器配置

4）参照图 6–149，配置 2 主 3 从服务器（不含客户机）。

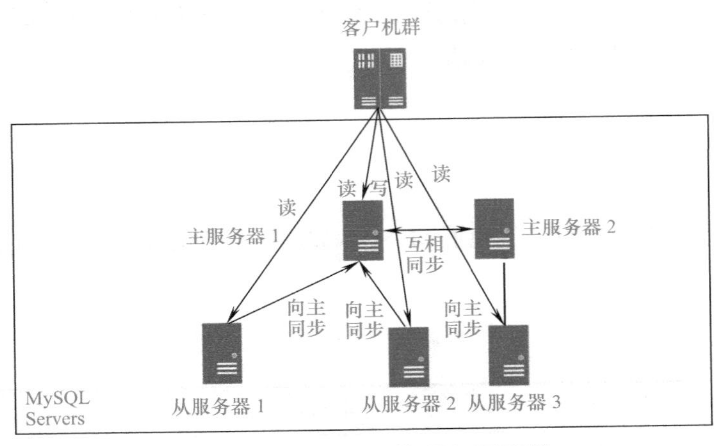

图 6-149　2 主 3 从服务器配置

项目小结

作为数据库管理员，维护数据安全是基本的岗位职责。在本项目中，首先从 MySQL 的常用维护工具 Navicat 由浅入深地讲解 MySQL 的日常维护操作，通过可视化图形界面，使读者通过简单的操作实现较为复杂的安全维护配置，进一步形象地认识到 MySQL 的备份、计划任务等概念，然后进一步深入探讨了 MySQL 数据库丰富的权限管理操作，从更全面、细致的角度讲解了 MySQL 的权限设置。随后就 MySQL 数据库的复制做了详细的介绍，从简单的主从复制入手，通过必备知识和触类旁通深入讲解了主主复制以及复制过程中的错误处理等知识，使读者在日常的 MySQL 使用维护中获得更多安全上的保障。

本项目对数据库的安全知识进行了更细致的归纳和总结，满足读者多维度、多层次的学习要求。

思考与实训

一、选择题

1. 下面哪个特性是 Navicat 不支持的（　　）。
   A. 图形化界面
   B. 用 PHP 开发的基于 Web 方式架构在网站主机上的 MySQL 管理工具
   C. 支持数据库备份还原、数据迁移和自动运行
   D. 提供服务器安全性、服务器监控和命令列界面工具

2. 下列工具中，非图形化用户界面的 MySQL 管理工具是（　　）。
   A. mysql　　B. phpAdmin　　C. Navicat　　D. MySQL Workbench

3. 下面哪个 MySQL 数据库备份的操作适合数据量大且不能过分影响业务运行的场景（　　）。
   A. 直接 cp,tar 复制数据库文件　　B. mysqldump+ 复制 BIN LOGS
   C. lvm2 快照 + 复制 BIN LOGS　　D. xtrabackup

4. 下面关于数据库备份的说法错误的是（　　）。
   A. 数据库备份的目的是应对灾难恢复和需求改变

B. 根据备份的数据集合范围，包含完全备份、增量备份和差异备份等
C. 根据是否需要数据库离线，数据库备份仅分为热备和冷备
D. 根据备份时的接口，备份包含物理备份和逻辑备份

5. 在不关闭数据库服务器的情况下对 MySQL 数据库进行备份与恢复，以下方法中错误的是（ ）。
A. 直接复制所有数据文件
B. 使用 SELECT INTO…OUTFILE 和 LOAD DATA…FILE 语句进行备份与恢复
C. 使用 mysqldump 命令进行备份与恢复
D. 使用 MySQL 图形界面工具（如 Navicat）进行备份与恢复

6. 给名字为 wangsan 的用户授予对数据库 studb 中的 stuinfo 表的查询和插入数据权限的语句是（ ）。
A. GRANT SELECT, INSERT on studb.stuinfo FOR 'wangsan'@'localhost';
B. GRANT SELECT, INSERT on studb.stuinfo TO 'wangsan'@'localhost';
C. GRANT 'wangsan'@'localhost' TO SELECT, INSERT FOR studb.stuinfo;
D. GRANT 'wangsan'@'localhost' TO studb.stuinfo ON SELECT, INSERT;

7. 在 MySQL 中执行如下语句：
SHOW GRANTS FOR 'wang'@'localhost';
结果显示为：
GRANT USAGE ON *.* TO 'wang' @'localhost'
该结果显示的是（ ）。
A. 系统中所有的用户信息
B. 用户名以 wang 开头的用户拥有的所有权限
C. 用户 wang 拥有的所有权限
D. 系统中所有的资源信息

8. 以下哪个选项不是在主从复制中在 my.cnf 中进行配置的参数（ ）。
A. server-id=1
B. log-bin=mysql-bin
C. binlog-ignore=mysql
D. auto_increment_increment=2

9. 以下哪个是正确的主从复制配置顺序（ ）。
①在主服务器上查看二进制日志文件名和 position 值
②修改从服务器 my.cnf 配置，修改从服务器 server-UUIDs
③克隆虚拟机，配置虚拟机网络参数，设置主从服务器 IP 地址和防火墙
④修改主服务器 my.cnf 配置，配置从服务器用来连接的用户名和密码
⑤查看和检测主从服务器的同步状态
⑥在从服务器上配置连接主服务器参数，启动配置开始同步
A. ③①②④⑥⑤
B. ③⑥①②④⑤
C. ③④①②⑥⑤
D. ①③④②⑥⑤

10. 以下所列出的工作中，不属于数据库运行维护工作的是（ ）。
A. 系统实现 B. 备份数据库 C. 性能检测 D. 安全性保护

二、填空题

1. 创建本地 test 用户，并将 xsxk 的所有权限赋予 test 用户。
GRANT ________________ ON ________________ TO ________________;。

2. 主从复制中设置从服务连接主服务器的连接参数包括设置主服务器的主机地址

____________，登录主服务器的用户名____________，登录主服务器的二进制文件名____________登录主服务器的 Position 值____________。

3. 在 MySQL 中，使用 mysqldump 并以 root 用户（密码为 "123"）备份数据库 mysql1 和 mysql2 到 usr/tmp/data.sql 的命令是____________。

4. 在 Navicat 中组合实现自动备份的功能是____________和____________

5. 数据库备份的分类：根据数据库备份是否需要离线，可以分为____________，____________，____________。根据要备份的数据集合范围，可分为____________，____________，____________。根据备份时的接口，可分为____________，____________。

三、实训操作

1. 用新安装的 MySQL 服务器（打开二进制日志后）克隆出 4 台服务器，分别对应着服务器 1（IP：192.168.200.1）、服务器 2（IP：192.168.200.2）、服务器 3（192.168.200.3）和服务器 4（192.168.200.4），然后采用图 6–150 中的配置设置两主两从服务器（自行配置用户名、密码、server–id 和 server–UUIDs）。

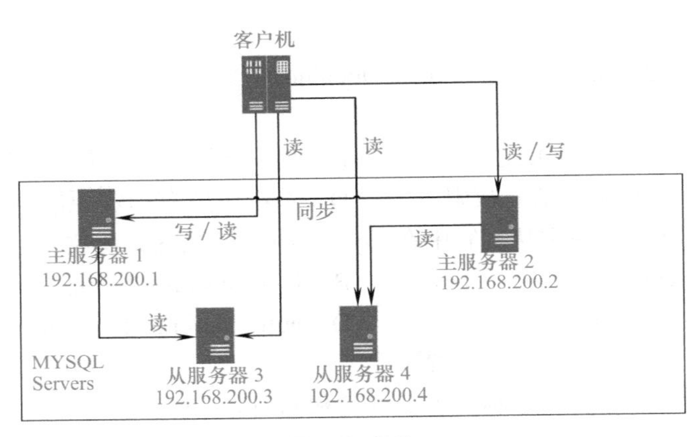

图 6–150

2. 使用 Navicat 软件先后设置好与服务器 1、服务器 2、服务器 3、服务器 4 的数据库连接。

3. 使用 Navicat 将项目 6 任务 1 中使用的 employees 数据库导入主服务器 1 中，随后检测另外 3 台服务器的数据同步情况。

4. 参照项目 6 任务 2 中的触类旁通 1）中的内容加固服务器。

参考文献

[1] 程桦，张绪业. SQL Server 2008 数据库设计与实现 [M]. 北京：人民邮电出版社，2009.
[2] 任进军，林海霞. MySQL 数据库管理与开发 [M]. 北京：人民邮电出版社，2017.
[3] 肖睿，訾永所，侯小毛. MySQL 数据库开发实战 [M]. 北京：中国水利水电出版社，2017.
[4] 张保威，闫红岩. SQL Server 从入门到精通 [M]. 北京：北京希望电子出版社，2018.
[5] 鲁大林，吴斌. SQL Server 2008 数据库应用与开发教程 [M]. 北京：机械工业出版社，2016.
[6] 吴德胜，赵会东. SQL Server 入门经典 [M]. 北京：机械工业出版社，2013.
[7] 马献章. 数据库云平台理论与实践 [M]. 北京：清华大学出版社，2013.
[8] 贺春旸. MySQL 管理之道：性能调优、高可用与监控 [M]. 北京：机械工业出版社，2015.
[9] RONALD B. Effective MySQL 之备份与恢复 [M]. 张骏温，译. 北京：清华大学出版社，2013.

参考文献